嵌入式系统原理与物联网实践

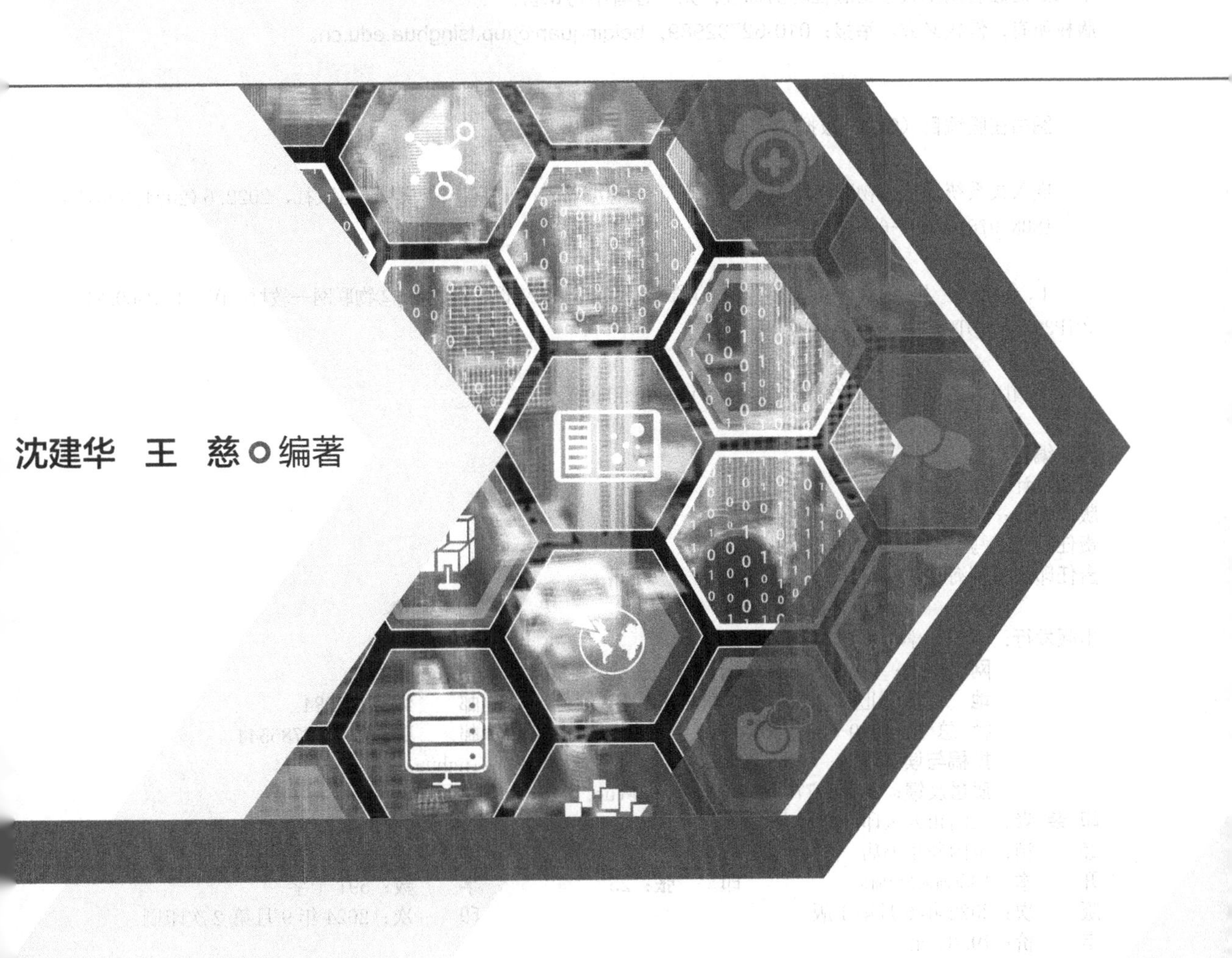

沈建华　王　慈◎编著

清華大學出版社
北京

内容简介

本书系统介绍了嵌入式系统的基本原理和物联网应用开发的基础知识。详细讲述了MCU应用相关的各种外设模块的工作原理和编程结构，包括ARM Cortex-M4内核、ARMv7和RISC-V指令系统、MCU系统控制、存储器、通用输入输出、定时器、模拟外设、通信接口等。同时，对嵌入式软件设计方法、RTOS、物联网技术及应用架构等做了阐述。最后介绍了两个基于阿里云IoT平台的物联网应用开发示例，以及低功耗系统设计和电磁兼容性的基础知识。

本书对嵌入式系统的基本原理和技术的描述具有通适性、不特别针对某个MCU。本书配套有完整的教学资源，包括教学课件、实验PPT、MOOC资源，以及基于ST、TI、平头哥等多种MCU开发板的配套实验例程，方便师生选用。

本书可作为高等院校计算机、电子与通信、自动化、仪器仪表等专业嵌入式系统、物联网、微机接口、单片机等课程的教材，也适合广大从事MCU和物联网应用系统开发的工程技术人员作为学习、参考用书。

图书在版编目（CIP）数据

嵌入式系统原理与物联网实践 / 沈建华，王慈编著. —北京：清华大学出版社，2022.6（2024.9重印）
ISBN 978-7-302-60965-0

Ⅰ.①嵌… Ⅱ.①沈… ②王… Ⅲ.①微型计算机—系统设计—教材 ②物联网—教材 Ⅳ.①TP360.21 ②TP393.4 ③TP18

中国版本图书馆CIP数据核字（2022）第089049号

责任编辑：邓　艳
封面设计：刘　超
版式设计：文森时代
责任校对：马军令
责任印制：刘海龙

出版发行：清华大学出版社
网　　址：https://www.tup.com.cn，https://www.wqxuetang.com
地　　址：北京清华大学学研大厦A座　　邮　　编：100084
社 总 机：010-83470000　　邮　　购：010-62786544
投稿与读者服务：010-62776969，c-service@tup.tsinghua.edu.cn
质量反馈：010-62772015，zhiliang@tup.tsinghua.edu.cn
印 装 者：三河市龙大印装有限公司
经　　销：全国新华书店
开　　本：185mm×260mm　　印　　张：25　　字　　数：591千字
版　　次：2022年6月第1版　　印　　次：2024年9月第2次印刷
定　　价：79.80元

产品编号：091119-01

前　言

嵌入式应用几乎无所不在，物联网给嵌入式系统发展带来巨大机遇。从某种角度上说，物联网应用系统也可看作嵌入式系统的网络应用，因为物联网系统中的“物”，基本上都是指各种嵌入式设备，现在嵌入式系统进入了一个新的高速发展时期。

如今国内高校计算机专业开设的嵌入式系统方面的课程，大多是原来的“微机原理与接口”和“单片机原理与应用”这类课程教学内容的延续和更新。华东师范大学计算机系目前“嵌入式系统原理与实践”这门课程就是原来“微机原理与接口”和“嵌入式系统引论”的延续、升级版。考虑到与计算机专业其他课程（如操作系统、编程语言、计算机网络等）的内容衔接，这门课程的教学内容重点是嵌入式系统硬件接口方面的知识，以及具有嵌入式系统特点的软件设计方法，包括嵌入式处理器、存储器、I/O、RTOS、嵌入式应用编程和物联网应用开发等。

嵌入式系统是一种计算机应用系统。作为本科生专业基础课程，要抽象出一般嵌入式应用共性的知识和原理，这部分内容必须具有基础、普适性，不强依赖于具体的芯片。然后再选择某些有代表性的芯片作为实验载体，加强对原理的理解，且有利于掌握应用设计方法。平衡好这两个方面是嵌入式教学的一个难点，为此我们结合自己20多年嵌入式系统教学、科研项目开发经验，逐步抽象出符合本学科专业教学要求的嵌入式系统处理器、存储器、I/O等相关基础知识和原理，并以目前流行的ARM Cortex-M4开发板作为硬件实验平台。为了能在一块开发板上完成大部分外设实验（包括ADC、DAC、模拟比较器AC等），教材给出的示例代码是基于STM32F303和HAL库的，实际也适用于其他STM32 MCU。同时，我们也准备了针对多个芯片公司（TI、ST、Microchip、平头哥等）主流开发板的实验例程供学校选用。

嵌入式系统教学的另一个难点是动手实践。现在学校专业课总课时受限，每周2课时的实验只能让学生做一些肤浅的验证性实验，无法做一些复杂、系统性的实验。另一方面，由于互联网应用的兴起，现在IT学科的学生普遍喜欢软件类课程和互联网应用开发，因为各种移动互联网应用，如Web、手机App应用开发更方便、有趣。为突破这个难题，提高学生对嵌入式系统的学习兴趣，同时结合物联网应用趋势，把嵌入式系统和移动互联网结合起来，我们开发了嵌入式物联网“口袋”实验系统，可在Internet上实现“人-云-物”的互动。该实验系统具有以下特色。

（1）简单。直接使用芯片公司的MCU开发板作为主控实验板，自带仿真器和虚拟串口，简单、易购。外设扩展板采用口袋板形式（名片大小），人手一套，学生可在任何时间自行进行实验。

（2）丰富。实验内容丰富，可进行一般嵌入式系统课程要求的所有实验内容。并带有扩展接口和多种外设，可进行创新实验、应用开发。

（3）有趣。扩展板带有多种传感器和 Wi-Fi 模块，可实现物联网教学、应用方案，可用手机 App 远程操控设备。用杜邦线连接传感器、Wi-Fi 模块等，增强动手能力。

（4）真实。实验系统均采用业界主流平台。物联网实验方案采用阿里云 IoT 平台，安全、稳定、易扩展，可用于实际 IoT 产品和项目，所学即所用。

（5）完善。教材、课件 PPT、MOOC、作业、实验例程等配套教学资源完善，拿来即用，快速进行嵌入式和物联网系统的教学和实验。

随着物联网应用的发展，嵌入式软件日趋复杂，需要针对应用趋势，学习嵌入式、物联网开发技术，包括 RTOS、物联网 OS、IoT 云平台、前后端技术等。对于一般嵌入式开发，本书介绍了 FreeRTOS；对于物联网应用开发，本书简单介绍了 AliOS Things 和阿里云 IoT 平台，并介绍了两个物联网应用开发示例。

考虑到书稿内容的完整性、不同学校教学的差异性以及读者学习参考的便利，本书还补充了指令系统、嵌入式软件设计方法、物联网技术以及低功耗设计和电磁兼容性方面的基础知识，尽量构建一个比较完整、基础、容易入门的嵌入式系统原理和物联网实践教材，学校老师可以根据各自学科专业课设置的具体情况，选择合适的内容、章节进行教学和实验。

华东师范大学计算机系嵌入式系统实验室长期重视产学研结合，与多家全球著名的半导体厂商（如 TI、Microchip、ST 等）和互联网企业（如阿里云 IoT、微软 Azure 等）合作，在 MCU 和物联网系统开发、推广应用方面积累了丰富的经验。本书内容也是在我们实验室出版的前几本嵌入式系统教材的基础上修改完善，结合我们多年课程教学以及 MCU 和物联网应用开发的积累和经验，并经过了 3 届学生的试用编写整理而成的。

本书的出版，得到了华东师范大学教材基金、阿里云产学协同项目和清华大学出版社的支持。参与本书编写和资料整理、代码验证等工作的，还有华东师范大学计算机学院的张皓焱、王胜志、刘长箭、李晓敏、李奕霖、穆永超、曹强、李昌龙等。在此一并向上述单位、个人表示衷心的感谢。

由于时间仓促和水平所限，本书有些内容还不尽完善，不足之处也在所难免，恳请读者批评指正，以便我们及时修正。

编　者

目　　录

第 1 章　嵌入式系统与微控制器概述

嵌入式系统作为计算机应用系统的一个分支，在后 PC（个人计算机）时代发展迅速，已经成为一个独立的研究与应用方向。近年来，随着物联网（IoT）应用系统的发展，给嵌入式系统带来了新的机遇。本章将讲述嵌入式系统相关的一些基础知识，包括嵌入式系统的概念、发展、特点、组成、种类、开发调试方法及嵌入式处理器概述等。通过对本章的学习，读者可以对嵌入式系统，特别是嵌入式微控制器（MCU）的相关基础知识有基本的了解。

1.1　嵌入式系统概述

嵌入式系统又称为嵌入式计算系统（embedded computing system），它是随着计算机技术、微处理器技术、通信技术、集成电路技术的发展而发展起来的，现已成为计算机应用领域的一个重要组成部分。嵌入式系统是一种专用的计算机系统，它通常被包含在一些机械或电子系统中。嵌入式系统通常是一种计算性能受限制的实时系统，它经常作为某一部件嵌入到一个完整设备中。如今，嵌入式系统在大量的设备中运行，约有 98%的微处理器和微控制器被用于各种嵌入式系统。

嵌入式系统是硬件和软件的集合体。其硬件包含嵌入式处理器、存储器、外设接口器件等。其软件包括引导程序、嵌入式操作系统和应用程序等。嵌入式操作系统控制着应用程序与硬件的交互，应用程序控制着系统的运作。很多嵌入式系统还包括一些机械部分，如机电一体化装置、微机电（MEMS）系统、光学系统等，这些机械部分是为完成某种特定的功能而设计的，所以嵌入式系统有时也被称为嵌入式设备。

1.1.1　嵌入式系统的发展

嵌入式系统主要是伴随着计算机技术和微电子/集成电路技术的发展而快速发展的。20 世纪中叶，微电子技术处于发展初级阶段，集成电路属于中小规模发展时期，各种新材料新工艺尚未成熟，元件集成规模还比较小，工业控制系统基本使用继电器逻辑技术，还没有嵌入式系统的概念。直到 20 世纪 70 年代，随着微处理器的出现，计算机系统出现了历史性的快速发展。以微处理器为核心的微型计算机，以其小型、价廉、高可靠性特点，迅速走出机房，进入多种应用领域。基于高速数值运算能力的微型机，表现出的智能化水平引起了控制专业人士的兴趣，开始将微型机嵌入到一个对象体系中，实现对象体系的智能化控制。例如，将微型计算机经电气加固、机械加固，并配置各种外围接口电路，安装到大型舰船中构成自动驾驶仪或轮机状态监测系统。这样，计算机便失去了原来固有的形态和通用计算机的功能。为了区别于原有的通用计算机系统，把嵌入到对象体系中并实现对象体系智能化控制的计算机称作嵌入式计算机系统，简称嵌入式系统（embedded systems）。

从 20 世纪 70 年代后期单片机的出现，到今天各式各样的嵌入式微处理器以及微控制器的大规模应用，嵌入式系统已经有了 40 多年的发展历史。

嵌入式系统的出现最初是基于单板机或单片机的。如用 Zilog 公司 Z80 微处理器设计的单板机（控制板），以及后来的 Intel 80386EX 单板机等。随着 20 世纪 70 年代后期单片机的出现，汽车、家电、工业机器、通信装置以及其他电子产品可以通过内嵌单片机，使系统获得更好的性能，且更便于使用，价格也更便宜。随着嵌入式系统规模的不断发展，嵌入式芯片的工艺不断改进，性能得到提高，成本逐步下降，在各个方面都有了广泛的应用。从企业应用到家庭、移动应用，嵌入式系统不断进入人们的工作和生活，市场也不断壮大。如图 1.1 所示，嵌入式微控制器出货量以指数级上升。1991—2013 年，ARM 架构的芯片总出货量达到 500 亿颗，而 2013—2017 年仅 4 年时间，ARM 架构的芯片总出货量就达到了 500 亿颗。2017—2021 年，ARM 架构的芯片出货量又高速增长，超过了 1000 亿颗。

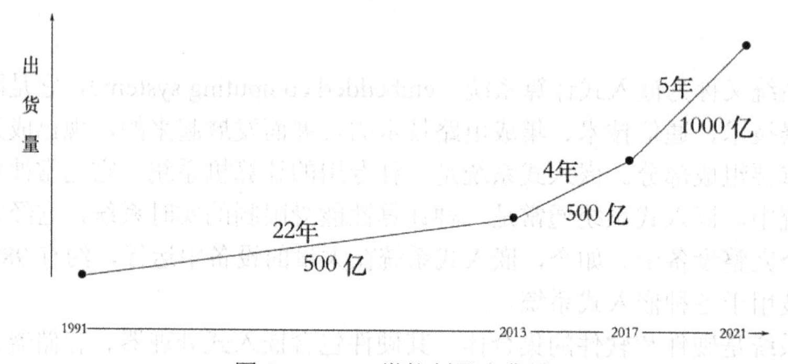

图 1.1　ARM 微控制器出货量

在嵌入式软件方面，从 20 世纪 80 年代早期，嵌入式系统开发的程序员开始使用高级语言和商业级的“操作系统”编写嵌入式应用软件，这可以缩短开发周期、降低开发成本，并提高开发效率。确切来说，那个时候的操作系统仅是一个任务管理内核，这个内核包含了一些传统操作系统的特征，包括任务管理、任务间通信、同步与相互排斥、中断支持、内存管理等功能。

20 世纪 90 年代以后，随着对实时性要求的提高，软件规模不断上升，操作系统内核逐渐发展为实时操作系统（RTOS），并作为一种基础软件平台，逐步成为嵌入式系统开发的主流。更多的公司看到了嵌入式系统的广阔发展前景，开始大力发展自己的嵌入式操作系统，如 μC/OS-II、FreeRTOS、Palm OS、WinCE、VxWorks、嵌入式 Linux 等操作系统。2010 年以后，随着物联网（IoT）时代的到来，又出现了一些包含物联网应用协议的物联网操作系统，如 MiCO、AliOS Things、LiteOS 等。

1.1.2　嵌入式系统的特点

嵌入式系统是一种满足特定应用需求的计算机应用系统，其最主要的特点就是专用性。

一个嵌入式系统的功能与非功能指标（包括外型、体积等）、硬件与软件，都是特定设计的，冗余度很小。另外，由于嵌入式系统应用面广、需求各异，使得各种嵌入式系统的软硬件复杂度差异很大，行业难以被垄断。

嵌入式系统的硬件核心是嵌入式处理器。嵌入式处理器一般具备以下几个特点。

- 性能、功能差异很大且覆盖面广。这是由嵌入式系统应用特点决定的，各种嵌入式应用对处理器的要求差异非常大，需要不同性能、功能的处理器来满足。
- 对实时多任务有很好的支持。支持较多的中断源，并且有较短的中断响应时间，从而使内部的代码和实时内核的执行时间减少到最低限度。
- 具有功能很强的存储区保护功能。对于多任务的应用，由于嵌入式系统的软件已经模块化，为了避免在软件模块之间出现错误的交叉作用和相互影响，需要有存储区保护功能，同时也有利于软件诊断。
- 可扩展的处理器结构、工具链完善。可以快速开发出满足应用的、具有不同性能的嵌入式处理器。在这方面，ARM 处理器有很大的优势，RISC-V 处理器也在崛起。
- 低功耗。功耗在某些嵌入式应用中是有严格要求、设计受限的，尤其是用于电池供电的便携式无线和移动设备中的嵌入式处理器，平均功耗只有 mW 甚至 μW 级。

一般地，复杂嵌入式系统的软件包括嵌入式操作系统和应用程序。对于一些简单应用的小系统，应用程序可以没有操作系统而直接在处理器上运行。对于复杂的大系统来说，为了合理地调度和管理多任务、系统资源、系统函数，以及与一些专家库函数接口，用户需要选择与嵌入式系统相对应的开发平台，这样才能保证程序执行的实时性、可靠性，并减少开发时间，保障软件质量。

1.1.3　嵌入式系统的组成

作为一个“专用计算机系统”的嵌入式系统，同样也是由硬件系统和软件系统两大部分组成的。一般来说，硬件系统包括处理器、存储器、I/O 外设器件、专用控制器（如图形、存储控制器）等。软件部分包括操作系统软件（一般要求实时和多任务操作）和应用软件。有时为了追求更高的执行效率，设计人员也会把这两种软件组合在一起。嵌入式系统使用的操作系统可能是相同的，但根据应用领域的不同，应用程序（应用软件）却可以千差万别。应用软件控制着系统的运作和行为，而操作系统则控制着应用程序与硬件的交互作用。

嵌入式设备一般还包括其他一些电子、机械部分，如马达驱动、电机及传动、光学系统等，以满足特殊的功能需求。此书所讲述的嵌入式系统，仅指以嵌入式处理器为核心的嵌入式控制与接口部分内容。

1．嵌入式系统硬件部分

嵌入式系统的硬件结构如图 1.2 所示，硬件部分的核心部件就是嵌入式处理器（CPU）。本书中主要介绍的 ARM Cortex-M 处理器就是一个典型的嵌入式处理器。

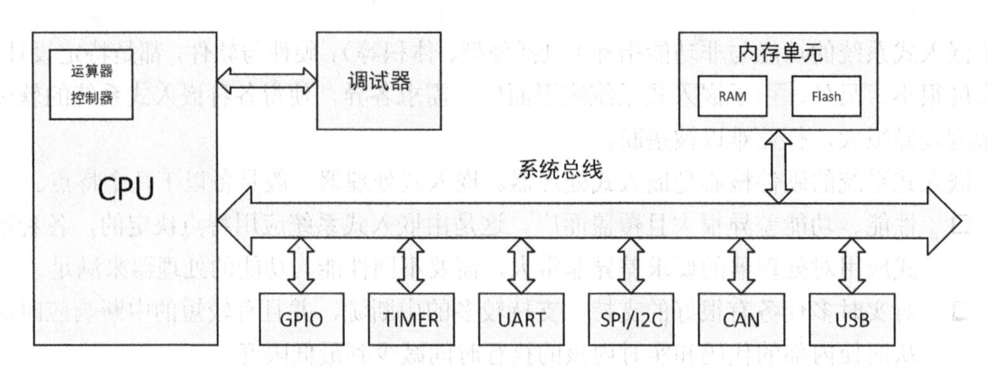

图 1.2　嵌入式系统硬件结构示意图

目前，全世界嵌入式处理器的型号已经超过 1000 种，流行的体系结构也有 10 多个，主流嵌入式处理器的字长从 8 位到 32 位、寻址空间从 64KB 到 4GB 不等，其处理速度可以从 0.1MIPS[①]到 2000MIPS。一般来说，可以把嵌入式处理器分成 MPU（micro processor unit）微处理器、MCU（micro controller unit）微控制器、DSP（digital signal processor）数字信号处理器、SoC（system on chip）片上系统 4 类。

嵌入式系统的存储器由于系统规模不同而差异很大。通常 MCU 系统都使用 MCU 自带的 Flash 和 SRAM，代码固化在 Flash 中且可直接执行，无须外扩存储器。而 MPU 系统则需外扩 SDRAM 作为系统内存，外扩 NAND Flash 作为系统外存。MPU 系统的程序平时保存在外存，需要运行时由 OS 调入到内存再执行。

嵌入式系统硬件部分除了嵌入式处理器和存储器，最有特色的就是各种外设接口。也正是基于这些丰富的外设接口，才带来嵌入式系统越来越丰富的应用。现在的 ARM 微控制器内部的外设接口已非常丰富，如 GPIO、定时器、I2C、SPI、UART 和 USB 等接口基本上都是“标准”配置。在设计系统时，通常只要把微控制器和相应接口的外部设备进行简单的物理连接，就可以实现外部器件和设备的扩展。

随着高度集成化技术的发展，嵌入式处理器集成的外设越来越多，功能也越来越强，需要扩展的外部设备/接口电路变得越来越少了，整个硬件系统设计也就变得越来越简单了。比如，很多 ARM 微控制器里面就已经集成了 Flash、SRAM 和很多通信接口，有的还在其内部集成了存储控制器、网络控制器和 LCD 控制器等。

2. 嵌入式系统软件部分

简单嵌入式系统的软件可以直接在裸机上执行一个应用程序，复杂嵌入式系统软件一般是由嵌入式操作系统和应用软件两部分组成的。具体来说，嵌入式系统软件可以分成启动代码（Bootloader）和板级支持包（board support package，BSP）、操作系统内核与驱动（kernel & driver）、文件系统和应用程序（file system & application）等几部分。

Bootloader 是嵌入式系统的启动代码，主要用来初始化处理器、传递内核启动参数给嵌入式操作系统内核，使得内核可以按照我们的参数要求启动。另外 Bootloader 通常都具有搬运内核代码到 RAM 并跳转到内核代码地址运行的功能。

---

① MIPS 全称为 million instruction per second，表示单字长定点指令平均执行速度，是每秒处理的百万级的机器指令数。

板级支持包（BSP）则完成不同硬件与操作系统接口的软件映射。

操作系统内核主要有 4 个功能：任务管理、任务间通信与同步、内存管理及 I/O 资源管理。驱动程序属于内核的一部分，主要是提供给上层应用程序一套可以通过处理器访问硬件外设接口和外部设备的软件接口（API）。

文件系统则可以让嵌入式软件工程师灵活方便地管理和使用系统存储资源，包括其他系统软件/中间件，如 GUI、网络协议栈等，这些都是按需选用的。

应用程序是真正针对需求的，同时可能是嵌入式软件工程师完全自主开发的。

总的来说，嵌入式系统的硬件部分可以说是整个系统的基石，嵌入式系统的软件部分则是在这个基石上面建立起来的满足不同功能的楼宇。对于任何一个需求明确的嵌入式系统来说，二者缺一不可。在对系统做了相对完整而细致的需求分析之后，通常采用软件和硬件同步进行的方式来开发，前期硬件系统的设计要比软件系统设计稍微提前，到了后期，软件系统的开发工作量会比硬件系统的开发工作量大很多。

1.1.4　嵌入式系统的种类

由于分类标准的差异，嵌入式系统的分类方法也不同。本小节根据嵌入式系统的软件复杂程度，将嵌入式系统分为以下 3 类。一个嵌入式系统的软件复杂程度一般也对应硬件的复杂程度。

1．无操作系统支持的嵌入式系统

无操作系统支持的嵌入式系统，其软件部分规模较小，通常是一个无限循环结合中断的前后台程序，无须额外的 CPU 和存储开销。这类嵌入式系统一般适用于结构相对简单、功能单一的嵌入式应用，如家用电器、电子玩具、简单的仪器仪表和控制等。

2．小型操作系统支持的嵌入式系统

小型操作系统支持的嵌入式系统，其软件部分一般由一个小型实时操作系统内核（RTOS）和一个小规模应用程序组成。小型实时操作系统内核的源代码一般不超过 1 万行，功能模块较少，一般只具有任务管理功能、文件系统、网络协议栈、图形用户界面等模块。这类嵌入式系统可靠性高、硬件资源消耗少，适用于人机交互相对简单、功能不太复杂的多任务应用，如基于 RTOS 的 POS 机、UPS（uninterruptible power system，不间断电源）、智能仪器仪表等。

3．完整操作系统支持的嵌入式系统

带完整操作系统的嵌入式系统，其软件部分的核心是一个功能齐全的嵌入式操作系统（如 Linux、VxWorks、Android 等），包含文件系统、网络协议、封装良好的 API 和 GUI，可靠性高，可运行多个数据处理功能较强的应用程序。这类嵌入式系统对系统硬件资源消耗相对较高，适用于需要良好人机交互或网络功能的复杂应用，如基于 Linux 或 Android 的机顶盒、智能电视和智能手机等。

1.1.5 嵌入式系统的调试方法

调试是嵌入式系统开发过程中必不可少的环节。在嵌入式系统的调试过程中，调试器（debugger）和被调试程序（debugee）通常运行在不同的机器上，调试器运行于宿主机，被调试程序运行于目标机。调试器通过某种方式可以控制被调试程序的运行方式，并能查看和修改目标机上的内存、寄存器以及被调试程序中的变量等。嵌入式系统的这种调试被称为交叉调试，具有以下特点。

- 调试器和被调试程序运行在不同的机器上。调试器运行在一般的 PC 或者工作站（即宿主机），被调试程序运行在实际的嵌入式设备上（即目标机）。而对于通用计算机应用系统，调试器和被调试程序通常运行在同一台计算机上，例如，在 Windows 平台上使用 Visual C++等语言开发应用，调试器进程通过操作系统提供的接口来控制被调试程序。
- 宿主机上的调试器通过某种通信方式与目标机上的被调试程序建立物理连接。常见的通信方式有串口、以太网口、USB-JTAG 等。
- 在目标机上一般有调试器的某种代理（agent），这种代理可以是某种软件（如监视器），也可以是某种支持调试的硬件（如 JTAG），用于解释和执行目标机接收到的来自宿主机的各种命令（如设置断点、读内存、写内存等），并将结果返回给宿主机，配合宿主机调试器来调试目标机上的程序。
- 目标机也可以是一种虚拟机。在这种情形下，调试器和被调试程序似乎运行在同一台计算机上。但是调试方式的本质没有变化，即被调试程序都是被下载到目标机，对被调试程序的调试并不是直接通过宿主机操作系统的调试来完成，而是通过虚拟机代理的方式来完成。

交叉调试的方式一般分为以下几种。

1. 软件模拟器

软件模拟器是运行在宿主机上的纯软件工具，它通过模拟目标机的指令系统或目标机操作系统的系统调用，以此来达到在宿主机上运行并调试嵌入式应用程序的目的。

软件模拟器分为两类：指令集模拟器和系统调用级模拟器。

（1）指令集模拟器

指令集模拟器是在宿主机上模拟目标机的指令系统。它相当于在宿主机上建立了一台虚拟的目标机，该目标机的 CPU 型号与宿主机的 CPU 不同，例如，宿主机的 CPU 是 Intel Pentium，虚拟目标机的 CPU 可能是 ARM。功能强大的指令集模拟器不仅可以模拟目标机的指令系统，还可以模拟目标机的外设，如串口、网口、键盘等。

ARMulator 是由 ARM 公司早期推出的面向集成开发环境 ADS（ARM developer suite）中提供的指令集模拟器。它与运行在通用计算机（通常是 x86 体系结构）上的调试器相连接，可以模拟 ARM 微处理器体系结构和指令集，并提供开发和调试 ARM 程序的软件仿真环境。目前，Keil MDK、IAR EWARM 等集成开发环境（IDE）也都提供类似的软件仿真功能，嵌入式软件工程师无须ARM开发板，在IDE中借助软件仿真功能即可对ARM源代码进行仿真调试。软件仿真一般应用于验证软件结构和一些算法，无法对硬件异步触发和时序逻辑做出精确仿真。

（2）系统调用级模拟器

系统调用级模拟器是在宿主机上模拟目标机操作系统的系统调用。它相当于在宿主机上安装了目标机的操作系统，使得基于目标机操作系统的应用程序可以在宿主机上运行。目前，常用的系统调用级模拟器有Android模拟器和iOS模拟器等。

总而言之，软件模拟器可以在无须硬件支持的情况下，借助开发工具提供的虚拟平台进行软件开发和调试，使得嵌入式系统的软件和硬件可以并行开发，以提高嵌入式开发的效率、降低开发的成本。但使用软件模拟器调试，模拟环境与实际运行环境差别较大，被调试程序的执行时间与在目标机真实执行环境中的执行时间差别较大。而且除了常见的设备，不能模拟目标机所有的外围设备，一般仅用于嵌入式开发的早期阶段。

2．ROM监控器

ROM监控器也是一种早期的调试方法。如图1.3所示，在ROM监控器方式下，嵌入式系统的调试环境由宿主机端的调试器、目标机端的监控器（ROM monitor）以及二者间的连接（包括物理连接和逻辑连接）构成。ARM公司的Angel即属于此类调试方式，ARM公司提供的各种调试工具包均支持基于Angel的调试方式。

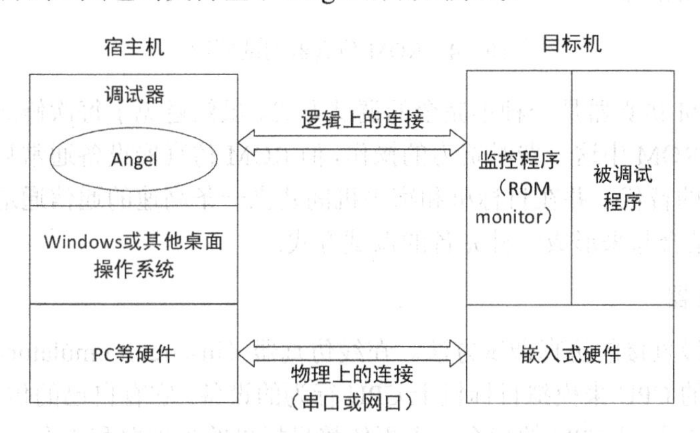

图1.3　ROM监控器调试环境

ROM监控器方式下，调试器大部分驻留在宿主机，余下的部分驻留在目标机作为调试代理。驻留在目标机的部分称为ROM监控器，是被固化在目标机的ROM中且目标机复位后首先被执行的一段程序。它对目标机进行一些必要的初始化，同时初始化自己的程序空间，然后通过指定的通信端口并遵循远程调试协议等待宿主机端调试器的命令，例如，被调试程序的下载、目标机内存和寄存器的读/写、设置断点和单步执行被调试程序等，监控目标机上被调试程序的运行，与宿主机端的调试器一起完成对目标机上应用程序的调试。

综上所述，ROM监控器调试方式简单方便，可以支持多种高级调试功能，如代码分析和系统分析等，而且成本低廉，不需要专门的硬件调试和仿真设备。但它本身要占用目标机的一部分资源（CPU、ROM和通信资源等），且当ROM监控器占用目标机CPU时，应用程序无法响应外部中断，不便于调试有时间特性的应用程序。

3．ROM 仿真器

ROM 仿真器，英文全称 ROM emulator，可以认为是一种用于替代目标机上的ROM/Flash 芯片的工具。如图 1.4 所示，ROM 仿真器的外形是一个有两根电缆的盒子，一边通过 ROM/Flash 芯片的插座与目标机相连，另一边通过通信口与宿主机相连。对于目标机上的 CPU，ROM 仿真器就像一个只读存储器芯片，这样目标机就可以不设置 ROM 芯片，而是利用 ROM 仿真器提供的 ROM 空间来代替。而对于宿主机上的调试器，ROM 仿真器上的 ROM 芯片的地址可以实时映射到目标机 ROM 的地址空间，从而仿真目标机的 ROM。

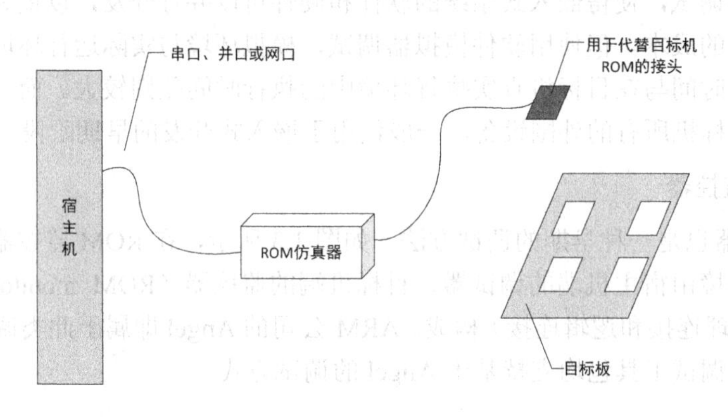

图 1.4　ROM 仿真器调试环境

实质上，ROM 仿真器是一种不完全的调试方式。虽然避免了每次修改程序后都必须重新烧写到目标机 ROM 中这一费时费力的操作，但 ROM 仿真器设备通常只是为目标机提供一个 ROM 芯片的替代，并在目标机和宿主机间建立一条高速的通信通道，因此，它经常与 ROM 监控器结合起来形成一种完备的调试方式。

4．在线仿真器

在线仿真是最直接的仿真调试方法。在线仿真器（in-circuit emulator，ICE）是一种用于替代目标机上的 CPU 来模拟目标机上 CPU 行为的设备。它有自己的仿真 CPU、RAM 和 ROM，可以执行目标机 CPU 的指令，不再依赖目标机的处理器和内存。

如图 1.5 所示，使用 ICE 调试前，要完成 ICE 和目标机的连接，通常先将目标机的 CPU 取下，然后将 ICE 的 CPU 引出线接到目标机的 CPU 插槽中。调试时，目标机的应用程序驻留在目标机的内存中，监控器即调试代理驻留在 ICE 的存储器中，使用 ICE 的 CPU 和存储器、目标机的输入输出接口调试目标机内存中的应用程序。调试完成后，再使用目标板上的处理器和存储器运行应用程序。

在线仿真器调试方法具有以下特点。

- 在线仿真器能同时支持软件断点和硬件断点的设置。通常，软件断点只到指令级别，在目标机的被调试程序中，软件断点只能指定在取某一指令时停止运行。而在硬件断点方式下，多种事件的发生都可以使目标机的被调试程序在一个硬件断点上停止运行，这些事件包括内存读/写、I/O 读/写以及中断等。

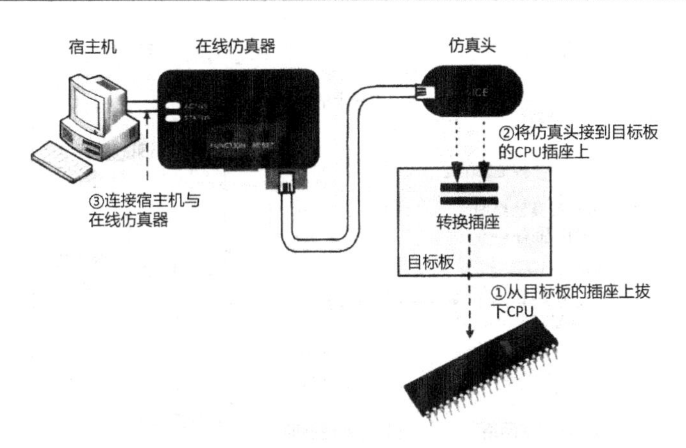

图 1.5　在线仿真器调试环境

- 在线仿真器能设置各种复杂的断点和触发器。例如，可以指定目标机的被调试程序在“当变量 var 等于 80 且寄存器 R1 等于 1”时停止运行。
- 在线仿真器能实时跟踪目标机的被调试程序的运行，并可实现选择性跟踪。在 ICE 上有大量 RAM，专门用来存储执行过的每个指令周期的信息，使用户可以得知各个事件发生的精确次序。
- 在线仿真器能在不中断目标机的被调试程序运行的情况下查看内存和变量，即可实现非干扰的调试查询。

在线仿真器是较为有效的嵌入式系统调试方式，尤其适合调试实时应用系统、硬件设备驱动程序以及对硬件进行功能测试。目前，在线仿真器一般用于低速和中速的嵌入式系统，例如，大多数 8 位 MCS-51 单片机仿真器。但是在 32 位高速嵌入式处理器领域，过高的时钟频率和复杂的芯片封装形式导致其对 ICE 的技术要求很高，价格也非常昂贵，因此在线仿真器目前已很少使用。

5．片上调试

由于传统的 ICE 难以满足高速嵌入式系统，越来越多的嵌入式处理器（如 ARM 系列）借助片上调试（on-chip debugging，OCD）技术进行嵌入式系统的调试。

片上调试是内置于目标板 CPU 芯片内的调试模块提供的一种调试功能，可以把它看成是一种廉价的 ICE 功能，它的价格只有 ICE 的几十分之一，却提供了几乎全部的 ICE 功能。OCD 采用两级模式，即将 CPU 的工作模式分为正常模式和调试模式。在正常模式下，目标机的 CPU 从内存读取指令执行。如图 1.6 所示，在调试模式下，目标机的 CPU 从调试端口读取指令，通过调试端口可以控制目标机的 CPU 进入和退出调试模式。这样宿主机的调试器可以直接向目标机发送要执行的指令。通过这种形式来读写目标机的内存和各种寄存器，并控制目标被调试程序的运行以及完成各种复杂的调试功能。

OCD 价格低廉，不占用目标机的资源，调试环境与程序最终运行环境基本一致，支持软硬件断点，可以精确计算程序的执行时间，并提供实时跟踪和时序分析等功能。但是 OCD 也存在以下不足之处：调试的实时性不如 ICE 强；不支持非干扰的调试查询，即无法在不中断调试程序运行的情况下查看内存和变量；使用范围受限，即不支持没有 OCD 功能的 CPU。

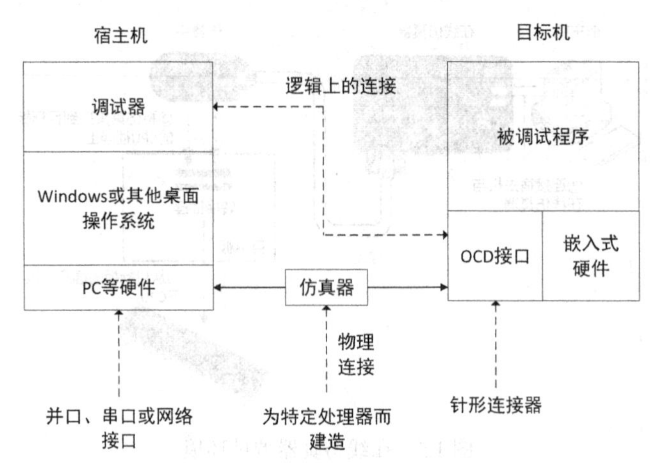

图 1.6　片上调试方式下的调试环境

现在比较常用的 OCD 实现有后台调试模式（background debugging mode，BDM）、联合测试工作组（joint test access group，JTAG）和片上仿真器（on chip emulation，ONCE）等。其中，JTAG 是目前主流的 OCD 方式，也是 ARM 处理器一般都具备的调试接口。

（1）JTAG 标准

JTAG 是一种关于测试访问端口和边界扫描结构的国际标准，由联合测试工作组（JTAG）提出，于 1990 年被电气和电子工程师协会（Institute of Electrical and Electronics Engineers，IEEE）批准为 IEEE 1149.1 规范，也被称为 JTAG 标准或 JTAG 协议，用于芯片内部测试及对程序进行调试、下载。它在内部封装了专门的测试电路——测试访问端口（test access port，TAP），通过专用的 JTAG 仿真器对内部节点进行测试。JTAG 是 JLink 在线调试的一种模式。

JTAG 是一个开放的协议，目前被全球各大电子企业广泛采用，已经成为电子行业内片上测试技术的一种标准。现在，大多数嵌入式处理器都支持 JTAG 标准，如 32 位 ARM 处理器，不论出自哪个半导体厂商，都采用兼容的 JTAG 接口。具有 JTAG 接口的芯片（如 ARM 处理器）都有若干个 JTAG 引脚。

JTAG 在线调试的另外一种简化模式是 SWD（serial wire debug，串行线调试）。图 1.7 是 JTAG 和 SWD 标准的接口排列，相比于 JTAG 接口，SWD 进一步减少了调试所占用的 MCU 引脚数。它只需要串行时钟线 SWCLK 和串行数据线 SWDIO 两个硬件引脚信号即可完成嵌入式系统的调试。目前主流的 MCU 和调试工具一般都支持 SWD 调试模式。

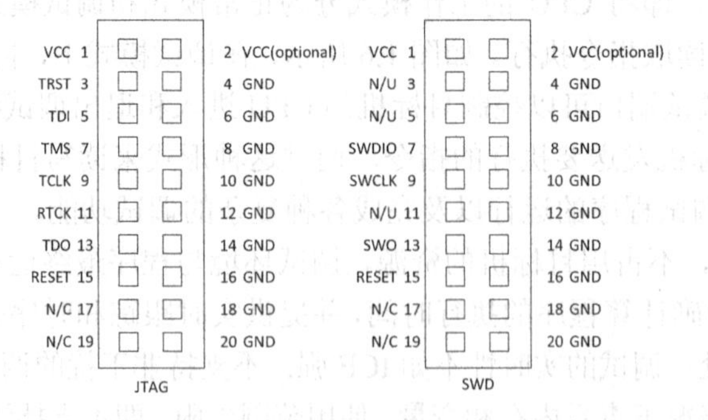

图 1.7　JTAG 和 SWD 接口定义

表 1.1 给出了 JTAG/SWD 调试接口的引脚描述。其具体描述如表 1.1 所示，其中，JTAG 引脚定义包括 TDI 和 TDO 引脚，因此数据流从进入 CPU 核心到输出 CPU 核心会形成一个很长的循环。

表 1.1　JTAG（IEEE 1149.1）/SWD 接口的引脚描述

引　脚	描　述
TCK/SWCLK	同步 JTAG 端口逻辑操作的时钟输入
TMS/SWDIO	测试模式选择输入，在 TCK 的上升沿被采样到内部状态机控制器（TAP 控制器）序列
TDI	输入测试数据流，在 TCK 的上升沿被采样
TDO	输出测试数据流，在 TCK 的下降沿被采样
TRST	低位有效的异步复位

（2）基于 JTAG/SWD 的嵌入式调试环境

基于 JTAG/SWD 的嵌入式调试环境中，目标机上含有 JTAG/SWD 接口模块的 CPU，通过 JTAG 仿真器与宿主机相连。只要目标机 CPU 的时钟系统正常，嵌入式开发者即可利用宿主机上嵌入式集成开发工具中的调试工具程序，通过 JTAG/SWD 接口使用独立目标机 CPU 指令系统的 JTAG 命令访问 CPU 的内部寄存器和挂载在 CPU 总线上的设备，如 Flash、RAM 和内置模块（如 GPIO、Timer 和 URAT 等）的寄存器，达到调试的目的。

JTAG 的嵌入式调试使用测试访问端口和边界扫描技术与目标机的 CPU 通信。与 ROM 监控器的调试方式相比，基于 JTAG 的嵌入式调试方式不仅功能强大，而且无须目标存储器，不占用目标机用户资源；与在线仿真器的调试方式相比，它的成本非常低廉。因此，在宿主机上使用嵌入式集成开发工具配合 JTAG 仿真器进行的基于 JTAG/SWD 的嵌入式调试，已成为嵌入式系统目前最有效、使用最广泛的一种调试方式。

（3）JTAG 仿真器

JTAG 仿真器又称为 JTAG 适配器，是基于 JTAG 的嵌入式调试环境中不可或缺的环节。通常它一边通过 USB 接口与宿主机连接，一边通过 JTAG/SWD 接口与目标机的芯片（通常是 CPU）连接，将宿主机调试工具软件的调试命令解析成 JTAG/SWD 的信号时序（即协议转换），以设置 TAP（test access port，测试存取端口）控制器的工作状态，控制对边界扫描寄存器的操作，完成对目标机的芯片的调试工作。

JTAG 仿真器不仅是嵌入式程序调试的重要工具，也是嵌入式软件固化（烧录）的工具。嵌入式软件固化是指将调试完毕的二进制可执行映像文件烧写到目标机的非易失性存储器（Flash）中，这个工作往往需要借助专门的烧写设备和烧写软件来完成。对于不支持 JTAG 的 CPU（如 MCS-51 等），通常需要使用被称为“编程器”的专用硬件设备和宿主机上的烧写软件来完成嵌入式软件的固化工作。对于支持 JTAG/SWD 的 CPU（如 ARM MCU 等），只需通过 JTAG/SWD 接口连接 JTAG 仿真器，借助宿主机的调试工具或烧写工具即可完成嵌入式软件的固化工作。

1.1.6　嵌入式系统的应用

嵌入式系统在消费类电子产品、仪器仪表、工业自动化、国防、运输和航空航天领域等产业中有广泛的应用。分类简述如下。

1．消费电子

嵌入式系统在消费类电子产品应用领域的发展较为迅速，需求量也较大。由嵌入式系统构成的消费类电子产品已经成为现实生活中必不可少的一部分。各种智能家电、智能音箱、流媒体电视等信息家电产品，以及大家熟悉的智能手机、智能手表等都是具有不同处理能力和存储需求的嵌入式系统。

2．智能仪器、仪表

这类产品广泛应用于工业现场，很多产品对于开发人员来说也是必备工具，如网络分析仪、数字示波器、热成像仪等。通常，这些嵌入式设备中都有一个应用处理器和一个运算处理器，可以完成一定的数据采集、分析、存储、打印、显示等功能。

3．网络通信

这些产品多数应用于通信机柜设备中，如路由器、交换机、家庭媒体网关等。

4．过程控制

主要指在工业控制领域中的应用，包括自动化生产过程中各种动作流程的控制，如流水线控制与检测、金属加工控制、汽车电子等。

5．航空航天

航空航天等领域中也需要大量的嵌入式系统，如火星探测器、火箭发射主控系统、卫星信号测控系统、飞机的控制系统、探月机器人等。

6．生物电子医学系统

如今在医学保健行业取得的较大进步，很多都应归功于嵌入式系统的应用与发展，如X光机的控制部件、EEG和ECG设备、CT、超声波检测设备、核磁共振设备、结肠镜和内窥镜等。除此之外，嵌入式医疗设备和保健设备也在不断发展，如家用的心电监测设备等。

近年来，随着物联网技术和应用的发展，嵌入式系统又进入了网络化新时代。本书后续章节将介绍物联网相关技术，以及两个物联网应用示例。

1.2　嵌入式处理器概述

本节将简要介绍嵌入式处理器的分类和特点。嵌入式处理器各有千秋，其应用范围也有很大不同。本节将重点介绍嵌入式微控制器（MCU）的发展及特点。

1.2.1　嵌入式处理器

嵌入式处理器是嵌入式系统的核心部件，是控制系统运行的硬件单元，其功耗、体积、成本、可靠性、速度、处理能力、电磁兼容性等方面均受到应用要求的制约。从目前仍在大规模应用的 8 位单片机，到广受青睐的 32 位、64 位嵌入式 CPU，以及未来发展方向之一的多核处理器，嵌入式处理器应用范围越来越广泛。目前全世界嵌入式处理器的品种总量已经超过 1000 种，流行体系结构包括 MCU、MPU 等 10 多个系列。鉴于嵌入式系统广阔的发展前景，很多半导体制造商都开始大规模生产嵌入式处理器，如单片机、DSP、FPGA（field-programmable gate array，现场可编程逻辑门阵列）等都有着各式各样的品种和型号。处理器也从之前的单核向多核、SoC 方向发展，速度越来越快，性能越来越强，价格也越来越低。

1.2.2　嵌入式处理器的分类

根据不同的应用场景和需求，嵌入式处理器主要分成以下几类。

1. 嵌入式微处理器

嵌入式微处理器（micro-processor unit，MPU）是由通用计算机的 CPU 演变而来的。它在 CPU 的基础上，只保留与嵌入式应用功能紧密相关的硬件，去除其他不必要的部分，这样就能够以较低的功耗和资源满足嵌入式应用的特殊要求。目前，MPU 以 ARM Cortex-A、MIPS、X86 等内核为主，其工作主频一般都大于 500MHz，外扩大容量 SDRAM，运行 Linux、Android、iOS 等完整的操作系统。与通用 CPU 相比，嵌入式微处理器具有体积小、成本低、可靠性高等优点，显著特征是具有 32 位以上的处理能力和较高的性能。下面以微处理器 Am335X 为例介绍嵌入式微处理器的主要构成和特点。Am335X 是 TI（德州仪器）基于 ARM Cortex-A8 内核设计的一款微处理器，该处理器增强了在图像、图形处理和诸如 PROFIBUS（程序总线网络）等工业接口方面的性能。图 1.8 所示是 Am335X 的功能框图。

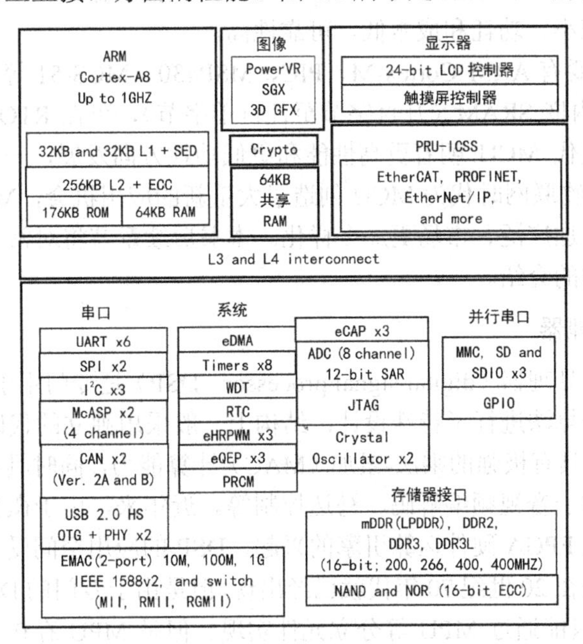

图 1.8　Am335X 功能框图

该处理器有以下特点。

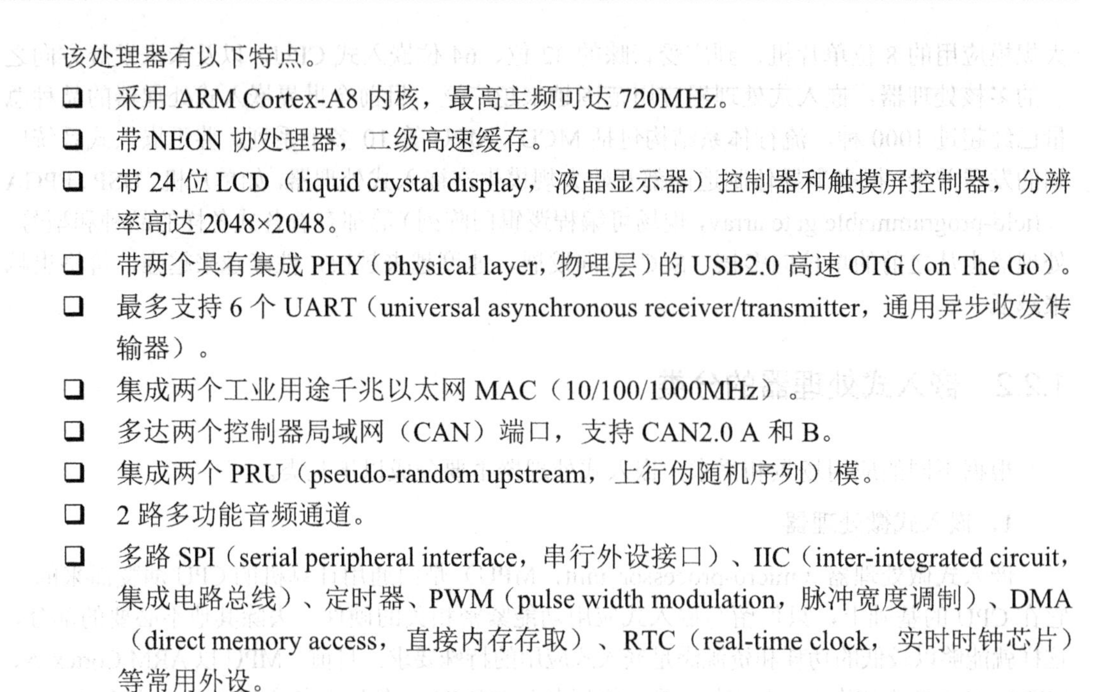

- 采用 ARM Cortex-A8 内核，最高主频可达 720MHz。
- 带 NEON 协处理器，二级高速缓存。
- 带 24 位 LCD（liquid crystal display，液晶显示器）控制器和触摸屏控制器，分辨率高达 2048×2048。
- 带两个具有集成 PHY（physical layer，物理层）的 USB2.0 高速 OTG（on The Go）。
- 最多支持 6 个 UART（universal asynchronous receiver/transmitter，通用异步收发传输器）。
- 集成两个工业用途千兆以太网 MAC（10/100/1000MHz）。
- 多达两个控制器局域网（CAN）端口，支持 CAN2.0 A 和 B。
- 集成两个 PRU（pseudo-random upstream，上行伪随机序列）模。
- 2 路多功能音频通道。
- 多路 SPI（serial peripheral interface，串行外设接口）、IIC（inter-integrated circuit，集成电路总线）、定时器、PWM（pulse width modulation，脉冲宽度调制）、DMA（direct memory access，直接内存存取）、RTC（real-time clock，实时时钟芯片）等常用外设。
- 自带 SGX530 3D 图形加速引擎。

2．嵌入式微控制器

嵌入式微控制器（micro controller unit，MCU）是目前嵌入式系统应用的主流，它内部集成 ROM/Flash、EPROM、RAM、定时器、I/O、通信接口等各种必要功能和外设。和微处理器相比，无论是在品种数量还是生产厂商方面，微控制器都占上风。微控制器的最大特点是单片化、体积小，功耗和成本低，可靠性高。

目前，MCU 主要有 ARM Cortex-M、PIC、MSP430、MCS-51 等内核，其工作主频大多在 8～200MHz，内嵌 SRAM（几百字节至几百千字节），可在 RTOS 或无操作系统（裸机）环境上运行。现代 MCU 朝着更高性能和更低功耗方向发展，一些新的技术、外设正在应用到 MCU 中。物联网时代为 MCU 创造了大量新的应用机会，MCU 产品性能的提高也使得其应用范围更加广泛、市场更加多样化。本书后续章节将对常用 MCU 的类别、特点及各种外设做详细的介绍。

3．数字信号处理器

嵌入式数字信号处理器（digital signal processor，DSP）是专门用于信号处理的处理器，它对系统结构和指令算法进行了特殊设计，结构上一般采用独立的代码、数据、I/O 总线，保证流水线的畅通，具有极强的乘法-累加（MAC）计算能力，同时具有很高的编译效率和指令执行速度，常用于音视频编解码、马达控制等。近年来，由于微处理器和微控制器性能的快速提升，以及 FPGA 硬件运算引擎的兴起，DSP 的应用空间受到了一定影响。

DSP 的理论算法在 20 世纪 70 年代就已经出现，但是由于专门的 DSP 处理器还未出现，所以 DSP 理论算法只能通过 MPU 等分立元件实现。但是 MPU 存在一些缺点，例如，较低的处理速度无法满足 DSP 的算法要求；应用领域仅局限于一些尖端的高科技领域等。随着大规模集成电路技术的发展，1982 年世界上诞生了首枚 DSP 芯片，其运算速度比 MPU 快几十倍，在语音合成和编码解码器中得到了广泛应用。到 20 世纪 80 年代中期，随着 CMOS（complementary metal oxide semiconductor，互补金属氧化物半导体）技术的进步与发展，第二代基于 CMOS 工艺的 DSP 芯片应运而生，其存储容量和运算速度都得到了很大提高，自此 DSP 芯片成为语音处理、图像硬件处理技术的基础。到 20 世纪 80 年代后期，DSP 的运算速度进一步提高，应用领域也扩大到了通信和计算机方面。20 世纪 90 年代后，DSP 发展到了第五代产品，集成度更高，使用范围也更加广阔。如图 1.9 所示，展示了 DSP SMV320C6727B 器件的功能方框图。

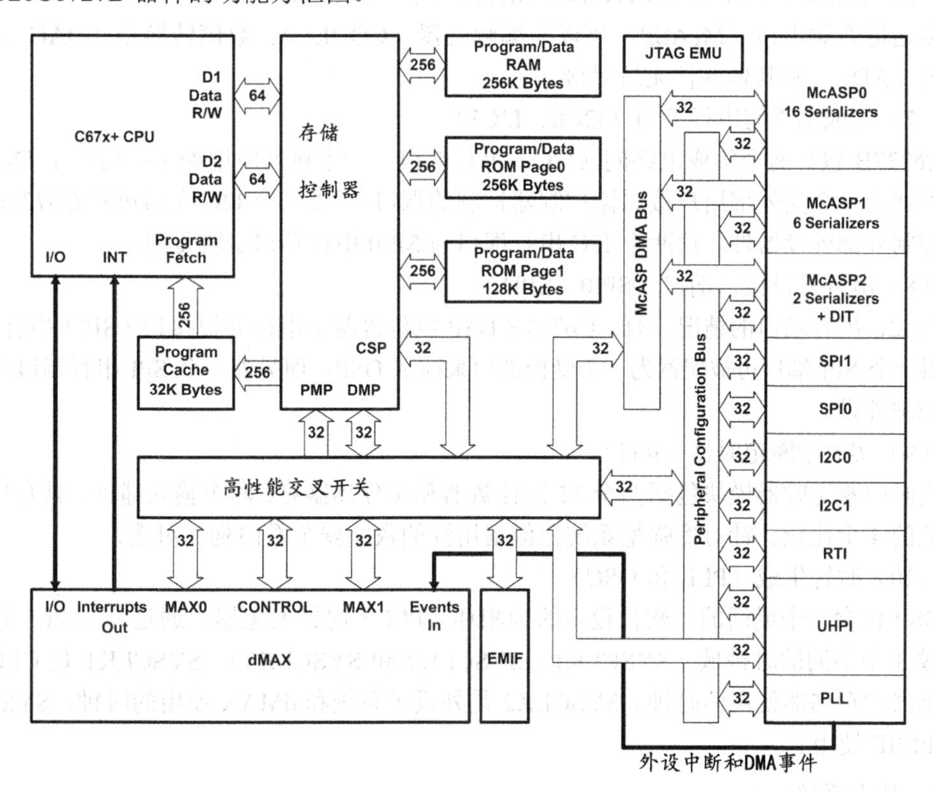

图 1.9　C6727B DSP 功能方框图

SMV320C6727B 是 TI（德州仪器）C67x 系列高性能 32/64 位浮点数字信号处理器的下一代产品。由图 1.9 可知，C6727B 主要包含以下模块。

（1）增强型 C67x + CPU

C67x + CPU 是 C671x DSP 上使用的 C67x CPU 的增强型版本。它与 C67x CPU 兼容，但是极大提升了每个时钟周期内的速度、代码密度和浮点性能。此 CPU 本身支持 32 位定点、32 位单精度浮点和 64 位双精度浮点算术运算。

（2）高效的存储器系统

此存储器控制器将大型片载 256 KB RAM 和 384 KB ROM 映射为统一程序和数据存储器。

（3）高性能纵横开关

一个高性能纵横开关被用作不同总线主控（如 CPU、dMAX、UHPI）与不同目标（外设和存储器）之间的中央集线器。

（4）用于实现灵活性和扩展的外部存储器接口（EMIF）

C6727B 上的外部存储器接口支持一个单组 SDRAM 和单组异步存储器。EMIF 数据宽度为 16 位宽。SDRAM 支持的存储器包括 x16 和 x32 SDRAM 器件，这些器件具有 1、2 或 4 组。C6727B 将 SDRAM 支持扩展至 256Mbit 和 512Mbit 器件。

（5）针对高速并行 I/O 的通用主机端口接口（UHPI）

UHPI 是一个并行接口，通过这个接口，一个外部主机 CPU 能够访问 DSP 上的存储器。

（6）多通道音频串口（McASP0、McASP1 和 McASP2）

多通道音频串口（McASP）可以与编解码器（CODEC）、数模转换器（DAC）、模数转换器（ADC）和其他器件无缝对接。

（7）集成电路间串行端口（I2C0、I2C1）

C6727B 包含两个集成电路间（I2C）串行端口。一个典型应用如下：将一个 I2C 串行端口配置为一个受外部用户接口微控制器控制的端口；另外一个 I2C 端口可被 C6727B DSP 用来控制外部外设器件。这两个 I2C 串行端口与 SPI0 串行端口引脚复用。

（8）串行外设接口端口（SPI0、SPI1）

与 I2C 串行端口的情况一样，C6727B DSP 也包含两个串行外设接口（SPI）串行端口。这使得一个 SPI 端口可被配置为一个受控端口来控制 DSP，而另外一个 SPI 串行端口被 DSP 用来控制外设。

（9）实时中断定时器（RTI）

实时中断定时器模块包括两个 32 位计数器和预分频器对、两个输入捕捉、具有自动升级功能的 4 个比较、针对增强型系统稳健耐用性的数字安全看门狗（可选）。

（10）时钟生成（PLL 和 OSC）

DSP 包含一个灵活的、软件设定的锁相环（PLL）时钟发生器。通过分割 PLL 输出，可生成 3 个不同的时钟域（SYSCLK1、SYSCLK2 和 SYSCLK3）。SYSCLK1 是 CPU、存储控制器和存储器使用的时钟。SYSCLK2 是外设子系统和 dMAX 使用的时钟。SYSCLK3 只由 EMIF 使用。

4．片上系统

片上系统（system on chip，SoC）是追求产品系统最大包容的集成器件，目前在嵌入式系统领域很受欢迎。SoC 最大的特点是成功实现了软硬件无缝结合，它可以直接在处理器芯片内嵌入操作系统的代码模块。将整个嵌入式系统集成到一块芯片中去，这一做法使得系统电路板变得很简洁，对于减小系统的体积和功耗、提高系统的可靠性和设计生产效率非常有利。

SoC 是把微处理器和某些特定应用外设结合在一起、为某些应用而定制的专用芯片。如 CC3220 嵌入式 Wi-Fi 芯片就是一个专用于物联网应用的嵌入式 Wi-Fi SoC。SoC 有如下两个显著的特点。一是硬件规模大，通常基于 IP 核（intellectual property core，知识产权核）的设计模式。所谓的 IP 核是指某一方提供的、形式为逻辑单元或芯片的可重用模块。IP 核通常已经通过了设计验证，设计人员以 IP 核为基础进行设计，可以缩短设计所需的周期。

IP 核可以通过协议由一方提供给另一方，或由一方独自占有。IP 核的概念源于产品设计的专利证书和源代码的版权等。设计人员能够以 IP 核为基础进行专用集成电路或现场可编程逻辑门阵列的逻辑设计，以减少设计周期。二是软件比重大，需要进行软硬件协同设计。目前在对性能和功耗要求极高的终端芯片领域，SoC 已占据主导地位，SoC 芯片也在多媒体、网络及系统逻辑等应用领域中发挥重要作用。

图 1.10 为 Zynq-7000 SoC 的结构框图，它是业界首款 All Programmable SoC，也是同类产品市场的先锋。凭借高性能、低价格等优势，该产品成为如小型蜂窝基站、多摄像头驾驶员辅助系统、工业自动化机器视觉、医疗内窥镜和 4K[①]超高清电视应用领域的最佳选择。如图 1.10 所示，该芯片主要包含了处理系统（processing system）、可编程逻辑、可配置加密引擎等。处理系统又包含了应用程序处理器单元（APU）、存储器接口、I/O 外设、互连等 4 个部分。

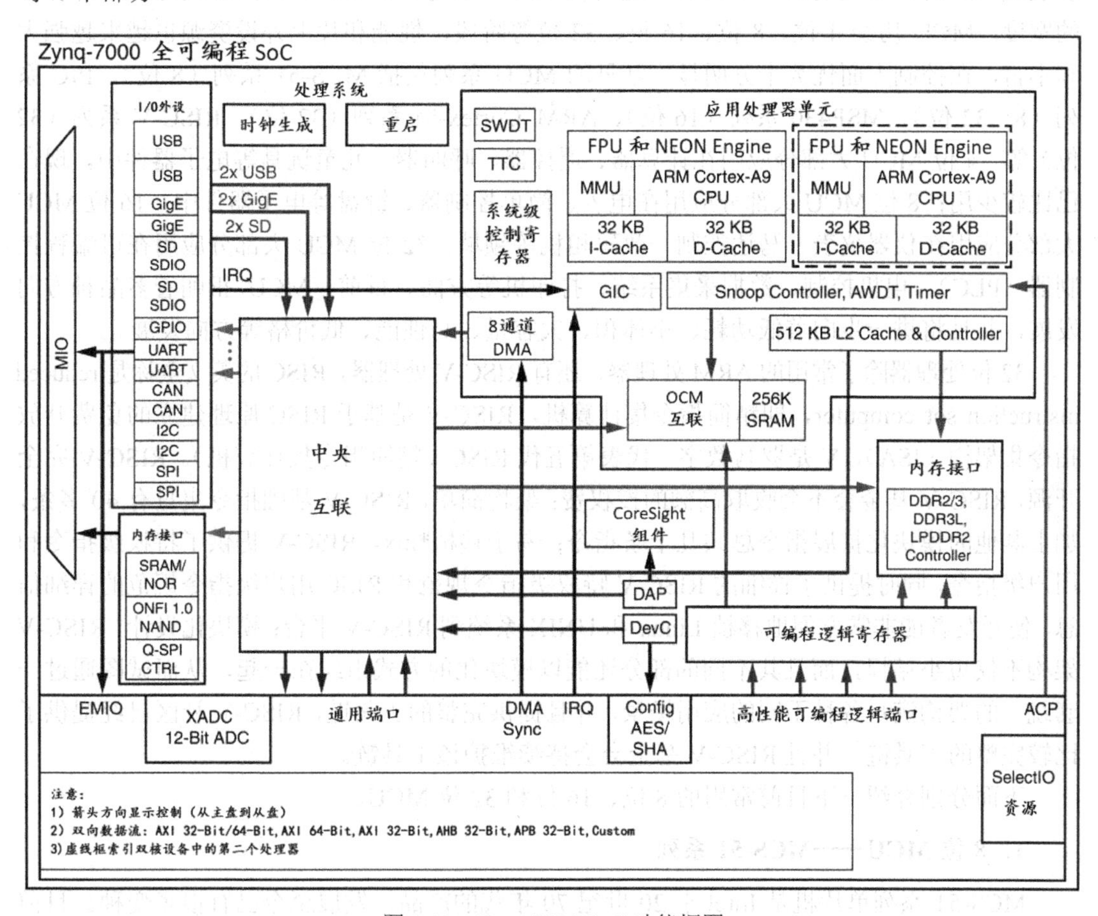

图 1.10 Zynq-7000 SoC 功能框图

应用处理器单元（application processor unit，APU）位于处理系统里的中心位置。应用处理单元具有双 ARM Cortex-A9 核，还具有高速缓冲、DMA、定时器、中断控制、浮点和

① 4K 指物理分辨率为 3840×2160。

NEON 协处理、硬件加速器等功能和特点，是处理器的核心部分。SCU（snoop control unit，窥探控制单元）用来保持双核之间的数据 Cache 的一致性，即第一个 A9 处理器写存储时，只是写在了缓存里，没有进主存，如果第二个 A9 读操作涉及第一个写脏了的数据段，SCU 要保证第二个 A9 的缓存里是最新的数据。如果第二个 A9 写同样数据段的数据，需要在第一个 A9 中体现出写的内容。SCU 的存在使得两个核组成互相联系的“双核”。

1.2.3　典型 MCU 介绍

微控制器（MCU）诞生于 20 世纪 70 年代末，早期被称为单片微型计算机，简称单片机。它作为微型计算机的一个重要分支，应用广泛且发展迅速。从微控制器诞生至今，已发展成为上百种系列的近千个机种。随着技术的不断进步和发展，根据总线或数据寄存器的宽度，MCU 历经 4 位、8 位、16 位、32 位等阶段，性能和片上外设资源也越来越强大和丰富，在控制方面优势十分明显。常见的 MCU 系列包括 MCS-51 系列（8 位）、PIC 系列（8～32 位）、MSP430 系列（16 位）、ARM Cortex-M 系列（32 位）、RISC-V 系列（32 位）等。4 位 MCU 大部分应用在计算器、遥控器、呼叫器、儿童玩具等电子器件中，现在已比较少用；8 位 MCU 大部分应用在电表、简单控制器、键盘等电子器件中；16 位 MCU 大部分应用在仪器仪表、马达控制、数码相机等领域；32 位 MCU 大部分应用在可编程控制器（PLC）、电机控制、数据采集系统、打印机等方面。目前，MCU 正朝着多品种方向发展，并且将进一步向着低功耗、小体积、大容量、高性能、低价格等方向发展。

32 位处理器除了常用的 ARM 处理器，还有 RISC-V 处理器。RISC 的英文全称是 reduced instruction set computer，即精简指令集计算机。RISC-V 是基于 RISC 原理建立的免费开放指令集架构（ISA），V 是罗马数字，代表第五代 RISC（精简指令集计算机）。RISC-V 完全开源，RISC-V 基金会不会收取高额的授权费；架构简单，RISC-V 基础指令集只有 40 多条，加上其他的模块化扩展指令总共几十条指令；易于移植*nix，RISC-V 提供了特权级指令和用户级指令，同时提供了详细的 RISC-V 特权级指令规范和 RISC 用户级指令规范的详细信息，使开发者能非常方便地移植 Linux 和 UNIX 系统到 RISC-V 平台；模块化设计，RISC-V 架构不仅短小精悍，而且其不同的部分还能以模块化的方式组织在一起，从而试图通过一套统一的架构满足各种不同的应用场景，并且提供完整的工具链，RISC-V 社区已经提供了比较完整的工具链，并且 RISC-V 基金会会持续维护该工具链。

下面分别介绍一下目前常用的 8 位、16 位和 32 位 MCU。

1. 8 位 MCU——MCS-51 系列

MCS-51 系列单片机是 Intel 于 20 世纪 70 年代的产品，发展至今已有很多变种。目前有很多半导体芯片公司生产基于 MCS-51 内核的单片机，把具有数据处理能力的中央处理器 CPU（MCS-51 内核）、随机存储器 RAM、程序存储器 ROM/Flash、多种 I/O 口和中断系统、定时器/计时器等功能集成到一块硅片上，构成一个小而完善的单片机系统。MCS-51 单片机内部结构框架如图 1.11 所示。

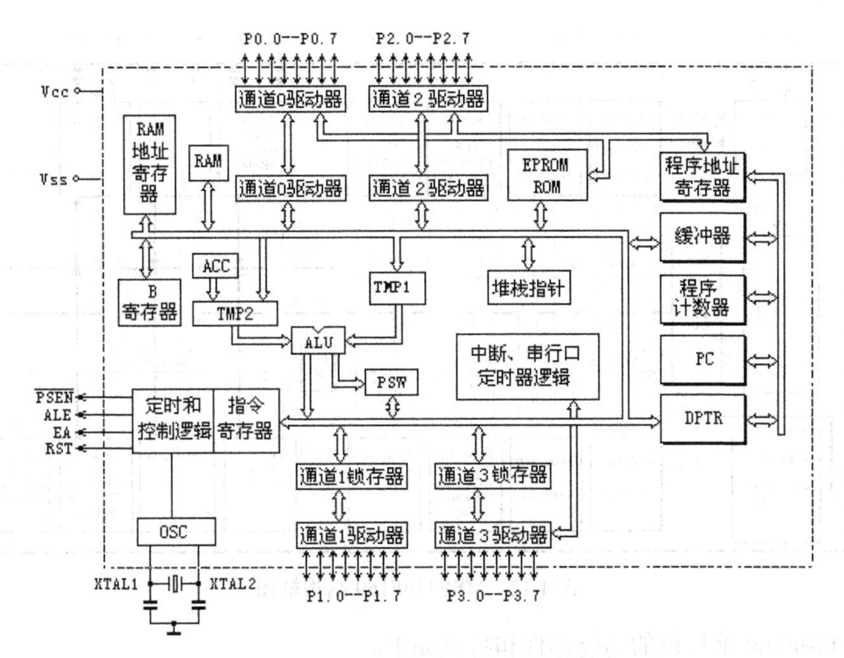

图 1.11　MCS-51 单片机内部结构框图

MCS-51 系列单片机的内部组成及其特点如下。

- 8 位 CPU。
- 片内带振荡器，频率范围一般为 1.2～12MHz。
- 片内通常带 128～256B 的数据存储器。
- 片内通常带 2～32KB 的程序存储器。
- 程序存储器的寻址空间为 64KB。
- 片外数据存储器的寻址空间为 64KB。
- 128 个用户位寻址空间。
- 多个特殊功能寄存器。
- 4 个 8 位并行 I/O 接口。
- 两个 16 位定时、计数器。
- 总共有 5 个中断源，具有两个优先级别。
- 一个全双工的串行接口，可多机通信。
- 111 条指令，包含乘法指令和除法指令。
- 片内采用单总线结构。
- 有较强的位处理能力。
- 采用单一+5 V 电源。

2. 16 位 MCU——MSP430

MSP430 系列单片机是美国德州仪器（TI）于 1996 年开始推向市场的一种 16 位超低功耗、具有精简指令集（RISC）的混合信号处理器（mixed signal processor）。该系列单片机多应用于需要电池供电的便携式仪器仪表中。图 1.12 所示是 MSP430F169 结构框图。

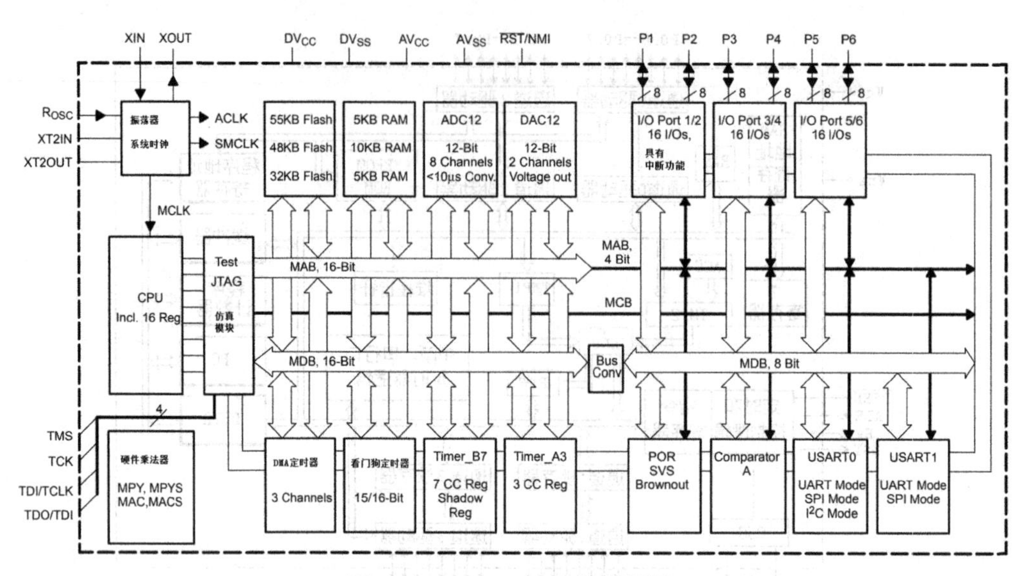

图 1.12　MSP430F169 结构框图

MSP430F169 单片机的功能部件和特点如下。

- 60KB+256B 可低电压工作的 Flash 模块：可用于存储控制器器件（firmware）程序代码和数据。在 LPM4 待机模式下，存储在 2KB 随机存取内存（RAM）中的数据仍可保持。
- 多种工作时钟系统：内建一组基本 RC 振荡频率 DCO（digitally-controlled oscillator，数控振荡器），当外部电源供应给芯片的工作电压为 3.6V 时，其最大工作频率为 8MHz，同时该数据会随着芯片工作温度、电压而有所改变。
- 计时模块提供一组看门狗定时器：系统宕机时可由其将系统重置。它包含一组基本定时器、两组功能完整的 16 位定时器，有上计数、下计数、连续、暂停模式可选。
- 12 位 8 通道连续逼近式（SAR）模拟数字转换（analog to digital）模块：最大转换速度可达 200kHz，内建参考电压（1.5V、2.5V）、取样保持电路、自动扫描功能。
- 2 组 12 位数字模拟转换（digital to analog）电压输出模块：两组 D/A 可由程控同步输出。
- 一组模拟电压比较器：可直接将输出信号提供给计时模块以便于抓取。
- 7 组 I/O 端口 P0～P6：共 48pin 脚可供输入/输出。
- 数字传输周边模块提供两组 USART：可作为异步、同步传输、I2C 接口。
- 硬件乘法器（hardware multiplier）：其是外部周边模块，使用时只需将操作数放到特定缓存器内，即可在下一个机械周期将结果取回，运算过程不需要处理器的参与。可做无符号相乘、有符号相乘、无符号相乘累加、有符号相乘累加 4 种模式的运算。
- 3 个内部 DMA（direct memory access，直接存储器访问）控制器：不需要处理器的介入就可将数据在两个内存地址使用。

3．32 位 MCU——MSP432

MSP432 系列属于低功耗、高性能的微控制器，它是 TI 的 MSP 低功耗微控制器系列中的 32 位 ARM Cortex-M4 内核产品。图 1.13 是 MSP432P401R 功能模块图。

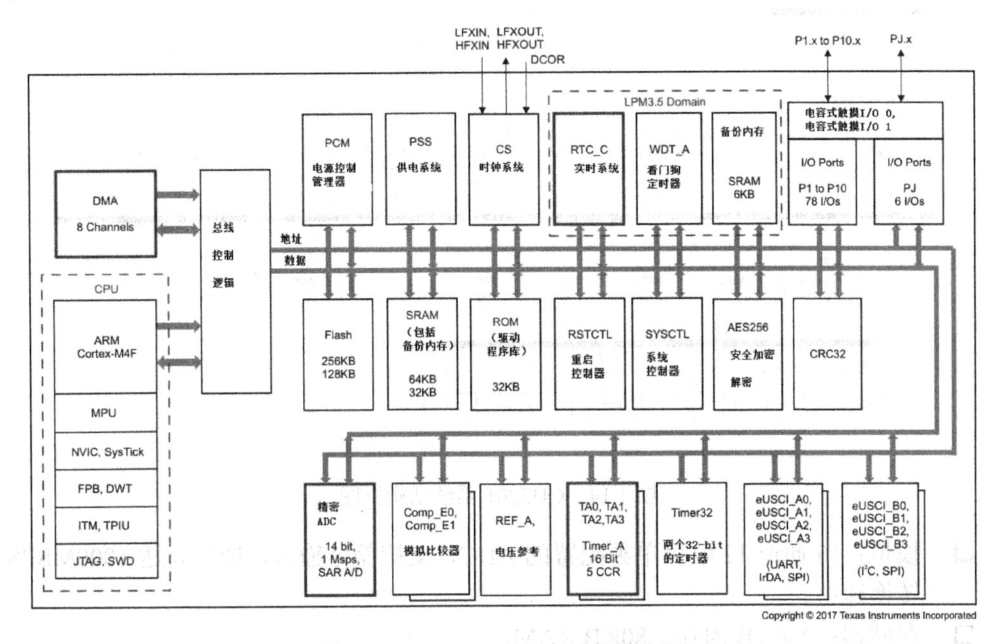

图 1.13　MSP432P401R 功能模块图

MSP432P401R 微控制器可借助 FPU 和 DSP 扩展提供超低功耗性能。其主要特点如下。

- 带浮点单元和 DSP 加速功能的 48MHz 32 位 ARM Cortex-M4F 内核。
- 功耗：95μA/MHz 工作功耗和 850nA RTC 待机操作功耗。
- 模拟：24 通道 14 位差动 1MSPS SAR ADC，两个比较器。
- 数字：高级加密标准（AES256）加速器、CRC、DMA、32 位硬件乘法器。
- 存储器：256KB 闪存、64KB RAM。
- 计时器：4 个 16 位、2 个 32 位。
- 通信：多达 4 个 I2C、8 个 SPI、4 个 UART。

4．32 位 MCU——CH2201

CH2201 物联网安全 MCU 是平头哥基于无剑 MCU 平台的生态芯片，其内置平头哥 32 位可信 CPU 玄铁 E802（TEE 安全），支持 AliOS Things 操作系统、物联网接入套件、可信引导、安全接入、可靠存储、差分升级等功能。通过 CH2201，用户可体验平头哥软硬一体芯片生态的开发优势。图 1.14 是 CH2201 的系统结构框图。

CH2201 的主要特点如下。

- 丰富的入云通道支持：开源 MQTT、CoAP、LwIP 等常用网络组件，支持阿里云、天翼云、OneNet 等接入。
- 安全可靠：在 Flash 中存储固件加扰，可信引导，启动进行镜像验签。

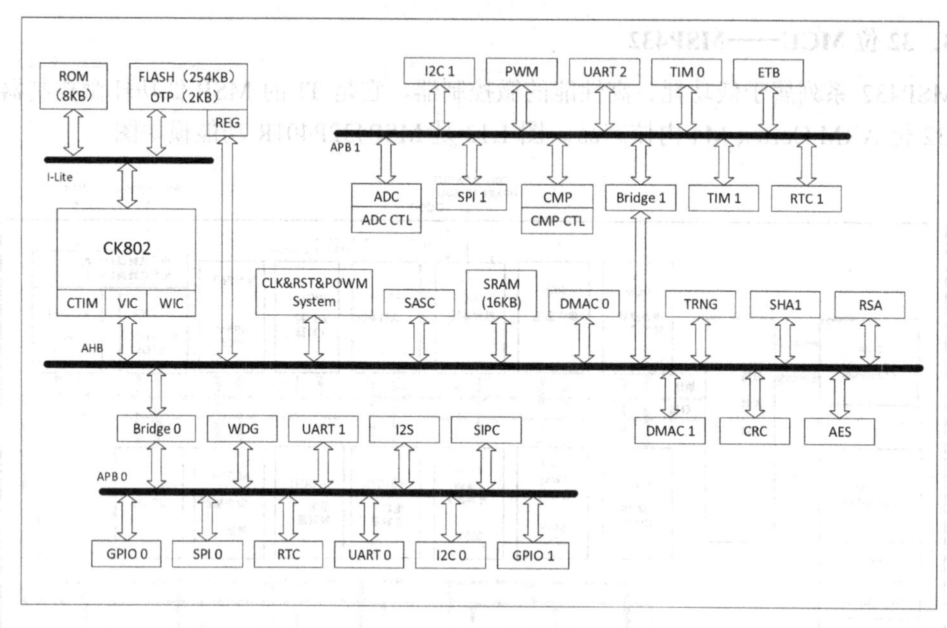

图 1.14 CH2201 系统结构框图

- 模拟：16 通道 12 位可单独配置的 ADC，支持差分输入，拥有高达 1000MSPS[①]的转换速率。
- 存储器：256KB 闪存、80KB RAM。
- 计时器：2 个独立可编程 32 位定时器。
- 通信：2 个 I2C、2 个 SPI、3 个 UART。

5. 32 位 MCU——STM32

STM32 系列从内核上可分为 ARM Cortex®-M0、M0+、M3、M4 和 M7，是意法半导体（ST）专为要求高性能、低成本、低功耗的嵌入式应用而设计，是目前非常流行的 32 位 MCU，也有一些国产的 STM32 兼容产品。按内核架构和应用适应性可以分为主流产品（如 STM32F0、STM32F1、STM32F3）、超低功耗产品（如 STM32L0、STM32L1、STM32L4、STM32L4+）和高性能产品（如 STM32F2、STM32F4、STM32F7、STM32H7）。图 1.15 是 STM32F303 的系统结构框图。

STM32 系列 MCU 型号很多，主频、存储器容量、外设、封装差异较大，其主要特征如下。

- 基于 ARM Cortex-M 内核的 32 位 MCU。
- 超前的体系结构：高性能、低电压、低功耗、创新的内核以及丰富的外设。
- 芯片型号众多、应用覆盖面广。
- 简单易用、低风险。
- 提供强大的软件支持、全面丰富的技术文档和软件包。

---

① SPS 全称 samples per second，表示采样一次每秒，是转化速率的单位。MSPS 表示每秒采样百万次。

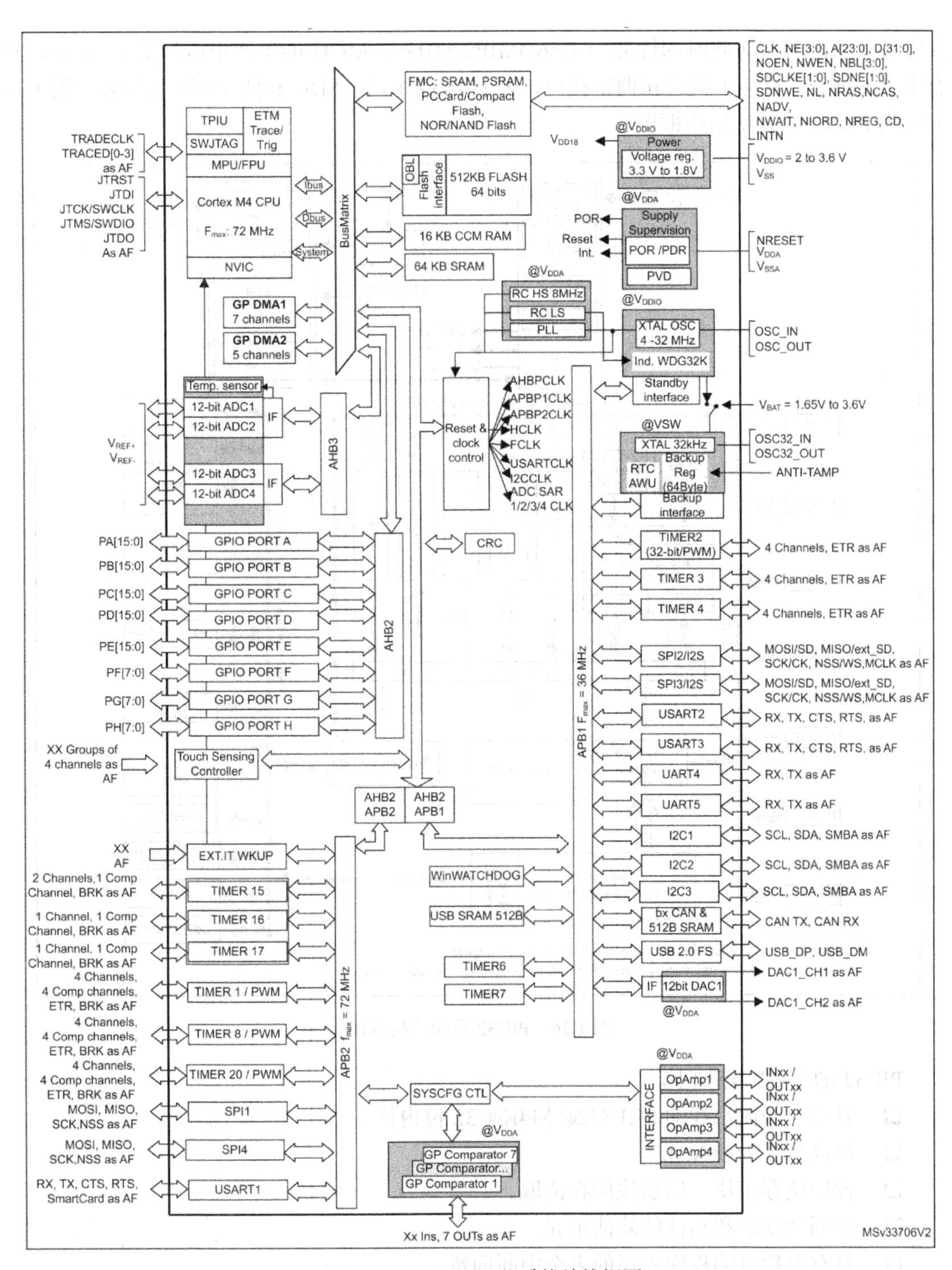

图 1.15　STM32F303 系统结构框图

6．32 位 MCU——PIC32

PIC32 是美国微芯科技公司（Microchip）推出的 32 位 MCU 系列，工作频率为 80MHz，在零等待状态闪存访问时的性能为1.56DMIPS/MHz①，MCU的工作电压为2.3～3.6V，具有丰富的外设，有两个编程和调试接口，多个16路10位ADC和两个模拟比较器。图1.16所示为PIC32的系统结构框图。

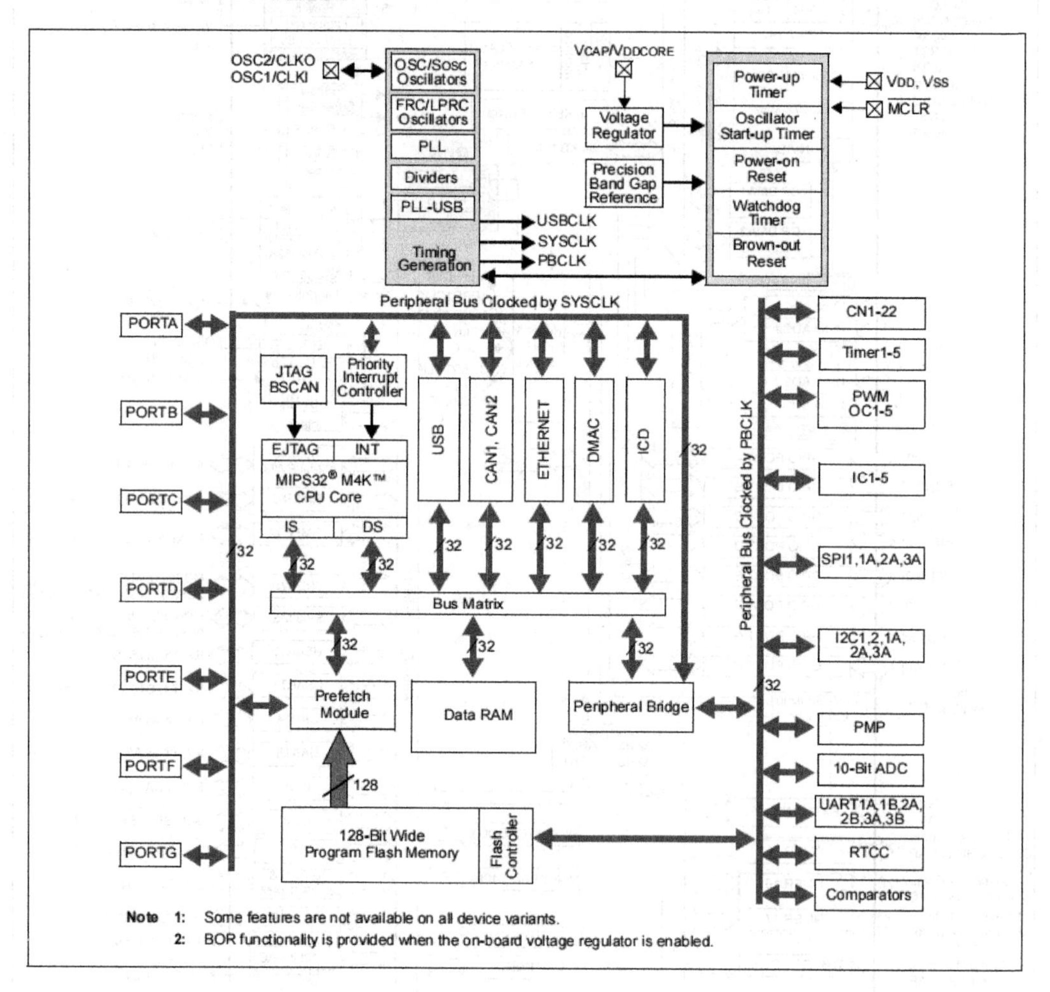

图1.16　PIC32系统结构框图

PIC32的主要特点如下。

- 具有5级流水线的MIPS32® M4K® 32位内核。
- 最高频率为80MHz。
- 预取缓存模块，以加快闪存读取。
- 单周期乘法和高性能除法单元。
- 具有单独可编程优先级的多个中断向量。
- 多达6个UART模块、4个SPI模块、5个I2C模块、5个16位的定时器。

① DMIPS是一个测量CPU运行一个整数运算测试程序时表现出的相对性能高低的单位。D全称dhrystone，是一种整数运算测试程序；MIPS指每秒执行百万条指令。

7. 32 位 MCU——CH2601

CH2601 是基于平头哥 32 位玄铁 CPU E906 的 RISC-V 生态芯片，它配置 512KB Flash、256KB SRAM 及丰富的片上外设，最高主频为 220MHz，支持 AliOS Things 物联网操作系统、平头哥 YoC 软件平台及平头哥剑池开发工具（CDK）。其主要特点如下。

- 支持 Wi-Fi 通信、音频播放等应用实例，支持多媒体组件、含 Codec 解码器。
- 内置丰富的基础组件，包括 KV、AT、CLI、LittleVGL 等。
- 内置 AliOS Things 物联网操作系统。
- 适配 CSI 驱动接口，开放便捷。
- 32 位 RISC-V：RV321MACX 指令集、5 级流水线、3.1CoreMark/MHz、220MHz 主频。
- 12 位 ADC，支持单次采样、连续采样及外部信号触发采样模式。
- 存储器：512KB/4MB Flash、256KB SRAM。
- 通信：2 个 SPI、1 个 I2C、2 个 UART。
- 复位电路：外部复位电路、看门狗复位、上电复位、掉电复位、CPU 软复位。

虽然 MCU 品种繁多、应用也不尽相同，但其主要结构和功能特点是相似的。现代 MCU 的主要特点如下。

- 集成度高：MCU 集成了一个微型计算机系统所需的资源，包括处理器、存储器、常用外设、电源管理、复位等，堪称“麻雀虽小，五脏俱全”。
- 性能较高：目前很多 MCU 内核（如 ARM Cortex-M4）都是 32 位字长，且带浮点处理单元（FPU），工作主频超过 200MHz，相当于当时 Intel 80486 的计算能力。MCU 不仅适用于简单的逻辑控制，而且适用数字滤波、电机控制、音频处理等运算密集的应用。
- 外设丰富：MCU 面向数据采集、控制类应用，一般都集成了丰富的外设，包括定时器、UART、I2C、USB 等。MCU 功能强大、使用方便，通常单个芯片即可满足应用需求。
- 低功耗：这是 MCU 相对于其他微处理器最具优势的特点。很多 MCU 都可以做到 50～100μA/MHz 的运行功耗，在休眠模式耗电可低至微安级。MCU 具有多种电源管理和低功耗模式，通过与软件结合，可以获得最佳的功耗性能，大大增加了电池的续航能力。
- 产品线广：每种 MCU 都有一个系列产品，存储器资源、外设种类、引脚数、封装形式等都有不同的选择，用户可根据自己的应用需求，选择最合适的 MCU 芯片，设计出性价比最好的产品。

1.3 本章小结

嵌入式系统是服务于特定应用的计算机系统，其硬件和软件具有专用性。针对不同的应用，嵌入式系统中硬件和软件的复杂程度有很大差异，对实时性、可靠性、体积、功耗、成本等有不同的要求。嵌入式系统一般需要专用的软硬件开发调试环境和工具。嵌入式处理器一般可分为嵌入式微处理器（MPU）、嵌入式微控制器（MCU）、数字信号处理器（DSP）、专用集成电路（ASIC）等，它们的性能、应用侧重点各不相同。目前广泛使用的嵌入式处理器是各种嵌入式微控制器 MCU。常用的嵌入式微控制器有多种内核，包括主流的 32 位 ARM 处理器及 RISC-V 处理器。物联网时代给嵌入式系统带来了新的巨大发展空间。

1.4 习　　题

1. 什么是嵌入式系统？
2. 简述嵌入式系统的发展过程。
3. 从硬件系统来看，嵌入式系统由哪些部分组成？
4. 从软件系统来看，嵌入式系统由哪些部分组成？
5. 嵌入式系统有哪些特点？
6. 在嵌入式系统的开发过程中，调试嵌入式系统的方法和手段主要有哪几种？
7. 举出几个嵌入式系统应用的例子，通过查资料和独立思考，说明这些嵌入式系统产品主要由哪几部分组成，每个组成部分完成什么功能。

提示：智能家电、仪器仪表、工业控制类产品的例子等。

8. 通过查阅资料，列举几个嵌入式 MPU、MCU 的制造商及其具体产品型号，并说明其主要特点。
9. 通过查阅资料，试分析物联网应用对嵌入式处理器功能、性能的需求。
10. 通过查阅资料，简述嵌入式微控制器（MCU）的发展史。

第 2 章　ARM Cortex-M 处理器

嵌入式应用系统差异性很大，对处理器的要求也各不相同。ARM 针对各种应用都有相应的系列产品，现已成为全球嵌入式领域应用较为广泛的处理器。本章将对 ARM 处理器的架构、ARM Cortex-M 处理器内核功能，以及 ARM Cortex-M4 处理器的工作模式、寄存器、异常处理等相关知识进行系统性介绍。

2.1　ARM 处理器概述

ARM（advanced RISC machine）既是对一类微处理器的统称，也是一个公司的名字，还是一类技术的名称。ARM 处理器采用 RISC（精简指令集）结构，简化了处理器结构、减少了复杂功能的指令，同时支持处理器扩展。ARM 公司成立于 1991 年，是一家微处理器行业的知名企业，专门从事基于 RISC 技术处理器的设计开发，设计了大量高性能、价廉、低功耗的 RISC 处理器。作为知识产权（intellectual property，IP）供应商，ARM 公司不生产芯片，靠转让设计许可由合作伙伴（芯片设计和制造商）来生产各具特色的芯片。目前，ARM 公司在世界范围内拥有超过 500 个合作伙伴，其中包括 IBM、Intel、LG、ST、TI、Samsung 等几十家著名的半导体公司都使用 ARM 公司的授权，近几年也有很多中国的半导体公司使用 ARM 的授权生产芯片，这保证了大量的开发工具和丰富的第三方资源，使得基于 ARM 处理器内核设计的产品可以很快投入市场。

目前，ARM 32 位体系架构处理器被公认为业界领先的 32 位嵌入式 RISC 微处理器内核，所有的 ARM 处理器都采用这一架构。ARM 体系架构具体有如下特点。

- 小体积、低功耗、低成本、高性能。
- 支持 Thumb（16bits）/ARM（32bits）双指令集，能很好地兼顾性能与代码密度。
- 大量使用寄存器，指令执行速度更快。
- 大多数数据操作都在寄存器中完成，使用更多单周期指令，便于指令流水线执行。
- 寻址方式灵活简单，执行效率高。
- 指令长度固定。

嵌入式处理器除 ARM 外，常见的还有 PowerPC、MIPS、RISC-V 等架构。由于 ARM 处理器低成本、高性能、低功耗的优点，使得 ARM 处理器架构占据了移动应用、嵌入式应用市场的主流。目前几乎所有生产处理器芯片的半导体公司，都购买了授权并使用 ARM 处理器。

2.2 ARM 处理器架构

ARM 处理器经历了几代发展，如 ARM7、ARM9、ARM11、ARM Cortex 等型号，但 ARM 处理器真正的版本是以体系结构（指令集架构，ISA）的版本号来区分的。接下来先介绍 ARM 体系结构版本，然后再介绍 ARM 处理器。

2.2.1 ARM 体系结构版本

为了对 ARM 处理器采用的技术进行区别，按照指令集架构（ISA）推出的先后次序定义版本，主要包含 V1～V8 共 8 个版本。

1. V1 版

V1 版架构只在原型机 ARM1 中出现过，它只有 26 位寻址空间（64MB），没有用于商业产品。V1 版架构基本指令如下：基本的数据处理指令（无乘法）；基于字节、半字和字的 Load/Store 指令；转移指令（包括子程序的调用和链接指令）；供操作系统使用的 SWI（software interrupt，软件中断指令）。

2. V2 版

V2 版架构对 V1 版进行了扩展，主要运用在 ARM2 和 ARM3 上。与 V1 版架构相比，V2 版架构主要增加了以下功能：乘法和乘法指令；支持协处理器的操作；快速中断模式；SWP（Swap word，字数据交换指令）/SWPB（swap byte，字节数据交换指令）的存储器和寄存器交换指令。版本 V2 和它之后的版本 V2a 仍然只有 26 位寻址空间，现在已废弃不用。

3. V3 版

V3 版架构运用在 1990 年设计的第一个微处理器 ARM6 上。它作为 IP 核和独立的处理器具有片上高速缓存、MMU（memory management unit，内存管理单元）和写缓冲的集成 CPU，并且引入了有符号和无符号数乘法和乘加指令。V3 版架构相对 V2 版有如下改进：将寻址范围扩展到了 32 位（4GB）；当前程序状态信息从原来的 R15 程序计数寄存器移到当前程序状态寄存器（current program status register，CPSR）中，并增加了程序状态保存寄存器（saved program status register，SPSR）；增加了两个指令，MRS（move PSR to register，程序状态寄存器到通用寄存器的数据传送指令）和 MSR（move register to PSR，通用寄存器到程序状态寄存器的数据传送指令）访问新增的 CPSR 和 SPSR 寄存器；增加了两种处理器异常模式，使操作系统代码可以方便地使用数据访问中止异常、指令预取中止异常和未定义中止异常；增加了从异常处理返回的指令功能。

4. V4 版

V4 版架构是 ARM 真正商用化的第一个指令集架构，ARM7、ARM9 和 StrongARM 都采用该架构。V4 版架构不再强制要求与 26 位地址空间兼容，并明确了哪些指令会引起未定义指令异常。它对 V3 版进行了扩展，指令集中增加了以下功能：增加符号化和非符号化半字及符号化字节的存/取指令；处理器可工作在 Thumb 状态，增加了 16 位 Thumb 指令集；有了在 ARM/Thumb 状态之间切换的指令；完善了软件中断 SWI 指令的功能；增加了处理器管理模式（supervisor mode，SVC）。

5．V5 版

ARM10 和 Xscale 都采用 V5 版架构。V5 版架构在 V4 版基础上又增加了一些新的指令：带有链接和交换的转移 BLX（branch with link and exchange，带返回和状态切换的跳转指令）；计数前导零（count leading zeros，CLZ）指令；BRK（break）中断指令；增加了数字信号处理的指令；改进了 ARM/Thumb 状态之间的切换效率；为协处理器增加更多可选择的指令。

6．V6 版

V6 版架构于 2001 年发布，并在 2002 年春季发布的 ARM11 处理器中使用。在降低耗电量的同时，还强化了图形处理性能。V6 版架构在 V5 版基础上增加了以下功能：增加了 SIMD（single instruction multiple data，单指令多数据）功能扩展，为包括音频/视频处理在内的应用系统提供优化功能；DSP（digital signal processing，数字信号处理）指令扩充，增加高性能定点 DSP 功能；平均取指令和取数据延时减少，因 Cache 未命中造成的等待时间减少，总的内存管理性能提高到 30%左右；适应多处理器内核的需要；支持混合端序，能够处理大端序和小端序混合的数据；异常处理和中断处理得以改进，实时任务处理能力增强。

7．V7 版

V7 版架构采用 Thumb-2 技术，它是在 ARM 的 Thumb 代码压缩技术的基础上发展起来的，并保持了对现存 ARM 解决方案的完整的代码兼容性。Thumb-2 技术比纯 32 位代码节约了 31%的内存，减少了系统开销，同时比基于 Thumb 技术的解决方案高出 38%的性能。V7 版架构在 V6 版本的基础上主要增加了以下功能：32 位、16 位混合编码指令；增强了 SIMD、DSP 功能扩展，为操作系统（operating system，OS）、音视频处理应用系统提供优化功能。ARMv7 架构还采用了 NEON 技术，将 DSP 和媒体处理能力提高了近 4 倍，并支持改良的浮点运算，满足下一代 3D 图形、游戏物理应用以及传统嵌入式应用的需求。此外，ARMv7 支持改良的运行环境，以迎合不断增加的 JIT（just in time，准时化生产）和 DAC（digital-to-analog converter，数字模拟转换器）技术的使用。在处理器命名上，基于 ARMv7 架构的处理器已经不再沿用过去的数字命名方式，而是以 Cortex 系列命名。ARMv7 是目前主流的 ARM 处理器架构。

8．V8 版

V8 版构架是 ARM 公司首个支持 64 位指令集的处理器架构，包括如下两个方面：64 位通用寄存器、SP（堆栈指针）和 PC（程序计数器）；64 位数据处理和扩展的虚拟寻址。V8 版架构主要有两种执行状态：AArch64，64 位执行状态，包括该状态的异常模型、内存模型、程序员模型和指令集支持；AArch32，32 位执行状态，包括该状态的异常模型、内存模型、程序员模型和指令集支持。V8 版架构支持如下 3 个主要指令集。

- A32（或 ARM）：A32 具有 32 位的固定指令长度，在 4 字节边界上对齐。在 ARMv6 和 ARMv7 架构中称为 ARM 指令集，在 pre-ARMv8 架构中称为 A32 指令集。A32 指令同时支持 A-profile 和 R-profile 架构。随着 Thumb-2 技术的引入，它的大部分功能都包含在 T32 中。
- T32（Thumb）：T32 指令集在 ARMv6 和 ARMv7 架构中称为 Thumb，它是作为 16 位指令的补充集引入的。它支持更好的用户代码密度，随着时间的推移，T32 演化为 16 位和 32 位混合长度的指令集。因此，编译器可以在一个指令集中平衡性能和代码大小。
- A64：A64 具有 64 位的固定指令长度。它是 ARMv8-A 中新引入的指令集，支持 64 位架构，指令语义大致类似于 A32 和 T32。它与 A32 和 T32 的不同之处在于：大多数指令支持 32 位或 64 位参数；所有地址默认为 64 位；条件指令集已经缩减到只包含分支、比较和选择；增加了 LD/ST 'P'来处理寄存器对。

2.2.2 ARM 处理器

基于不同的指令集架构版本，针对不同的应用领域，ARM 公司开发的众多系列的 ARM 处理器，早期应用比较广泛的是 ARM7、ARM9、ARM9E、ARM10E、ARM11、SecurCore 和 Xscale 系列，目前主流的是 Cortex 系列。其中，ARM7、ARM9、ARM9E、ARM10、ARM11 为 5 个通用处理器系列，每一个系列提供一套相对独特的性能来满足不同应用领域的需求。SecurCore 系列专门为安全性要求较高的应用而设计。

1. ARM7 系列

ARM7 系列是低功耗的 32 位 RISC 处理器，适用于对价位和功耗要求较高的消费类应用。ARM7 系列具有以下功能和特点：嵌入式 ICE-RT 逻辑；超低功耗；提供 0.9MIPS/MHz 的 3 级流水线和冯·诺依曼结构。ARM7 系列微处理器包括如下几个类型的核：ARM7TDMI、ARM7TDMI-S、带有高速缓存处理器宏单元的 ARM720T 和扩充了 Jazelle 的 ARM7EJ-S。该系列处理器提供 Thumb 16 位压缩指令集和 Embedded ICE 软件调试方式，适用于更大规模的 SoC 设计。

在 2005 年前后，ARM7 系列广泛应用于多媒体和嵌入式设备，包括 Internet 设备、网络和调试解调器设备，以及移动电话、PDA 等无线设备。

2. ARM9 系列

ARM9 系列微处理器在高性能和低功耗特性方面有较佳的表现。ARM9 系列采用 5 级流水线，它的指令执行效率比 3 级流水线更高，达到 1.1MIPS/MHz。ARM9 系列微处理器包含 ARM920T、ARM922T 和 ARM940T 3 种类型，适用于不同的场合。ARM9 当时主要应用于引擎管理、仪器仪表、安全系统、机顶盒、高端打印机、网络电脑和智能电脑等。

3．ARM10 系列

ARM10 系列具有以下特点：采用 6 级流水线；拥有 1.25MIPS/MHz 的运行速度；与同等 ARM9 器件相比，在相同的时钟速度下，性能提高了约 50%；增加全浮点操作。

该系列包括 ARM1020E 和 ARM1022E 处理器内核，其核心在于使用向量浮点（vector floating point，VFP）单元 VFP10 提供高性能的浮点解决方案，极大地提高了处理器的整型和浮点运算性能，当时主要用于视频游戏机和高性能打印机等。

4．ARM11 处理器

ARM11 采用 ARMv6 体系结构，相对于 ARM10 系列有了很大提升：采用 8 级流水线；增强了指令的跳转预测；散热性能得到了提升；在保持低功耗的同时提供 350MHz～1GHz 的运行速度。ARM11 还引入用于媒体处理的 32 位 SIMD 指令，加快了对 MPEG4（moving pictures experts group，动态图像专家组）和音频的处理速度；引入了用于提高操作系统上下文切换性能的物理标记高速缓存；改进了 Cache 的访问机制，减少了上下文切换的开销。ARM11 当时主要应用于智能手机、家庭、消费类行业和其他嵌入式应用领域。ARM11 以后，ARM 公司的处理器内核不再延续使用数字增序，而是针对不同的应用场景而改用 Cortex 系列命名。

5．SecurCore 系列

SecurCore 系列微处理器提供了完善的 32 位 RISC 技术的安全解决方案。在系统安全方面具有如下特点：带有灵活的保护单元，以确保操作系统和应用数据的安全；采用软内核技术，防止外部对其进行扫描探测；可集成用户自己的安全特性和其他协处理器。SecurCore 系列包括 SecurCore SC100、SecurCore SC110、SecurCore SC200 和 SecurCore SC210 4 种类型的处理器内核。

SecurCore 系列微处理器主要针对新兴的安全市场，以一种全新的安全处理器设计，为智能卡和其他安全 IC 开发提供独特的 32 位系统设计，并具有特定反伪造方法，可有效制止盗版硬件或软件的出现。该系列处理器主要应用于一些安全性要求较高的应用产品及应用系统，如电子商务、电子政务、电子银行业务、网络和认证系统等领域。

6．Xscale

Intel Xscale 处理器是 Intel 获得 ARM 授权后进行改进、推广的一款 ARM 处理器。它基于 ARMv5TE 体系结构，当时是一款具有较高性能、较好性价比的嵌入式处理器。它支持 16 位的 Thumb 指令和 DSP 指令集，主要应用在数字移动电话、个人数字助理和网络产品等场合，后续没有进一步发展。

7．Cortex 处理器

32 位 ARM Cortex 处理器大多采用 ARMv7 体系结构。Cortex 系列包括 Cortex-A 系列、Cortex-R 系列、Cortex-M 系列 3 个子系列。虽然都属于 V7 版本架构，但这 3 个子系列差别非常大，它们针对不同的目标市场。

Cortex-A 系列：应用处理器（application processor），追求高时钟频率、高性能、合理功耗，是用于复杂操作系统和用户应用程序的处理器，支持 ARM、Thumb 和 Thumb-2 指令集，且功能强大，可运行完整 OS，常用于智能手机、平板电脑、多媒体应用等领域。ARM Cortex-A 系列主要的处理器大体有 Cortex-A5 处理器、Cortex-A8 处理器、Cortex-A9 处理器、Cortex-A53 处理器等。

Cortex-R 系列：实时控制处理器（real-time controller），追求实时响应、合理性能、较低功耗，主要针对要求可靠性和实时响应的嵌入式系统。相比 Cortex-A 系列，Cortex-R 系列少了对页表的支持，也就是说，软件看到的地址都是物理地址，相对来说，软件运行时间和中断响应速度都更加快速稳定、容易预测。目前很多应用都需要 Cortex-R 系列的关键特性，具体如下。

- 高性能：与高时钟频率相结合的快速处理能力。
- 实时：处理能力在所有场合都符合硬实时系统的限制，其中，硬实时系统的限制是指在硬实时系统中，不仅要求任务响应要实时，而且要求在规定的时间内完成事件的处理。
- 安全：具有高容错能力的可靠且可信的系统。
- 经济：相同价位下，可实现功耗和面积等方面的最佳性能。

Cortex-M 系列：微控制器（micro-controller），追求极低成本、极低功耗。它是针对低成本应用优化的微控制器内核，可为低功耗的嵌入式计算应用提供最佳综合解决方案。处理器比 Cortex-R 处理器更加精简，有更短的流水线、更简单的指令集、更少的运算单元和调试单元。Cortex-M 是目前应用较为广泛的 32 位 MCU 处理器内核系列。

2.3　Cortex-M 处理器内核及功能介绍

如上所述，ARM 处理器分为经典 ARM 处理器系列和最新的 Cortex 处理器系列。Cortex-M 系列处理器主要是针对微控制器领域开发的，该领域应用既需要进行快速准确的中断管理，又需要将门数规模和功耗控制在最低。Cortex-M 系列处理器广泛应用在混合信号设备、智能传感器、汽车电子等领域。Cortex-M 处理器主要包括 Cortex-M0、Cortex-M1、Cortex-M3、Cortex-M4 和 Cortex-M7。这几款处理器具有不同性能和成本，下面分别介绍这几款处理器的主要特征。

1．Cortex-M0

Cortex-M0 处理器核心架构为 ARMv6-M，运算能力可以达到 0.9DMIPS/MHz，工作主频一般小于 50MHz。该处理器是目前市场上能耗最低、体积最小的 ARM 处理器，在不到 12K 门的面积内能耗仅有 85μW/MHz（0.085mW）。另外，Cortex-M0 处理器门数量少、代码占用空间小，这使得 MCU 开发人员能够以 8 位处理器的价位获得 32 位处理器的性能。超低门数还使 Cortex-M0 处理器能够集成在模拟传感设备和 MCU 应用中，从而大大节约系统成本。Cortex-M0 及其改进版 Cortex-M0+处理器是目前低功耗、低端 32 位 MCU 的主流内核。

Cortex-M0 处理器的结构图如图 2.1 所示。

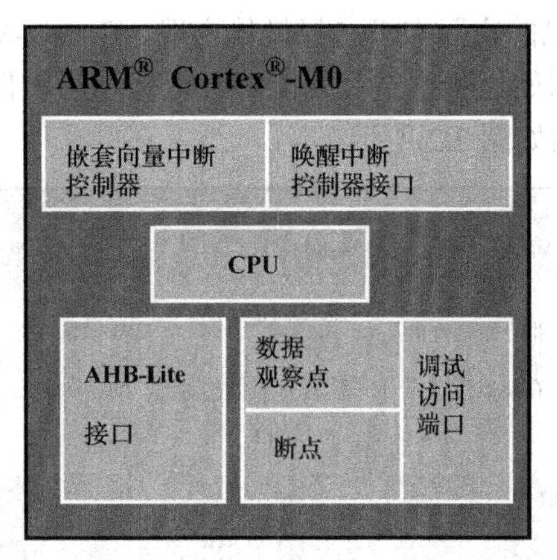

图 2.1　Cortex-M0 处理器结构图

图 2.1 中各个模块的功能及相互之间的联系如下。

- 处理器内核包括寄存器组、算术逻辑单元（ALU）、数据总线和控制逻辑。寄存器组包含 16 个 32 位寄存器，还有一些特殊功能寄存器。
- 嵌套向量中断控制器（nested vectored interrupt controller，NVIC）每次最多可以处理 32 个中断请求和一个不可屏蔽中断（NMI）输入。NVIC 比较正在执行中断和处于请求状态中断的优先级，然后自动执行高优先级中断。当需要处理一个中断时，NVIC 会和处理器进行通信，通知处理器执行正确的中断处理。
- 唤醒中断控制器（wake-up interrupt controller，WIC）为可选的单元。在低功耗应用中，当关闭了处理器大部分模块后，微控制器会进入待机状态。此时，WIC 可以在 NVIC 和处理器处于休眠的情况下执行中断屏蔽功能。当 WIC 检测到一个中断时，通知电源管理部分给系统上电，让 NVIC 和处理器内核执行剩下的中断处理。
- 调试子系统包括多个功能模块，用来处理调试控制、程序断点和数据监视点（data watchpoint）。当开发人员进行调试时，处理器内核会被置于暂停状态，这时开发人员可以检查当前处理器的状态。
- JTAG（joint test action group，联合测试行动小组）/串行线调试接口提供了通向总线系统和调试功能的入口。JTAG 是一个开放的协议，目前被全球各大电子企业广泛采用，已经成为电子行业片上系统调试技术的一种标准。串行线协议是扩展的一种协议，只需时钟线和数据线这两根线就可以实现与 JTAG 相同的调试功能。
- 内部总线系统、处理器内核的数据通路以及 AHB-Lite 总线接口的宽度均为 32 位。AHB-Lite 是片上总线协议，已应用于多款 ARM 处理器。

Cortex-M0 及后续改进的 Cortex-M0+处理器广泛应用于低功耗嵌入式系统中。

2．Cortex-M1

ARM Cortex-M1 处理器和 Cortex-M0 有相同的指令集，即 ARMv6-M 指令集架构。Cortex-M1 处理器是首款为 FPGA（field-programmable gate array，现场可编程门阵列）实

现而设计的 ARM 处理器，它面向所有主要 FPGA 设备并包括对领先的 FPGA 综合工具的支持，允许设计者根据自己的实际需求选择最佳实现。Cortex-M1 处理器使 OEM（original equipment manufacturer，原始设备制造商）能够合理地利用软件来节约成本。

Cortex-M1 处理器结构如图 2.2 所示。

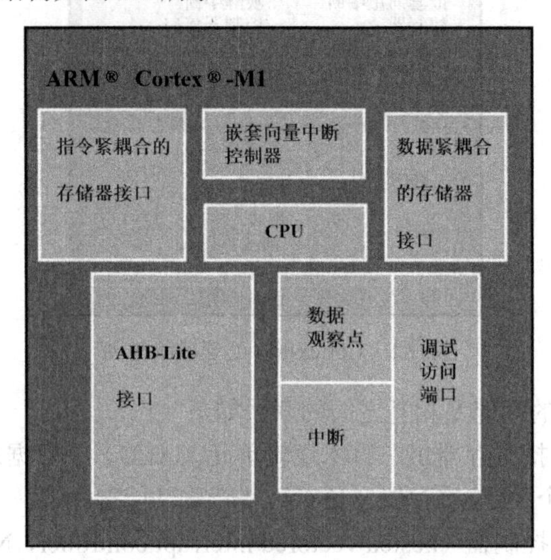

图 2.2 Cortex-M1 处理器结构图

图 2.2 中各个模块功能及相互之间的联系如下。

- Cortex-M1 存储器利用 FPGA 上的存储器块实现了紧耦合内存（tightly coupled memory，TCM），TCM 是一种高速缓存，被直接集成在 CPU 芯片中。Cortex-M1 拥有 I-TCM（instruction TCM）和 D-TCM（data TCM）两种高速缓存。
- Cortex-M1 使用业界标准 AMBA（advanced microcontroller bus architecture）总线连接周边设备，其内核直接连接到 AMBA 总线，使用 CoreConsole 集成开发平台。

相对于其他 Cortex-M 系列处理器，Cortex-M1 针对 FPGA 实现而设计，其他应用相对较少。

3．Cortex-M3

Cortex-M3 处理器采用 ARMv7-M 架构，它包括 16 位 Thumb 指令集和基本的 32 位 Thumb-2 指令集架构。Cortex-M3 是一款针对低功耗微控制器设计的处理器，面积小且性能强，具有硬件除法器和乘加指令（MAC），运算能力可以达到 1.25DMIPS/MHz，工作主频一般小于 100MHz。Cortex-M3 支持全面的调试和跟踪功能，使软件开发者可以快速地开发应用；门数目少，中断延迟短，集成了嵌套向量中断控制器（NVIC），调试成本低。这些优点使 Cortex-M3 处理器广泛应用于要求具有快速中断响应能力的嵌入式应用中。

Cortex-M3 处理器结构如图 2.3 所示。

图 2.3 中各个模块的功能及相互之间的联系如下。

- Cortex-M3 内核集成嵌套向量中断控制器（NVIC），内核中还包括一个适用于传统 Thumb 与新型 Thumb-2 指令的译码器、一个支持硬件乘法与除法的先进 ALU

（算术逻辑单元）、逻辑控制以及用于连接处理器其他部件的接口。

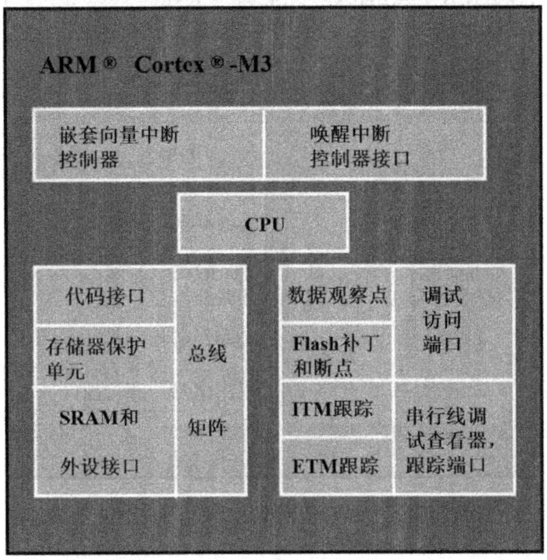

图 2.3　Cortex-M3 处理器结构图

- ❑ FPB（flash patch and breakpoint，Flash 转换和断点单元）用于实现断点操作。产生一个断点，从而使处理器进入调试模式。
- ❑ DWT（数据观察点和触发单元）包含比较器，可以配置成在发生比较匹配时，产生一个观察点调试事件，用它来调用调试模式。
- ❑ ITM（指令跟踪宏单元）可以产生时间戳数据包并插入到跟踪数据流中，用于帮助调试器求出各事件的发生时间。DWT 产生的跟踪数据包通过 ITM 输出。
- ❑ TPIU（跟踪端口的接口单元），ITM、DWT 和 ETM 的跟踪数据都在 TPIU 处汇聚。TPIU 用于把这些跟踪数据格式化并输出到片外，以供跟踪端口分析仪等设备接收使用。
- ❑ EMT（embedded macrocell trace，嵌入式跟踪宏单元）和 MPU（memory protection unit，存储器保护单元）是可选择的。

Cortex-M3 处理器是 Cortex-M 家族中最成功的处理器之一，目前广泛使用的 STM32F1xx 系列 MCU 就是使用的 Cortex-M3 处理器内核。

4．Cortex-M4

ARM Cortex-M4 处理器采用 ARMv7-M 架构，是一个 32 位处理器内核，其内部的数据通路宽度、寄存器位数以及存储器接口都是 32 位长度。Cortex-M4 处理器有适用于数字信号控制市场的多种高效信号处理功能，还拥有独立的指令总线和数据总线，可以并行执行取指令操作和数据访问操作，运算能力达到 1.25DMIPS/MHz，工作主频一般小于 200MHz。另外，Cortex-M4 还提供多种调试手段，用于在硬件水平上支持调试操作，如指令断点、数据观察点等，有利于开发人员的开发工作。

Cortex-M4 的整体结构如图 2.4 所示。

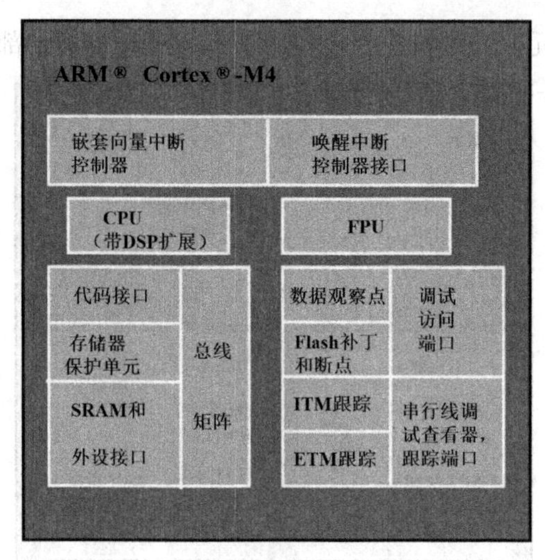

图 2.4　Cortex-M4 处理器结构框图

图 2.4 中各个模块之间的功能和联系如下。

- Cortex-M4 处理器内核是在 Cortex-M3 内核基础上发展起来的，其性能相对于 Cortex-M3 提高了 20%，除了继承了 Cortex-M3 的所有功能，还增加了如下功能：增加了高精度 MAC，在算法计算时性能更高；增加了浮点单元 FPU；增加了具有 SIMD 功能的 DSP 指令。这些功能使得 Cortex-M4 拥有了类 DSP 的功能，例如，Cortex-M4 可以利用 FPU 单元，比 Cortex-M3 更快地进行 MP3 解码。相对于 Cortex-M3 处理器内核，Cortex-M4 内核集成的 NVIC 性能更高。Cortex-M4 处理器是目前中、高性能 32 位 MCU 的主流内核。
- 内存保护单元（MPU）是 Cortex-M4 中用于内存保护的可选组件。Cortex-M4 处理器可以在 MPU 中执行“特权/访问”规则，或者执行独立的进程。MPU 具有如下特征：可为 MPU 区域编程的最小尺寸为 32 个字节；任何 MPU 区域最大为 4GB，但必须是 32 字节的倍数；所有区域必须以 32 字节对齐的地址开始；区域对特权和非特权代码具有独立的读/写访问权限。
- Cortex-M4 的浮点运算单元（FPU）也是可选的，集成 FPU 的 Cortex-M4 定义为 Cortex-M4F。

目前，Cortex-M4 处理器广泛应用于电动机控制、汽车、电源管理、嵌入式音频和工业自动化市场等领域。

目前主流的中、高性能 MCU，如 STM32F3xx、STM32F4xx、MSP432 等，都采用了 Cortex-M4 或 M4F（带 FPU）内核。

5．Cortex-M7

Cortex-M7 是一款高效能 Cortex-M 处理器，它具有很高的计算性能和 DSP 处理能力，主要面向高端嵌入式市场，可以让厂商以较低成本满足高性能的嵌入式应用需求。ARM Cortex-M7 处理器采用 ARMv7-M 架构，超标量 6 级流水线加分支预测的设计使得 CPU 的吞吐率更高，运算能力可以达到 2.14DMIPS/MHz，工作主频一般小于 500MHz。

Cortex-M7 的整体结构如图 2.5 所示。

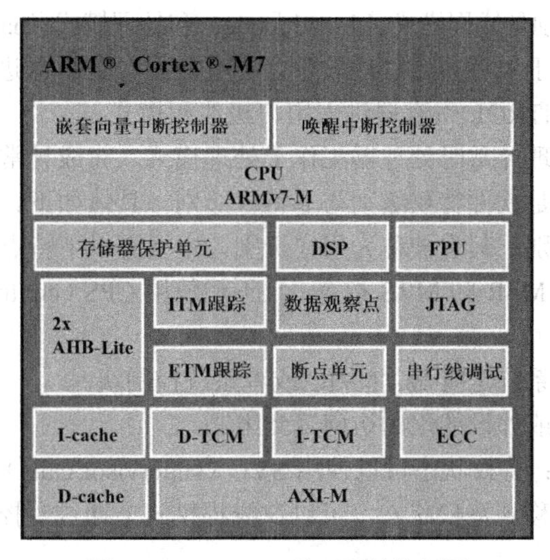

图 2.5　Cortex-M7 处理器结构框图

图 2.5 中各个模块之间的功能和联系如下。

- Cortex-M7 处理器采用 64 位 AXI 总线和 AHB 总线进行数据的传输。
- ECC（error correction code）单元可以实现错误检查和纠正，它是可选的，在指令缓存、数据缓存、指令 TCM 和数据 TCM 单元中都可以选择 ECC 来提高它们的错误识别、更正的能力。
- 调试单元包括可选的 JTAG 和串行线调试，最多可以有 8 个断点和 4 个观察点，另外，还包含 ITM 和 ETM（嵌入式追踪宏单元），可以记录处理器行为并发送给外部调试器。

Cortex-M7 具有业界领先的高性能和灵活的系统接口，这使得它非常适用于各种领域，如汽车、工业自动化、医疗设备、先进的电机控制以及物联网等。

2.4　ARM Cortex-M4 编程模型

编程模型是从编程者角度看到的处理器结构。本节介绍 Cortex-M4 的基本编程模型，包括处理器工作模式和特权级别、CPU 寄存器和异常处理等。

2.4.1　处理器的工作模式和特权级别

ARM Cortex-M4 处理器有两种操作状态，支持两个模式和两个特权等级。

两种操作状态分别是调试状态和 Thumb 状态。具体如下。

- 调试状态：当处理器由于触发断点等原因被暂停后，进入调试状态并停止指令执行。
- Thumb 状态：若处理器在执行程序代码（Thumb-2 指令），则会处于此状态。

由于 Cortex-M 处理器不支持传统的纯 32 位 ARM 指令，所以没有 ARM 状态指示。

两个处理器模式分别是线程模式（thread mode）和处理模式（handler mode）。具体如下。

- 线程模式：用于执行应用程序软件。当复位时，处理器进入特权级线程模式，可通过修改 CONTROL 寄存器进入用户级线程模式。
- 处理模式：处理异常时处理器工作于处理模式，完成异常处理后返回线程模式。

两个特权等级分别是软件特权级别与非特权级别。具体如下。

- 软件非特权级别：其也被称为用户级别，主要有以下特点。
    - 有限访问 MSR 和 MRS 指令，且不能使用 CPS（control performance standard）指令。
    - 无法访问系统定时器、NVIC 或者系统控制块。
    - 对存储器或外设的限制访问受到限制。
- 软件特权级别：特权状态可以使用 SVC（supervisor calls）指令产生一个系统调用以将控制权转移到特权状态。可以在线程模式下通过写控制寄存器来改变状态执行的特权等级。

根据以上对 Cortex-M4 处理器模式和特权等级的描述，二者之间的关系可以概括成图 2.6 所示，即当处理器处于处理模式时，软件执行总是在特权级别；当处理器处于线程模式时，控制寄存器在两种特权等级下均可以控制软件执行。

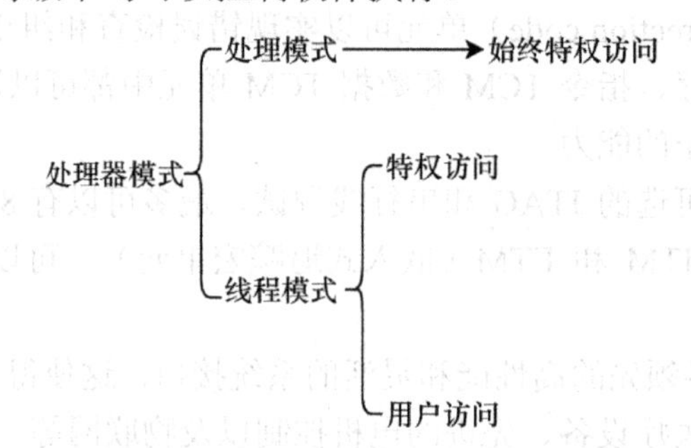

图 2.6　Cortex-M4 处理器工作模式与特权等级的关系

2.4.2　ARM Cortex-M4 寄存器

寄存器可以看作 CPU 内有限存储容量的高速存储部件，用来暂时存放参与运算的数据和运算结果。

ARM Cortex-M4 有 7 种 32 位主要寄存器，如图 2.7 所示，包括 4 种通用寄存器和 3 种特殊功能寄存器，分别是 R0～R12 32 位通用寄存器、R13 堆栈指针寄存器、R14 链接寄存器和 R15 程序计数寄存器，以及程序状态寄存器、中断屏蔽寄存器和控制寄存器。下面分别对这几种寄存器进行详细介绍。

1．通用寄存器

（1）32 位通用寄存器 R0～R12

Cortex-M4 共有 13 个 32 位通用寄存器 R0～R12。其中，R0～R7 为低地址寄存器（low

register），所有访问通用寄存器的指令都可以访问；R8～R12 为高地址寄存器（high register），所有 32 位通用寄存器指令都可以访问，但是所有的 16 位指令都不能访问。

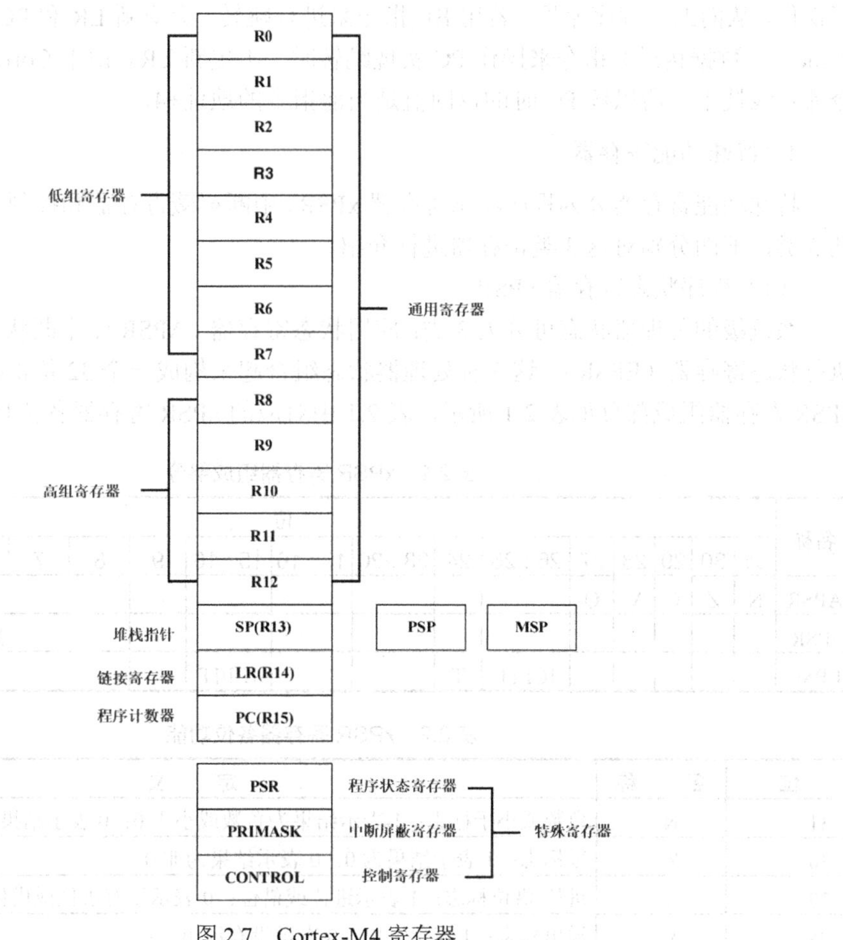

图 2.7　Cortex-M4 寄存器

（2）堆栈指针寄存器 R13

堆栈指针寄存器 R13 用于访问堆栈。它包括两个物理寄存器，分别是主堆栈指针（main stack pointer，MSP）寄存器和进程堆栈指针（process stack pointer，PSP）寄存器，系统可以同时支持这两个堆栈寄存器。因为控制寄存器 CONTROL 的一个重要作用就是用于选择堆栈指针，这两个堆栈寄存器就取决于控制寄存器 CONTROL[1]中的值，当 CONTROL[1]为 1 时选择 PSP；当 CONTROL[1]为 0 时选择 MSP。在操作系统中，MSP 用于内核以及系统异常中断代码的堆栈指针，PSP 用于用户任务的应用堆栈指针。这样即使用户程序错误导致堆栈崩溃，也可将其隔离在内核之外，不至于引起内核崩溃。

（3）链接寄存器 R14

链接寄存器（LR）在执行分支（B）和链接（BL）指令或带有交换分支（BX）和链接指令（BLX）时，PC 的返回地址自动保存进 LR。例如，在子程序调用时用于保存子程序的返回地址。

（4）程序计数寄存器 R15

程序计数寄存器（PC）R15 指向当前程序执行指令的地址程序，可以直接对寄存器进行操作，从而改变程序流程。若用 BL 指令来进行跳转，会更新 LR 和 PC 寄存器；用 MOV（move，数据传送）指令来操作 PC 实现跳转时，不更新 LR。由于 Cortex-M4 内部采用指令流水线技术，所以读 PC 时的返回值是当前指令的地址+4。

2．特殊功能寄存器

特殊功能寄存器分为程序状态寄存器 xPSR、中断屏蔽寄存器和控制寄存器 CONTROL 共 3 类，下面分别对这 3 类寄存器进行介绍。

（1）程序状态寄存器 xPSR

系统级的处理器状态可分为 3 类：应用状态寄存器（APSR）、中断状态寄存器（IPSR）、执行状态寄存器（EPSR）。这 3 种处理器状态组合起来构成一个 32 位寄存器，统称 xPSR。xPSR 寄存器组成部分如表 2.1 所示，表 2.1 中对应的 xPSR 寄存器各位功能如表 2.2 所示。

表 2.1　xPSR 寄存器组成部分

名称	位															
	31	30	29	28	27	26 : 25	24	23 : 20	19 : 16	15 : 10	9	8	7	6	5	4 : 0
APSR	N	Z	C	V	Q											
IPSR												异常标号				
EPSR						ICI/IT	T			ICI/IT						

表 2.2　xPSR 寄存器各位功能

位	名　称	定　义
31	N	负数或小于标志：1 表示结果为负数或小于 0；0 表示结果为正数或大于 0
30	Z	零标志：1 表示结果为 0；0 表示结果为非 0
29	C	进位/借位标志：1 表示进位或借位；0 表示没有进位或借位
28	V	溢出标志：1 表示溢出；0 表示没有溢出
27	Q	饱和标志：1 表示已饱和；0 表示没有饱和
26：25 15：10	IT	If-Then 位，是 If-Then 指令的执行状态位，包括 If-Then 模块的指令数目和其执行条件
24	T	用于指示处理器当前是 ARM 状态还是 Thumb 状态
26：25 15：10	ICI	可中断-可继续的指令位，如果在执行 LDM 或 STM 操作时产生一次中断，则 LDM 或 STM 操作暂停，该位来保存该操作中下一个寄存器操作数的编号，在中断响应之后，处理器返回由该位指向的寄存器并恢复操作
8：0	ISR	异常的编号

（2）中断屏蔽寄存器

中断屏蔽寄存器分为 3 组，分别是 PRIMASK、FAULTMASK 和 BASEPRI。

PRIMASK 为片上外设总中断开关，该寄存器只有位 0 有效。当该位为 0 时，响应所有外设中断；当该位为 1 时，屏蔽所有片上外设中断。

FAULTMASK 寄存器管理系统错误的总开关，该寄存器只有最低位（第 0 位）有效。

当该位为 0 时，响应所有的异常；当该位为 1 时，屏蔽所有的异常。

BASEPRI 寄存器用来屏蔽优先级等于和小于某一个中断数值的寄存器。

3 组中断屏蔽寄存器的功能描述如表 2.3 所示。

表 2.3　3 组中断屏蔽寄存器的功能描述

名　字	功 能 描 述
PRIMASK	是只有单一比特有效的寄存器。在它被置 1 后，就关掉所有可屏蔽的异常，只剩下 NMI 和硬 Fault 可以响应。它的默认值是 0，表示没有关中断
FAULTMASK	是只有单一比特有效的寄存器。当它被置 1 时，只有 NMI 才能响应，它的默认值也是 0，表示没有关异常
BASEPRI	这个寄存器最多有 9 位（由表达优先级的位数决定）。它定义了被屏蔽优先级的阈值。当它被设成某个值后，所有优先级号大于等于此值的中断都被关（优先级号越大，优先级越低）。但若被设成 0，则不关闭任何中断，0 也是默认值

（3）控制寄存器

控制寄存器 CONTROL 是一个可读写寄存器，它有两个作用，分别是用于定义处理器特权级别和用于选择堆栈指针，如表 2.4 所示。

表 2.4　控制寄存器的功能描述

位	功　能
CONTROL[1]	堆栈指针选择：0 表示选择主堆栈指针（MSP）；1 表示选择进程堆栈指针（PSP）
CONTROL[0]	0 表示特权级，1 表示用户级

CONTROL[0]：用于定义处理器特权级别。异常情况下，处理器总是处于特权模式，CONTROL[0]位总是为 0；在线程模式情况下（非异常情况），处理器可以工作在特权级，也可以工作在用户级，该位可为 0 或 1。特权级下所有的资源都可以访问，而用户级下被限制的资源不能访问。

CONTROL[1]：用于选择堆栈指针。CONTROL[1]为 0 时，只使用 MSP，此时用户程序和异常共享同一个堆栈，处理器复位后默认的是该模式；CONTROL[1]为 1 时，用户应用程序使用 PSP，而中断仍然使用 MSP。这种双堆栈机制适合在带有 OS 的环境下使用，只要 OS 内核在特权级下执行，而用户应用程序在用户模式下执行，就可以很好地将代码隔离，互不影响。

2.4.3　ARM Cortex-M4 异常处理

1．异常的类型

当程序正常执行时发生暂时停止的现象称为异常。在处理异常之前，当前处理器的状态必须保留；当异常处理完成后，当前程序可以继续执行。处理器允许多个异常同时发生，它们将会按固定的优先级进行处理。

ARM Cortex-M4 处理器的异常架构具有多种特性，支持多个系统异常和外部中断。

表 2.5 所示为系统异常类型。表 2.6 所示为外设中断类型。如这两个表格所示，编号 0～15 是 16 种系统异常，编号 16～255 为 240 种外设中断。通常，芯片设计者可自由设计片上外设，片上外设中断一般不会用到全部的 240 种外设中断。如表 2.5 和表 2.6 所示，多数异常都具有可编程的优先级，极少数系统异常则具有固定的优先级。

表 2.5　异常类型

编　号	类　型	优 先 级	描　述
0	—	—	没有异常
1	复位	–3（最高）	复位
2	NMI	–2	不可屏蔽中断（来自外部 NMI 输入引脚）
3	硬件故障	–1	当故障优先级或者可配置的故障处理程序被禁止而无法激活时，所有类型故障都会以硬件故障的方式激活
4	存储器管理	可编程	MPU 不匹配，包括访问冲突和不匹配
5	总线故障	可编程	预取值故障、存储器访问故障和其他地址/存储器相关的故障
6	用法故障	可编程	由于程序错误导致的异常，通常是使用一条无效指令，或都是非法的状态转换
7～10	保留	—	保留
11	SVCall	可编程	执行 SVC 指令的系统服务调用
12	调试监视器	可编程	调试监视器（断点、数据观察点或外部调试请求）
13	保留	—	—
14	PendSV	可编程	系统服务的可触发（pendable）请求
15	SysTick	可编程	系统节拍定时器

表 2.6　外设中断类型

编　号	类　型	优 先 级	描　述
16	IRQ # 0	可编程	外设中断 # 0
17	IRQ # 1	可编程	外设中断 # 1
…	…	…	…
255	IRQ # 239	可编程	外设中断 # 239

根据表 2.5 可知，ARM Cortex-M4 支持以下几种系统异常和外设中断方式。

（1）系统复位

当复位信号产生时，在指令中所有处理器的操作将被中止。当复位信号结束时，执行将从向量表中的复位入口地址重新开始，线程模式下重新启动作为特权执行，并拥有一个固定的优先级–3。

（2）非屏蔽中断

非屏蔽中断（NMI）能够通过外设或由软件触发标志位，是复位之外的最高优先级异常，永久启用并拥有一个固定的优先级–2。NMI 不能被其他异常屏蔽或阻止激活，也不能被复位以外的异常抢占。

（3）硬件故障

硬件故障是处理器件发生错误，或者不能被其他任何异常机制管理的异常。硬件故障拥有一个固定的优先级−1，这意味着它们比任何可配置优先级的异常有更高的优先级。

（4）内存管理故障

内存管理故障是内存保护单元发生故障而产生的异常。对于指令和数据内存，MPU 或固定的内存保护限制导致了该故障的发生。此故障用来取消 execution node（XN）内存区域访问的指令。

（5）总线故障

总线故障是内存系统总线上检测到的错误，是由指令或数据存储器发生了与内存相关的错误而产生的。

（6）使用故障

使用故障是由指令执行故障而产生的，它包括指令未定义、非法的未对齐访问、指令执行时的无效状态、异常返回出错。核心配置要报告这些故障时，内存访问字和半字的未对齐地址和除以零操作这两个操作也会导致使用故障。

（7）软件中断（SVCall）

SVCall 是由 SVC 指令触发的异常。在 OS 环境中，应用程序可以使用 SVC 指令来访问 OS 内核函数和设备驱动程序。

（8）系统服务请求（PendSV）

PendSV 是系统级服务的中断驱动请求。在 OS 环境中，当没有其他异常活跃时，可使用 PendSV 进行模式切换。

（9）系统定时器

系统定时器异常是当系统定时器到达零时产生的，软件也可以生成系统定时器异常。在 OS 环境中，处理器可以使用该异常作为系统时钟。

（10）中断（IRQ）

中断或中断请求 IRQ 是由外围设备或者通过软件请求产生的异常。在系统中，外设使用中断与处理器内核交互。

2．异常优先级

Cortex-M4 内核及内置的嵌套向量中断控制器（NVIC）负责处理所有异常，包括屏蔽控制、优先级管理等。当上述某个异常发生时，Cortex-M4 首先检查其是否被屏蔽。如果未被屏蔽，继续判断是否能够被立即响应，如果不能立即被响应，则该异常被挂起等待响应。对于 Cortex-M4 异常是否被屏蔽以及在未掩蔽的情况下何时可以响应，是由异常优先级（priority）决定的。

Cortex-M4 支持 3 个固定的高优先级和多达 256 级的可编程优先级，并且支持 128 级抢占。复位、NMI 和硬件故障这 3 个系统异常的优先级是固定的，并且是负数，它们的优先级高于所有其他异常。其他异常的优先级则都是可编程的，范围为 0～255。优先级的数值越小，优先级越高。满足特定条件时（内核允许中断），更高优先级的异常可以抢占低优先级的异常实现异常或中断的嵌套。

（1）Cortex-M4 异常优先级的分组

Cortex-M4 支持 256 个可编程优先级和 128 个抢占级，为了使抢占级能变得更可控，

Cortex-M4 将异常优先级进一步细分为抢占优先级和子优先级。

① 抢占优先级，又称为组优先级、主优先级或者占先优先级，顾名思义，它决定了抢占行为。例如，当 CPU 正在响应某异常 L 时，如果来了抢占优先级更高的异常 H，则 H 可以抢占 L。通过抢占优先级，Cortex-M4 支持中断嵌套，使得高抢占优先级异常可以中断低抢占优先级异常的处理，从而使得关键任务的响应延时更短。

② 子优先级，又称次优先级，它处理抢占优先级有相同的异常时的情况：当抢占优先级相同的异常有不止一个被挂起时，就先响应子优先级最高的异常。当两个异常的抢占优先级和子优先级都相同时，比较它们的硬件优先级（即中断编号），具有较小中断编号的异常具有更高的优先级。

（2）Cortex-M4 异常优先级的设置

Cortex-M4 异常优先级的设置步骤如下。

① 确定 Cortex-M4 芯片实际用来表示异常优先级的位数。虽然 Cortex-M4 原理上支持 256 级可编程和 128 级可抢占的异常，但在应用中绝大多数 Cortex-M4 芯片制造商都会精简设计，裁掉表达优先级的几个低端有效位，使得芯片实际支持较少的优先级数，如 8 级、16 级、32 级等。

② 划分优先级分组，即规定在优先级分组位段中抢占优先级占多少位、子优先级占多少位。这一步骤通常由开发人员通过编程设置 NVIC 中的寄存器 AIRCR（application interrupt and reset control register，应用程序中断及复位控制寄存器）中相关的位段来完成。

③ 为某个异常设置异常优先级，这一步骤也是由开发人员通过编程设置 NVIC 中的寄存器完成的。

3．异常的进入与返回

（1）异常进入

① 入栈：当处理器发生异常时，首先自动依次把 8 个寄存器（xPSR、PC、LR、R12、R3、R2、R1、R0）压入栈。在自动入栈的过程中，如图 2.8 所示，栈地址为 N，把寄存器写入栈的时间顺序并不是与写入空间相对应的，但机器会保证正确的寄存器被保存到正确的位置。

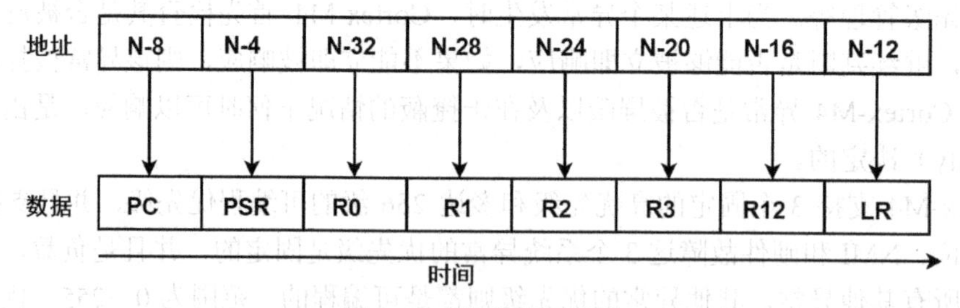

图 2.8　内部入栈示意图

② 取向量：通过异常类型号在中断向量表中取出发生中断的中断源对应的中断向量，然后在服务程序的入口处预取指，处理器将取指与取数据分别通过总线进行控制，使入栈与取指这两项工作能同时进行，以便快速进入中断。

③ 更新寄存器：入栈和取向量操作完成之后，在执行服务程序之前，还必须更新一系列寄存器。

SP（stack pointer，堆栈指针）：在入栈后会把堆栈指针（PSP 或 MSP）更新到新的位置。在执行服务例程时，将由 MSP 负责对堆栈的访问。

xPSR：更新 IPSR 位段（处于 PSR 的最低部分）的值为新响应的异常编号。

PC：在取向量完成后，PC 将指向服务例程的入口地址。

LR：在出入 ISR 时，LR 的值将得到重新诠释，这种特殊的值称为 EXC_RETURN。在异常进入时由系统计算并赋予 LR，并在异常返回时使用它。

以上是在响应异常时通用寄存器及特殊功能寄存器的变化。另外，在 NVIC 中也会更新若干个相关寄存器。

（2）异常返回

当异常服务程序最后一条指令进入异常时，LR 的值加载到 PC 中，该操作指示中断服务结束。从异常返回时，处理器将执行下列操作之一。

① 如果激活异常的优先级比所有被压栈（等待处理）的异常的优先级都高，则处理器会在末尾连锁到一个激活异常。末尾连锁机制能够在两个中断之间没有多余的状态保存和恢复指令的情况下实现异常处理，最大限度地节省中断响应时间。

② 如果没有激活异常，或者如果被压栈的异常的最高优先级比激活异常的最高优先级要高，则处理器返回到上一个被压栈的中断服务程序。

③ 如果没有激活的中断或被压栈的异常，则处理器返回线程模式。

在启动了中断返回序列后，将执行下面的过程。

① 出栈：先前压入栈中的寄存器在这里恢复。内部的出栈顺序与入栈时的顺序相对应，堆栈指针的值也改回先前的值。

② 更新 NVIC：伴随着异常的返回，它的活动位也被硬件清除。对于外部中断，倘若中断输入再次被置为有效，悬起位也将再次置位，新一次的中断响应序列也可随之再次开始。

③ 异常返回值：异常返回值存放在 LR 中。这是一个高 28 位全为 1 的值，只有[3 : 0]的值有特殊含义，如表 2.7 所示。当异常服务例程把这个值送往 PC 时，就会启动处理器的中断返回序列。因为 LR 的值是由 ARM Cortex-M4 自动设置的，所以只要没有特殊需求，就不要改动它。

表 2.7 异常返回值各位的含义

位　段	含　义
[31 : 4]	异常返回值的标识，必须全为 1
3	0 表示返回后进入处理器模式；1 表示返回后进入线程模式
2	0 表示从主堆栈中做出栈操作，返回后使用 MSP；1 表示从进程堆栈中做出栈操作，返回后使用 PSP
1	保留，必须为 0
0	0 表示返回 ARM 状态；1 表示返回 Thumb 状态。ARM Cortex-M4 中必须为 1

根据表 2.7，异常返回的情况如下。

- ❑ 如果 EXC_RETURN=0xFFFFFFF1，返回处理模式，并使用主堆栈 MSP。
- ❑ 如果 EXC_RETURN=0xFFFFFFF9，返回线程模式，并使用主堆栈 MSP。
- ❑ 如果 EXC_RETURN=0xFFFFFFFD，返回处理模式，并使用线程堆栈 PSP。

4．异常发生时，Cortex-M4 工作模式的转换

线程模式是执行普通代码的工作模式，而处理模式是处理异常中断的工作模式。异常发生时，Cortex-M4 处理器工作模式的转换如图 2.9 所示。由图 2.9 可知，ARM Cortex-M4 处理器在复位时自动进入特权级的线程模式，此时如果有异常发生，将自动进入特权级的处理模式，处理完异常中断后返回特权级线程模式继续向下执行程序。用户程序可以通过修改控制寄存器 CONTROL 的最低位（由 0 变 1），将特权级线程模式切换到用户级线程模式。在用户级线程模式下如果发生异常中断，则处理器切换到特权级处理模式，处理完异常中断，再返回原来用户级线程模式被中止的下一条指令继续执行用户程序。

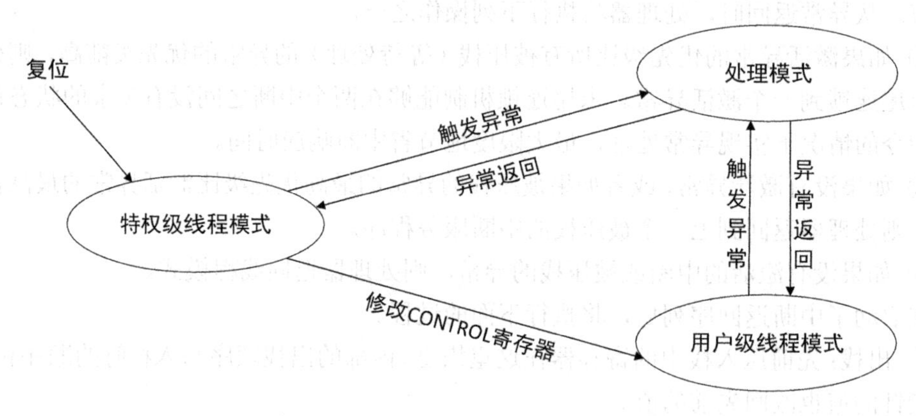

图 2.9　Cortex-M4 工作模式的转换

5．异常的处理机制

ARM Cortex-M4 中断直接由向量表载入 ISR 的入口地址给 PC 指针，而无须查表载入跳转指令再实现跳转。中断触发时自动保存现场、自动压栈，中断服务程序退出时自动退栈、恢复现场。获取向量与保存现场同时进行，以最大限度地节省中断响应时间，一般使用的技术为 tail-chaining（末尾连锁）机制。

末尾连锁能够在两个中断之间没有多余的状态保存和恢复指令的情况下实现异常处理。当内核正在处理一个中断 1 时，另外一个同级或低级的中断 2 触发，则其处于挂起状态等待前一中断 1 处理完毕。中断 1 处理完毕时，按正常流程需要恢复中断现场，将寄存器出栈，再响应中断 2，重新对现场寄存器进行入栈操作。整个出栈/入栈需要 30 多个周期。

ARM Cortex-M4 的末尾连锁机制如图 2.10 所示。末尾连锁机制简化了中间重复工作，无须重新出栈/入栈，仅进行新的中断取向量工作，将切换简化为 6 个周期，即可实现中断延迟的优化。

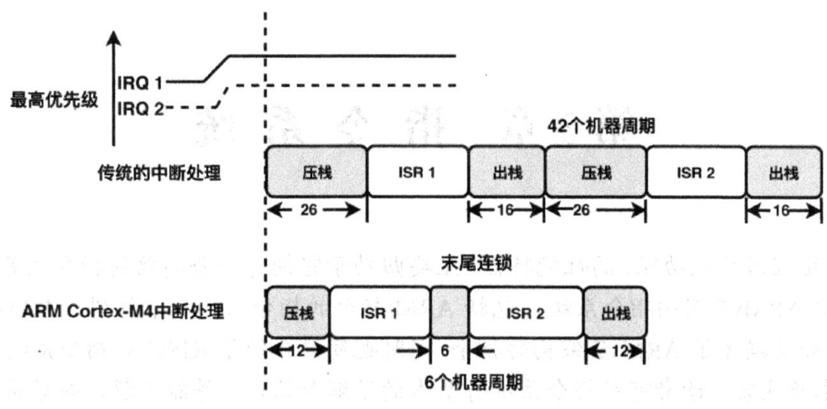

图 2.10　ARM Cortex-M4 的末尾连锁机制

2.5　本 章 小 结

本章主要介绍了 ARM 处理器架构、ARM Cortex-M 处理器内核以及 ARM Cortex-M4 处理器工作模式等内容。ARM 处理器架构是由一系列不断演化的指令集架构（ISA）版本来定义的，常见的指令集版本是 ARMv4 及以后版本。基于不同的指令集架构版本，ARM 设计了一系列不同的处理器内核。如今最常见的 ARM 处理器是基于 ARMv7 指令集架构的 ARM Cortex 系列处理器，包括应用处理器 Cortex-A 系列、微控制器 Cortex-M 系列、实时控制 Cortex-R 系列等。Cortex-M 系列是专门针对微控制器（MCU）应用而设计的，并且具有高性能、低功耗、低成本的特点。Cortex-M4 的编程模型具有鲜明的 RISC 机器特点，具有较多的寄存器，同时整合了功能完善的嵌套向量中断控制器（NVIC）。ARM Cotex-M4 处理器的两种工作模式分别是线程模式和处理模式，两种软件特权级别分别是特权级别和非特权级别。

2.6　习　　题

1．简述 ARM 处理器的特点。

2．ARM 体系结构的版本各有什么特点？V4 和 V7 版本分别在前期版本上做了哪些改进？

3．目前主流的 ARM 处理器内核有哪些？

4．请说明 AMR Cortex 系列处理器的特点和应用领域。

5．请比较说明 ARM Cortex-M 系列处理器的性能特点，并各举两个使用 Cortex-M0/M3/M4/M7/M33 内核的具体芯片型号。

6．简述 Cortex-M4 处理器的模式和状态。

7．Cortex-M4 处理器的主要寄存器有哪些？R13、R14、R15 分别有什么特殊用途？

8．简述 Cortex-M4 处理器异常优先级。复位和 NMI 的优先级分别是什么？

9．Cortex-M4 的异常类型以及异常对应的工作模式和状态转换是怎样的过程？

10．查阅资料，列举几个使用最新 ARM 处理器的 MPU、MCU 芯片型号，并简要说明其特征和应用领域。

第3章　指令系统

ARM 处理器的低功耗、高性能特性，主要归功于它拥有一套高效的指令集架构（ISA）。本章将介绍 ARMv7 架构指令系统，包括 ARM 指令的指令格式和条件码、ARM 指令的寻址方式，并分类描述了 ARMv7 架构的指令。同时也简要介绍了 RISC-V 指令系统及其特点。通过学习本章内容，读者可对指令系统有基本的了解和认识，并能理解、编写简单的 ARM 汇编程序。

3.1　ARM 指令格式

ARM 指令的基本格式如下：

```
<opcode>{<cond>}{S} <Rd>,<Rn>,{<Op2>}
```

其中，< >内的项是必需的，{ }内的项是可选的。例如，<opcode>是指令助记符，是必需的；而{<cond>}为指令执行条件，是可选的，如果不写，则默认为无条件执行。上述指令格式中的 opcode、cond 与 S 之间没有分隔符，S 与 Rd 之间用空格隔开。格式中各项的含义如表 3.1 所示。

表 3.1　指令格式说明

项　　目	含　　义	备　　注
opcode	指令的操作码	指令助记符，如 LDR、STR 等
cond	条件域，满足条件才执行指令	可不加条件，即省略条件
S	指令执行时是否更新 xPSR	可省略
Rd	目标寄存器	Rd 为任意通用寄存器
Rn	第一个操作数	Rn 为任意通用寄存器
Op2	第二个操作数	可为#immed_8r、寄存器 Rm 及任意移位的寄存器
;	注释符号	后面可任意加注释

灵活使用 ARM 指令集的第二个操作数 Op2 能够提高代码效率。关于表 3.1 中第二个操作数有 3 种形式，分别是#immed_8r、寄存器 Rm 和寄存器移位方式。下面对这 3 种形式进行说明。

1．#immed_8r——常数表达式

该常数必须对应 8 位位图，即一个 8 位的常数通过循环右移偶数位得到的 32 位常数。例如，1010 0000 0000 0000 0000 0000 0001 0110 是非法的 8 位位图，原因是这个 32 位常数可以通过将 1011 0101 循环右移得到，但不能通过循环右移偶数位得到；

1011 0000 0000 0000 0000 0000 0001 0110 也是非法的 8 位位图，原因是 1 0110 1011 有 9 位。0000 0100 1000 0000 0000 0000 0000 0000 是合法的 8 位位图，这个 32 位常数是由 8 位常数 0x12 循环右移 10 位得到的，如图 3.1 所示。

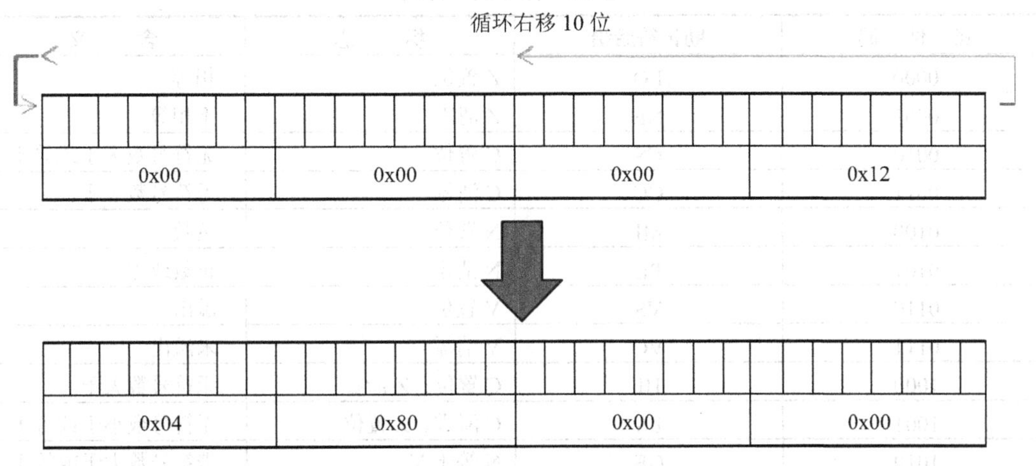

图 3.1　循环右移 10 位得到的 8 位位图

2．寄存器 Rm

在寄存器方式下，操作数即为寄存器的数值。示例指令如下：

```
SUB    R1,R1,R2                ; R1-R2→R1
MOV    PC, R0                  ; PC=R0，程序跳转到指定地址
```

3．寄存器 Rm 移位

将寄存器的移位结果作为操作数，Rm 值保持不变。示例指令如下：

```
ADD    R1,R1,R1,LSL#3          ; R1←R1+R1*8=9R1
SUB    R1,R1,R2,LSR#2          ; R2 逻辑右移 2 位，最后结果是 R1=R1-(R2/4)
```

上述例子涉及 ARM 指令集中操作数的结合律，操作数是右结合的。

3.2　条　件　码

如 3.1 节所述，ARM 指令的基本格式如下：

```
<opcode>{<cond>}{S}   <Rd>,<Rn>,{<Op2>}
```

其中，{<cond>}表示一个可选的条件码。使用条件码“cond”可以实现高效的逻辑操作，提高代码效率。只有在 xPSR 中条件码对应的标志满足指定条件时，带条件码的指令才被执行，否则指令被忽略。

条件码位于 ARM 指令的最高 4 位[31 : 28]。条件码共有 16 种，但是只有 15 种可以使用，第 16 种（1111）为系统保留，暂不使用。如表 3.2 所示，每种条件码可用两个字符表

示，这两个字符可以添加在指令助记符的后面和指令同时使用。例如，跳转指令 B 可以加上后缀 EQ 变为 BEQ，表示"相等则跳转"，即当 xPSR 中的 Z 标志置位时发生跳转。

表 3.2　指令的条件码

条　件　码	助记符后缀	标　　志	含　　义
0000	EQ	Z 置位	相等
0001	NE	Z 清零	不相等
0010	CS	C 置位	无符号数大于或等于
0011	CC	C 清零	无符号数小于
0100	MI	N 置位	负数
0101	PL	N 清零	正数或零
0110	VS	V 置位	溢出
0111	VC	V 清零	未溢出
1000	HI	C 置位、Z 清零	无符号数大于
1001	LS	C 清零、Z 置位	无符号数小于或等于
1010	GE	N 等于 V	带符号数大于或等于
1011	LT	N 不等于 V	带符号数小于
1100	GT	Z 清零且（N 等于 V）	带符号数大于
1101	LE	Z 置位或（N 不等于 V）	带符号数小于或等于
1110	AL	忽略	无条件执行

经过上面章节的介绍，我们对 ARM 汇编语言有了基础的了解和认识，图 3.2 是一个 C 语言代码和对应的汇编代码的转换示例。

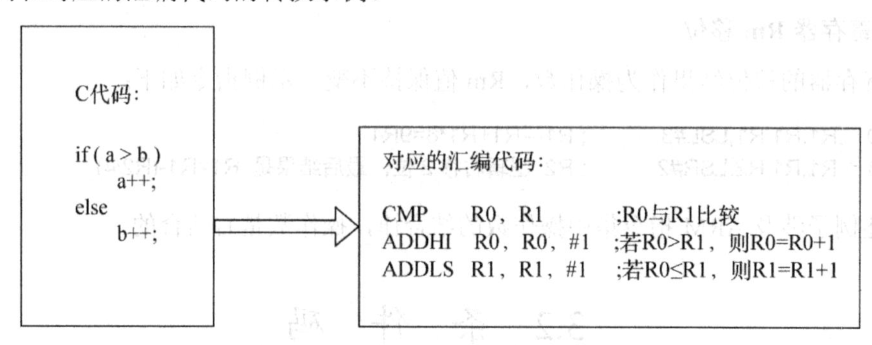

图 3.2　C 语言代码转换为汇编代码

3.3　ARM 指令的寻址方式

寻址方式就是根据指令中给出的地址信息来寻找物理地址的方式。目前，ARM 指令系统支持如下 8 种基本的寻址方式。

1．立即寻址

立即寻址也叫作立即数寻址，这是一种特殊的寻址方式。立即寻址方式的目的是将操作数紧跟在操作码后面，与操作码一起放在指令代码段中。在程序运行时，程序直接调用该操作数，而不需要到其他地址单元中去取相应的操作数。上述写在指令中的操作数也称作立即数。以十进制表示的立即数，要以“#”为前缀；以十六进制表示的立即数，要求在“#”后加“0x”或“&”。示例指令如下：

```
ADD   R1,R0,#1        ; R1←R0+1 即寄存器 R0 的内容加 1，把结果放回 R1 中
MOV   R0,#0xFF00      ; 将立即数 0xFF00 放入寄存器 R0，该指令的具体操作过程如
                      ; 图 3.3 所示
```

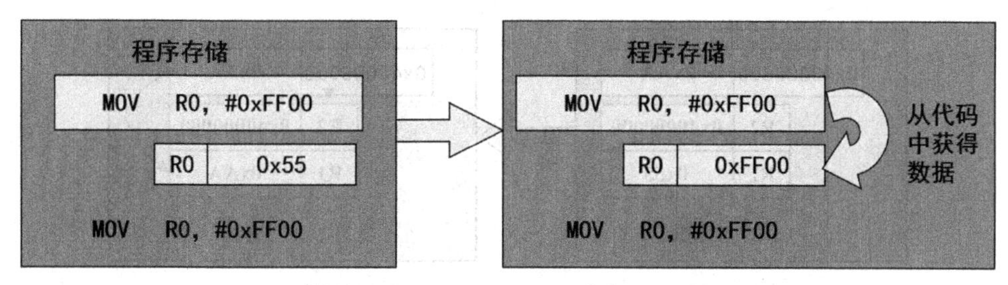

图 3.3 指令“MOV R0,#0xFF00”示例图

2．寄存器寻址

寄存器寻址指的是操作数的值在寄存器中，指令中的地址码字段给出的是寄存器编号，指令执行时直接取出寄存器值来操作。寄存器寻址是各类微处理器经常采用的一种执行效率较高的寻址方式。示例指令如下：

```
ADD   R0,R1,R2        ; 将寄存器 R1 和 R2 的内容相加,结果存放在寄存器 R0 中
MOV   R1,R2           ; 将 R2 的值存入 R1，该指令的具体操作过程如图 3.4 所示
```

需要注意写操作数的顺序，第 1 个是结果寄存器，接着是第 1 操作数寄存器，最后是第 2 操作数寄存器。

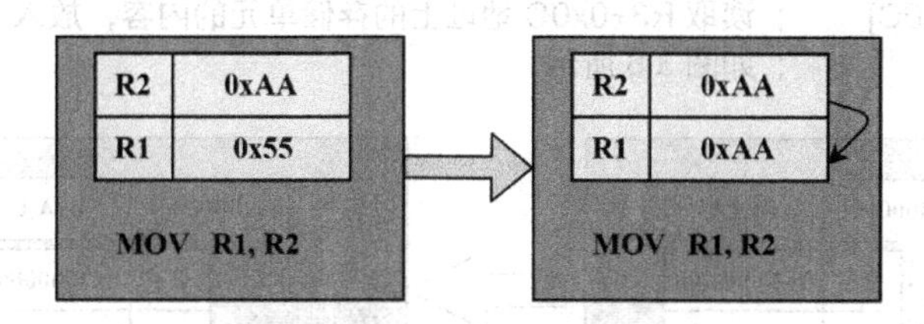

图 3.4 指令 MOV R1,R2 示例图

3．寄存器移位寻址

寄存器移位寻址的操作数是由寄存器做相应移位而得到的，移位的方式在指令中以助记符的形式给出，而移位的位数可用立即数或寄存器寻址方式表示。寄存器移位寻址是 ARM 指令集特有的寻址方式，当第 2 个操作数是寄存器移位方式时，第 2 个寄存器操作数在与第 1 个操作数结合之前，选择进行移位操作。示例指令如下：

```
MOV   R0,R2,LSL#3         ; R2 的值左移 3 位，结果放入 R0，即 R0=R2*8
ANDS  R1,R1,R2,LSL #0x2   ; R2 值逻辑左移两位，然后和 R1 相“与”操作，结果放入 R1
MOV   R0,#0xFF00          ; 将立即数 0xFF00 装入 R0 寄存器
```

4．寄存器间接寻址

寄存器间接寻址指令中的地址码给出的是一个通用寄存器的编号，所需的操作数保存在存储器指定地址的存储单元中，即寄存器是操作数的地址指针。用于间接寻址的寄存器必须用[ ]括起来。示例指令如下：

```
STR  R0,[R1]        ; 将 R0 的值传送到以 R1 的值作为地址的存储器中
LDR  R1,[R2]        ; 将以 R2 的值作为地址的寄存器中的数据传送到 R1 中，该指令的具体操作
                    ; 步骤如图 3.5 所示
```

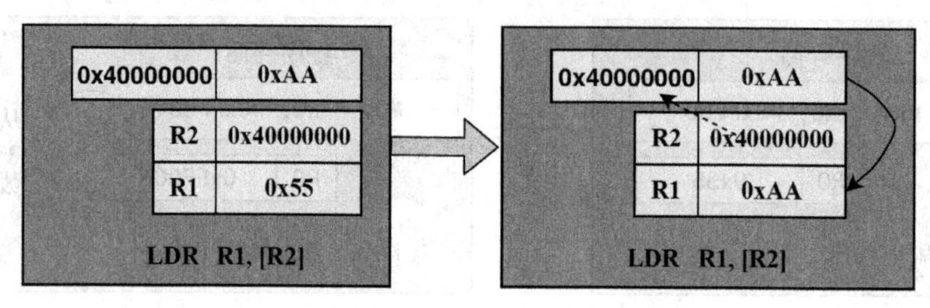

图 3.5　指令“LDR　R1,[R2]”示例图

5．基址寻址

基址寻址方式就是将寄存器（该寄存器一般称作基址寄存器）的内容与指令中给出的地址偏移量相加，从而得到操作数的有效地址。基址寻址方式常用于访问基地址附近的地址单元，如查表、数组操作、功能部件寄存器访问等。寄存器间接寻址是偏移量为 0 的基址加偏移寻址。采用基址寻址方式的指令有以下几种常见的形式。

用基址访问同在一个存储区域的某一存储单元的内容。示例指令如下：

```
LDR  R0,[R1,#4]        ; R0←[R1+4]，把基址 R1 的内容加上位移量 4 后所指向的存储单元的
                       ; 内容送到寄存器 R0 中
LDR  R2,[R3,#0x0C]     ; 读取 R3+0x0C 地址上的存储单元的内容，放入 R2，其具体操作过程
                       ; 如图 3.6 所示
```

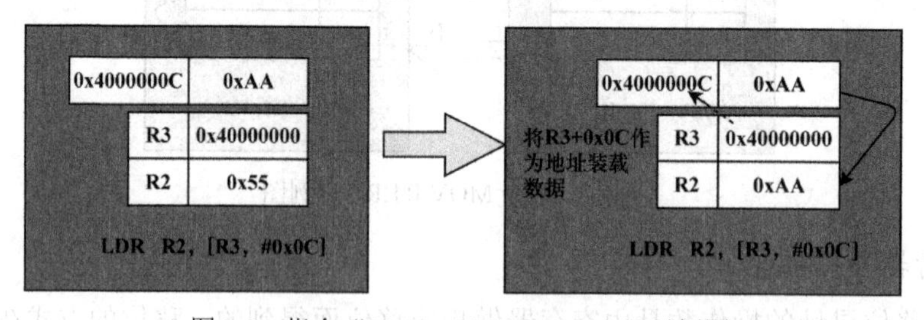

图 3.6　指令“LDR　R2,[R3,#0x0C]”示例图

改变基址寄存器指向下一个传达的地址对数据块传送非常有用。可采用带自动变址的前变址寻址。示例指令如下：

```
LDR   R0,[R1,#4]!         ; R0←[R1+4]，R1←R1+4
```

“！”符号表明指令在完成数据传送后应该更新基址寄存器。ARM 的这种自动变址不

消耗额外时间。这条指令是将寄存器 R1 的内容加上位移量 4 形成操作数的有效地址，从该地址取的操作数存入寄存器 R0 中，然后将 R1 的内容自增 4 字节。

另外一种基址加偏移寻址称为后变址寻址。基址不带偏移作为传送的地址，传送后自动变址。示例指令如下：

```
LDR  R0,[R1],#4                ; R0←[R1]，R1←R1+4
```

这里没有“！”符号，只使用立即数偏移作为基址寄存器的修改量。这条指令是将寄存器 R1 的内容作为操作数的有效地址，从该地址取得操作数存入寄存器 R0 中，然后将 R1 的内容自增 4 字节。

指令指定一个基址寄存器，再指定另一个寄存器（变址），其值作为位移与基址相加形成存储器地址。示例指令如下：

```
LDR  R0,[R1,R2]                ; R0←[R1+R2]，将 R1 和 R2 的内容相加得到操作数的地址，再将
                               ; 此地址单元的内容存入寄存器 R0 中
```

6．相对寻址

相对寻址和基址变址寻址方式类似，以程序计数器 PC 的当前值作为基地址，指令中的地址标号作为偏移量，将两者相加之后得到操作数的有效地址。以下程序段中的跳转指令采用了相对寻址：

```
        BL      SUBR1   ; 调用 SUBR1 子程序
        BEQ     LOOP    ; 条件跳转到 LOOP 标号处
        …
LOOP    MOV     R6,#1
        …
SUBR1 …
```

7．多寄存器寻址

多寄存器寻址可以实现一条指令完成多个寄存器值的传送，允许一条指令传送 16 个寄存器的任何子集或所有寄存器。示例指令如下：

```
LDMIA   R0,{R1,R2,R3,R4}  ; R1←[R0]
                          ; R2←[R0+4]
                          ; R3←[R0+8]
                          ; R4←[R0+12]
```

该条指令的后缀 IA 表示在每次执行完加载/存储操作之后，R0 按字长度（即 4 字节）增加。因此指令可以将连续多个存储单元的值传送到 R1～R4 中。

指令“LDM R1!,{R2- R4,R6}”的具体操作过程如图 3.7 所示。

8．堆栈寻址

堆栈（STACK）是一种十分常用的数据结构，按照先进后出（first in last out，FILO）的方式工作。堆栈使用一个叫作堆栈指针的专用寄存器指示当前操作位置，堆栈指针总是指向栈顶。存储器堆栈可分为如下两种方式。

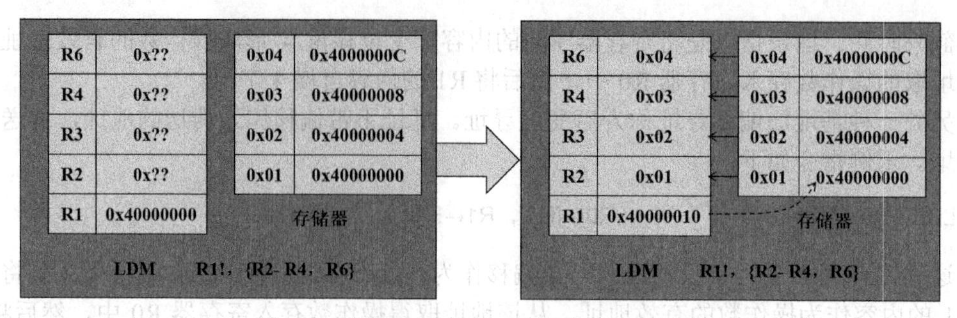

图 3.7　指令 LDM　R1!,{R2- R4,R6}示例图

❑　向上生长：当堆栈由低地址向高地址生成时，称为递增堆栈（ascending stack）。

❑　向下生长：当堆栈由高地址向低地址生成时，称为递减堆栈（descending stack）。

堆栈寻址的示意图如图 3.8 所示。

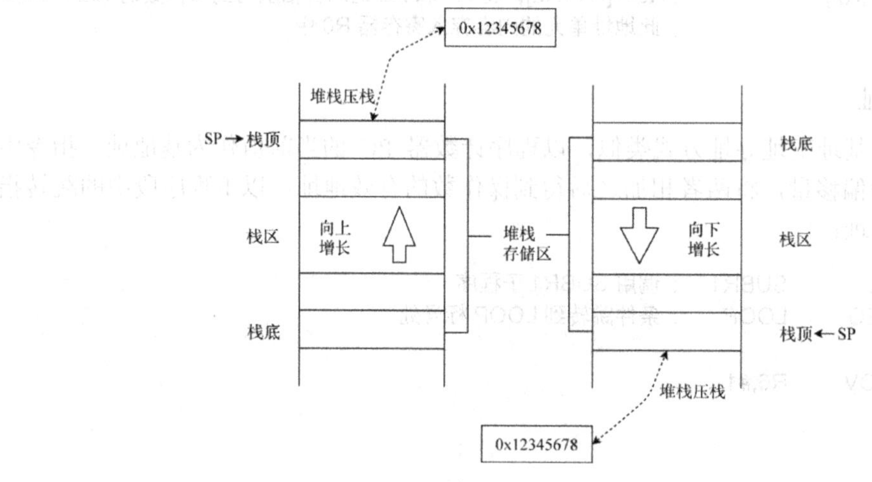

图 3.8　堆栈寻址

当堆栈指针指向最后压入堆栈的数据时，称为满堆栈（full stack），而当堆栈指针指向下一个将要放入数据的空位置时，称为空堆栈（empty stack），二者的示意图如图 3.9 所示。

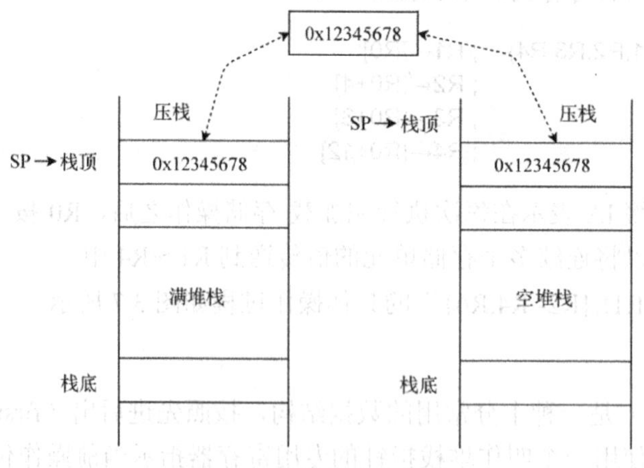

图 3.9　满堆栈和空堆栈

这样就有4种类型的堆栈来表示递增、递减、满和空堆栈的各种组合。ARM处理器支持所有这4种类型的堆栈工作方式，具体如下。

- 满递增堆栈（full ascending stack，FA）：堆栈指针指向最后压入的数据，且由低地址向高地址生成。
- 满递减堆栈（full descending stack，FD）：堆栈指针指向最后压入的数据，且由高地址向低地址生成。
- 空递增堆栈（empty ascending stack，EA）：堆栈指针指向下一个将要放入数据的空位置，且由低地址向高地址生成。
- 空递减堆栈（empty descending stack，ED）：堆栈指针指向下一个将要放入数据的空位置，且由高地址向低地址生成。

在ARM指令中，数据的进栈和出栈通过Load/Store指令实现，指令STM向堆栈写入数据项，指令LDM从堆栈读取数据项。结合堆栈的4种类型，相应的进栈和出栈指令有如下几对。

- STMFA（进栈），LDMFA（出栈）。
- STMFD（进栈），LDMFD（出栈）。
- STMEA（进栈），LDMEA（出栈）。
- STMED（进栈），LDMED（出栈）。

进栈和出栈指令必须成对使用，例如，采用STMFA进栈则必须采用LDMFA出栈，其余进栈和出栈指令类似。

示例指令如下：

```
STMFD   SP!,{R1 - R7,LR}          ; 将R1～R7.LR入栈，满递减堆栈
LDMFD   SP!,{R1 - R7,LR}          ; 数据出栈，放入R1～R7.LR，满递减堆栈
```

3.4 ARMv7架构指令集——Thumb-2指令集

随着ARM架构的不断改进，其指令集也不断丰富。对于V5版本以前的处理器内核，支持ARM和Thumb两种指令集。这两种指令集在同一个程序中可以兼容，但必须在不同的程序段中，即ARM程序段只能使用ARM指令，而Thumb程序段只能使用Thumb指令，两种指令跳转时需要进行一次切换。传统的ARM指令是一种32位的指令，所有指令汇编成32位代码；而Thumb指令是一种16位指令，所有指令汇编成16位代码。因此，Thumb指令可以节约部分存储空间。

在ARMv7版本的处理器内核中，不再使用传统的ARM指令，而是使用改进的Thumb指令集，称为Thumb-2指令集。Thumb-2指令集是一种兼容16位和32位指令的混合指令集，其兼容性体现在以下两个方面。

① 在书写指令时不需要分析这条指令是32位指令还是16位指令，汇编器会自动按照最简化的原则汇编。示例语句如下：

```
ADD    R1,R2
ADD    R1,#0x8000
ADD    R1,R2,#0x8000
ADD    R1,R1,R2
```

对于第1条语句和第4条语句，汇编器将自动汇编成16位代码，而第2条和第3条将汇编成32位代码。一般有立即数的语句会汇编成32位代码。

② 编译环境提供了一种方法，由编程人员指定是哪一种代码格式。

如果在指令后面加后缀“.N”，则指定是16位代码格式（narrow）；如果在指令后面加后缀“.W”，则指定是32位代码格式（wide）。示例语句如下：

```
ADD.W    R1,R2
ADD.W    R1,R1,R2
ADD.N    R1,R1,R2
```

前两条语句会汇编成32位代码，而第3条语句则汇编成16位代码。

注意：“W”只适用于原来是16位代码的指令上，如果原来是32位代码，那么使用“.W”就没有意义了；而“.N”不能把32位代码变成16位代码。

下面分类叙述Thumb-2指令集。

3.4.1　存储器访问指令

数据传送分为两种：存储和加载。将数据从寄存器到存储器的传送叫作存储（store，ST），将数据从存储器到寄存器的传送叫作加载（load，LD）。存储器的访问指令如表3.3所示。

表3.3　存储器访问指令

助　记　符	16位	32位	指令说明	标　志　位
LDM和STM	Y	Y	加载、存储寄存器组	—
LDR和STR	Y	Y	加载、存储单个寄存器，使用立即数偏移和寄存器偏移	—
LDR	Y	Y	加载单个寄存器，使用PC关联地址方法	—
LDRT和STRT	Y	Y	加载、存储单个寄存器，无特权访问	—
LDREX、STREX和CLREX	N	Y	加载寄存器，标注互斥地址访问状态，检测互斥地址访问状态，存储寄存器专用清除指令	—
PUSH和POP	Y	Y	寄存器入栈和出栈	—

注：N表示不支持这种代码，Y表示支持这种代码。以上所有指令都不影响标志位。

1．寄存器组加载/存储指令LDM和STM

寄存器组加载/存储指令LDM和STM用于在寄存器和存储器之间进行成组的数据传送。其中，LDM用于把存储器中的成组数据加载到寄存器中，STM用于把多个寄存器中的数据存储到存储器中，只使用一个寄存器做基址。

指令格式如下：

```
LDM/STM{条件} {类型} 基址寄存器 {!},寄存器列表
```

其中，{类型}为以下几种情况。

- IA：每次传送后地址加 1。
- IB：每次传送前地址加 1。
- DA：每次传送后地址减 1。
- DB：每次传送前地址减 1。
- FD：满递减堆栈。
- ED：空递减堆栈。
- FA：满递增堆栈。
- EA：空递增堆栈。

{!}为可选后缀。若选用该后缀，则当数据传送完毕后，将最后的地址写入基址寄存器，否则基址寄存器的内容不改变。

寄存器列表可以是从 R0～R15 的任意组合。

指令示例如下：

```
STMFD   R13!,{R0,R4-R12,LR}    ; 将寄存器列表中的寄存器（R0，R4～R12，LR）存入堆栈，
                               ; "!"符号表明指令在完成数据传送后将结果写回到基址寄存器
                               ; R13 中
STMIA   R3!,{R0,R4-R12,LR}     ; 将寄存器 R0，R4～R12 以及 LR 的值存储到由 R3 指示的
                               ; 存储区域
LDMDB   R5!,{R0-R4}            ; 多寄存器 R0～R4 加载，"!"符号表明指令在完成传送后将
                               ; 结果写回到基址寄存器 R5 中
LDMIA   R1!,{R0,R4-R12}        ; 将由 R1 指示的内存数据加载到寄存器 R0，R4～R7 中
```

2．加载/存储单个寄存器指令 LDR 和 STR

加载/存储单个寄存器指令 LDR 和 STR 用于在寄存器和存储器之间进行字、半字以及字节传送。LDR 用于把存储器中的 32 位数据加载到寄存器，STR 用于把寄存器中的 32 位数据存储到存储器中。

指令格式如下：

```
LDR/STR{条件}{T},目标地址,<地址>
```

其中，{T}是可选后缀：B、H、SB 和 SH。H 表示半字传送，B 表示字节传送，S 表示有符号操作，SB 表示带符号字节传送，SH 表示带符号半字传送。SB 和 SH 不可用于 STR 指令。例如，LDRB 用于把存储器中的 8 位数据字节加载到寄存器中，STRB 用于把寄存器中低字节存储到存储器中；LDRH 用于把存储器中的半字加载到寄存器中，STRH 用于把寄存器中的低半字存储到存储器中。<地址>指的是地址偏移量。

LDR/STR 指令寻址非常灵活，由两部分组成：一部分是一个基址寄存器，它可以是任意一个通用寄存器；另一部分是地址偏移量。地址偏移量通常有 3 种形式：立即数偏移、

寄存器偏移、寄存器及移位常数，在 3.3 节中有详细介绍，这里不再赘述。

指令举例如下：

```
LDR     R2,[R5]            ；将 R5 指向地址的字数据存入 R2
LDR     R1,[R0,#0x12]      ；将 R0+0x12 地址处的数据读出，保存到 R1 中
STR     R1,[R0,#0x04]      ；将 R1 的数据存储到 R0+0x04 地址
LDRB    R3,[R2],#1         ；将 R2 指向地址的字节数据存入 R3，R2=R2+1
STRB    R6,[R7]            ；将 R6 的数据存入 R7 指向的内存地址
LDRH    R6,[R2],#2         ；将 R2 指向地址的半字数据存入 R6，高 16 位用 0 扩展，
                           ；读出后，R2=R2+2
STRH    R1,[R2,#2]         ；将 R1 的半字数据保存到 R2+2 地址中
LDRSB   R1,[R0,R3]         ；将 R0+R3 地址上的字节数据存入 R1，高 24 位用符号扩展
```

3．使用 PC 关联方法并加载单个寄存器指令 LDR

这条指令也有 H、B、SH 和 SB 选项，使用方法与上述相同。使用 PC 关联方法并加载单个寄存器指令 LDR 用于在寄存器和存储器之间进行无符号数据的传送。地址表达式的基址是 PC（以语句标号的方式或以 PC 偏移的方式）。

根据字加载及偏移方式的不同，指令格式如下：

```
LDR     Rd,<地址>                ；字加载
LDRD    Rd,Rd2,<地址>            ；双字加载
LDR     Rd,[PC,#立即数]          ；字加载，使用 PC，立即数偏移
LDRD    Rd,Rd2,[PC,#立即数]      ；双字加载，使用 PC，立即数偏移
```

说明：Rd、Rd2 为目标寄存器，两者不同之处在于 Rd2 不可以是 SP（stack pointer，堆栈指针）或 PC。

PC 的偏移量受到限制，字、半字和字节地址范围为−4095～+4095 字节；双字地址范围为−1020～+l020 字节。

立即数——PC 偏移的立即数受到限制，范围和以上语句标号相同。

指令举例如下：

```
LDRD    R7,R5,START4       ；加载 R7 和 R5，双字加载
LDR     R4,[PC,#0x80]      ；从（PC+0x80）存储地址处取出数据，加载到寄存器 R4 中
```

4．无特权访问并加载/存储单个寄存器指令 LDRT/STRT

无特权访问并加载/存储单个寄存器指令 LDRT/STRT 和以上介绍的立即数偏移的加载/存储指令 LDR/STR 只有一点不同，就是在指令助记符后加了一个 T 后缀，其余完全相同，包括 B、H、SB、SH 的使用方法，以及立即数偏移的前索引和后索引等。因此，可以完全按照立即数偏移的加载/存储指令的方法使用。

指令格式如下：

```
LDRT/STRT    Rd,[Rb,#立即数]
```

T 后缀的含义：指令在特权模式下对存储器的访问，将被存储器看成是用户模式（无

特权）的访问。这条指令在特权模式下不享有特权。

5．互斥访问指令 LDREX 和指令 STREX，互斥清除指令 CLREX

互斥访问总是成对出现，每个 LDREX 语句后面总是跟随一个 STREX 语句。互斥访问可以使用 B 和 H 后缀，即可以实现半字和字节访问，但不可以实现带符号数据的存储和加载，也就是不可以使用 SH 和 SB。

指令格式如下：

```
LDREX    Rd,[Rb,#立即数]
STREX    Rt,Rd,[Rb,#立即数]
```

说明：Rd 作为目标和源寄存器，不能是 SP 和 PC；Rt 记录指令执行结果，既不能是 Rd 和 Rb，也不能是 PC 或 SP。

立即数范围为 0～1020 字节。

互斥访问主要用在多任务多线程环境中，在单线程的环境中应用较少，用来防止中断处理程序在打断主程序时出现意外。互斥访问主要是让多个任务无冲突地共享一个资源。在使用指令 LDREX 访问某一地址后，这个地址所在的一个区域便被标注为处于互斥状态。对于后面出现的访问这个区域的 STREX 语句，处理器会按照规则检测。如果认为不发生冲突，则允许实现这次存储，并在 Rt 寄存器中返回 0；如果认为可能发生冲突，则拒绝执行这条指令，并在 Rt 寄存器中返回 1。如果内核没有处于互斥状态，则不能执行指令 STREX，这时 Rt 将返回 1。

与互斥访问相关的指令除 LDREX 和 STREX 外，还有一个互斥清除指令 CLREX。

指令格式如下：

```
CLREX
```

互斥清除指令用来清除由指令 LDREX 标注的互斥状态，在执行这条指令后，内核不再处于互斥状态，后面的指令 STREX 不能正确执行，Rt 将返回 1。

6．入栈指令 PUSH 和出栈指令 POP

这两条指令可以对寄存器组实现操作，是以 SP 为基址的加载和存储指令，称为堆栈指令。这两条堆栈指令是常用的指令，堆栈指针 SP 是隐含的地址基址，堆是满栈递减堆栈，堆栈向下增长，堆栈指针总是指向最后入栈的数据。使用入栈指令 PUSH 时，每传送一个数据，堆栈指针就自动减 4；使用出栈指针 POP 时，每传送一个数据，堆栈指针就自动加 4，属于后索引形式。指令执行完后，堆栈指针的指向已经变化。

指令格式如下：

```
PUSH     {寄存器列表}
POP      {寄存器列表}
```

其中，寄存器列表——PUSH 指令列表中不能包括 SP 和 PC；POP 指令列表中不能包括 SP，如果包括了 LR 就不能包括 PC。寄存器列表使用花括号{ }，寄存器分隔使用逗号。寄存器在列表中是从小到大排列的，在栈区中序号较小的寄存器排在地址较低的位置。

入栈指令和出栈指令应用举例如下：

```
PUSH    {R0,R5}         ；把 R0,R5 顺序入栈
POP     {R2-R4,PC}      ；把 PC,R4,R3,R2 顺序出栈
PUSH    {R0,R1,PC}      ；错误，入栈指令不得包含 PC
```

3.4.2　通用数据处理指令

数据处理指令是所有微处理器中最基本的指令，数据处理指令如表 3.4 所示。

表 3.4　数据处理指令

助 记 符	16 位	32 位	指 令 说 明	标 志 位
ADD、ADC SUB、SBC、RSB ADDW、SUBW	Y	Y	加法指令 减法指令 宽加法与宽减法	N，Z，C，V
CLZ	N	Y	计算前导零个数指令	—
AND、ORR、EOR、BIC、ORN	Y	Y	逻辑操作指令	N，Z，C
ASR、LSL、LSR、ROR、RRX	Y	Y	移位操作指令	N，Z，C
CMN、CMP	Y	Y	比较操作指令	N，Z，C，V
MOV、MVN、MOVT、MOVW	Y	Y	数据传输指令	N，Z，C
REV、REV16、REVSH、RBIT	Y	Y	字节交换指令	—
TEQ、TST	Y	Y	测试指令	N，Z，C

1．加法指令与减法指令

两个操作对象相加使用指令 ADD，两个操作对象相减使用指令 SUB；两个操作对象带进位加使用指令 ADC，两个操作对象带借位减使用指令 SBC，两个操作对象反减使用指令 RSB；包含 12 位立即数的加法操作使用指令 ADDW，包含 12 位立即数的减法操作使用指令 SUBW。

指令格式如下：

```
<op1>{S} Rd,Rn,<operand2>
<op2>{S} Rd,Rn,#立即数
```

其中，S 是可选后缀，如果指定了 S，则更新操作结果的条件标志；op1 指的是 ADD/SUB/ADC/SBC/RSB；op2 指的是 ADD/SUB/ADDW/SUBW；Rd 为目标寄存器，保存操作结果；Rn 为通用源寄存器，只有 ADD 或 SUB 才可以有条件使用 SP；立即数为无符号数值，范围为 0～4095。

这些指令会刷新程序状态寄存器的条件标志，包括 N、Z、V 和 C。

指令 RSB 是反减指令，“SUB　Rd,Rn,Rm”的结果是 Rd=Rn-Rm；而“RSB Rd,Rn,Rm”的结果是 Rd=Rm-Rn。

加、减法指令举例如下：

```
ADD     R5,R9,R0            ; 加法，R5←R9+R0
ADDS    R1,R1,#1            ; R1←R1+1，S 是刷新程序状态寄存器的标志
SUB     R4,R1,R0            ; 减法，R4←R1-R0
SUBS    R0, R0,#1           ; R0←R0-1
SUBS    R2, R1,R2           ; R2←R1-R2
RSB     R3,R1,#0xFF00       ; R3=0xFF00-R1
RSBS    R1,R2,R2,LSL #2     ; R1=（R2<<2）-R2=R2*3
RSBS    R5,R2,#0x80         ; 反减法 R5=0x80-R2
```

2．计算前导零个数指令 CLZ

使用该指令计算寄存器中前导零的个数，并把结果存储起来。

指令格式如下：

```
CLZ    Rd,Rs
```

其中，Rs 为通用寄存器，不可以使用 SP 或 PC；Rd 为目标寄存器，保存操作结果，即前导零个数，不可使用 SP 或 PC。

3．逻辑操作指令

两个操作对象相与使用指令 AND；两个操作对象相或使用指令 ORR；两个操作对象异或使用指令 EOR；对寄存器按位清零使用指令 BIC；对寄存器进行非或使用指令 ORN，即先对第 2 操作对象进行非操作，然后和第 1 操作对象进行或操作。

指令格式如下：

```
OP{条件}{S} 目的寄存器,操作数 1,操作数 2
```

其中，OP 可为 AND、ORR、EOR、BIC 或 ORN；{S}是可选后缀。

逻辑操作指令举例如下：

```
AND     R8,R4,#0x80         ; R4 与 0x80，结果放在 R8 中
ANDS    R0,R0,#0x01         ; R0=R0 与 0x01，取出最低位数据
ORR     R6,#0x40            ; R6 或 0x40，结果放在 R6 中
ORR     R0,R0,#0x0F         ; 将 R0 的低 4 位置 1
ORR     R3,R1,R3,LSL #8     ; R3 逻辑左移 8 位后，与 R1 相或，结果放入 R3 中
EOR     R9,R6,R5            ; R6 和 R5 异或，结果放在 R9 中
EOR     R1,R1,#0x0F         ; 将 R1 的低 4 位取反
EORS    R0,R5,#0x01         ; 将 R5 和 0x01 进行逻辑异或，结果保存到 0，并影响标志位

AND     R5,R6               ; R5 与 R6，结果放在 R5 中
BIC     R1,R1,#0x0F         ; 将 R1 的低 4 位清零，其他位不变
BIC     R1,R2,R3            ; 将 R3 的反码和 R2 相与，结果保存到 R1 中
ORN     R6,R7,R14           ; 先对 R14 求非，然后或 R7，结果放在 R6 中
```

4．移位操作指令

移位操作指令主要有以下几种。

- ❑ LSL：逻辑左移（logical shift left），寄存器中字的低端空出的有效位补 0。

- LSR：逻辑右移（logical shift right），寄存器中字的高端空出的有效位补 0。
- ASR：算术右移（arithmetic shift right），算术移位的对象是带符号数，在移位过程中必须保持操作数的符号位不变。若源操作数为正，则字的高端空出的有效位补 0；若源操作数为负数，则字的高端空出的有效位补 1。
- ROR：循环右移（rotate right），从字的最低端移出的有效位依次填入空出字的高端有效位。
- RRX：带扩展的循环右移，按操作数所指定的数量向右循环移位，左端用进位标志位 C 来填充。

移位操作指令的操作方式如图 3.10 所示。

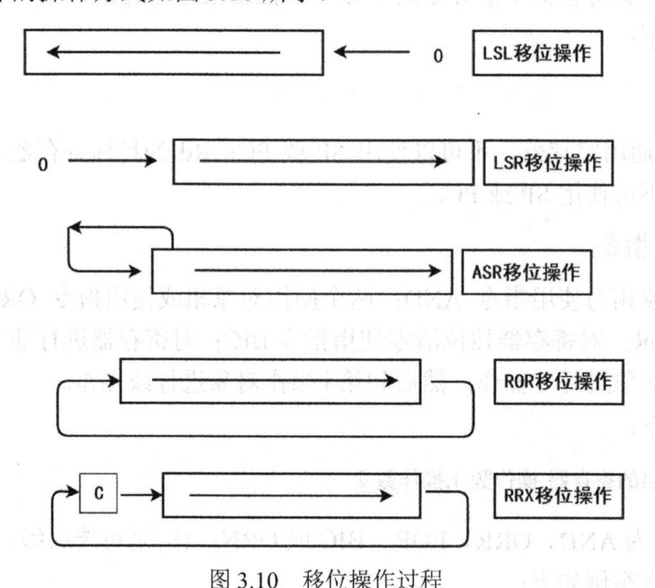

图 3.10　移位操作过程

指令格式如下：

```
<op> Rd,{Rn},Rs/#n
```

其中，op 指的是 LSL/LSR/ASR/ROR/RRX；Rd 是指目标寄存器；Rn 是指移位寄存器；Rs 是指移位长度寄存器，其数值是 Rn 移位的位数，范围是 0～255；n 是指移位长度，ASR、LSR 和 ROR 是 1～31，LSL 是 0～31。

5．比较操作指令

两个操作对象的比较操作使用指令 CMP，两个操作对象的取反比较操作使用指令 CMN。CMP 指令的格式如下：

```
CMP/CMN{条件}　操作数 1,操作数 2
```

CMP 指令用于把一个寄存器的内容和另一个寄存器的内容或立即数进行比较，同时更新 xPSR 中条件标志位的值。CMP 和 SUB 不同的是该指令进行一次减法运算但不存储结果，只是刷新了状态寄存器的条件标志位。标志位表示的是操作数 1 与操作数 2 的关系（大、小、相等)。例如，当操作数1大于操作数2时，则此后带有GT后缀的指令将可以执行。

CMN指令用于把一个寄存器的内容和另一个寄存器的内容或立即数取反后进行比较，同时更新xPSR中条件标志位的值。该指令实际完成操作数1和操作数2相加，并根据结果更改条件标志位。CMN和ADD不同的是没有保留结果，只是刷新了状态寄存器的条件标志位。

指令示例如下：

```
CMP   R1,R0        ；将寄存器R1的值与寄存器R0的值相减，并根据结果设置xPSR的标志位
CMP   R1,#100      ；将寄存器R1的值与立即数100相减，并根据结果设置xPSR的标志位
CMN   R1,R0        ；将寄存器R1的值与寄存器R0的值相加，并根据结果设置xPSR的标志位
CMN   R1,#100      ；将寄存器R1的值与立即数100相加，并根据结果设置xPSR的标志位
```

6. 数据传送指令MOV、MVN、MOVT和MOVW

这是一组只有两个操作对象的指令，把第2操作对象内容传送到第1操作对象使用指令MOV；把第2操作对象内容的“非”传送到第1操作对象使用指令MVN；把16位立即数放到寄存器的低16位使用指令MOVW，高16位清零；把16位立即数放到寄存器的高16位使用指令MOVT，低16位不影响。

指令格式如下：

```
Op{条件}{S}    目的寄存器，源操作数
```

其中，Op指的是MOV、MVN、MOVT或MOVW；{S}是可选后缀，表示指令执行时是否更新xPSR。若指定S，将根据结果更新条件码标志N、Z和C到状态寄存器的条件标志位，标志V不受影响。

数据传送指令应用举例如下：

```
MOV     R1,R0             ；将寄存器R0的值传送到寄存器R1
MOV     R1,R0，LSL#3      ；将寄存器R0的值左移3位后传送到寄存器R1
MOV     R7,PC             ；当前PC+4，传送到R7
MVN     R0,#0             ；将立即数0取反传送到寄存器R0中，完成后R0=-1
                          ；或R0=0xFFFFFFFF
MVN     R4,R6             ；R6求非，然后传送到R4
MOVS    R10,R8,LSL#2      ；R8逻辑左移2位，然后传送到R10，条件标志位刷新
```

7. 字节交换指令REV、REV16、REVSH、RBIT

这些指令用来在一个32位的字内实现字节交换，交换的结果是使源字的大端或小端的格式发生变化。一个32位的字在大端和小端之间转换使用指令REV；一个16位的半字在大端和小端之间转换使用指令REV16；把16位的带符号半字转换成相反格式的32位带符号字使用指令REVSH；位翻转使用指令RBIT。

指令格式如下：

```
REV/REV16/REVSH/RBIT 目标寄存器,源寄存器
```

这些指令可以在大端和小端之间对数据进行转换，或进行翻转操作。如图 3.11 所示，指令 REV 可以把 32 位大端字转换成小端字，反之，把 32 位小端字转换成大端字也可以。指令 REV16 可以把 16 位的半字由大端转换成小端或由小端转换成大端。

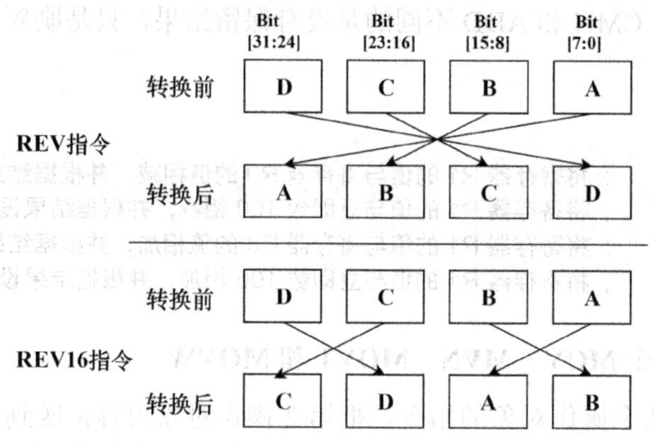

图 3.11　字节交换指令图解

如图 3.12 所示，指令 REVSH 可以把一个带符号的 16 位半字转换成 32 位带符号的字，同时也实现大端或小端的转换。但是，只有符号在 A 字节时才能实现这个转换。

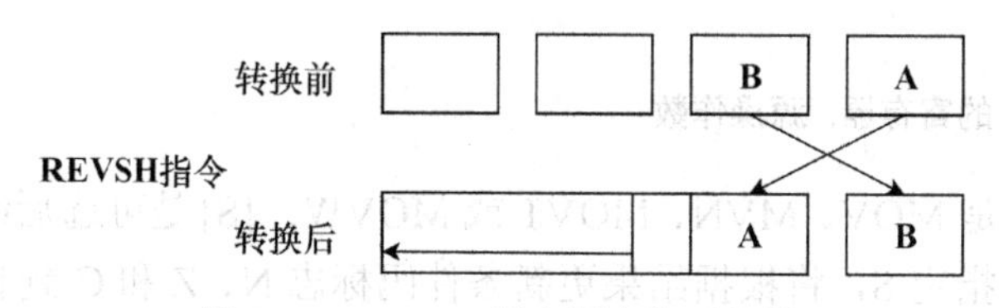

图 3.12　REVSH 指令既交换又扩展

如图 3.13 所示，指令 RBIT 把被转换的数据翻转 180°，位的排列顺序不变。比如，一个 32 位数据 0x20000001，翻转完成之后成为 0x80000004。

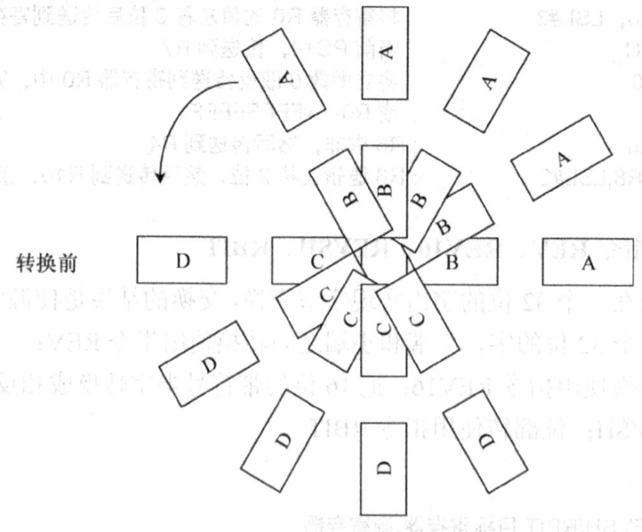

图 3.13　RBIT 指令图解

字节交换指令举例如下，其中，R5 中数据是 0x0A0B0504：

```
REV.W    R3,R5   ; 对 R5 实现 32 位转换，结果是 R3=0x04050B0A
REV16.N  R7,R5   ; 对 R5 实现 16 位转换，结果是 R7=0x0B0A0405
REVSHS   R0,R5   ; 把 R5 低 16 位带符号交换扩展，结果是 R0=0x00000405，刷新标志
RBIT     R4,R5   ; 翻转 R5，结果写入寄存器 R4，R4=0x20A0D050
```

8．测试指令

TST 指令用于把一个寄存器的内容和另一个寄存器的内容或立即数进行按位的“与”运算，不保存运算结果但会根据运算结果更新 xPSR 中条件标志位的值。操作数 1 是要测试的数据，操作数 2 是一个位掩码。该指令一般用来检测是否设置了特定的位。

TEQ 指令用于把一个寄存器的内容和另一个寄存器的内容或立即数进行按位的“异或”运算，不保存运算结果，但会根据运算结果更新 xPSR 中条件标志位值。该指令通常用于比较操作数 1 和操作数 2 是否相等。

指令格式如下：

```
TST/TEQ{条件} 操作数 1,操作数 2
```

指令示例如下：

```
TST    R1,#0xFF   ; 将寄存器 R1 的值与立即数 0xFF 按位“与”
TEQ    R1,R2      ; 将寄存器 R1 的值与寄存器 R2 的值按位“异或”
```

3.4.3 乘法和除法指令

乘法和除法指令也是比较重要的运算指令，早期的 Thumb 指令集中没有乘法和除法指令，因此使用很不方便。Thumb-2 指令集增加了乘法、除法指令，如表 3.5 所示。

表 3.5 乘法和除法指令

助 记 符	16 位	32 位	指 令 说 明	标 志 位
MLA、MUL、MLS	Y	Y	乘法指令	N，Z
SDIV、UDIV	N	Y	除法指令	—
SMLAL、SMULL、UMLAL、UMULL	N	Y	长乘法指令	—

1．乘法指令

32 位乘法运算使用乘法指令 MUL；32 位乘加运算使用乘加指令 MLA；32 位乘减运算使用乘减指令 MLS。

指令格式如下：

```
MUL {条件} {S} 目的寄存器,操作数 1,操作数 2
MLA/MLS {条件} {S} 目的寄存器,操作数 1,操作数 2,操作数 3
```

其中，操作数 1 和操作数 2 均为 32 位的带符号数或无符号数。

MUL 指令完成操作数 1 与操作数 2 的乘法运算，并把结果的低 32 位放置到目的寄存器中；MLA 指令完成操作数 1 与操作数 2 的乘法运算，再将乘积加操作数 3，并把结果的低 32 位放置到目的寄存器中；MLS 指令完成操作数 1 与操作数 2 的乘法运算，然后用操作数 3 减去该乘法运算的乘积，并将结果的最低有效 32 位放在目的寄存器中。

指令示例如下：

```
MUL    R0,R1,R2             ; R0=R1*R2
MLA    R0,R1,R2,R3          ; R0=R1*R2+R3
MLS    R4,R5,R6,R7          ; R4=R7-(R5*R6)
```

2．除法指令

无符号除法运算使用 UDIV 指令；带符号除法运算使用 SDIV 指令。

指令格式如下：

```
SDIV/UDIV      Rd,Rm,Rs
SDIV/UDIV      Rd,Rm
```

其中，Rd 为目标寄存器，也可存放被除数；Rm 为存放被除数的寄存器；Rs 为存放除数的寄存器。

这是两条 32 位运算指令，结果是一个 32 位的数据，存储在目标寄存器中。如果不能被整除，余数将丢失。

除法指令应用举例：

```
SDIV      R0,R5,R7          ；带符号除法，R0=R5/R7
UDIV      R8,R2,R3          ；无符号除法，R8=R2/R3
```

3．长乘法指令

64 位无符号长乘法运算，使用长乘法指令 UMULL；64 位无符号长乘加运算，使用长乘加指令 UMLAL；64 位带符号长乘法运算，使用长乘法指令 SMULL；64 位带符号长乘加运算，使用长乘加指令 SMLAL。

指令格式如下：

```
OP {条件} {S} 目的寄存器低字节,目的寄存器高字节,操作数 1,操作数 2
```

其中，OP 指的是 SMULL、SMLAL、UMULL 或 UMLAL。

SMULL 指令将两个操作数解释为带符号的补码整数。该指令将这两个整数相乘，并把结果的低 32 位放置到目的寄存器低字节中，结果的高 32 位放置到目的寄存器高字节中。

SMLAL 指令将两个操作数解释为带符号的补码整数。该指令将这两个整数相乘，并把乘积累加到目的寄存器中的 64 位带符号的补码整数上，得到结果的低 32 位放置到目的寄存器低字节中，结果的高 32 位放置到目的寄存器高字节中。

UMULL 指令将两个操作数解释为无符号整数。该指令将这两个整数相乘，并把结果的低 32 位放置到目的寄存器低字节中，结果的高 32 位放置到目的寄存器高字节中。

UMLAL 指令将两个操作数解释为无符号整数。该指令将这两个整数相乘，并把乘积累加到目的寄存器中的 64 位无符号整数上，得到结果的低 32 位放置到目的寄存器低字节中，结果的高 32 位放置到目的寄存器高字节中。

指令举例如下：

```
UMULL   R0,R3,R4,R5        ; R0=(R4*R5)的低 32 位，R3=(R4*R5)的高 32 位
SMLAL   R0,R1,R2,R3        ; R0=(R2*R3)的低 32 位+R0，R1=(R2*R3)的高 32 位+R1
SMULL   R0,R1,R2,R3        ; R0=(R2*R3)的低 32 位，R1=(R2*R3)的高 32 位
UMLAL   R0,R1,R2,R3        ; R0=(R2*R3)的低 32 位+R0，R1=(R2*R3)的高 32 位+R1
```

3.4.4 分支和分支控制指令

分支和分支控制指令如表 3.6 所示。这些指令应用在分支、子程序调用和返回、条件分支等场合。

表 3.6 分支和分支控制指令

助 记 符	16 位	32 位	指 令 说 明	标 志 位
B、BL、BX、BLX	Y	Y	分支指令	—
CBZ，CBNZ	Y	Y	比较分支指令	—
IT	Y	Y	If-Then 条件指令	—
TBB、TBH	N	Y	查表分支	—

下面详细解释这些指令。

1．分支指令

程序简单跳转使用分支指令 B 和 BX，在需要保存跳转处地址时，使用分支链接指令 BL 和 BLX。

指令格式如下：

```
B/BL      Label
BX/BLX    Rm
```

其中，Label 是目标地址；Rm 是含有转移地址的寄存器。

分支指令 B 使得程序跳转到给定的目标地址；分支指令 BX 使得程序跳转到由 Rm 指定的地址处。这两条指令都是简单的跳转指令。指令 BL 和 BLX 除引导程序跳转之外，还把下一条语句的地址记录在链接寄存器 LR 中，以便程序返回使用。

示例指令如下：

```
B    WAITA                 ; 跳转到 WAITA 标号处
BL   DELAY                 ; 调用子程序 DELAY
```

2．比较分支指令

比较结果为 0 的跳转使用指令 CBZ；比较结果非 0 的跳转使用指令 CBNZ。

指令格式如下：

```
CBZ/CBNZ    Rn,Label
```

其中，Rn 是比较寄存器，只能是低位寄存器 R0～R7。这是两条不可以使用条件后缀的指令。这些指令不会改变条件标志位，但是可以判断是否需要跳转。这些指令只能向后跳转，不能向前跳转，跳转的范围限制在 4～130 字节。

指令示例如下：

```
CBZ     R5,START6          ；如果 R5 等于 0，跳转到 START6 处
CBNZ    R0,START6          ；如果 R0 不等于 0，跳转到 START6 处
```

3．条件分支指令

条件分支指令只有一条，即 IT，是 If-Then 的简写。指令 IT 必须和一个条件后缀组成一条语句，随后跟随的语句由条件是否成立决定是否执行。如果本条语句的条件成立，则执行随后被标注 T 的语句；如果本条语句的条件不成立，则执行随后被标注 E 的语句。如图 3.14 所示，每条 IT 语句最多可以跟随 4 条被执行的语句，每条语句的标注符号 T 和 E 紧随 IT，不能使用其他符号或空格。需要注意的是，指令本身已经有一个 T，这个 T 标注了随后的第 1 条语句的条件是否成立。

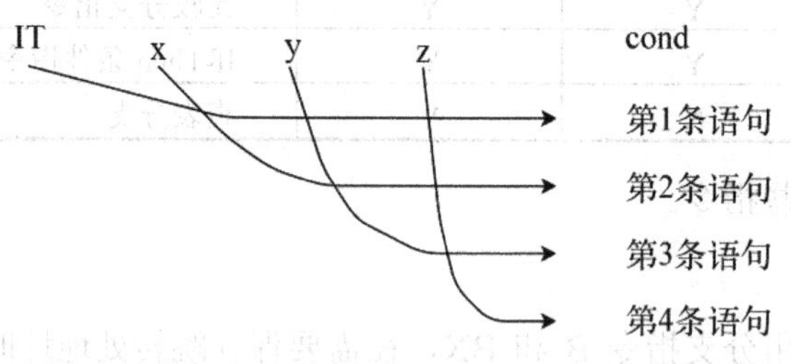

图 3.14　使用 T 或 E 两种符号标注，最多 4 条语句

指令格式如下：

```
IT{x}          S
IT{x}{y}       S
IT{x}{y}{z}    S
```

其中，S 表示条件后缀；x、y 和 z 依次表示第 2 条、第 3 条和第 4 条语句的标注，都是可选的，都有 T 和 E 两种，T 表示条件成立执行第 2 条语句，E 表示条件不成立执行第 2 条语句。

指令示例如下：

```
CMP       R5,R0         ；比较 R5 和 R0，产生条件
ITTEE     EQ            ；IT 指令本身的 T 表示条件成立执行第 1 条语句，后面又紧跟 3
                        ；个后缀 T、E、E，表示后 3 条语句执行与否根据条件判断
MOVEQ     R5,#0x40      ；条件成立（EQ）执行第 1 条
ADDEQ     R5,R0         ；条件成立（EQ）执行第 2 条
MOVNE     R5,#0x80      ；条件不成立（NE）执行第 3 条
```

```
ADDNE   R5,R0                  ；条件不成立（NE）执行第4条
```

4．查表分支

查表分支也是 Thumb-2 新增加的指令。以字节为单位查表跳转使用指令 TBB；以半字为单位查表跳转使用指令 TBH。

指令格式如下：

```
TBB     [Rn,Rm]
TBH     [Rn,Rm,LSL#1]
```

其中，Rn 指的是基址寄存器，存放跳转表的基址；Rm 指的是索引寄存器，存放的是跳转表中数据相对基址的偏移量。这两条指令不可使用条件后缀。

指令 TBB 需要的数据表由 8 位字节组成，每个字节都是基址的一个偏移量。而指令 TBH 需要的数据表是由 16 位半字组成，每个半字都是基址的一个偏移量。程序按照这些偏移量进行跳转。

查表分支指令应用举例如下：

```
...     ...
ADR     R5,DATA_Table           ；把表的地址（基址）给 R5
TBB     [R5,R1]                 ；查表跳转到 R5+R1
Case0   NOP                     ；事件 0 程序段开始，NOP 指令是事件 0 的程序段
Case1   NOP                     ；事件 1 程序段开始，NOP 指令是事件 1 的程序段
Case2   NOP                     ；事件 2 程序段开始，NOP 指令是事件 2 的程序段
...     ...                     ；省略部分
DATA_Table DCB 0                ；事件 0 程序段开始地址和 TBB 指令的偏移量
DCB ((Case1-Case0)/2)           ；事件 1 程序段开始地址和 TBB 指令的偏移量
DCB ((Case2-Case0)/2)           ；事件 2 程序段开始地址和 TBB 指令的偏移量
...     ...                     ；省略部分
```

以上程序是标准的查表跳转指令的应用方法。对于每个事件，程序段的长度并没有限制，但是字节表定义的数据最大偏移 255 个语句。因此，如果表格比较大，程序语句比较多，请选用查表指令 TBH。

3.4.5 饱和运算指令 SSAT 和 USAT

1．饱和的概念

饱和的概念来自信号放大过程。例如，三极管的饱和和导通、放大器的饱和和放大等。一个弱信号从放大器的输入端输入，如果放大器正常工作，从放大器输出端输出的信号就会得到放大，放大的倍数是可以设置的。

2．饱和运算指令

饱和运算指令分为两种：一种是带符号的饱和运算指令，即 SSAT；一种是无符号的饱和运算指令，即 USAT。饱和运算指令多用于信号处理，当信号被放大后，可能使它的幅

值超出允许输出的范围。如果只是简单进行清除，则常常会严重破坏信号的波形，饱和运算的作用是把被运算的数据保持在某一范围内，使数据不超过这一范围，大于或小于这个范围的数据被削平，只是使信号产生削顶失真。

指令格式如下：

```
SSAT/USAT    Rd,#立即数,Rn
SSAT/USAT    Rd,#立即数,Rn,移位#S
```

其中，Rd 是指目标寄存器；Rn 是存储要求计算饱和值的源寄存器；#立即数在 SSAT 指令中时范围为 1～32，在 USAT 指令中时范围为 0～31；移位#S 只包括 ASR #S 运算和 LSL #S 运算，在 ASR #S 运算中时 S 的范围为 1～31，在 LSL #S 运算中时 S 的范围为 0～31。

指令举例如下：

```
MOV     R0,#0x100     ；给 R0 赋初值
USAT    R1,#2,R0      ；无符号饱和运算，取 2 位饱和值，R1=0x3
SSAT    R1,#2,R0      ；带符号饱和运算，取 2 位饱和值，R1=0x1
```

3.4.6　位段操作指令

Thumb-2 指令集中增加了一些位段操作指令，如表 3.7 所示，这些指令极大地丰富了指令的功能，提供了更方便的位操作方法。

表 3.7　位段操作指令

助记符	16 位	32 位	指令说明	标志位
BFC、BFI	N	Y	位段清零指令和位段插入指令	—
SBFX、UBFX	N	Y	位段提取指令	—
SXTB、SXTH、UXTB、UXTH	Y	Y	字扩展指令	—

1．位段清零指令 BFC 和位段插入指令 BFI

将一个 32 位数据中的指定位段清零，使用位段清零指令 BFC；将某一位段插入到一个 32 位数据的指定位置，使用位段插入指令 BFI。

指令格式如下：

```
BFC  Rd,#lsb,#width
BFI  Rd,Rn,#lsb,#width
```

其中，Rd 是指目标寄存器；Rn 是指源寄存器；#lsb 指的是指定位域最低位的位置，范围为 0～31；#width 指的是指定位域的宽度（位数），最小是 1，最大是（32-lsb）。

指令示例如下，假设 R0=#0x1234FFFF；R1=#0xAABBCCDD：

```
BFC      R0,#4,#10      ；将 R0 从第 4 位开始的 10 位清零，结果是 R0=0x1234C00F
BFI.W    R1,R0,#8,#16   ；将寄存器 R0 的后 16 位的位域插入 R1 第 8 位及之后，结果是
                        ；R1=0xAA5678DD
```

2．位段提取指令 SBFX 和 UBFX

从32位数据中提取指定位段，无符号扩展使用指令UBFX，带符号扩展使用指令SBFX。指令格式如下：

```
SBFX/UBFX     Rd,Rn,#lsb,#width
```

其中，Rd 指的是目标寄存器；Rn 指的是源寄存器；#lsb 指的是指定位域最低位的位置，范围为0～31；#width 指的是指定位域的宽度（位数），最小是1，最大是（32-lsb）。

使用指令UBFX时，从Rn中lsb的位置开始向高位方向提取一个宽度为width的位段，并把这个位段存放在Rd从[0]位开始的位置，位段前全部填充0，成为一个32位的数据。使用指令SBFX时，含义和上述相同，不同的是位段前填充符号。

指令示例如下，假设R0=0x5678ABCD：

```
UBFX.W   R1,R0,#12,#16          ; 从 R0 的第 12 位开始提取宽度为 16 的位段，存放在 R1
                                ; 从[0]开始的位置，位段前全置 0，结果 R1=0x0000678A
SBFX.W   R1,R0,#8,#4            ; 从 R0 的第 8 位开始提取宽度为 4 的位段，存放在 R1
                                ; 从[0]开始的位置，位段前填充符号，结果 R1=0x0000678A
```

3．字扩展指令

无符号的将一个字节扩展到32位使用指令UXTB；带符号的将一个字节扩展到32位使用指令SXTB；无符号的将一个半字扩展到32位使用指令UXTH；带符号的将一个半字扩展到32位使用指令SXTH。

指令格式如下：

```
SXTB/SXTH/UXTB/UXTH    {Rd},Rm,ROR#n
SXTB/SXTH/UXTB/UXTH    Rd,Rm
SXTB/SXTH/UXTB/UXTH    Rm,ROR#n
```

其中，Rd 指的是目标寄存器；Rm 指的是源寄存器；#n 只能是0、8、16和24。

这些指令将一个字或者半字扩展到32位，扩展后可以把这些字节或者半字作为一个字使用。

指令示例如下：

```
SXTH     R4,R6,ROR # 16     ; R6 循环右移 16 位，得到 R6 的半字，带符号地将 R6 的半字
                            ; 扩展为 32 位，并将结果写入 R4
UXTB     R3,R10             ; 提取 R10 中低字节的值并将其扩展到 32 位，将结果写入 R3
```

3.4.7 杂项指令

除了上述章节介绍的指令，Thumb-2 指令中还有一些杂项指令，如中断相关指令等，如表3.8所示。

表 3.8　杂项指令

助　记　符	16 位	32 位	指　令　说　明	标　志　位
BKPT	Y	N	断点指令	—
CPSID、CPSIE	Y	N	异常屏蔽开关指令	—
DMB、DSB	N	Y	数据存储器隔离指令和数据同步隔离指令	—
ISB	N	Y	同步隔离指令	—
MRS、MSR	N	Y	特殊功能寄存器读/写指令	—
NOP、SEV	Y	Y	空指令和发送事件	—
SVC	Y	N	系统调用指令	—
WFE、WFI	Y	Y	等待事件和等待中断指令	—

1．断点指令 BKPT

断点指令 BKPT 可以引起处理器进入调试状态。进入调试状态后，调试工具可以了解系统当前的状态。

指令格式如下：

```
BKPT    #立即数
```

其中，立即数范围为 0～255。

指令示例如下：

```
BKPT    #0x3          ; 断点的立即数值设置为 0x3，调试器可以通过 PC 提取到这个立即
                      ; 数，进入调试状态后，调试工具可以了解系统当前的状态
```

2．异常屏蔽开关指令

使用指令 CPSID 置位特殊功能寄存器中的屏蔽位，进而屏蔽规定的异常中断。该指令对 PRIMASK 选项将屏蔽所有可设置优先级的异常，对 FAULTMASK 选项不但屏蔽所有可设置优先级的异常，还将屏蔽 Hard Fault 异常。使用指令 CPSIE 清零特殊功能寄存器，此操作的结果是撤销原来设置的屏蔽。

指令格式如下：

```
CPSIE/CPSID    i/f
```

其中，i 指定特殊功能寄存器是 PRIMASK 寄存器；f 指定特殊功能寄存器是 FAULTMASK 寄存器。

这两条指令只能在特权模式下使用。在用户模式下使用时，指令的执行对程序没有任何影响。此外，这两条指令不能用在 IT（If-Then）指令块中。

指令示例如下：

```
CPSID    I          ; 禁用中断和可配置的故障处理程序（设置 PRIMASK）
CPSID    f          ; 禁用中断和所有故障处理程序（设置 FAULTMASK）
CPSIE    I          ; 启用中断和可配置的故障处理程序（清除 PRIMASK）
CPSIE    f          ; 启用中断和故障处理程序（清除 FAULTMASK）
```

3．数据存储器隔离指令

数据存储器隔离使用指令 DMB，数据同步隔离使用指令 DSB。

指令格式如下：

```
DMB/DSB
```

DMB/DSB 指令在多架构、多任务的环境中比较常用，在带缓冲的数据存储器访问中尤其重要。

指令 DMB 实现数据存储器隔离，这条指令可以保证只有在它前面的所有数据存储器访问都执行完成后，才允许它后面的存储器访问指令开始执行。DMB 指令有栅栏的作用，阻拦后面的存储器访问指令，允许没有执行完的存储器访问指令继续执行，同时允许后面非存储器访问指令流过。

指令 DSB 是数据同步指令，这条指令可以保证只有它前面的存储器访问都执行完毕后，才执行后面的指令。它的栅栏更严密，只允许没有执行完的存储器访问指令流过。

指令示例如下：

```
DMB                          ；数据存储器隔离
DSB                          ；数据同步隔离
```

4．同步隔离指令 ISB

ISB 指令可以保证它前面所有的指令都执行完毕后，才执行它后面的指令。因此，这条指令方法常称为清洗流水线。

指令格式如下：

```
ISB
```

指令示例如下：

```
ISB                          ；指令同步隔离
```

5．特殊功能寄存器读/写指令

把特殊功能寄存器内容读到通用寄存器使用指令 MRS，把通用寄存器内容写到特殊功能寄存器使用指令 MSR。

指令格式如下：

```
MRS    Rd,spec_reg
MSR    spec_reg,Rn
```

其中，Rd 是目标寄存器；Rn 是源寄存器；spec_ reg 是特殊功能寄存器，包括 APSR、IPSR、EPSR、IEPSR、IAPSR、EAPSR、PSR、MSP、PSP、PRIMASK、BASEPRI、BASEPRI_MAX、FAULTMASK、CONTROL。

这两条指令用来访问特殊功能寄存器。在特权模式下，可以访问所有特殊功能寄存器；在用户模式下，只能访问程序状态寄存器 PSR。

指令示例如下：

```
MRS    R0,PRIMASK              ；读取寄存器 PRIMASK 的值并将其写入 R0
MSR    CONTROL,R1              ；读取 R1 的值并将其写入 CONTROL 寄存器
```

6．空指令、发送事件

NOP 是一条空语句，SEV 用来发送事件。

指令格式如下：

```
NOP/SEV
```

空语句 NOP 并不实现任何动作，只起到填充作用，在汇编时将会被代替成 ARM 中的空操作，比如，可能为“MOV R0, R0”指令等。另外，NOP 还可用于软件延时。

发送事件指令 SEV 用在多核处理器中。使用指令 SEV 可以在事件发生时，在唤醒当前处理器的同时给其他处理器发送唤醒信号，其他处理器被同步唤醒。

7．系统调用指令 SVC

指令格式如下：

```
SVC    #立即数
```

其中，#立即数是一个 8 位的表达式，范围为 0～255。

执行这条指令会引起一次异常中断。一般在操作系统的环境下应用，后面的立即数是系统调用的代号。

指令示例如下：

```
SVC    #02                     ；调用 2 号系统服务，在系统异常中断后，为用户提供 2 号服务功
                               ；能，如打印机驱动功能
```

8．等待事件和等待中断指令

等待事件使用指令 WFE，等待中断使用指令 WFI。

指令格式如下：

```
WFE/WFI
```

指令 WFI 等待一次中断发生，如果不发生中断，程序不向下执行；指令 WFE 则等待一次事件发生，如果该事件不发生，程序不向下执行。执行这条指令后，系统检测事件标志寄存器，如果事件标志是 1，则说明事件已经发生，WFE 指令清除标志返回；如果事件标志是 0，则等待下列事件发生。

- ❑ 一次异常发生，且这个异常没有被屏蔽。
- ❑ 一次异常已经进入悬挂状态。
- ❑ 一次调试请求发生，且系统已经使能调试。
- ❑ 一次事件信号，由外部接口触发或由其他处理器通过指令 SEV 触发。

直到发生上述事件，指令 WFE 才清除事件标志返回。

指令示例如下：

```
WFE     ；等待事件
WFI     ；等待中断
```

3.5 RISC-V 指令集简介

RISC-V 指令集于 2011 年在加州大学伯克利分校问世，此后进入快速发展时期，是一个充满活力的新指令集系统结构。顾名思义，RISC-V 属于精简指令集系统，摒弃了复杂指令，通过设计高效、常用的简单指令，降低处理器集成电路的复杂度，从而节省处理器芯片尺寸，降低生产成本。精简的指令也有助于节约芯片的设计和验证时间，降低文档的复杂性，使用户相对更容易理解如何高效使用指令集系统。

RISC-V 是一个开放的指令集，不依赖于特定公司，非营利 RISC-V 基金会以开源模式对 RISC-V 技术进行迭代、推进、管理和维护。RISC-V 可以在其开源许可下免费使用、修改和扩展。RISC-V 作为一个最近的指令集系统，它的设计建立在先前多个指令集系统（如 ARM-32、MIPS-32 和 x86-32）长期实践的诸多教训之上，同时吸取了它们的优点。RISC-V 是一个新的指令集系统，没有后向兼容的负担，不会被过去人们设计里遗留的错误和缺陷影响。

RISC-V 一个显著的新特征是模块化。它包含一个已经固定的基础整数指令集模块 RV32I，可以用来运行一个完整的软件栈。由于 RV32I 能够提供软件栈运行的完整功能并且该模块不再改变，这为编译器和操作系统开发者以及汇编程序员提供了一个稳定目标。对于其他针对特定功能的指令，RISC-V 通过单独的标准扩展模块提供，如 RV32M 模块提供乘法相关指令、RV32F 模块提供单精度浮点指令、RV32D 模块提供双精度浮点指令，这些扩展模块是基础模块 RV32I 的功能加强。在嵌入式应用中，有效选择需要实现的 RISC-V 模块有助于控制 RISC-V 处理器的成本和功耗。

本节将简单介绍 RISC-V 指令集的基本特点，并将其与 ARM-32、MIPS-32 和 x86-32 做简要对比。

3.5.1 RISC-V 寄存器

RV32I 提供 32 个整数通用寄存器，宽度为 32 位，从 X0 到 X31，其中，X0 的值永远为 0，PC 独立于通用寄存器单独提供。零寄存器 X0 通过硬件为系统提供操作数 0，这不仅可以方便地用来合成许多 RISC-V 伪指令，而且其作为目的寄存器时没有值覆盖问题，在许多场景下可以简化系统设计。将 PC 从通用寄存器独立出来，消除了一般通用寄存器操作对分支处理的影响，有助于简化硬件分支预测，提高系统的流水线性能。RISC-V 将 32 个通用寄存器分成指针寄存器、保存寄存器、临时寄存器和函数参数寄存器等多种类型。指针寄存器包括堆栈指针、全局指针、线程指针和帧指针寄存器。RV32I 包括 12 个保存寄存器、7 个临时寄存器和 8 个函数参数寄存器。表 3.9 列出了 RV32I 的 32 个通用寄存器、应用二进制接口（ABI）名字、寄存器类型，以及在 RISC-V 函数调用惯例中寄存器的值是否在调用前后保持一致。

表 3.9　RV32I 通用寄存器及 ABI 命名

寄　存　器	ABI 名字	使 用 说 明	寄存器值在函数调用前后是否保持一致
X0	ZERO	硬件电路 0	—
X1	RA	返回地址	不保持
X2	SP	堆栈指针	保持
X3	GP	全局指针	—
X4	TP	线程指针	—
X5	T0	临时/替代的连接寄存器	不保持
X6～X7	T1 和 T2	临时寄存器	不保持
X8	S0/FP	保存/帧指针寄存器	保持
X9	S1	保存寄存器	保持
X10～X11	A0～A1	函数参数/返回值	不保持
X12～X17	A2～AT	函数参数	不保持
X18～X27	S2～S11	保存寄存器	保持
X28～X31	T3～T6	临时寄存器	不保持

在 RISC-V 的函数调用惯例中，如果被调用函数需要使用保存寄存器，被调用函数执行开始时将其值保存至主存，在执行结束前恢复，从而使该寄存器的值在函数调用后不发生改变。同时，RISC-V 提供了丰富的临时寄存器和函数参数寄存器，用来存放应用的局部数据，这些寄存器的值在调用前后不需要保持一致，对于不调用其他函数的简单叶子函数，有效利用临时寄存器和函数参数寄存器在很多情况下能够避免函数调用中寄存器和主存之间的数据存入和恢复操作，提高调用效率。

3.5.2　寻址方式和指令示例

RISC-V 提供 4 种基本寻址方式：立即寻址、寄存器寻址、基址寻址和 PC 相对寻址。

1．立即寻址

RISC-V 的立即寻址和 ARM-32 相似，在 RISC-V 汇编程序中，立即数不需要“#”前缀。指令示例如下：

```
ADDIU    A2,A0,4          ; A2←A0+4，即寄存器 A0 的内容加 4，把结果放回到 A2 中
```

2．寄存器寻址

标准 RV32I 指令提供 3 个寄存器操作数，其中，第一个寄存器为目的寄存器，后面两

个寄存器为源寄存器。指令示例如下：

```
ADD   X16,X15,X5 ；将 X15 和 X5 两个寄存器的值相加，结果存入寄存器 X16 中
```

3．基址寻址

基址寻址的操作数在主存中的位置由源寄存器的值与一个常数偏移的和决定（常数偏移为 0 时，寄存器间接寻址）。指令示例：

```
LW  A4,50(A7)       ；以寄存器 A7 的值为基地址，将偏移 50 处的内存字单元装入 A4
```

4．PC 相对寻址

PC 相对寻址用来确定分支转移的目标地址，目标地址的值是当前 PC 值和指令中给出的偏移常数的和。

```
BNE   T3,T4,Loop ；判断寄存器 T3 和 T4 的值是否不相等，不相等则跳转至 Loop
```

3.5.3 RISC-V 标准模块和指令使用

1．RV32I 模块

RISC-V 是一个模块化指令集。RV32I 是基础 32 位指令集模块，只支持整数的基本运算，但它包括完整的装载、存储和控制转移指令集合，以及系统管理、测量和控制指令，因而 RV32I 作为核心基础模块，能够支持完整软件栈的运行。表 3.10 上部分给出了 RV32I 支持的主要指令类型和每种类型下指令的助记符。

表 3.10 主要 RISC-V 标准模块

指令模块		指令助记符
RV32I	算术逻辑运算	ADD，ADDI，SUB，AND，ANDI，OR，ORI，XOR，XORI，SLL，SLLI，SRA，SRAI，SRL，SRLI，LUI，AUIPC，SLT，SLTI，SLTIU
	装载和存储	LB，LH，LW，SB，SH，SW，LBU，LHU
	控制转移	BE，BNE，BGE，BGEU，BLT，BLTU，JAL，JALR
	其他指令	FENCE，FENCE.I，EBREAK，ECALL，CSRRC，CSRRS，CSRRW，CSRRCI，CSRRSI，CSRRWI
RV32M		MUL，MULH，MULHU，MULHSN，DIV，DIVU，REM，REMU
RV32F、RV32D	浮点数计算	FADD.S，FADD.D，FSUB.S，FSUB.D，FMUL.S，FMUL.D，FNMSUB.S，FNMSUB.D，FMIN.D，FSQRT.S，FSQRT.D，FMAX.S，FMAX.D，FMADD.S，FMADD.D，FNMADD.SFMIN.S，FNMADD.D，FMSUB.S，FMSUB.D，FM.S.X，FM.X.S，FDIV.S，FDIV.D
	比较	FE.S，FE>D，FLT.S，FLT.D，FLE.S，FLE.D
	装载和存储	FLW，FLD，FSW，FSD
	数据转换	FCVT.S.W，FCVT.S.WU，FCVT.D.W，FCVT.D.WU，FCVT.W.S.FCVT.WU.S，FCVT.W.D，FCVT.WU.D，FCVT.S.D，FCVT.D.S

续表

指 令 模 块		指令助记符
RV32F、RV32D	其他指令	FSGNJ.S，FSGNJ.D，FSGNJN.S，FSGNJN.D，FSGNJX.S，FSGNJX.D，FCLASS.S，FCLASS.D
RV32A		AMOADD.W，AMOAND.W，AMOOR.W，AMOSWAP.W，AMOXOR.W，AMOMAX.W，AMOMAXU.W，AMOMIN.W，AMOMINU.W，LR.W，SC.W
RV32/64 特权指令		MRET，SRET，SFENCE.VMA，WFI

我们选取 JALR、AUIPC 和 FENCE 解释指令格式和用法。

```
JALR        RD,OFFSET(RS1)
```

JALR 是一条跳转和连接指令。它设置 PC，将其指向以源寄存器 RS1 的值为基地址，偏移为 OFFSET 的位置，实现跳转。同时，将原 PC+4 的值放入目的寄存器 RD，实现连接。一般而言，JALR 在函数调用时使用，目的寄存器 RD 用来存放函数的返回地址。当目的寄存器 RD 为 X0，OFFSET 为 0 时，该指令实现伪指令长跳转 JR 的功能。

```
AUIPC       RD,IMMEDIATE
```

AUIPC 一般是 PC 相对寻址指令的前操作，用于实现以 PC 为起点任意偏移处的控制转移或数据访问。AUIPC 将符号扩展的长度为 20 位的立即数 IMMEDIATE 左移 12 位，再将其和 PC 相加，相加结果放入目的寄存器 RD。AUIPC 可配合上面 JALR 的变体 JR 指令一起使用，实现任意 32 位基于 PC 相对寻址的控制转移。

```
FENCE       PRED,SUCC
```

FENCE 用于存储器和外设的一致性控制，序列化线程和外部设备/协处理器的内存访问和 I/O 操作。PRED 和 SUCC 是 4 位二进制编码的待序列化操作类型，从高到低每一位依次代表 I/O 输入、I/O 输出、内存读、内存写操作。FENCE 保证该指令之前 PRED 代表的访问操作比该指令之后 SUCC 代表的操作对其他线程和外设先可见的。

```
CSRR        RD,CSR
```

CSRR 位控制状态寄存器（CSR）读指令，将控制状态寄存器 CSR 的值复制到目标寄存器 RD。和其他 CSR 指令一起，CSRR 可以用来测量程序的性能。

2．RISC-V 标准扩展模块

除 RV32I 模块外，RISC-V 还包括标准扩展模块，如 RV32M（乘法和除法扩展）、RV32F（单精度浮点数扩展）、RV32D（双精度浮点数扩展）、RV32A（原子操作扩展）、RV32C（压缩指令扩展）、RV32V（向量指令扩展）等，RV32IMFDA 又称为 RV32G。表 3.10 也列出了 RISC-V 每个主要扩展模块和特权指令所提供的指令集合。下面选取指令 FCVT.WU.D、LR.W、SC.W、MRET 和 WFI 加以解释。

```
FCVT.WU.D    RD,RS1
```

FCVT.WU.D 将源寄存器 RS1 中的双精度浮点数转换为 32 位无符号整数，将结果符号扩展后放入目的寄存器 RD。源寄存器 RS1 在 RISC-V 的 32 个 64 位浮点寄存器中选择。

```
LR.W    RD,(RS1)
```

LR.W 和 SC.W 一起用于对内存字进行原子更新操作。该操作将以 RS1 寄存器值为地址的内存字装入 RD 所指示的寄存器，并登记一个该内存单元的预约，此后该内存单元的任何修改都将导致被登记的预约失效。

```
SC.W    RD,RS2,(RS1)
```

SC.W 和 LR.W 一起用于对内存字进行原子更新操作。该操作首先检查以 RS1 寄存器值为地址的内存单元是否存在一个有效的预约，若预约有效，将寄存器 RS2 的值写入该内存单元，寄存器 RD 中写入 0；否则，存储失败，寄存器 RD 中写入非零错误码。

```
MRET          # 特权指令
```

MRET 用于从特权模式异常处理返回。该指令设置 PC 的值为 MEPC（在 CSR 寄存器中），设置特权为 MPP，设置 MIE 为 MPIE，并将 MPIE 置 1、MPP 清零（只有机器模式时为 M）。

```
WFI           # 特权指令
```

当全局中断使能，并且无中断等待服务时，WFI 指令使处理器进入低能耗状态。当有新的中断等待服务时，处理器回到正常工作模式。如果全局中断没有被使能，处理器继续执行 WFI 后面的指令。

3.5.4 RISC-V 和其他指令集的比较

作为一个新兴的计算机指令集系统结构，RISC-V 比 20 世纪诞生的指令集系统，如 ARM-32、MIPS-32、x86-32，在很多方面有着先天优势。一方面，RISC-V 的设计吸取了先前指令集系统在设计和实践中的大量经验教训，并充分利用它们的成功之处为新指令集的设计奠定技术基础。另一方面，RISC-V 在新的软硬件发展背景下产生，硬件技术水平大幅提升，开放的系统开发模式和设计组织方式被越来越多的人接受，大大提高了开发效率。这些为 RISC-V 的创新和进步创造了优良的外部条件。RISC-V 采用开放式/开源式的开发和管理，管理机构 RISC-V 基金会是非营利性机构，许多当前世界上主要的硬件设计和处理器开发厂商、高校和研究机构都是 RISC-V 基金会的成员。在设计组织上，RISC-V 在传统的增量 ISA 设计上更进一步，采用模块化设计，核心的基础指令集 RV32I 不再变化，为编译器、操作系统和汇编应用提供一个稳定的接口，同时可以根据（嵌入式）应用的需要对标准扩展模块进行裁剪和组合，从而优化系统性能、控制成本。

相比传统的 ISA，RISC-V 使用大量寄存器可以加快处理器上程序的运行速度。RISC-V 提供 32 个通用整数寄存器（包括 X0），RV32F 和 RV32D 另外提供 32 个浮点寄存器。在技术上，RISC-V 的核心基础指令集 RV32I 还具有如下特征。

- ❑ 指令长度固定，32 位，没有 8 位和 16 位操作，指令压缩通过 RV32C 实现。
- ❑ 整数乘法和除法可选，在扩展模块 RV32M 中。
- ❑ 基本寻址方式为基址/位移寻址，无复杂调用/返回指令和栈操作指令。
- ❑ 无条件码，使用比较分支指令，源和目的寄存器在指令二进制中位置固定。
- ❑ 无延迟分支，无延迟装入指令。
- ❑ 操作码剩余空间富余。

总之，RISC-V 采用精简指令集的设计思想，许多应用程序编译后的 RISC-V 代码无论是在运行性能还是在程序大小等方面，都不逊于 ARM-32 和 x86-32 代码。由于后两个 ISA 并不开放，或授权费昂贵，RISC-V 受到各大公司的关注，谷歌、华为和阿里都加入了 RISC-V 阵营，进行 RISC-V 方面的芯片设计和研发。

3.6　汇编程序设计

汇编程序是直接使用汇编语言（处理器指令）来编写的程序。使用汇编器（不是编译器）可把汇编程序“翻译”成可执行的机器二进制指令代码。不同于高级语言用的编译器，汇编器的功能相对简单很多，其主要功能可以理解为是一个指令助记符到指令机器码的转换。本节将简单介绍 ARM 汇编程序的基本格式和规范。

3.6.1　ARM 汇编语言格式规范

1．汇编语言的一般格式

一个完整的 ARM 汇编由两部分组成：声明和实际代码段。

（1）声明

在一个程序之前先要进行声明，具体如下。

① 声明代码段：用 AREA 指令定义一个段，说明所定义段的相关属性（段的名字和段的属性等）。

② 声明程序入口：用 ENTRY 指令标识程序的入口点。

在程序完成后要用 END 指令声明程序结束。每一个汇编程序段都必须有一条 END 指令，指示代码段的结束。

（2）段

① 在 ARM 汇编语言程序中，以程序段为单位组织代码。段是相对独立的指令或数据序列，具有特定的名称。

② 段的分类。具体包括以下两方面。

- ❑ 代码段：代码段的内容为执行代码。
- ❑ 数据段：数据段存放代码运行时需要用到的数据。

一个汇编程序至少有一个代码段。如果程序较长时，可以分割为多个代码段和数据段。多个段在程序编译连接时最终形成一个可执行的映像文件。

③ 段具有以下属性：READONLY 和 READWRITE。

另外，ARM 汇编程序使用“;”进行注释，标号要顶格写。下面是一段 ARM 指令编码示例。

```
        AREA    ARMex,CODE,READONL        ；代码块命名为 ARMex
        ENTRY   Y                         ；声明程序入口
start
        MOV     r0,#10                    ；设置参数
        MOV     r1,#3
        ADD     r0,r0,r1                  ；r0 = r0 + r1
stop
        MOV     r0,#0x18
        LDR     r1,=0x20026               ；LDR 伪指令
        SVC     #0x12
END                                       ；程序结束
```

2．汇编语言的编写规范

汇编语言的编写规范取决于所用的汇编器，不同的汇编器对汇编程序的格式规范有所不同。这里仅列举一些 ARM 汇编语言的基本规范要求。

（1）所有的标号必须顶格写

如图 3.15 所示，左边是正确写法，右边是错误写法。

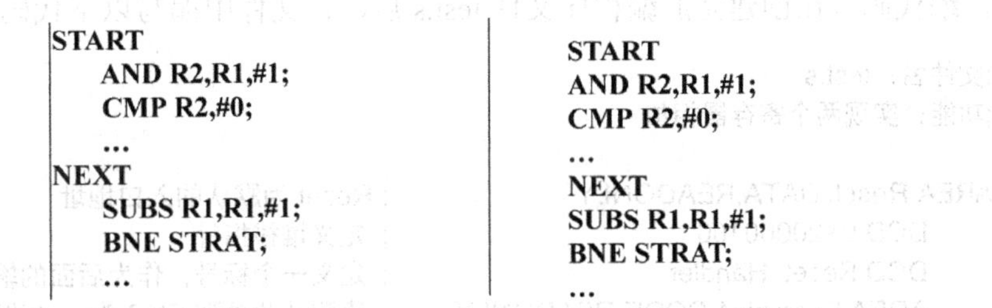
START
AND R2,R1,#1;
CMP R2,#0;
…
NEXT
SUBS R1,R1,#1;
BNE STRAT;
…
START
AND R2,R1,#1;
CMP R2,#0;
…
NEXT
SUBS R1,R1,#1;
BNE STRAT;
…

图 3.15 ARM 汇编语言中标号的编写规范

（2）指令书写格式

所有的指令均不能顶格书写，指令前面应该有空格，一般用 tab 键，如图 3.16 所示，左边是正确写法，右边是错误写法。

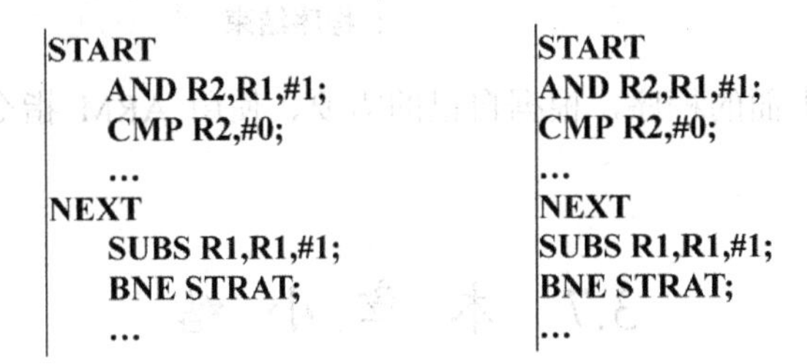
START
AND R2,R1,#1;
CMP R2,#0;
…
NEXT
SUBS R1,R1,#1;
BNE STRAT;
…
START
AND R2,R1,#1;
CMP R2,#0;
…
NEXT
SUBS R1,R1,#1;
BNE STRAT;
…

图 3.16 ARM 汇编语言中指令的编写规范

（3）ARM 汇编器对标识符的大小写敏感

在书写标志及指令时，大小写要一致，在 ARM 汇编程序中，指令、寄存器名可以全部为大写，也可以全部为小写，但是不能大小写混合使用。如图 3.17 所示，左边是正确写法，右边是错误写法。

START	Start
AND R2,R1,#1;	And R2,R1,#1;
CMP R2,#0;	Cmp R2,#0;
…	…
NEXT	Next
SUBS R1,R1,#1;	SUBs R1,R1,#1;
BNE STRAT;	BNE Start;
…	…

图 3.17　ARM 汇编语言中大小写的编写规范

（4）其他

① 使用注释时，注释内容由“;”开始一直到此行结束，注释可以顶格写。

② 定义变量、常量时，其标识符必须顶格书写，否则编译器报错。

③ 函数名需要顶格写。

3.6.2　ARM 汇编语言编写格式示例

下面举一个简单的 ARM 汇编程序例子，旨在帮助初级开发者了解如何使用汇编语言编写汇编代码。在创建完汇编程序文件 test.s 后，在文件中编写以下代码：

```
;文件名：test.s
;功能：实现两个寄存器相加

AREA Reset, DATA,READONLY            ; Reset 为默认的入口地址
    DCD 0X20000100                   ; 定义堆栈指针
    DCD Reset_Handler                ; 定义一个标号，作为后面的输出
    AREA Example1,CODE,READONLY      ; 声明从此处到 END 为一个代码段
    ENTRY                            ; 标志程序入口
Start
    MOV R1,#1 MOV                    ; 将立即数 1 存入寄存器 1
    R2,#2 ADD                        ; 将立即数 2 存入寄存器 2
    R3,R1,R2                         ; 将两个寄存器的数据相加存入寄存器 3
END                                  ; 程序结束
```

开发者可以参考上面的程序，根据自己的需要、使用 ARM 指令集完成更为复杂的汇编程序设计。

3.7　本 章 小 结

本章详细介绍了 ARMv7 架构指令系统的指令格式、条件码和寻址方式等，并且同时

简单介绍了 RISC-V 指令系统，以及汇编程序设计的一般方法。ARMv7 架构指令系统和 RISC-V 架构指令系统同属于精简指令集计算机系统。ARMv7 架构指令系统寻址方式灵活简单，并且执行效率高，采用流水线处理方式，大量使用寄存器，从而使指令执行速度更快。ARM 指令特有的条件码可以大大降低实际代码中分支指令的使用频度，提高指令流水线的执行效率。不同于 ARM 指令集架构，RISC-V 指令集架构完全开源、指令数量较少、采用模块化设计，用户可根据需求自由定制。

3.8 习 题

1．ARMv7 架构使用的指令集有哪些特点？

2．ARM 处理器支持几种基本寻址方式？举例并分别说明。

3．何谓 ARM 指令的条件码？默认的条件码是什么？举例说明 ARM 指令的条件码对指令执行的影响。

4．解释说明以下指令的含义。

```
① SUB   R0,R1,#256
② ORR   R2,R1,R2,LSL #2
③ MLAS  R0,R1,R2,R3
```

5．试比较 TST 与 ANDS、CMP 与 SUBS、MOV 与 MVN 的区别。

6．举例说明 ARM 和 RISC-V 指令集中存储器访问指令的差异。

7．简述 RISC-V 指令集的特点。

8．解释 B 指令、BL 指令与 BX 指令的功能差别，并举例说明其使用方法。

9．简述 ARM 指令集中第 2 个操作数（operand2）的 3 种形式。

10．解释“满堆栈”“空堆栈”“递增堆栈”“递减堆栈”的含义。ARM 指令系统中是如何支持这 4 类堆栈方式的？

11．指出下列 ARMv7 指令是否正确，若不正确请说明原因。

```
① MOVS   R1,101
② MVN    R1,#0x10F
③ STMDA  R11,{R2-R8}!
④ ADD    R0!,R2,#4
⑤ LDR    R4,[R5]!
⑥ MRS    PC,xPSR
⑦ LDMFDS R0!,{R5-R8,R2}
⑧ ADD    R3,[R3],R7
⑨ LDR    R11,[R15,R8]!
```

12．试根据以下要求写出相应的 ARMv7 汇编语言指令。

① 把 R2 寄存器和 R3 寄存器的内容相加，结果存入 R3 寄存器中。

② 用基址寻址方式将寄存器 R2 和偏移量 0x00B2 相加所对应存储器地址中的一个字

和 R3 相加，并把结果送回该存储单元中。

③ 用寄存器间接寻址方式将地址为 0x20000524 存储器单元中的一个字与数 0x2A59 相加，并把结果送回该存储单元中。

④ 把数 0x00B5 与 R4 比较，若结果为零则 R4 加 1，结果非零则 R4 减 1。

⑤ 已知 RAM 内 0x20000300 处连续存放某班 60 名学生成绩（百分制），试用汇编语言完成以下功能。

- 求出平均成绩，并存入 0x20000400 处。
- 将成绩分成 A（>89）、B（80～89）、C（70～79）、D（60～69）和 E（0～59）5 个等级，并计算每个等级内的学生个数，并将其依次存放到 0x20000410～0x20000414 处。

13．已知 ARM 内有一块连续存放的数据，起始地址为 0x20000300，数据为 1 字节，数据块大小为 50。试用汇编语言实现块内数据降序排列。

14．已知内存 0x20000600 处存放有一个 16 位无符号数，试用汇编语言编程实现将其二进制数转换成十进制数，并将该十进制数转换成相应的 ASCII 码字符串，存放到起始地址为 0x20000700 的内存中。

第4章　系统控制

前两章分别介绍了 ARM Cortex-M 处理器及其指令系统。ARM 处理器只是微控制器（MCU）的一部分，一个完整、具体的 MCU 还包含其他很多部分，如系统控制、电源管理、存储器、外设接口等。本章将介绍微控制器的系统控制部分。系统控制是保障 MCU 正常启动、工作所需的一些最基本的配置，包括复位控制、时钟控制、电源控制、非屏蔽中断控制等。只有系统控制被正确配置后，MCU 系统才能正常启动、执行代码。

4.1　功能组件

系统控制功能组件一般包括几个系统必备的构件和一组控制寄存器，通常包含如下所示功能组件。

- 复位控制。
- 时钟控制。
- 电源/功耗控制。
- 中断控制。
- DMA 控制。

每种功能都由其特定的寄存器进行控制，寄存器中没有用到的位为保留位，用于将来的功能扩展需要。在 ARM 架构的 MCU 中，所有外设的寄存器都对应有一个地址，该地址被编址在外设地址空间。

4.1.1　复位控制

复位（reset）是强制系统回到一个默认的状态。在一个嵌入式系统中，为应对各种软硬件运行状态，一般设计有多种复位信号产生和处理机制。复位信号可以是手动产生的（如外部复位按钮），也可以是系统在某些状态下自动产生的（如看门狗电路）。嵌入式系统的一般复位流程如图 4.1 所示。

1．复位源

不同的嵌入式系统包含不同的复位源，常见的复位源如表 4.1 所示。按照复位源的不同，可以将复位分为系统复位和电源复位。每种复位方式都需要执行特定的复位序列以达到复位目的。不同的复位源在不同的 MCU 芯片/系统中的作用域也不尽相同，需查阅具体的芯片手册。

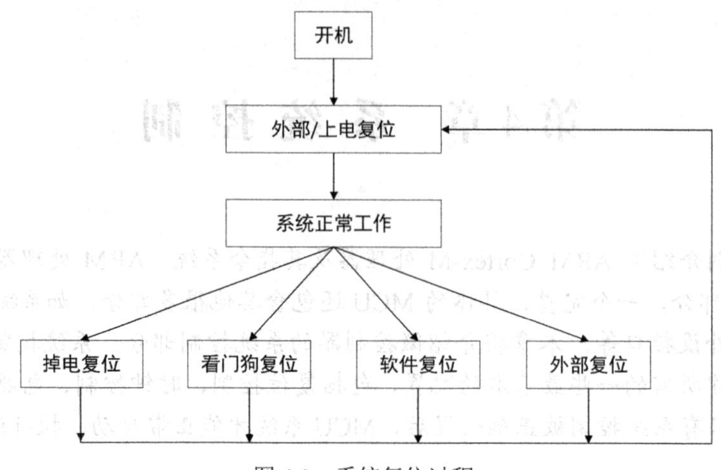

图 4.1　系统复位过程

表 4.1　复位源

	复 位 源	内 核 复 位	调试接口复位	片上外设复位
系统复位	外部复位	是	是	是
	看门狗复位	是	视不同系统及配置	视不同系统及配置
	软件复位	是	视不同系统及配置	视不同系统及配置
电源复位	上电复位	是	视不同系统及配置	是
	掉电复位	是	视不同系统及配置	视不同系统及配置

不管是系统复位还是电源复位，都会将全部内核寄存器复位为复位值。一个典型的 ARM MCU 的内部复位如图 4.2 所示，除了外部复位引脚，一般系统还存在多个复位源，它们分别是内部看门狗复位、软件复位、上电/掉电复位、低电压检测电路产生的复位信号。所有这些复位源都被引入到复位控制器，复位控制器根据不同的复位源产生不同的复位动作。ARM 处理器内置复位控制器，其作用是确定复位原因、同步复位模块，并且复位相应片内的逻辑模块，如 ARM 嵌入式处理器模块、系统接口单元模块和通信处理器模块等。

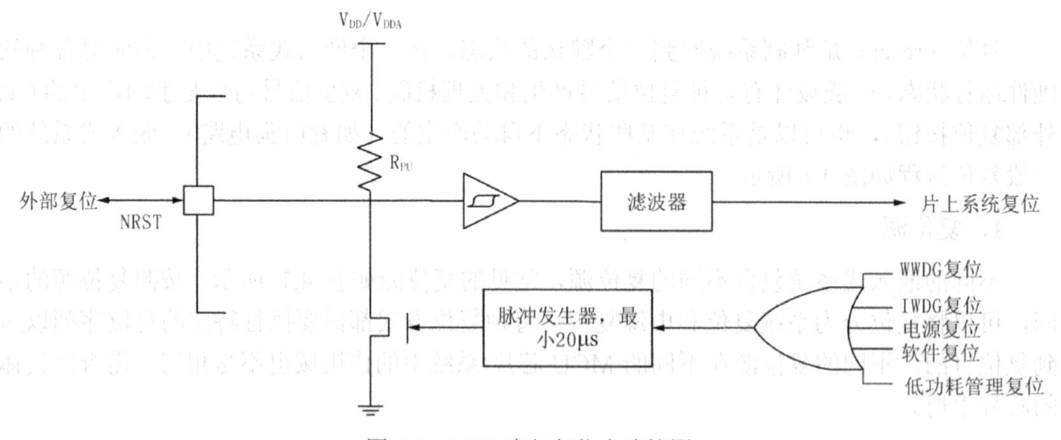

图 4.2　MCU 内部复位电路简图

2. 系统复位

只要发生以下事件之一，就会产生系统复位。

（1）外部复位

从复位信号的电平有效性来看，外部引脚复位可以分为高电平复位和低电平复位。一个低电平复位的复位引脚连接如图 4.3 所示。如果 MCU 使用内部上电复位（POR）电路，那么 $\overline{\text{RESET}}$ 输入端需要通过一个可选的上拉电阻（一般为 10～100kΩ）连接到电源（VDD）。

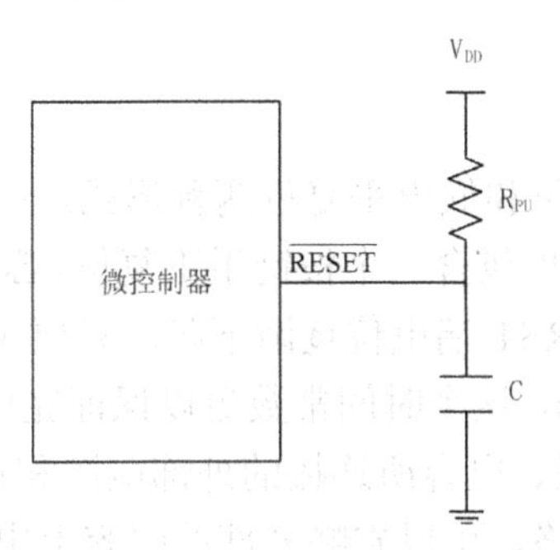

图 4.3　$\overline{\text{RESET}}$ 的基本连接

复位引脚 $\overline{\text{RESET}}$ 内部一般集成了弱上拉电阻 R_{PU}，该引脚既可以作为开漏输入也可作为开漏输出。当作为开漏输入时，在复位引脚上宽度最小为 500ns 的低电平脉冲即可产生一个外部复位。电容 C（一般为 0.1～10μF）一方面可以使系统上电时保证复位引脚有一个低脉冲信号，同时也可以起到一定的抗干扰作用，避免干扰信号引发错误复位。MCU 对于复位信号的检测是异步进行的，即使 MCU 处于停机（halt）模式，MCU 也有可能进入复位状态。复位引脚作为开漏输出时，可用于对外部设备进行复位。无论内部复位源是什么，一旦复位，内部复位电路都会在复位引脚输出一个脉宽至少为 20μs 的复位脉冲。当没有外部复位发生时，内部弱上拉电阻可保证复位引脚处于高电平。

（2）看门狗复位

看门狗定时器（watch dog timer，WDT）与 MCU 构成一个复位电路，这个电路一般有一个输入端和一个输出端，输入端用于“喂狗”，输出端接到 MCU 的复位部件。MCU 正常执行程序时，软件设计要保证每隔一定的时间输出一个信号到“喂狗”端，使得看门狗定时器清零、不会溢出，如果程序跑飞、超过规定的时间没有“喂狗”，WDT 就会溢出并输出一个复位信号到 MCU，使得 MCU 复位，以防止 MCU 死机。

看门狗复位可对意外的程序执行异常进行拯救。看门狗计数发生溢出时的复位，仅将程序计数器清零，而不是像上电复位那样将所有的寄存器都清零。另外，在看门狗计数器发生溢出时，可以事先设定程序下一步的去向，避免溢出时程序运行的不确定性，增加程序的可靠性。

（3）软件复位

外部复位、看门狗复位等严格来讲都是 MCU 被动的复位，即外部的触发条件让 MCU 完成对系统的复位操作。而软件复位则是通过软件触发让 MCU 自己对自己进行复位，软件复位是一种通过执行某条指令来触发 MCU 复位的复位方式。软件复位有多种用途，比如，在远程代码升级时，代码在升级之后，一般也会再次触发复位让芯片重新执行新的代码。软件复位也给调试器和仿真器的厂家提供了便利，使得在调试接口的 Reset 管脚不接的情况下，即不使用外部复位也能正常对芯片进行调试和下载。

软件复位功能取决于软件设计，通过软件复位可以复位某个特定的外设或者复位整个微控制器。包括内核在内的整个微控制器，均可以通过设置中断和复位控制寄存器的相应位实现复位。

3．电源复位

（1）上电复位（POR）

外部引脚复位有高电平复位和低电平复位两种形式。一个高电平引脚复位的 MCU 上电复位电路如图 4.4 所示，图中也包含一个按键手工复位。芯片上电瞬间 RST 端电位与 VCC 相同，随着充电电流的减少，RST 端电位逐渐下降。只要 VCC 的上升时间不超过 1 ms，振荡器的建立时间不超过 10ms，这个时间常数足以保证完成上电复位操作。如果是一个低电平复位的 MCU，图中的电阻、电容所连接的外部电源和接地要互换。目前很多 MCU 内部集成了上电复位（POR）电路，可以省略外部的阻容上电复位电路。

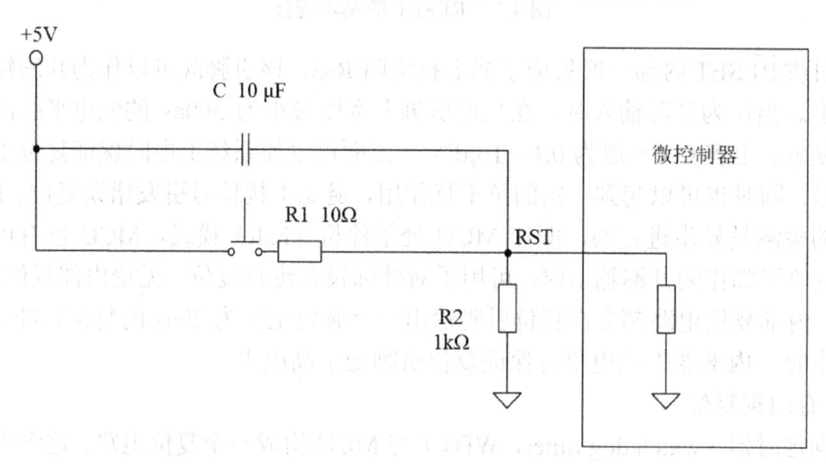

图 4.4　高电平外部上电复位加手工复位

（2）掉电复位（BOR）

如果嵌入式系统在运行过程中电源电压突然发生跌落，会导致程序运行的不确定，所以，此时需要将硬件板复位，使其处于一个确定的状态。当电压跌落到一定的阈值以下时，内部的掉电复位控制器中的条件检测位（BOR）就会被置为 1，表示将执行掉电复位程序。

掉电复位微控制器执行如下过程。

① 当 VDD 降至一定的阈值以下，内部掉电复位条件位 BOR 将被置为 1。

② 如果 BOR 条件位被置位，内部复位有效。

③ 内部复位有效后，复位开始，微控制器获取并加载初始堆栈指针、初始程序计数器以及由程序计数器指定的第 1 条指令后开始执行。

掉电复位的效果等同于一次有效的外部 $\overline{\text{RESET}}$ 输入，和外部 $\overline{\text{RESET}}$ 复位不同的是，该复位状态寄存器将会保持有效，直到 VDD 恢复到正常运行时的电压级别。

4.1.2　时钟控制

时钟系统是 MCU 的脉搏，就像人的心跳一样，其重要性不言而喻。与 MCS-51 系列单片机为内核的嵌入式 MCU 时期相比，当前嵌入式 MCU 硬件的时钟系统都比较复杂，功能也很强大，不能用一个系统时钟满足各种应用需求。一般硬件电路的时钟越快，则功耗越大，且其抗电磁干扰能力也会减弱，所以要根据实际使用情况，合理选择处理器和各种外设的工作时钟。现代 MCU 一般都采取多时钟源的方法来解决上述问题，图 4.5 展现的是一个典型的 Cortex-M4 MCU 的系统时钟树，从左至右，相关时钟依次为输入时钟源、系统时钟和由系统时钟分频得到的其他总线/外设时钟。

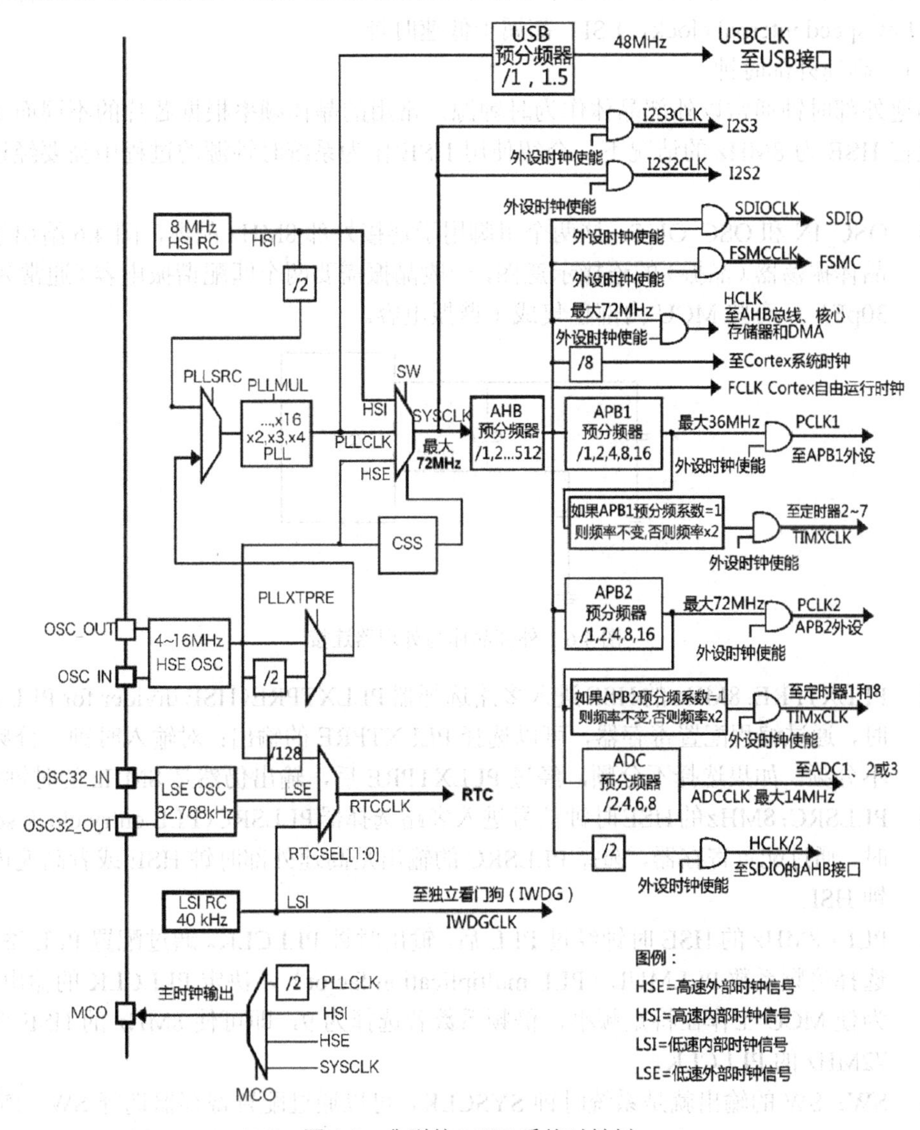

图 4.5　典型的 MCU 系统时钟树

1．输入时钟源

MCU 的输入时钟可以来自不同的时钟源。

从时钟源频率来分，可以分为高速时钟（MHz 级）和低速时钟（kHz 级）。从芯片内外来看，可以分为片内时钟和片外时钟。片内时钟和片外时钟功能大体相同，片内时钟由芯片内部 RC 振荡器产生，具有起振较快、功耗低的优点，但时钟精度较差，一般经过校正才能达到 1%左右的精度，因此，在系统刚刚启动时默认采用内部高速时钟。而片外时钟通常由外部晶体振荡器输入，在精度和稳定性上都具有较大的优势，因此，上电后一般可通过代码配置将系统时钟的输入源由内部高速时钟信号切换为外部高速时钟信号。

高速外部时钟（high speed external clock，HSE）和高速内部时钟（high speed internal clock，HIS）都属于高速时钟，低速外部时钟（low speed external clock，LSE）和低速内部时钟（low speed internal clock，LSI）都属于低速时钟。

（1）高速外部时钟

高速外部时钟通常以外部晶体作为时钟源，常用的晶体频率根据芯片的不同而不同。下面是在 HSE 为 8MHz 的情况下，介绍使用 HSE 作为系统时钟源的过程中需要经过的转换部件。

- ❑ OSC_IN 和 OSC_OUT：这两个引脚用于连接外部 8MHz 晶体，图 4.6 给出了外部晶体振荡器（晶振）的连接示意图，一般晶振需要两个匹配谐振电容（通常为 10～30pF），有些 MCU 内部也集成了谐振电容。

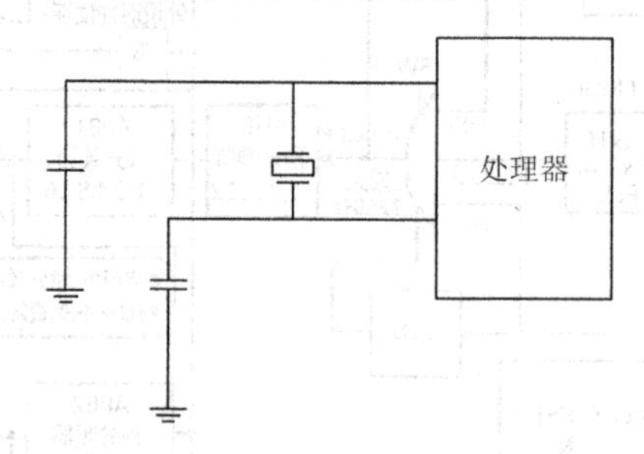

图 4.6　外部晶体与处理器连接

- ❑ PLLXTPRE：8MHz 的 HSE 进入多路选择器 PLLXTPRE（HSE divider for PLL entry）时，通过编程配置寄存器，可以选择 PLLXTPRE 的输出：对输入时钟二分频或者不分频。如果选择不分频，经过 PLLXTPRE 后，输出仍然是 8MHz 的时钟信号。
- ❑ PLLSRC：8MHz 的 HSE 时钟信号进入多路选择器 PLLSRC（PLL entry clock source）时，通过配置寄存器，选择 PLLSRC 的输出是高速外部时钟 HSE 或者高速内部时钟 HSI。
- ❑ PLL：8MHz 的 HSE 时钟经过 PLL 后，输出时钟 PLLCLK。通过配置 PLL 寄存器，选择倍频系数 PLLMUL（PLL multiplication factor），决定 PLLCLK 的输出频率。为使 MCU 工作在特定频率，倍频系数若选择为 9，即可使 8MHz 的 HSE 变成了 72MHz 的 PLLCLK。
- ❑ SW：SW 的输出就是系统时钟 SYSCLK，可以通过配置寄存器选择 SW 的输出为 PLLCLK、HSE 或者 HSI，通常选择 PLLCLK 作为系统时钟的输入。

（2）高速内部时钟

高速内部时钟由芯片内RC电阻、电容时钟振荡器产生，常见频率参数有5MHz、8MHz等，虽然精度不高，但是它的启动时间比HSE晶体振荡器短。即使在校准之后，HSI时钟频率精度仍较差（约1%）。为保证MCU可正常启动执行代码，MCU一般从上电开始即自动采用HSI作为初始的系统时钟源。

（3）低速外部时钟

低速外部时钟通常以外部晶振作为时钟源，一般选择一个低速外部晶体或陶瓷谐振器，常见频率参数有32.768kHz、11.0592kHz等，它为实时时钟（RTC）或者其他长时间定时功能提供一个低功耗且精确的时钟源。

（4）低速内部时钟

低速内部时钟由片内电阻、电容（RC）时钟振荡器产生，LSI RC担当一个低功耗时钟源的角色，常见频率参数有10kHz、32kHz、40kHz等，可以提供给实时时钟模块和看门狗模块。LSI时钟的精度不如LSE，只能提供精度要求不高的定时功能。

2．系统时钟

系统时钟SYSCLK由多路选择器SW根据用户设置来选择PLLCLK、HSE或者HSI中的一路作为输出而得，SYSCLK是片上大部分硬件部件的时钟源。

为了让用户能够实时检测系统时钟是否运行正常，Cortex-M4系列的微控制器一般专门提供了引脚MCO（main clock output）。用户可以通过软件编程的方式，选择SYSCLK、PLLCLK、HSE或者HIS中的一路在MCO上输出以供检测。

3．系统时钟分频得到的其他时钟

系统时钟SYSCLK经过AHB预分频器输出到片上的各个外设部件。

- ❑ HCLK：HCLK是高速总线AHB时钟。AHB主要用于高性能模块，如CPU、DMA和DSP等之间的连接。HCLK由系统时钟SYSCLK经AHB预分频器后直接得到，它为Cortex-M4内核、存储器和DMA提供时钟信号，是Cortex-M4内核的运行时钟，CPU的主频就是这个时钟信号。
- ❑ FCLK：Cortex-M4内核的“自由运行”时钟，同样由系统时钟SYSCLK经过AHB预分频器分频后直接得到，并且与HCLK互相同步。所谓的“自由”是因为它不来自HCLK，因此，在HCLK停止时，FCLK仍能继续运行。这样做的好处是，即使在Cortex-M4内核睡眠时，系统也能采样到中断，并且跟踪事件。
- ❑ PCLK1：外设时钟1，由系统时钟SYSCLK经过AHB预分频器，再经过APB1预分频器分频后得到。PCLK1的主要作用是为挂载在APB1总线上的时钟提供时钟信号。如果需要使用挂载在APB1总线上的外设，首先需要开启PLCK1时钟。
- ❑ PCLK2：外设时钟2。PCLK2的原理和PCLK1的原理一致，只是挂载的设备不同而已。在遇到具体的应用时，需要看用户将设备挂载在哪条总线上，并开启相应总线上的时钟。

以上几个时钟最为常用，也是Cortex-M4 MCU系统设备使用最多的时钟，如果读者对其余时钟感兴趣，可以查看相关资料。

可见，时钟系统包含时钟源、倍频、分频和一系列的外设时钟开关。为什么现代MCU

的时钟系统会如此复杂呢？首先，不同的时钟源在起振时间、稳定性、精度等方面具有不同的特性。其次，倍频是考虑到系统性能、功耗和电磁兼容性，如果直接外接一个高频率晶振，过高的振荡频率会给电路板制作和电磁兼容性带来困难。分频是因为各个片上外设需要的工作频率不尽相同，既有高速外设也有低速外设，需要把高速外设和低速外设分开管理。最后，每个外设都配备了时钟开关，当使用某个外设时，一定要打开该外设的时钟，不使用某个外设时，可把这个外设的时钟关闭，从而降低芯片的整体功耗。

4.1.3　电源管理

微控制器在正常运行模式下，可以通过关闭 APB 和 AHB 上使用的外设时钟、关闭系统 PLL 来降低它的整体功耗。如果想要得到更低的功耗，就要借助低功耗模式了。

现今诸多的 MCU 提供了低功耗模式，而且更为重要的是，它们支持不止一种低功耗模式。在系统或电源复位后，系统处于运行状态，HCLK 为 CPU 提供时钟，内核执行程序代码。当 CPU 不再需要运行或仅需要很低的算力时，可以利用多个低功耗模式来节省功耗。例如，等待某个外部事件时，用户需要根据最低电源消耗、最快启动时间和可用的唤醒源等条件，选定一个最佳的低功耗模式。

微控制器的低功耗模式一般有睡眠模式、停机模式和待机模式。3 种低功耗模式使得 MCU 可在性能和功耗之间取得很好的平衡。如果使用得当，无论是睡眠模式、停机模式还是待机模式，都会明显地降低 MCU 的功率消耗，同时保证性能满足实际应用需求，非常适用于电池供电设备的应用。

1．睡眠模式

睡眠模式下，MCU 的内核停止工作，但外设还在继续工作。当系统执行了 WFE 或 WFI 指令，会停止 CPU 时钟且中止代码执行。

睡眠模式下芯片的外设仍能保持正常工作，直至某个外设产生事件或者中断请求，内核才会被唤醒，从而退出睡眠模式。

如果关闭了除需要唤醒内核的外设时钟以外的其他外设时钟，并关闭 PLL 后，进入睡眠模式，睡眠电流将会极其微弱，一般在几十微安数量级。

2．停机模式

停机模式是在睡眠模式的基础上结合了外设时钟的一种控制机制。在停机模式下，供电区域内的所有时钟都被停止，包括所有的外设时钟、PLL、HSE 和 HSI 都被关闭，内核和外设均停止工作，仅保存 SRAM 和寄存器的内容。进入停机模式一般需要预先将电源控制寄存器中的相应位清零，设置完这些位的值以后，当再次遇到 WFE 或 WFI 指令，就会进入停机模式。

与睡眠模式一样，停机模式也可以通过事件或中断唤醒。然而，停机模式下，除了外部中断线，所有设备的时钟都被禁止了，一般只能通过任意一个外部中断/事件控制（EXTI）信号唤醒 MCU。EXTI 信号可以是外部的 I/O 端口引脚、RTC 闹钟、USB 插入唤醒信号等。

MCU 一旦进入停机模式，其电流消耗将会从运行模式的毫安级别降到微安级。

3. 待机模式

待机模式可以达到最低的电能消耗。在该模式下，不仅PLL、HSI的RC振荡器和HSE晶体振荡器被关闭，内核和外设都停止工作，而且内部的电压调压器也被关闭，SRAM和寄存器的内容也可能无法保存，仅后备寄存器和待机电路保持供电（VBAT供电部分）。

如果用户将电源控制寄存器中的相应位进行置位，当遇到WFE或WFI指令时，系统就进入了待机模式。退出待机模式的条件是$\overline{\text{RESET}}$引脚上的外部复位信号、特定的外部引脚信号以及RTC的闹钟事件。根据待机模式的定义，可以看到待机模式唤醒相当于得到一个硬件复位的效果。

MCU一旦进入待机模式，电流将会从运行模式的毫安级别降到微安、纳安级，比停机模式的电流更加微弱。

上述几种低功耗模式的名称及含义，不同的MCU可能有不同的表述，需要根据实际情况查阅相关芯片的数据手册或用户手册，理解后选择所需的低功耗模式。

4.1.4 嵌套向量中断控制器

嵌入式系统的实时性要求处理器支持较多的中断源。嵌套向量中断控制器（nested vectored interrupt controller，NVIC）控制着整个芯片中断相关的功能，它跟内核紧密耦合。但是，各个芯片厂商在设计芯片时会对内核里的NVIC进行裁剪，所以各大厂商的NVIC都是ARM公司NVIC的一个子集。本节介绍嵌套向量中断控制器（NVIC）的主要功能及寄存器。不同厂商的NVIC支持的内容有所差异，但是大体都包括下面几项功能。

- 支持异常/中断。
- 支持可编程异常/中断优先级。
- 中断响应时处理器状态的自动保存。
- 中断返回时处理器状态的自动恢复。
- 支持嵌套和向量中断。

1. 中断的基本概念

中断是计算机系统中一个非常重要的概念，现在计算机技术毫不例外都要采用中断技术。计算机在执行程序的过程中，当出现某个特殊事件时，CPU会中止当前程序的执行，转而去执行该事件的处理程序（中断服务程序），待中断服务程序执行完毕，再返回断点继续执行原来的程序，这个过程称为中断。

（1）中断源

能引发中断的事件称为中断源。通常一个微控制器系统上，中断源可以是由微处理器异常引发的系统异常中断，也可以是由外设引发的外设中断。系统异常中断因素包括非屏蔽中断、存储器管理、总线故障等，外设中断因素包括定时器溢出、外部引脚状态改变、串口收到数据等。在系统运行时，很多时候由于系统异常的出现，系统必须强制响应。因此，从用户应用开发的角度来看，一般只对外设中断进行编程操作。

每个中断源都有它对应的中断标志位，一旦该中断发生，它的中断标志位就会被置位，中断被响应之后，中断标志位被清除，它所对应的中断便不会被再次响应。

（2）中断屏蔽

在微控制器中，程序员可以通过设置相应的中断屏蔽位来禁止 CPU 响应某个中断，从而实现中断屏蔽。一个中断源能否被响应，一般由系统总中断允许控制位和该中断自身的中断允许控制位共同决定，这两个中断控制位中的任何一个被关闭，该中断就无法被响应。

（3）中断处理

中断的处理过程可以分为中断响应、执行中断服务程序和中断返回。一般来说，中断响应和中断返回由硬件自动完成，而中断服务程序是用户根据需求编写，在中断发生时被执行，以实现对中断的具体操作和处理。

① 中断响应。

当某个中断请求产生后，CPU 进行识别并根据中断屏蔽位判断该中断是否被屏蔽。若该中断请求已被屏蔽，仅将中断寄存器中的标志位置位，CPU 不做任何响应，继续执行当前程序；若该中断请求未被屏蔽，中断寄存器中该中断的标志位将被置位，CPU 还将执行以下步骤响应中断。

❑ 保护现场：保护现场是为了在中断处理完成后，可以返回原断点处继续执行下去而必须做的操作，保护现场通常是通过把 CPU 工作寄存器的值进栈实现的。
❑ 查找中断服务程序入口地址：中断发生后，CPU 根据中断向量表准确地找到这个中断对应的处理程序入口地址。中断向量表是中断系统非常重要的概念，它是一块存储区域，ARM 处理器通常位于存储器的零地址处，在这块区域上按中断号从小到大依次存放着所有中断处理程序的入口地址。当某个中断产生且经判断其未被屏蔽后，CPU 会根据识别到的中断号到中断向量表中找到该中断号所在的表项，取出该中断服务程序的入口地址，然后跳转到该地址执行。表 4.2 给出了 Cortex-M4 的中断向量表。

表 4.2　Cortex-M4 中断向量表

中断向量号	类　型	优　先　级	优先级属性	描　述
1	复位中断	−3（最高）	固定	复位中断服务程序入口
2	不可屏蔽中断	−2	固定	不可屏蔽中断服务入口
3	硬件错误	−1	固定	出错中断服务入口
4	内存管理错误	0	可变	内存管理异常或非法存取总线时发生
5	总线错误	1	可变	AHB 总线错误中断
6	用户程序错误	2	可变	应用程序错误中断
7～10	保留	N/A	保留	保留
11	系统服务跳转	3	可变	系统服务跳转时使用
12	调试跟踪	4	可变	断点、查看断点、外部调试跟踪
13	保留	N/A	保留	保留
14	系统挂起服务	5	可变	可挂起的系统服务中断请求
15	系统节拍时钟	6	可变	系统节拍时钟中断服务
16～255	中断向量#0～#239	7～246	可变	0～239 号外部中断入口

② 执行中断服务程序。

每个中断都有自己对应的中断服务程序，用来处理中断事件，CPU 响应中断后转而执行对应的中断服务程序。中断服务程序又称为中断服务函数，由用户根据具体的应用使用汇编语言或C语言编写，用来实现对中断真正的处理操作、完成相应功能。

③ 中断返回。

CPU执行中断服务程序完毕后，通过恢复现场，即CPU关键寄存器出栈实现中断返回，从原断点处继续执行源程序。

（4）中断优先级

微处理器系统中往往不止一个中断，如果有多个同时发生的中断或嵌套发生的中断，CPU又该如何处理？这就引入了优先级的概念。微处理器系统中中断源众多，它们有轻重缓急之分，按不同的优先次序将中断分级就是中断优先级。通常，中断的优先级是根据中断实时性、重要性、软件处理的方便性预先设定的。当同时有多个中断请求产生时，CPU会优先响应优先级较高的中断请求。中断优先级是中断任务重要性的具体体现。

（5）中断嵌套

中断优先级不仅用于并发中断，还可用于嵌套中断。中断嵌套是指当系统正在执行一个中断服务时，又有新的中断事件发生而产生了新的中断请求。此刻，CPU如何处理取决于两个中断的优先级和处理器的状态。当新发生的中断的优先级高于正在处理的中断时，若CPU允许中断，CPU可以中止执行优先级低的当前中断处理程序，转去执行新发生的、优先级较高的中断，处理完毕后再返回原来的中断处理程序继续执行。

通俗地讲，中断嵌套就是更高一级的中断“加塞”。当CPU在处理中断时，又接收了更紧急的另一件“急件”，转而处理更高一级中断的行为。

上述中断嵌套其实只有在系统具有抢占优先级和子优先级的划分时才会发生。抢占优先级标识了一个中断的抢占式优先响应能力的高低，抢占优先级决定了是否会有中断嵌套的发生。例如，一个具有高抢占优先级的中断会打断当前正在执行的中断服务程序，转而去执行高抢占优先级中断对应的中断服务程序。如果两个中断的抢占优先级相同，那么还可以使用子优先级区分它们的优先级别，子优先级又称从优先级，仅在抢占优先级相同的情况下，如果有中断正在被处理，那么高子优先级的中断只好等待正在被响应的低子优先级中断处理结束后才能得到响应。

2．中断触发机制

了解了中断的基本概念，我们知道大部分中断与外设相关。下面介绍Cortex-M4的外部事件引起中断的机理，表4.3列出了部分与中断相关的寄存器。

表4.3 与中断相关的寄存器

寄 存 器	缩 写	作 用
上升沿触发选择寄存器	EXTI_RTSR	与下降沿触发寄存器共同控制边沿检测电路的信号触发
下降沿触发选择寄存器	EXTI_FTSR	与上升沿触发寄存器共同控制边沿检测电路的信号触发
软件中断事件寄存器	EXTI_SWIER	标志是否有软件中断产生，每个软中断对应一个控制位
中断屏蔽寄存器	EXTI_IMR	是否屏蔽中断，每个中断对应一个屏蔽控制位
挂起请求寄存器	EXTI_PR	暂时挂起一些未屏蔽的中断请求，每个请求对应一个控制位
事件屏蔽寄存器	EXTI_EMR	屏蔽外部产生的事件，每种事件对应一个控制位

图 4.7 中上方虚线给出了一个中断请求信号产生的全过程。从图中可以看到，中断请求信号最终被 NVIC 控制器接收和处理。

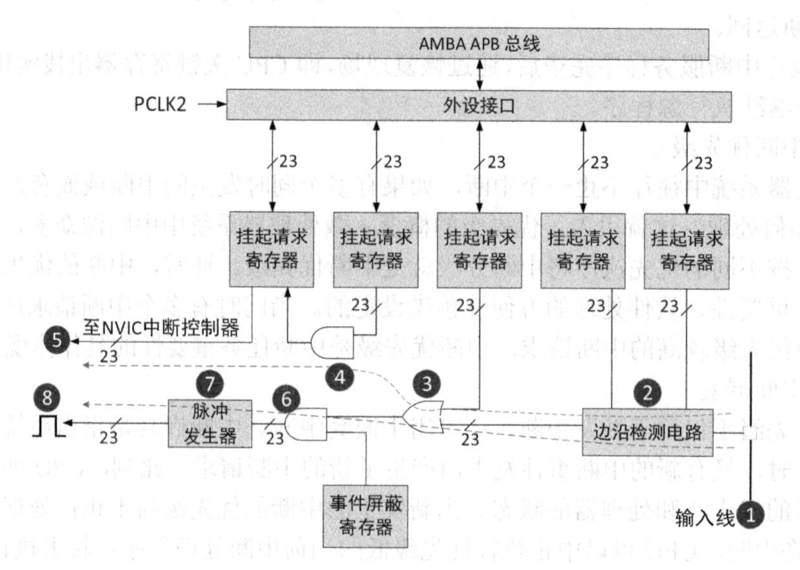

图 4.7　Cortex-M4 中断请求过程

编号 1 是中断请求信号输入线。通常，微处理器有多根的外部中断/事件输入线，这些输入线的输入信号可以通过寄存器设置为任意一个 GPIO 信号，也可以是一些外设的事件信号，输入线上的输入信号为上面提到的中断源信号。

编号 2 是一个边沿检测电路，它会根据上升沿触发选择寄存器（EXTI_RTSR）和下降沿触发选择寄存器（EXTI_FTSR）的对应位控制信号触发。边沿检测电路以输入线作为信号输入端，如果检测到有边沿跳变，就输出有效信号 1 给编号 3 电路，否则输出无效信号 0。而 EXTI_RTSR 和 EXTI_FTSR 两个寄存器可以控制需要检测哪些类型的电平跳变过程，可以是只有上升沿触发、只有下降沿触发或者上升沿和下降沿都触发。

编号 3 电路是一个或门电路，其中一个输入来自编号 2 电路，另外一个输入来自软件中断事件寄存器（EXTI_SWIER），EXTI_SWIER 允许我们通过程序控制来启动中断事件线，这在某些地方非常有用。或门的作用就是输入有 1 就输出 1，所以这两个输入有一个信号为 1 就可以输出 1 给编号 4 和编号 6 电路。

编号 4 电路是一个与门电路，其中一个输入来自编号 3 电路的输出信号，另外一个输入来自中断屏蔽寄存器（EXTI_IMR）。与门电路要求输入都为 1 才输出 1，导致的结果是，如果中断屏蔽寄存器 EXTI_IMR 设置为 0，不管编号 3 电路的输出信号是 1 还是 0，最终编号 4 电路输出的信号都为 0；如果 EXTI_IMR 设置为 1，最终编号 4 电路输出的信号由编号 3 电路的输出信号决定。这样我们可以简单地控制 EXTI_IMR 来实现是否产生中断的目的，这就是上面提到的总中断允许控制位。

编号 4 电路的输出信号会被保存到挂起寄存器（EXTI_PR）内，如果确定编号 4 电路输出为 1，就会把挂起寄存器对应位置 1，挂起该中断请求。

编号 5 是将挂起寄存器内容输出到 NVIC 内，等待中断控制寄存器 NVIC 的裁决，从而实现系统中断事件控制。当信号到达 NVIC 内，就会根据中断优先级选择执行较高优先级的中断服务函数，在此期间就可能会发生前面提及的中断嵌套。

图 4.7 中下面虚线指示的电路流程是一个产生事件的线路，最终输出一个脉冲信号。产生事件线路在编号 3 之后与中断线路有所不同，在编号 3 之前和中断电路共用一套线路，由于产生事件非本节重点，仅做简单的介绍。

编号 6 电路是一个与门电路，它的一个输入来自编号 3 电路，另外一个输入来自事件屏蔽寄存器（EXTI_EMR）。如果事件屏蔽寄存器 EXTI_EMR 设置为 0，那不管编号 3 电路的输出信号是 1 还是 0，最终编号 6 电路输出的信号都为 0；如果事件屏蔽寄存器 EXTI_EMR 设置为 1，最终编号 6 电路的输出信号由编号 3 电路的输出信号决定。这样就可以使得用户通过简单地控制事件屏蔽寄存器 EXTI_EMR 来实现是否产生事件的目的。

编号 7 是一个脉冲发生器电路，当它的输入端，即编号 6 电路的输出端是一个有效信号 1 时，脉冲发生器电路就会产生一个脉冲。

编号 8 是一个脉冲信号，这就是事件产生线路最终的产物，这个脉冲信号可以给其他外设电路使用，如定时器 TIM、模拟数字转换器 ADC 等。

3．中断配置

在使用 NVIC 之前需要做以下几件事情。首先，需要建立中断向量表，并在中断向量表中为将要使用的中断源设置好中断向量；其次，系统需要分配栈空间并初始化；接下来，需要在 NVIC 寄存器中设置该中断源的优先级；再次，完成中断源的优先级设置后需要使能该中断；最后，编写中断服务函数，并将相应的外部设备设置好，打开设备的中断功能。

（1）建立中断向量表

当中断发生时，微处理器通过查找中断向量表中的中断向量来找到对应中断服务函数的入口地址。因此，中断向量表的建立必须在用户应用程序执行前完成，用户可以根据应用需求，选择在 Flash 或 RAM 中建立中断向量表，有时为了方便用户开发，微控制器生产厂商会配套给出已建立的中断向量表。

① 在 Flash 中建立中断向量表。

如果把中断向量表放在 Flash 中，则无须重新定位中断向量表。也就是说，嵌入式程序运行过程中，每个中断对应固定的中断服务程序且不能更改。

② 在 RAM 中建立中断向量表。

如果把中断向量表放在 RAM 中，则需要重新定位中断向量表。这样的话，嵌入式应用程序在运行过程中，可根据需要动态地改变中断服务程序。

（2）分配栈空间并初始化

当执行中断服务函数时，微处理器将会使用到主堆栈的栈顶指针（MSP）。因此，与上一步建立中断向量表一样，栈空间的分配和初始化也必须在用户应用程序执行前完成，通常也是在启动过程中完成的，本步骤涉及的栈初始化和分配栈空间过程如下。

① 初始化栈。栈的初始化工作通常是在微处理器上电复位后执行复位程序完成的。

② 分配栈空间。栈空间的分配通常位于启动代码的起始位置。为了保证在中断响应和返回时有足够的空间来保护和恢复现场，应在 RAM 中为栈分配足够大的空间，避免中断发生时主堆栈溢出，尤其是嵌套中断更应该仔细考虑空间分配问题。在预算栈空间大小时，

除了要考虑最深函数调用时对栈空间的需求，还需要判定最多可能有多少级中断嵌套。

栈空间分配和初始化示例代码如下：

```
Mode_IRQ   EQU   0x12              //先定义中断模式对应的程序状态寄存器 CPSR M[4:0]的值
//具体值可参考相关数据手册
IrqStackSpace   SPACE    IRQ_STACK_LEGTH * 4   //中断模式堆栈空间
StackIrq     DCD       IrqStackSpace + (IRQ_STACK_LEGTH - 1)* 4
InitStack
MOV       R0, LR                 //保存 LR 寄存器的值到 R0
MSR       CPSR_c, #(Mode_IRQ)    //设置中断模式堆栈
LDR       SP, StackIrq           //分配堆栈空间
MOV       PC, R0
```

如果把 IRQ_STACK_LEGTH 定义为 16，以上代码就将分配 16 个 4 字节的存储空间，把该存储空间初始化为 0，并且把 SP 指针指向堆栈，完成堆栈空间的分配任务。

（3）设置中断优先级

不同于启动代码中系统自动完成的两步，设置中断优先级是用户在应用程序中编写代码配置 NVIC 实现的。中断优先级的设置又可以分为以下两步完成。

① 设置中断优先级的分组位数。

中断优先级一般用固定的几位表示，Cortex-M4 中是 4 位。设置中断优先级的分组位数就是设置这 4 位中抢占优先级占几位、子优先级占几位，根据实际开发中用到的中断总数和是否存在中断嵌套，中断优先级的分组有 5 种方式。

- NVIC_PriorityGroup_0：抢占优先级 0 位，子优先级 4 位，此时不会发生中断嵌套。
- NVIC_PriorityGroup_1：抢占优先级 1 位，子优先级 3 位。
- NVIC_PriorityGroup_2：抢占优先级 2 位，子优先级 2 位。
- NVIC_PriorityGroup_3：抢占优先级 3 位，子优先级 1 位。
- NVIC_PriorityGroup_4：抢占优先级 2 位，子优先级 0 位。

② 设置中断的抢占优先级和子优先级。

根据中断优先级的分组情况，分别设置中断的抢占优先级和子优先级。例如，如果使用 NVIC_PriorityGroup_1 对 4 位中断优先级进行分组，即抢占优先级 1 位，子优先级 3 位。那么中断的抢占优先级应在 0、1 中取值，子优先级在 0～7 中取值。

（4）使能中断

在设置完中断的优先级后，通过关闭中断屏蔽寄存器中的总中断屏蔽位，使能对应的中断。

（5）编写对应的中断服务代码

中断设置的最后一步就是编写中断服务程序代码。中断服务程序的名称一般在启动代码中指定。具体内容由用户根据需求编写，实现对中断的具体处理。

4.1.5 DMA 控制器

在嵌入式系统中，中断是一种广泛使用的数据传输方式。其特点是通过 CPU 执行中断

服务程序（ISR）来实现数据传送，其输入/输出都要以CPU寄存器为中转站。以中断方式下的数据传输为例，每一次响应中断，CPU都要保护主程序断点的工作现场，而后执行ISR。数据传输操作完毕后，还要恢复断点处的工作现场。因此，在一些需要高频、较大数据量传输的应用场合，反复执行中断会导致系统频繁切换工作现场，降低了CPU运行效率。

DMA（direct memory access）方式是高速I/O接口方式，其特点有两个：一是不通过CPU直接完成输入/输出设备与存储器间的数据交换；二是DMA带宽可以与总线带宽一样，延时仅依赖于硬件，提高了数据传输速率。显然，DMA不但能快速传送数据，而且减轻了CPU的负担，使CPU具有了同时进行多种实时处理的能力，增强了系统的实时性。

在DMA传输方式下，外设通过DMA控制器（DMAC）向CPU提出接管总线控制权的请求。CPU在当前总线周期结束后，响应DMA请求，把总线控制权交给DMA控制器。于是在DMAC的控制下，外设和内存直接进行数据交换，无须CPU对数据传输控制加以干预，DMA传输结束后，再将总线控制权交还给CPU。

在高速、较大数据量传输场合，由于DMA方式系统开销少，并且传输效率比中断方式更高，因此，现代通用计算机都具备DMA传输功能。

并非所有的嵌入式系统都拥有DMA功能。8位嵌入式处理器，如早期的8051处理器，一般不具备DMA数据传输功能。16位和32位嵌入式处理器，如ARM、68K、PowerPC和MIPS处理器，一般都具有DMA功能。

一般来说，一个DMA组件包含若干条通道，每条通道可连接多个外设。这些连接在一个DMA通道上的多个外设可以分时共享这条DMA通道。但同一时刻，一条DMA通道上只能有一个外设进行数据传输。

如图4.8所示，DMA是一种完全由硬件执行数据交换的工作方式。它由DMA控制器而不是CPU控制在存储器和存储器、存储器和外设之间的批量数据传输。

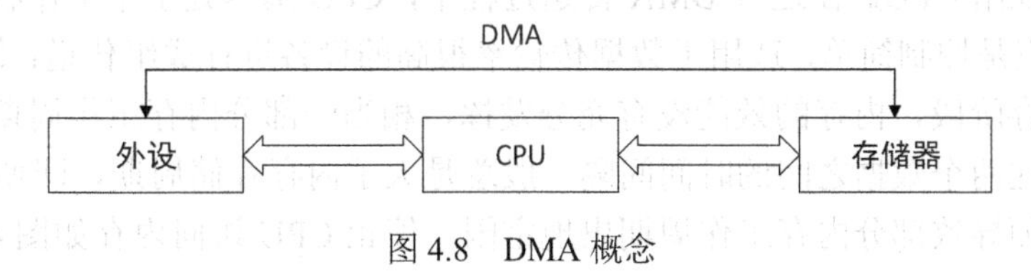

图4.8　DMA概念

1．传输要求

一般来说，使用DMA进行数据传输有如下四大要求。

① 传输源，DMA传输的数据来源。

② 传输目标，DMA数据传输的目标地址。

③ 传输单位和需要传输的数据量。

④ 触发信号，用于触发一次数据传输的动作，可以用来控制数据传输的时机。

2．传输过程

一个完整的DMA传输过程如下。

（1）DMA请求

在外设DMA使能前，CPU先要初始化DMAC（数据源地址、目的地址、数据长度、传输模式等），然后等待外设 I/O 接口向 DMAC 发出 DMA 请求。

（2）DMA 响应

DMA 控制器判断 DMA 请求的优先级，决定是否屏蔽 DMA 请求，如果接受请求，则向总线仲裁器提出总线请求。当 CPU 执行完当前总线周期时，可释放总线控制权。此时，总线仲裁器输出总线应答，表示 DMA 已经响应，DMA 控制器从 CPU 接管对总线的控制，并通知外设开始 DMA 传输。

（3）DMA 传输

DMA 数据以规定的传输单位，通常是字进行传输。每个单位的数据传送完成后，DMA 控制器修改地址，并对数据量的传送单位个数进行计数，继而开始下一个单位数据的传送。如此循环往复，直至达到预先设定的传送单位数量。

（4）DMA 结束

当规定数量的 DMA 数据传输完成后，DMA 控制器通知外设停止传输，并向 CPU 发送一个信号，例如，产生中断或事件，报告 DMA 数据传输操作结束，同时释放总线控制权。

3．传送模式

DMA 要访问内存时，如果 CPU 也正好要访问内存，对于内存来说就产生了访问冲突，系统必须通过传送模式来协调这种访问冲突。DMA 传送存在 3 种模式：停止 CPU 访问内存、周期挪用、DMA 与 CPU 交替访问内存。

（1）停止 CPU 访问内存

当外围设备要求传送一批数据时，由 DMA 控制器发送一个停止信号给 CPU，要求 CPU 放弃对地址总线、数据总线和有关控制总线的使用权。DMA 控制器获得总线控制权以后，开始进行数据传送，在一批数据传送完毕后，DMA 控制器通知 CPU 可以使用内存，并把总线控制权交还给 CPU。在这种 DMA 传送过程中，CPU 基本处于不工作状态或者说保持状态。它的优点是控制简单，适用于数据传输率很高的设备进行成组传送；缺点是在 DMA 控制器访问内存阶段，内存的效能没有充分发挥，相当一部分内存工作周期是空闲的。因为外围设备传送两个数据之间的时间间隔一般总是大于内存存储周期，即使高速 I/O 设备也是如此，这便导致部分内存工作周期出现空闲。停止 CPU 访问内存如图 4.9 所示。

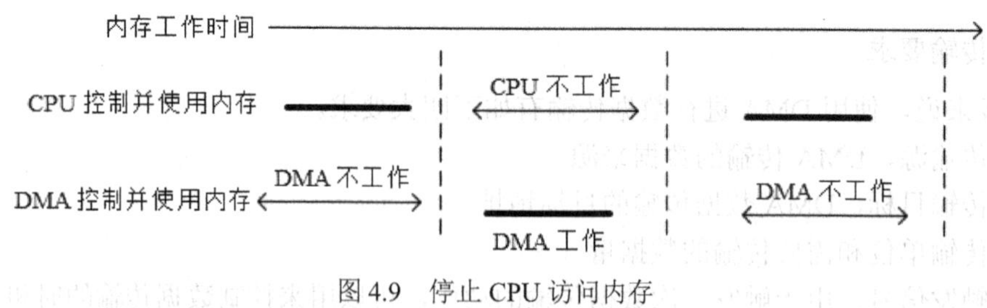

图 4.9　停止 CPU 访问内存

（2）周期挪用

当 I/O 设备没有 DMA 请求、CPU 按程序要求访问内存时，一旦 I/O 设备有 DMA 请求，则由 I/O 设备挪用一个或几个内存周期，这就是周期挪用方式。

I/O 设备要求 DMA 传送时可能遇到如下两种情况。

① 此时CPU不需要访问内存，如CPU正在执行乘法指令。由于乘法指令执行时间较长，此时I/O访问内存与CPU访问内存没有冲突，即I/O设备挪用一两个内存周期对CPU执行程序没有任何影响。

② I/O设备要求访问内存时CPU也要求访问内存，这就产生了访问内存冲突。在这种情况下，因为I/O访问内存有时间要求，前一个I/O数据必须在下一个访问内存请求到来之前存取完毕，所以I/O设备访问内存优先。显然，在这种情况下I/O设备挪用一两个内存周期，意味着CPU延缓了对指令的执行，或者更明确地说，在CPU执行访问内存指令的过程中插入的DMA请求挪用了一两个内存周期。周期挪用方式如图4.10所示。

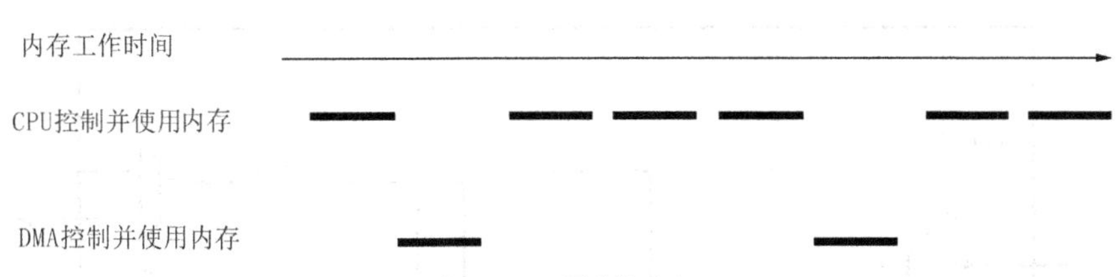

图4.10　周期挪用

与停止CPU访问内存的DMA方法比较，周期挪用的方法既实现了I/O传送，又较好地发挥了内存和CPU的效率，是一种更为广泛采用的方法。但是，I/O设备每一次周期挪用都有申请总线控制权、建立总线控制权和归还总线控制权的过程，所以，传送一个字对内存来说要占用一个周期，但对DMA控制器来说一般要2～5个内存周期。因此，周期挪用的方法适用于I/O设备读写周期大于内存存储周期的情况。

（3）DMA与CPU交替访问内存

如果CPU的工作周期比内存存取周期长很多，此时采用交替访问内存的方法可以使DMA传送和CPU同时发挥最高的效率。

这种方式下总线使用权是通过C1和C2分时控制，不需要总线使用权的申请、建立和归还过程，CPU和DMA控制器各自有自己的访问内存地址寄存器、数据寄存器和读/写信号等控制寄存器。图4.11是DMA与CPU交替访问内存时间图，假设CPU工作周期为1.2μs，内存存取周期小于0.6μs，那么一个CPU周期可分为C1和C2两个分周期，其中，C1专供DMA控制器访问内存，C2专供CPU访问内存。在C1周期中，如果DMA控制器有访问内存请求，可将地址、数据等信号送到总线上；在C2周期中，如果CPU有访问内存请求，同样传送地址、数据等信号。事实上，对于总线，这是用C1、C2控制的一个多路转换器，这种总线控制权的转移几乎不需要什么时间，所以对DMA传送来讲效率是很高的。这种传送方式又称为“透明的DMA”式，其来由是这种DMA传送对CPU来说如同透明的玻璃一般，没有任何感觉或影响。在透明的DMA方式下工作，CPU既不停止主程序的运行，也不进入等待状态，是一种高效率的工作方式。当然，相应的硬件逻辑也就更加复杂。

4．工作原理

（1）功能框图

微控制器可能有多个DMA，每个DMA有若干个触发通道，每个通道可以管理来自多个外设对存储器的访问请求。每个外设的DMA请求可以使用相应的库函数独立地开启或关闭。图 4.12 给出了 Cortex-M4 的 DMA 功能框图。

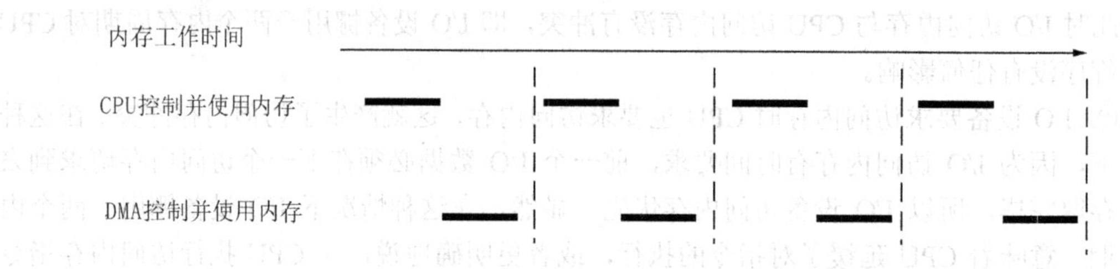

图 4.11　DMA 与 CPU 交替访问内存时间图

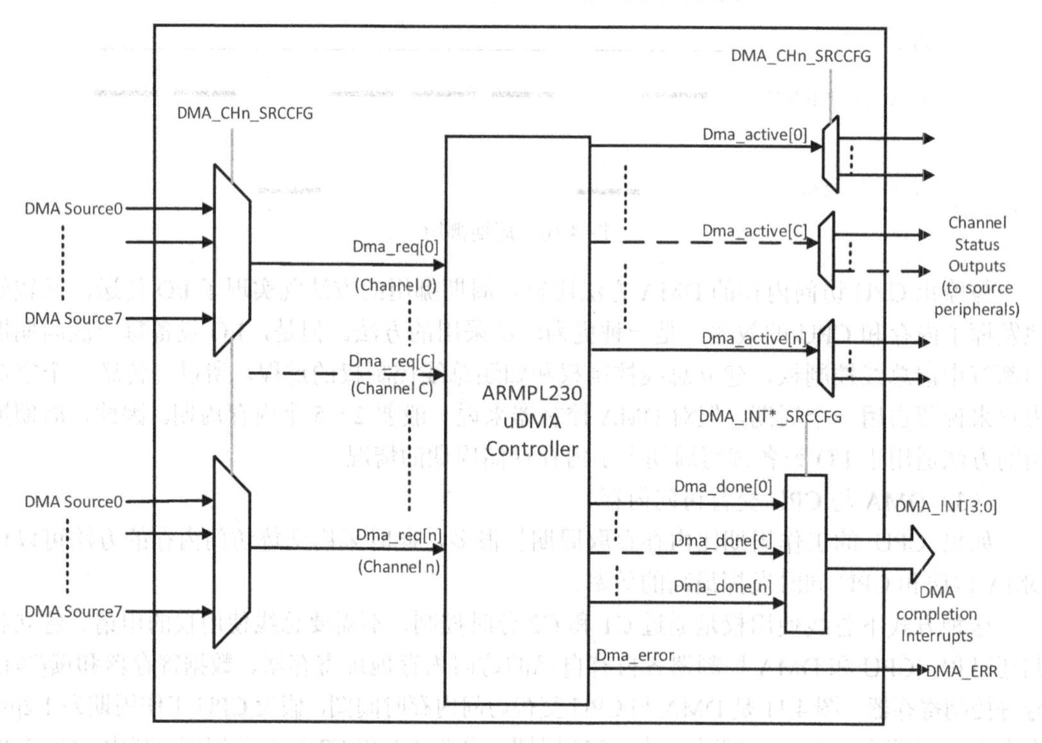

图 4.12　Cortex-M4 DMA 功能框图

从图 4.12 可以看出，DMA 模块由 AHB 从设备、仲裁器和若干个通道等部分组成。DMA 控制器和 Cortex 内核共享系统数据总线，当 CPU 和 DMA 同时访问相同的目标时，DMA 请求会暂停 CPU 访问系统总线达若干个周期，总线仲裁器执行循环调度，保证 CPU 至少可以得到一半的系统总线带宽。

（2）触发通道

图 4.12 中的微控制器有两个 DMA，每个 DMA 有不同数量的触发通道，分别对应于不同外设对存储器的访问请求。由图 4.13 可以看出，DMA1 有 7 个触发通道，从设备 TIM1～TIM4、ADC1、SPT1、SPI/I2S2、I2C1、I2C2、UART1 和 UART2 产生的 7 个请求通过或门输入到 DMA1 控制器，通过配合各个通道上的使能位 EN，保证同一时刻 DMA1 只可能有一个请求有效。

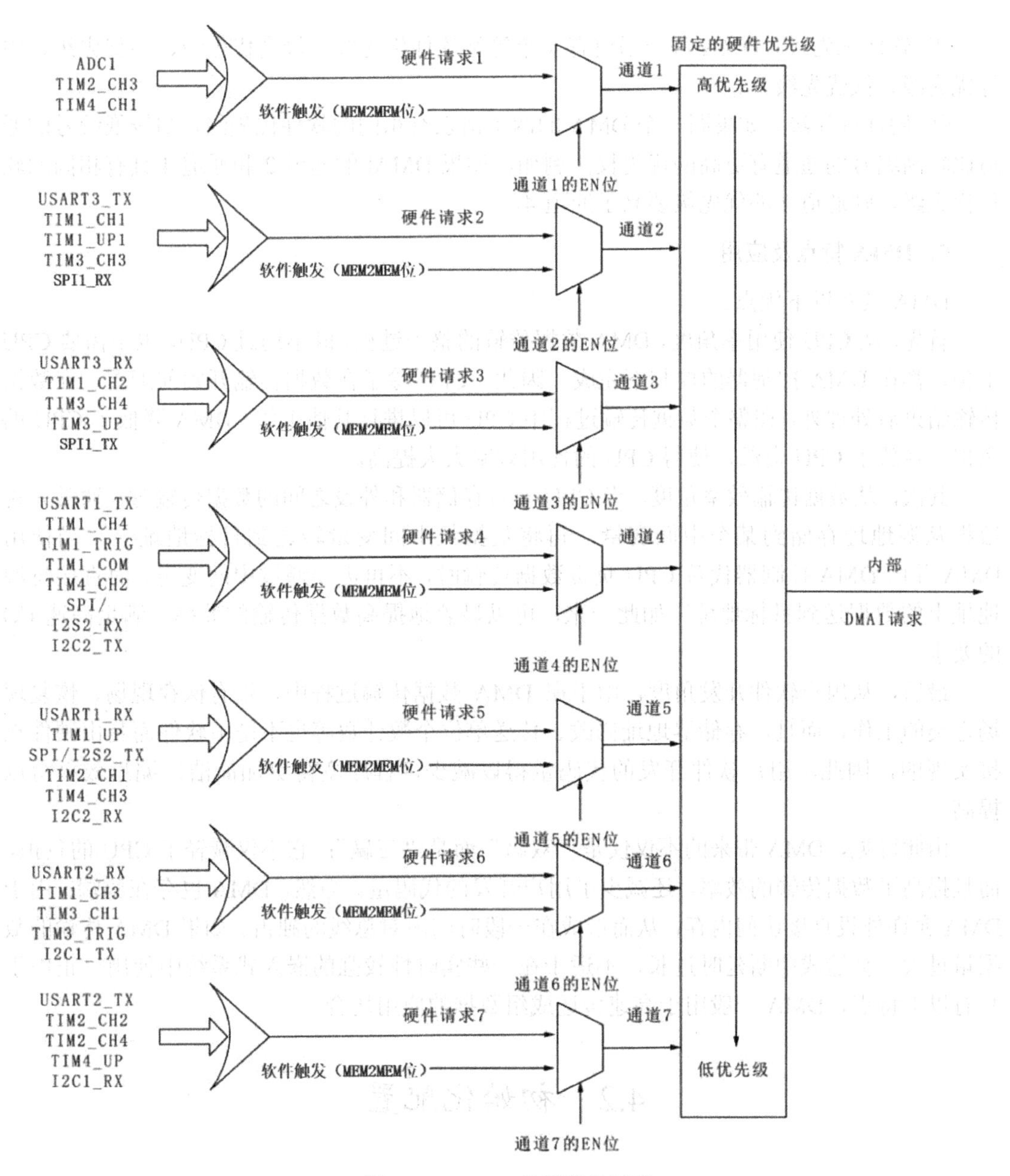

图 4.13　DMA1 的通道映射图

（3）优先级

图 4.13 已经涉及 DMA 优先级的概念，但是我们并未说明如何判断 DMA 请求的优先级。与中断的中断源类似，对于 DMA 的每个通道也可以赋予优先级。在每个 DMA 中，DMA 的仲裁器根据通道请求的优先级来启动外设/存储器的访问，同一时刻一个 DMA 的多个通道可以同时发起 DMA 传送请求，但对于一个 DMA 控制器来说只能允许有一个请求有效。DMA 优先级管理分两个层次：软件优先级和硬件优先级，软件优先级由软件指定，硬件优先级则是由触发通道所处位置的物理编号决定。

① 软件优先级。DMA 每个通道有 4 个等级软件优先级：最高优先级、高优先级、中等优先级、低优先级。

② 硬件优先级。如果同一个 DMA 的两个请求有相同的软件优先级，则较低编号的通道比较高编号的通道有更高的优先权。例如，如果 DMAl 的通道 2 和通道 4 具有相同的软件优先级，则通道 2 的优先级要高于通道 4。

5. DMA 特点及应用

DMA 具有以下优点。

首先，从 CPU 使用率角度，DMA 数据传输的整个过程，既不通过 CPU，也不需要 CPU 干预，都在 DMA 控制器的控制下完成。因此，CPU 除了在数据传输开始前配置、在数据传输结束后处理外，在整个数据传输过程中 CPU 可以进行其他工作。DMA 降低了 CPU 的负担，释放了 CPU 资源，使得 CPU 的使用效率大大提高。

其次，从数据传输效率角度，当 CPU 负责存储器和外设之间的数据传输时，通常先将数据从源地址存储到某个中间变量，再将数据从中间变量转送到目标地址上。当使用 DMA 并由 DMA 控制器代替 CPU 负责数据传输时，不再需要通过中间变量，而直接将源地址上的数据送到目标地址。如此一来，可以显著地提高数据传输的效率，满足高速 I/O 的要求。

最后，从用户软件开发角度，由于在 DMA 数据传输过程中，没有保存现场、恢复现场之类的工作，而且，存储器地址修改、传送单位个数计数等也不是由软件而是由硬件直接实现的，因此，用户软件开发的代码量得以减少，程序变得更加简洁，编程效率得以提高。

由此可见，DMA 带来的不仅仅是“双赢”而是“三赢”：它不仅减轻了 CPU 的负担，而且提高了数据传输的效率，还减少了用户开发的代码量。当然，DMA 也存在弊端：由于 DMA 允许外设直接访问内存，从而形成在一段时间内对总线的独占。如果 DMA 传输的数据量过大，会造成中断延时过长，不适于在一些实时性较强的嵌入式系统中使用。正由于具有以上特点，DMA 一般用于高速传送成组数据的应用场合。

4.2 初始化配置

嵌入式系统初始化过程可以分为 3 个主要环节，按照自下向上、从硬件到软件的次序依次为片级初始化、板级初始化和系统级初始化。

1. 片级初始化

片级初始化完成嵌入式处理器的初始化，包括设置嵌入式处理器的核心寄存器和控制寄存器、嵌入式处理器核心工作模式和局部总线模式等。片级初始化把嵌入式处理器从上电时的默认状态逐步设置成系统所要求的工作状态。这是一个对处理器核心部分硬件的初始化过程。

2．板级初始化

板级初始化完成嵌入式微处理器以外的其他硬件设备的初始化。另外，还需设置某些软件的数据结构和参数，为随后的系统级初始化和应用程序的运行建立硬件和软件环境。这是一个针对含软、硬件两部分的初始化过程。

3．系统级初始化

系统级初始化过程以软件初始化为主，主要进行操作系统的初始化。板级支持包 BSP（board support package）会将嵌入式微处理器的控制权转交给嵌入式操作系统，由操作系统完成余下的初始化操作，包含加载和初始化设备驱动程序、建立系统内存区、加载并初始化其他系统软件模块（如网络系统、文件系统）等。最后，操作系统创建应用程序环境，并将控制权交给应用程序的入口。

基于 ARM 架构的内核微处理器系统一般为复杂的片上系统，这种复杂系统的多数硬件模块都是可配置的，需要软件设置为特定的工作状态，因此在用户的应用程序之前，需要有一些专门的代码完成对系统的初始化。由于这类代码直接面对处理器内核和硬件控制器，所以一般使用汇编语言完成。初始化代码完成的操作与具有的硬件平台相关，但大都包括以下内容。

- ❑ 初始化中断向量表。
- ❑ 初始化存储器系统。
- ❑ 初始化堆栈。
- ❑ 初始化有特殊要求的端口和设备。
- ❑ 初始化应用程序的运行环境。
- ❑ 调用主应用程序。

（1）初始化中断向量表

微处理器一般要求中断向量表必须放置在从 0x00 地址开始的连续 8×4B 的空间内，每当一个中断发生以后，微处理器便强制把 PC 置为对应的中断向量。由于每个中断只占用向量表中一个字的存储空间，只能放一条 ARM 指令，所以通常为跳转指令，使程序从向量表跳转到存储器的其他位置，执行真正的中断处理。常见的中断向量表的初始化代码如下：

```
AREA Init,CODE,READONLY ENTRY
B  Reset_Handler          ; 异常复位
B  Undef_Handler          ; 未定义指令异常
B  SWI_Handler            ; 软件中断
B  PreAbort_Handler       ; 指令预取终止
B  DataAbord_Handler      ; 数据终止
B  .                      ; 系统保留
B  IRQ_Handler            ; 普通外部中断
B  FIQ_Handler            ; 快速外部中断
...
```

（2）初始化存储器系统

初始化存储器系统主要是对系统存储器保护单元（MPU）、存储器控制单元（MMU）的初始化。由于存储器控制器并不是 ARM 架构的一部分，因此不同芯片的实现方式各不相同。由于运算能力和寻址能力的强大，因此基于 ARM 内核的微处理器系统一般都需要外扩展各种类型的存储器。对于存储器系统的初始化一般包括对存储器类型和时序/总线宽度的配置、存储器地址的配置两个方面。

（3）存储器类型、时序和总线宽度的配置

① 类型。微处理系统的存储器根据时序不同一般分为 SARM、DRAM 和 Flash 3 类。即使同类存储器也有访问速度上的不同。其中，SRAM 和 Flash 属于静态存储器，可以共用存储器端口，而 DRAM 有动态刷新和地址复用等特征，需要专门的存储器端口。

② 时序。存储器端口的接口时序优化对系统性能影响非常大，因为系统运行的速度瓶颈一般都存在于存储器的访问。我们希望存储器的访问尽可能地快，但又要考虑由此带来的时序配合、速率配合和系统稳定性等问题。

③ 总线宽度。微处理器架构一般都会支持 8 位/16 位/32 位的数据总线宽度访问存储器和外设，对于特定的存储器来说，需要设定数据总线的宽度。

（4）存储器地址的配置和重映射

① 存储器地址的配置。

微处理器架构理论上可以支持 4GB（对于 ARM 而言）的地址空间，而对于一个实际的系统来说，配置的物理地址远没有这么多，因此，如何配置存储器的地址是一个重要问题。

② 存储器地址的重映射。

存储器地址重映射（memory remap）：可以通过软件配置来改变一块存储器物理地址的方法。memory remap 技术提高了系统对于原本存储在低速非易失性存储器的异常的实时响应能力，也就是解决了低速非易失性存储器与高速 CPU 之间通信的问题。memory remap 通常始于 Bootloader 过程，Bootloader 代码的作用是初始化硬件设备、建立内存空间映射图，从而将系统的软硬件环境设置为一个合适状态，以便为系统程序调用操作系统内核提供正确的环境。

完整的 memory remap 具体的执行过程为：Bootloader 将非易失性存储器中的异常向量复制到高速易失性存储器块的一端，然后执行 memory remap 命令，将位于高速易失性存储器中的异常向量块映射到异常向量表地址空间上。此后，系统若产生异常，CPU 将从已映射到异常向量表地址空间的高速易失性存储器中读取向量。进行地址重映射可以提高系统的运行效率，但是需要注意的是，要保证地址重映射程序流程的连续性。

③ 初始化堆栈。

由于微处理器一般都有好几种运行模式，如 ARM 系列一般有 7 种运行模式。每一种模式的堆栈指针（SP）都是独立的（例外的是 ARM 中的系统模式和用户模式使用相同的 SP）。因此，需要对每一种模式的 SP 进行初始化。

初始化的方法是改变当前程序状态寄存器（CPSR）内的状态位，使处理器切换到不同的模式，然后初始化 SP。需要注意的是，ARM 微处理器支持多种模式，在没有异常的情况下用户模式无法切换到其他模式，因此，用户模式的 SP 初始化必须放在所有模式的最后。

需要注意的是，设置堆栈的大小时根据需要确定，堆栈性能的提高对提高系统整体性能的影响非常显著，所以要尽可能给堆栈分配高速存储器。

④ 初始化应用程序运行环境。

初始化应用程序的运行环境就是要初始化有特殊要求的端口、设备和应用程序的运行环境，即完成必要的从 ROM 到 RAM 的数据传输。该部分的初始化由具体的系统和用户需求决定，该初始化可以放在系统初始化以后进行。比较典型的应用是驱动一些简单的输出设备，如 LED 等，以指示系统启动的进程和状态。

⑤ 调用应用主程序。

当完成所有的系统初始化工作之后，就需要把程序流程转入主应用程序。最常见的操作如下：

```
IMPORT  C_Entry
...
B     C_Entry
```

执行了上面的程序段后，程序就跳转到了用户程序的入口。

4.3 操 作 实 例

4.2 节介绍了微处理器系统初始化的一般过程。下面将以 STM32 微控制器为例，采用 HAL 库函数给出两个时钟配置例程。STM32F3 系列微控制器是意法半导体（ST）公司推出的高性能模数混合 MCU，该 MCU 基于 ARM Cortex-M4 架构，详细的资料可在 ST 官网上查阅。HAL 库函数是面向应用的外设硬件抽象的库函数，相对于传统的标准库函数，HAL 库函数采用结构体，抽象封装的更高、使用更方便，同时也兼容 MXCube 工具链。

4.3.1 时钟例程一

这部分给出了一个时钟源配置的实例，让读者更好地了解嵌入式系统的时钟源。该示例配置系统时钟源为 PLL，并分别配置 PLL 入口时钟源为 HSE 和 HSI，通过观察连接在输出引脚 PA5 上的 LED 闪烁频率来验证时钟源的配置效果。为了使两种时钟源的实验效果有所区分，当 PLL 入口时钟源为 HSE 时，设置 PLL 的倍频系数为 2；当 PLL 入口时钟源为 HSI 时，设置 PLL 的倍频系数为 9。

1. 程序流程图

时钟例程一的流程图如图 4.14 所示。

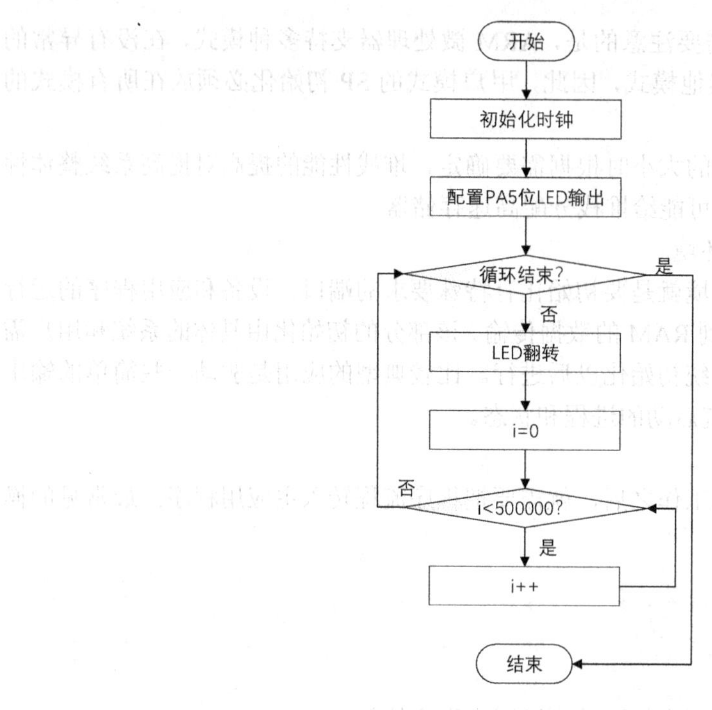

图 4.14　时钟例程一流程图

2．库函数说明

这里只介绍时钟配置相关的库函数，与中断和 GPIO 相关的库函数将在后面的章节介绍。

（1）HAL_StatusTypeDef HAL_RCC_OscConfig(RCC_OscInitTypeDef * RCC_OscInitStruct)

功能描述：初始化 RCC 振荡器。

参数描述：RCC_OscInitStruct，RCC 振荡器的配置信息。

返回值：返回 HAL 状态。

其中，RCC_OscInitTypeDef 结构体的参数如下。

- LSEState：LSE 的状态。
- HSIState：HSI 的状态。
- HSICalibrationValue：HSI 校准微调值。
- LSIState：LSI 的状态。
- PLL：PLL 相关参数。

（2）HAL_StatusTypeDef HAL_RCC_ClockConfig(RCC_ClkInitTypeDef * RCC_ClkInitStruct, uint32_t FLatency)

功能描述：初始化 CPU、AHB 和 APB 总线时钟。

参数描述：RCC_ClkInitStruct，RCC 外围设备的配置信息；FLatency，闪存延迟，此参数取决于所选设备。

返回值：空。

其中，RCC_ClkInitTypeDef 结构体的参数如下。

- ClockType：待配置的时钟。

- ❑ SYSCLKSource：用作系统时钟的时钟源。
- ❑ AHBCLKDivider：AHB 时钟（HCLK）分频器。
- ❑ APB1CLKDivider：APB1 时钟（PCLK1）分频器。
- ❑ APB2CLKDivider：APB2 时钟（PCLK2）分频器。

3．实验代码

实验代码分为两部分：第一部分介绍了 PLL 入口时钟源为 HSE 的实验代码；第二部分介绍了 PLL 入口时钟源为 HSI 的实验代码。

（1）PLL 入口时钟源配置为 HSE

```
#include "main.h"
/*函数声明*/
void SystemClock_Config(void);
static void MX_GPIO_Init(void);
int main(void)
{
    //初始化所有外围设备，初始化 FLASH 接口和 SysTick
    HAL_Init();
    //配置系统时钟，使用高速外部时钟（HSE）
    SystemClock_Config();
    MX_GPIO_Init();
    int i;

    while (1)
    {
    //LED 翻转
        HAL_GPIO_TogglePin(GPIOA,GPIO_PIN_5);
        for(i=0;i<500000;i++)
        {

        }
    }
}

/****************************************************************
*功能：配置系统时钟
****************************************************************/
void SystemClock_Config(void)
{
    RCC_OscInitTypeDef RCC_OscInitStruct = {0};
    RCC_ClkInitTypeDef RCC_ClkInitStruct = {0};

    //选择要配置的振荡器，这里选择 HSE
    RCC_OscInitStruct.OscillatorType = RCC_OSCILLATORTYPE_HSE;
    RCC_OscInitStruct.HSEState = RCC_HSE_ON;
    RCC_OscInitStruct.HSIState = RCC_HSI_ON;
    RCC_OscInitStruct.PLL.PLLState = RCC_PLL_ON;
```

```
    //配置 PLL 入口时钟源为 HSE
    RCC_OscInitStruct.PLL.PLLSource = RCC_PLLSOURCE_HSE;
    //配置 PLL 倍频系数为 2
    RCC_OscInitStruct.PLL.PLLMUL = RCC_PLL_MUL2;
    //配置 PLL 分频系数为 1
    RCC_OscInitStruct.PLL.PREDIV = RCC_PREDIV_DIV1;

    if (HAL_RCC_OscConfig(&RCC_OscInitStruct) != HAL_OK)
    {
        Error_Handler();
    }

    RCC_ClkInitStruct.ClockType = RCC_CLOCKTYPE_HCLK|RCC_CLOCKTYPE_SYSCLK
    |RCC_CLOCKTYPE_PCLK1|RCC_CLOCKTYPE_PCLK2;

    //配置系统时钟源为 PLL
    RCC_ClkInitStruct.SYSCLKSource = RCC_SYSCLKSOURCE_PLLCLK;
    RCC_ClkInitStruct.AHBCLKDivider = RCC_SYSCLK_DIV1;
    RCC_ClkInitStruct.APB1CLKDivider = RCC_HCLK_DIV2;
    RCC_ClkInitStruct.APB2CLKDivider = RCC_HCLK_DIV1;

    if (HAL_RCC_ClockConfig(&RCC_ClkInitStruct, FLASH_LATENCY_0) != HAL_OK)
    {
        Error_Handler();
    }
}

/************************************************************
*功能：GPIO 初始化函数
************************************************************/
static void MX_GPIO_Init(void)
{
    GPIO_InitTypeDef GPIO_InitStruct = {0};

    //GPIO 端口时钟启用
    __HAL_RCC_GPIOF_CLK_ENABLE();
    __HAL_RCC_GPIOA_CLK_ENABLE();

    HAL_GPIO_WritePin(GPIOA, GPIO_PIN_5, GPIO_PIN_RESET);

    //配置 GPIO 端口为输出模式
    GPIO_InitStruct.Pin = GPIO_PIN_5;
    GPIO_InitStruct.Mode = GPIO_MODE_OUTPUT_PP;
    GPIO_InitStruct.Pull = GPIO_NOPULL;
    GPIO_InitStruct.Speed = GPIO_SPEED_FREQ_LOW;
    HAL_GPIO_Init(GPIOA, &GPIO_InitStruct);

}
```

（2）PLL 入口时钟源配置为 HSI

由于将 PLL 入口时钟源配置为 HSI 的代码和（1）给出的代码只有 SystemClock_Config (void)不同，故这部分只给出系统时钟的配置代码。

```
void SystemClock_Config(void)
{

    RCC_OscInitTypeDef RCC_OscInitStruct = {0};
    RCC_ClkInitTypeDef RCC_ClkInitStruct = {0};

    //选择要配置的振荡器，这里选择 HSI
    RCC_OscInitStruct.OscillatorType = RCC_OSCILLATORTYPE_HSI;
    RCC_OscInitStruct.HSIState = RCC_HSI_ON;
    RCC_OscInitStruct.HSICalibrationValue = RCC_HSICALIBRATION_DEFAULT;
    RCC_OscInitStruct.PLL.PLLState = RCC_PLL_ON;

    //配置 PLL 入口时钟源为 HSI
    RCC_OscInitStruct.PLL.PLLSource = RCC_PLLSOURCE_HSI;
    //配置 PLL 倍频系数为 9
    RCC_OscInitStruct.PLL.PLLMUL = RCC_PLL_MUL9;
    //配置 PLL 分频系数为 1
    RCC_OscInitStruct.PLL.PREDIV = RCC_PREDIV_DIV1;

    if (HAL_RCC_OscConfig(&RCC_OscInitStruct) != HAL_OK)
    {
        Error_Handler();
    }

    RCC_ClkInitStruct.ClockType = RCC_CLOCKTYPE_HCLK|RCC_CLOCKTYPE_SYSCLK
    |RCC_CLOCKTYPE_PCLK1|RCC_CLOCKTYPE_PCLK2;

    //配置系统时钟源为 PLL
    RCC_ClkInitStruct.SYSCLKSource = RCC_SYSCLKSOURCE_PLLCLK;
    RCC_ClkInitStruct.AHBCLKDivider = RCC_SYSCLK_DIV1;
    RCC_ClkInitStruct.APB1CLKDivider = RCC_HCLK_DIV2;
    RCC_ClkInitStruct.APB2CLKDivider = RCC_HCLK_DIV1;

    if (HAL_RCC_ClockConfig(&RCC_ClkInitStruct, FLASH_LATENCY_2) != HAL_OK)
    {
        Error_Handler();
    }
}
```

4．操作现象

分别将上面的（1）和（2）代码的完整工程下载到 STM32 开发板，如果实验结果正确，读者将能感受到工程（1）中 LED 闪烁的频率比工程（2）中 LED 闪烁的频率慢。

4.3.2　时钟例程二

这部分给出了一个 HCLK 的示例，该示例通过配置 AHB 分频系数改变 HCLK 的输出频率。示例中的两种 HCLK 输出频率分别是 72MHz 和 18MHz。可以通过观察连接在输出引脚 PA5 上的 LED 闪烁频率来验证 HCLK 配置效果。

1．程序流程图

时钟例程二的流程图如图 4.15 所示。

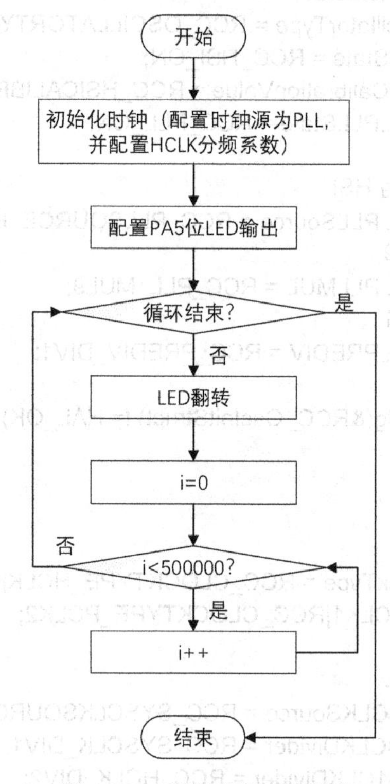

图 4.15　时钟例程二流程图

2．实验代码

实验代码分为两部分：第一部分介绍了 HCLK 频率为 72MHz 的实验代码；第二部分介绍了 HCLK 频率为 18MHz 的实验代码。由于这两部分代码和 4.3.1 节“时钟例程一”中（1）的代码只有时钟配置函数不同，故这里只给出时钟配置函数的代码。

（1）HCLK 时钟频率为 72MHz

```
void SystemClock_Config(void)
{
    RCC_OscInitTypeDef RCC_OscInitStruct = {0};
    RCC_ClkInitTypeDef RCC_ClkInitStruct = {0};
```

```
    //选择要配置的振荡器，这里选择 HSI
    RCC_OscInitStruct.OscillatorType = RCC_OSCILLATORTYPE_HSI;
    RCC_OscInitStruct.HSIState = RCC_HSI_ON;
    RCC_OscInitStruct.HSICalibrationValue = RCC_HSICALIBRATION_DEFAULT;
    RCC_OscInitStruct.PLL.PLLState = RCC_PLL_ON;
    //配置 PLL 入口时钟源为 HSI
    RCC_OscInitStruct.PLL.PLLSource = RCC_PLLSOURCE_HSI;
    //配置 PLL 倍频系数为 9
    RCC_OscInitStruct.PLL.PLLMUL = RCC_PLL_MUL9;
    //配置 PLL 分频系数为 1
    RCC_OscInitStruct.PLL.PREDIV = RCC_PREDIV_DIV1;
    if (HAL_RCC_OscConfig(&RCC_OscInitStruct) != HAL_OK)
    {
        Error_Handler();
    }

    RCC_ClkInitStruct.ClockType = RCC_CLOCKTYPE_HCLK|RCC_CLOCKTYPE_SYSCLK
    |RCC_CLOCKTYPE_PCLK1|RCC_CLOCKTYPE_PCLK2;
    //配置系统时钟源为 PLL
    RCC_ClkInitStruct.SYSCLKSource = RCC_SYSCLKSOURCE_PLLCLK;
    //配置 HCLK 分频系数为 1
    RCC_ClkInitStruct.AHBCLKDivider = RCC_SYSCLK_DIV1;
    RCC_ClkInitStruct.APB1CLKDivider = RCC_HCLK_DIV2;
    RCC_ClkInitStruct.APB2CLKDivider = RCC_HCLK_DIV1;

    if (HAL_RCC_ClockConfig(&RCC_ClkInitStruct, FLASH_LATENCY_2) != HAL_OK)
    {
        Error_Handler();
    }
}
```

（2）HCLK 时钟频率为 18MHz

```
void SystemClock_Config(void)
{
    RCC_OscInitTypeDef RCC_OscInitStruct = {0};
    RCC_ClkInitTypeDef RCC_ClkInitStruct = {0};

    //选择要配置的振荡器，这里选择 HSI
    RCC_OscInitStruct.OscillatorType = RCC_OSCILLATORTYPE_HSI;
    RCC_OscInitStruct.HSIState = RCC_HSI_ON;
    RCC_OscInitStruct.HSICalibrationValue = RCC_HSICALIBRATION_DEFAULT;
    RCC_OscInitStruct.PLL.PLLState = RCC_PLL_ON;
    //配置 PLL 入口时钟源为 HSI
    RCC_OscInitStruct.PLL.PLLSource = RCC_PLLSOURCE_HSI;
    //配置 PLL 倍频系数为 9
    RCC_OscInitStruct.PLL.PLLMUL = RCC_PLL_MUL9;
    //配置 PLL 分频系数为 1
    RCC_OscInitStruct.PLL.PREDIV = RCC_PREDIV_DIV1;
```

```
    if (HAL_RCC_OscConfig(&RCC_OscInitStruct) != HAL_OK)
    {
        Error_Handler();
    }

    RCC_ClkInitStruct.ClockType = RCC_CLOCKTYPE_HCLK|RCC_CLOCKTYPE_SYSCLK
    |RCC_CLOCKTYPE_PCLK1|RCC_CLOCKTYPE_PCLK2;
    //配置系统时钟源为 PLL
    RCC_ClkInitStruct.SYSCLKSource = RCC_SYSCLKSOURCE_PLLCLK;
    //配置 HCLK 分频系数为 4
    RCC_ClkInitStruct.AHBCLKDivider = RCC_SYSCLK_DIV4;
    RCC_ClkInitStruct.APB1CLKDivider = RCC_HCLK_DIV2;
    RCC_ClkInitStruct.APB2CLKDivider = RCC_HCLK_DIV1;

    if (HAL_RCC_ClockConfig(&RCC_ClkInitStruct, FLASH_LATENCY_2) != HAL_OK)
    {
        Error_Handler();
    }
}
```

3．操作现象

分别将上面的（1）和（2）代码的完整工程下载到 STM32 开发板，如果实验结果正确，读者将能感受到工程（1）中 LED 闪烁的频率比工程（2）中 LED 闪烁的频率快。

4.4 本章小结

系统控制部件是一般嵌入式处理器必需的系统功能部件，包括复位、时钟、电源管理、中断和 DMA 控制器等。复位是计算机系统正常启动和工作的基础。MCU 的片内时钟可靠性高、功耗低，但精度和稳定度较差。片外时钟一般采用晶体振荡器，时钟稳定度和精度都很高，可用于精确定时和通信部件。MCU 内部的多路时钟可满足嵌入式系统处理器和各种外设的不同需求。电源管理提供了多种低功耗模式，主要用于低功耗嵌入式系统设计。NVIC 和 DMAC 是嵌入式系统高级设计的必选，是嵌入式系统在中断管理和高速数据传输方面的“总管”。本章最后对嵌入式系统的初始化做了概述，并给出了两个时钟配置的示例，便于读者理解在系统启动过程中硬件和软件协同完成的各种初始化工作，以及嵌入式系统的“心脏”——时钟的构建，为以后各种片上外设和模块的时钟配置打下基础。

4.5 习　　题

1．MCU 的复位有什么作用？为何需要有多个复位源？

2．如何产生一个可靠的外部复位信号？嵌入式系统对外部复位信号的要求是什么？

3．为什么 MCU 要支持多种时钟源？查阅资料说明 MCU 内部低速 RC 时钟、内部高速 RC 时钟、外部低速时钟、外部高速时钟的特点和适用性。

4．请简述 PLL 的作用。

5．什么是中断？简述 CPU 响应中断的处理过程。

6．什么是非屏蔽中断？常见的非屏蔽中断有哪些？

7．CPU 响应非屏蔽中断（NMI）和可屏蔽中断的条件分别是什么？

8．说明 ARM Cortex-M4 嵌套向量中断控制器（NVIC）的基本功能。

9．什么是 DMA？简述 DMA 的传输过程。

10．DMA 传输是以总线周期还是指令周期为单位的？

11．CPU 与外设进行数据传输一般有哪几种方式？各自的特点和适用性如何？

12．理解时钟树原理，根据本章所给的操作实例，分别更换时钟源选择、改变 PLL 倍频，编程调整 LED 灯的闪烁频率，观察变化。

13．简述嵌入式系统电源/功耗控制的意义。以自有的开发板为例，编程使用不同的低功耗模式，设法验证其功耗控制功能。

第5章 存 储 器

存储器是嵌入式系统的重要组成部分，它是用来存储程序代码和数据的部件，有了存储器的计算机系统才具有记忆功能。虽然目前大部分微控制器（MCU）都内置了部分存储器，但对于很多嵌入式应用系统，特别是基于微处理器（MPU）的应用，还是要根据不同需求，外扩不同特点和容量的存储器。本章将介绍几种目前常用存储器的特点、主要参数和基本使用方法，以及存储器系统的地址映射和数据存储格式。

5.1 存储器分类

存储器按其存储介质的特性，主要分为易失性存储器和非易失性存储器两大类。易失/非易失是指存储器断电后，它存储的数据内容是否会丢失。掉电后存储信息会丢失的存储器称为易失性存储器，掉电后存储信息不会丢失的存储器称为非易失性存储器。一般易失性存储器存取速度快，而非易失性存储器可长期保存数据，它们在计算机系统中都具有重要作用。易失性存储器最典型的代表是内存（如 RAM），非易失性存储器的代表则是外存（如 Flash）。

半导体存储器按其操作特性分类，常见的半导体存储器可以分为随机存储器（RAM）、只读存储器（ROM）、铁电存储器（FRAM）和闪存（Flash）等。随机存储器包括静态随机存储器（SRAM）、动态随机存储器（DRAM）；只读存储器包括掩膜只读存储器（MROM）、一次可编程只读存储器（PROM）、多次可编程只读存储器（EPROM 和 EERPOM）；闪速存储器（简称闪存）包括 NOR Flash 和 NAND Flash。

在嵌入式系统中，Flash 一般用于存放代码和常量数据，RAM 用于存放变量。下面分别介绍各类存储器的主要特点。

5.1.1 RAM 存储器

RAM（random access memory）为随机存储器，所谓随机存取，指的是当存储器中的信息被读取或写入时，所需要的时间与这段信息所在的位置无关。这个词的由来是因为早期计算机曾使用磁鼓作为存储器，磁鼓是顺序读写设备，而 RAM 可随机读取其内部任意地址的数据，因此得名。实际上现在 RAM 已经专指作为计算机内存的易失性半导体存储器。根据 RAM 的存储机制，又分为静态随机存储器 SRAM（static RAM）以及动态随机存储器 DRAM（dynamic RAM）两种。

1. 静态随机存储器 SRAM

SRAM 是靠双稳态触发器来存储一位信息的，因此只要工作电压不存在，存储单元的状态就立即消失，当再次上电时，由于触发器的状态是不稳定的，原来的信息不能恢复，其状态是随机的。

SRAM 一般采用 CPU 总线接口，可与 CPU 总线直接相连。最大的特点是读写速度快、不需要动态刷新、功耗较低。同时，由于其存储单元采用双稳态触发器，每个存储单元需要多个 MOS 管来实现，单片存储容量相对较低。

（1）写时序

SRAM 采用 CPU 总线接口，读写操作涉及 3 类总线线：地址线、数据线和控制线。下面给出 SRAM 的读写时序，其中时间参数字符含义如表 5.1 所示。

表 5.1　SRAM 读写时序字符说明

符　号	描　述	符　号	描　述	符　号	描　述
t_{AVAV}	读周期时间	t_{ELQV}	片选有效到数据失效时间	t_{EHQZ}	片选无效到数据失效时间
t_{GLQV}	读使能有效到数据有效	t_{GHQZ}	读使能失效到数据失效	t_{WC}	写周期时序
t_{DW}	数据有效时间	t_{WR}	写恢复时间	t_{W}	写数时间
t_{DTW}	写信号有效到输出三态时间	t_{DH}	写信号无效后数据保持时间		
t_{AVQV}	地址访问时间	t_{ELQV}	片选访问时间		

① 读周期。如图 5.1 所示，SRAM 读周期时，地址线 ADDRESS 上先输出有效目标地址，告诉存储器要读取哪个地址上的数据，片选 $\overline{CS}$ 和数据输出使能信号 $\overline{G}$ 同时有效后，经过一段缓冲时间 t_{GLQV}，数据线就输出了有效数据，该数据会保持一段时间，确保被 CPU 正确读取。地址、片选或输出使能无效后，经过 t_{GHQZ} 时间后，数据线上的内容也随之无效，读周期完成。

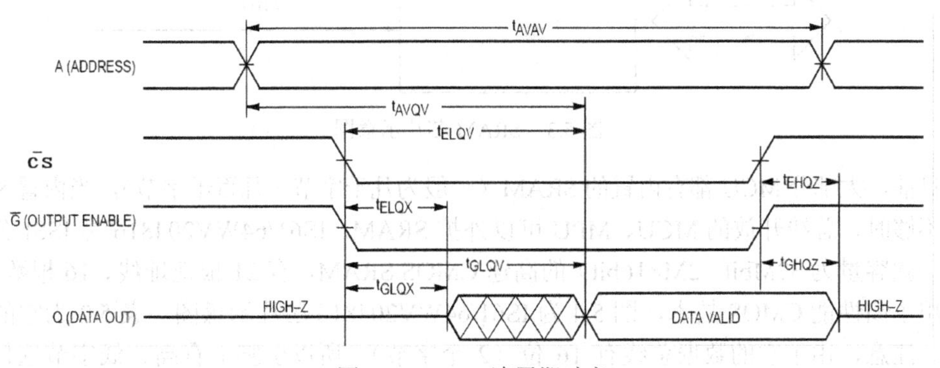

图 5.1　SRAM 读周期时序

② 写周期。图 5.2 是 SRAM 的写周期时序图，写周期同样先是地址线有效，并持续到写周期结束。接着片选 $\overline{CS}$ 和写使能 $\overline{WE}$ 依次分别有效，经过一定时间后，数据线 D_{in} 上面已经准备好的数据就被写入 SRAM 中。等到 $\overline{WE}$ 或 $\overline{CS}$ 撤销之后，D_{in} 上面的数据持续 t_{DH} 后才能无效，这样才能保证数据被正确写入。

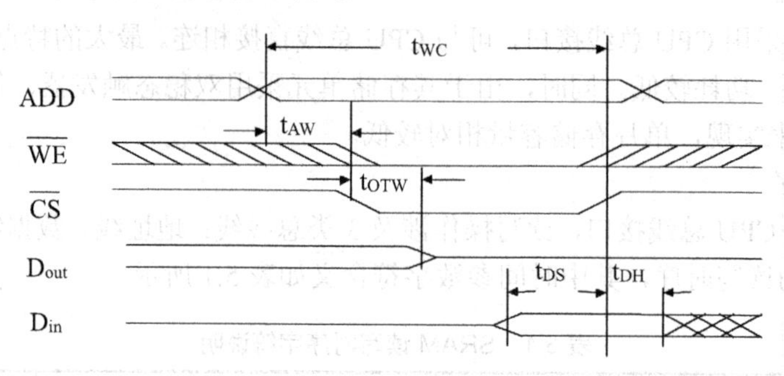

图 5.2　SRAM 写周期时序

（2）芯片示例

具有 n 根地址线、m 根数据线的 SRAM 芯片，其地址空间为 2^n，数据宽度为 m，存储容量为 2^n×m/8 个字节。图 5.3 给出了 SRAM 芯片的示意图：其中 CS 为片选控制信号，用于多片级联时控制芯片是否被选中；OE 和 WE 为读写使能，分别和处理器的读写控制信号相连；VDD 为电源引脚；GND 为接地引脚。片选 CS（接地址译码输出）、读使能 OE（接 CPU 控制总线的 RD）、写使能 WE（接 CPU 控制总线的 WR）一般都为低电平有效。

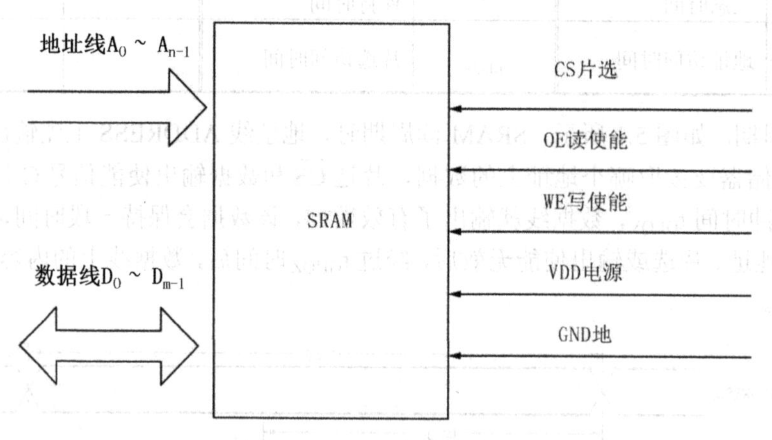

图 5.3　SRAM 芯片示意图

目前，大部分 MCU 都有内置的 SRAM（一般为几千字节～几百千字节），当内置 SRAM 容量不够时，总线开放的 MCU、MPU 可以外扩 SRAM。IS61/64WV204816 是 ISSI 公司生产的一款容量为 32Mbit（2M×16bit）的高速 CMOS SRAM，有 21 根地址线、16 根数据线。它采用了高性能 CMOS 技术，图 5.4 为 IS61/64WV204816 芯片示意图，表 5.2 为它的引脚说明。注意，由于它的数据总线有 16 位（2 个字节），所以引脚上有高、低字节选择信号 UB#、LB#，以支持 CPU 只读写其中一个字节。

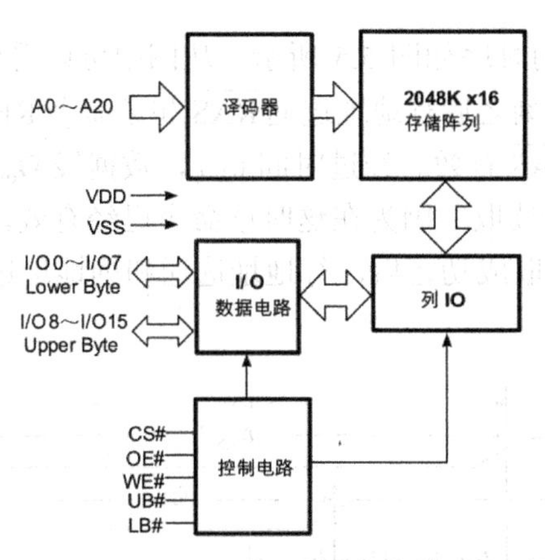

图 5.4 IS61/64WV204816 芯片示意图

表 5.2 IS61/64WV204816 引脚说明

符 号	描 述	符 号	描 述	符 号	描 述
A0～A20	地址引脚	OE#	读使能引脚	VDD	电源引脚
I/O0～I/O7	低位数据线引脚	WE#	写使能引脚	VSS	接地引脚
I/O8～I/O15	高位数据线引脚	UB#	高字节使能		
CS#	片选线引脚	LB#	低字节使能		

2. 动态随机存储器 DRAM

动态随机存储器 DRAM 的存储单元以电容的电荷来表示数据，有电荷代表 1，无电荷代表 0，其一个存储单元可以用少至一个晶体管来实现，因此单片存储容量相对较大，但需要动态刷新，功耗也较大。

由于 DRAM、SDRAM 芯片的硬件接口和工作时序与 CPU 的总线接口和时序不完全一致，当 CPU 需要外扩 DRAM、SDRAM 时，一般需要存储器控制器完成接口和时序的转换。

（1）读写时序

DRAM 的读写时序主要涉及行地址选线信号、列地址选线信号、片选线信号、读写控制线信号和数据线信号，这些信号必须按照一定的先后次序发出，这样才能保证正常读写。

对应于读写时序，这里给出了相关时间参数的字符表示含义，如表 5.3 所示。

表 5.3 DRAM 读写时序字符说明

符 号	描 述	符 号	描 述	符 号	描 述
t_{CYC}	读周期时间	t_{DOH}	数据输出保持时间	t_{RWL}	从 RAS 无效到写命令开始的时间
t_{RAS}	RAS 脉冲宽度	t_{ASR}	行地址选中时间	t_{CWL}	从 CAS 无效到写命令开始的时间
t_{CAS}	CAS 脉冲宽度	t_{AH}	行地址保持时间	t_{WCH}	写命令保持时间
t_{RCS}	读命令建立时间	t_{ASC}	列地址选中时间	t_{WP}	写命令脉冲宽度
t_{RCH}	读命令保持时间	t_{AH}	列地址保持时间	t_{DS}	写入数据建立时间
t_{CAC}	行地址有效到数据输出时间	t_{RAC}	列地址有效到数据输出时间	t_{DH}	写入数据保持时间

① 读周期。读周期的时序如图 5.5 所示。从图中可以看出，t_{ASR} 时刻行地址有效，并保持一段时间 t_{AH}。t_{ASR} 时刻之后行地址选通 $\overline{RAS}$ 和读命令 RE 有效，t_{ASC} 时刻列地址有效，一段时间后列地址选通 $\overline{CAS}$ 有效。经过时间 t_{CAC}，数据线 D_{out} 上就有数据流出，并且保持一段时间 t_{DOH} 等待数据被读取。因为在这时读命令已经有效，所以读操作就可以正确读取数据线上的数据。数据读取成功之后，行地址选通和列地址选通同时撤销，这就完成了一次读操作。

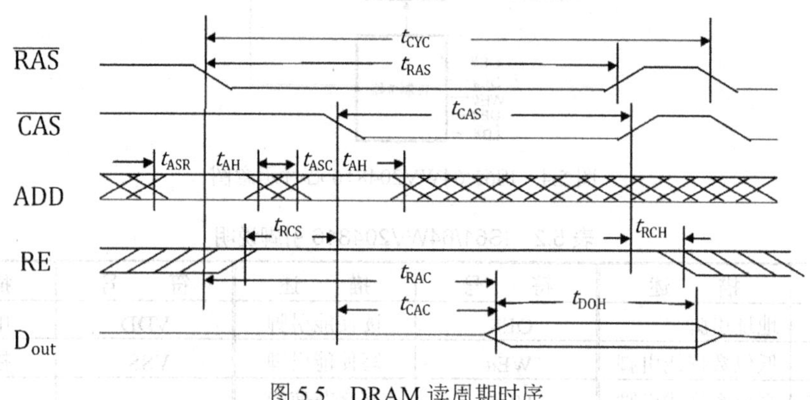

图 5.5　DRAM 读周期时序

② 写周期。如图 5.6 所示，和读周期一样，写周期同样是 t_{ASR} 时刻行地址先有效，$\overline{RAS}$ 随之有效，写命令 WE 有效，并且数据线 D_{in} 上准备好了要写入的数据。t_{ASC} 时刻列地址有效，随后列地址选通 $\overline{CAS}$ 有效，此时写命令 WE 已经有效，数据被成功写入 DRAM 中。一段时间后行地址选通和列地址选通同时撤销，完成了一次数据的写入操作。需要注意的是，进行写操作时写信号 WE 必须在地址撤销之前无效，否则将导致写出错。

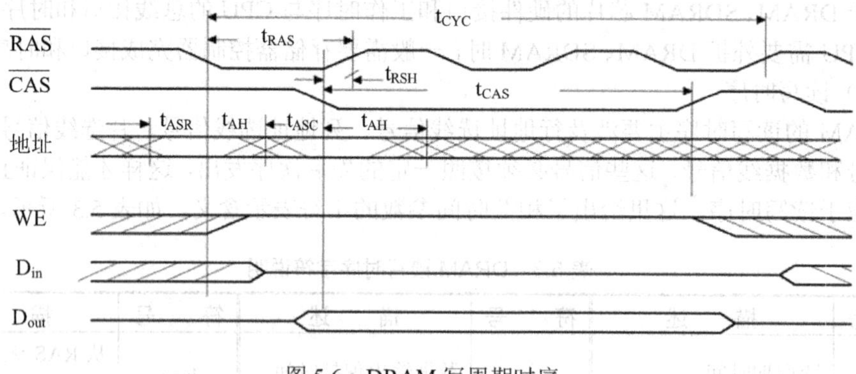

图 5.6　DRAM 写周期时序

（2）芯片示例

具有 n 根地址线、m 根数据线的 DRAM 芯片，其地址空间最大可达 2^{2n}，数据宽度为 m，其存储容量可达 $2^{2n}\times m/8$ 字节。因为 DRAM 的地址线使用了复用技术，所以其容量往往大于具有相同地址线条数的 SRAM。图 5.7 给出了 DRAM 芯片的示意图，其中行地址选通 RAS 和列地址选通 CAS 用于区分地址线上传输的是行地址信息还是列地址信息，RAS 和 CAS 是 SRAM 不具备的。

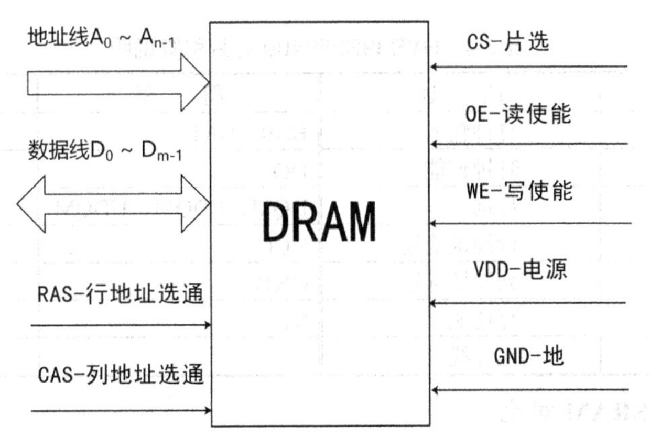

图5.7 DRAM芯片示意图

HYB39S256400是由Infinenon公司生产的由4个bank构成的同步DRAM（SDRAM）芯片。从图5.8可以看出它包含4个存储体，其中，地址线A0～A9、A11为复用的11根地址线，支持的行地址空间范围为8192（2^{13}），列地址空间范围为2048（2^{11}），所以芯片总存储容量为4banks×16M×4bit（即256Mbit）。表5.4是一些引脚说明。

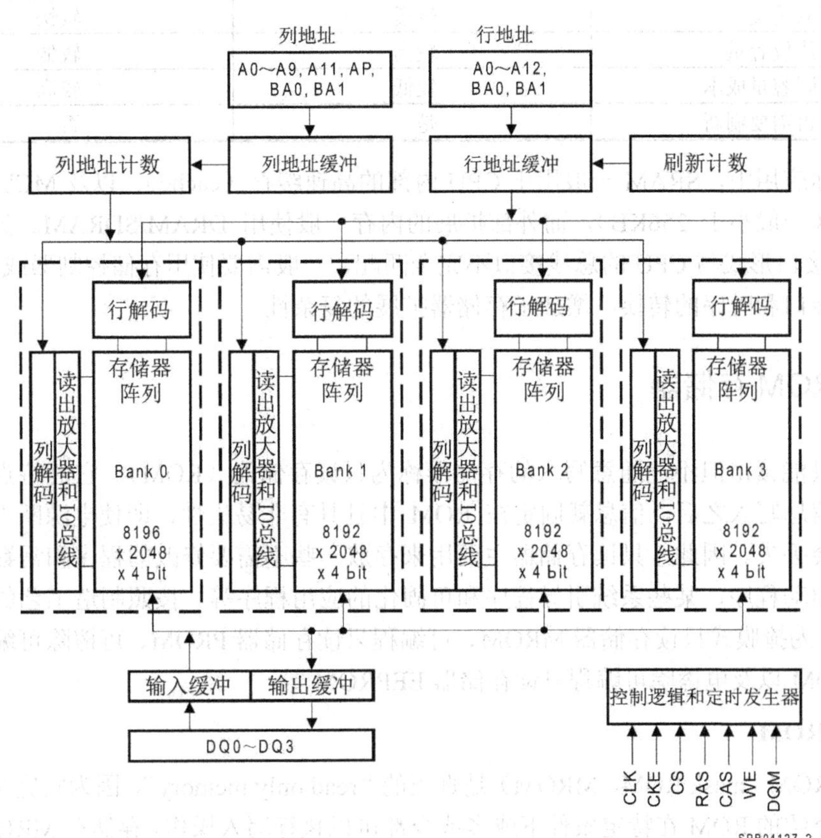

图5.8 HYB39S256400芯片示意图

表 5.4　HYB39S256400 芯片引脚说明

符　　号	描　　述	符　　号	描　　述
CLK	时钟输入	BA0，BA1	Bank 选择
CKE	时钟使能	DQ	数据 Input/Output
CS	片选	DQM、LDQM、UDQM	数据屏蔽
RAS	行地址选通	VCC	电源电压（+3.3V）
CAS	列地址选通	GND	接地
WE	写使能	NC	不连接
A0～A12	地址线		

3．DRAM 和 SRAM 对比

对比 DRAM 与 SRAM 的结构，可知 DRAM 的结构简单得多，所以生产相同容量的存储器，DRAM 的成本要更低，且集成度更高。而 DRAM 中的电容结构则决定了它的存取速度不如 SRAM，两者的特性对比如表 5.5 所示。

表 5.5　DRAM 和 SRAM 对比

特　　性	DRAM	SRAM
存取速度	较慢	较快
单片位容量	较高	较低
相同容量成本	较低	较高
是否需要刷新	是	否

在实际应用中，SRAM 一般用于 CPU 内部的高速缓存（cache），以及 MCU 内置的数据存储器（一般小于 256KB），而外部扩展的内存一般使用 DRAM/SDRAM。另外，由于 DRAM 的接口形式与 CPU 的总线接口不完全匹配，一般需要使用存储控制器或 DRAM 控制器进行接口和时序的转换，增加了存储器扩展的复杂性。

5.1.2　ROM 存储器

信息只能读出但不能随意写入的存储器称为只读存储器（ROM）。它的特点是通过特定方式将信息写入之后，信息就固定在 ROM 中且具有非易失性，即使电源断电，保存的信息也不会丢失。因此，只读存储器主要用来存放一些不需要修改的程序和常数，如微程序、底层驱动程序、某些系统引导程序和可固化的应用程序等。按照制造工艺的不同，可将 ROM 分为掩膜式只读存储器 MROM、可编程只读存储器 PROM、可擦除可编程只读存储器 EPROM 以及电擦除可编程只读存储器 EEPROM 等。

1．MROM

掩膜 ROM（mask ROM，MROM）是真正的“read only memory”，因为它完全“只读”，而后面将介绍的 ROM 在特定条件下或多或少都可以执行写入操作。存储在 MROM 内部的数据是在出厂时使用特殊工艺固化的，生产后就不可修改，其主要优势是大批量生产时成本很低。在生产量大、代码或数据不需要修改的场合有很多应用，如处理器芯片的内置启动代码、固定的字码库等。

2．PROM

可编程只读存储器（PROM）的基本存储单元是一只晶体管或MOS管和一个“熔丝”。出厂时，PROM芯片内的“熔丝”都是连通的，借助编程工具，在选中该单元时，加较高的电压，通以较大的电流就可以使存储单元中的“熔丝”熔断，从而改变该单元的记忆状态。

PROM是靠存储单元中的“熔丝”是否熔断决定信息0和1的，当“熔丝”未断时，记录信息是1；当“熔丝”烧断时，记录信息为0。由于存储单元的“熔丝”一旦被烧断就不能恢复，因此PROM只能编程一次，简称OTP（one time programable，一次性可编程）ROM。“熔丝”的通断状态与是否通电无关，因此，PROM是一种非易失性存储器。需要强调的是，出厂时PROM芯片中的信息全部为1（空片），用户根据需求选择需要保存的信息是1还是0。在实际PROM产品中，是使用“反熔丝（anti-fuse）”工艺实现的。如今PROM只是在一些芯片内部用作部分代码、参数、用户唯一ID等存储，应用程序开发上几乎不再使用了。

3．EPROM

与PROM的一次可编程特性不同，为了能多次修改ROM中的内容，开发生产了可擦除可编程的只读存储器（EPROM）。其基本存储单元由一个MOS管组成，但与其他电路相比，管内多增加了一个浮置栅。当EPROM中的内容需要改写时，先将其全部内容擦除，然后再编程。擦除是靠紫外线使浮置栅上电荷泄漏而实现的。EPROM芯片封装上方有一个石英玻璃窗口，将EPROM芯片从电路板上取下，放入EPROM擦除器，用紫外线照射这个窗口，约15min可实现整体擦除。编程写入时，需要用专门的EPROM编程器进行代码烧录。实际的EPROM产品会随着擦写次数的增加而“老化”，一般擦写几十次后就无法擦除干净，芯片随之失效。EPROM在20世纪80至90年代的嵌入式系统中被广泛采用，如今新的设计一般都采用Flash存储器。

4．EEPROM

电擦除可编程只读存储器（EEPROM/E2PROM）在正常情况下和EPROM一样，可以在掉电的情况下保存数据，有所不同的是，它可以在特定引脚上施加特定电压或使用特定的总线擦写命令就可以在线完成数据的擦除和写入。EEPROM可重复擦写的次数有限制，一般为10万～100万次。EEPROM每个存储单元采用两个晶体管，其栅极氧化层比EPROM薄，因此具有电擦除功能。EEPROM的读写可按字节进行，但每字节的写入周期要几毫秒，比SRAM长得多。

根据读写接口形式，EEPROM又可分为并行EEPROM和串行EEPROM。并行EEPROM器件具有较快的读写速度，但需使用较多的芯片引脚。串行EEPROM器件功能上和并行EEPROM基本相同，但它具有引脚数少、封装小、电压和功耗更小的优点。串行接口EEPROM广泛采用I2C总线，生产I2C总线EEPROM的厂商有很多，如ST、Microchip公司等。

目前实际应用中，容量较大的非易失性存储器普遍采用 Flash 技术。一般嵌入式应用设计中除了 EEPROM，其他类型 ROM 已很少采用。EEPROM 常用于保存一些系统参数、配置信息等，如网卡的 MAC 地址、用户设置的参数（校正系数、音量、频道）等，数据量一般都不大，读写速率要求也不高，所以基本都使用串行接口的 EEPROM，如 24Cxx 系列。AT24LC64 是一个低电压串行接口的 EEPROM，容量是 64Kbit，可存储 8KB。该芯片支持 2.7～3.6V 电源，时钟可以达到 400kHz，可以反复擦写 100 万次，数据保持可达 100 年。图 5.9 为 AT24LC64 的芯片引脚示意图，表 5.6 为引脚说明。

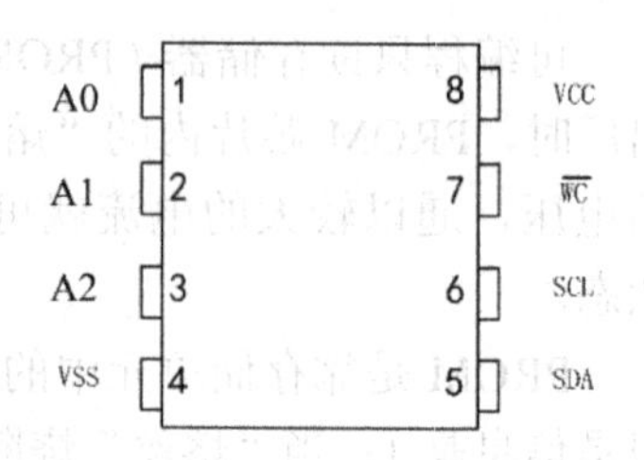

图 5.9　AT24LC64 芯片引脚示意图

表 5.6　AT24LC64 引脚说明

符　号	描　述	符　号	描　述
A2、A1、A0	芯片地址	$\overline{\text{WC}}$	写保护
VSS	接地	SCL	串行时钟
VCC	电源	SDA	串行地址/数据

5.1.3　Flash 存储器

闪速存储器（Flash）也称快速擦写存储器，是一种新型半导体存储器芯片。Flash 是由 EEPROM 技术发展起来的，生产工艺与 EEPROM 有相似之处。Flash 的编程原理与 EEPROM 相同，也是可重复擦写的存储器，但它的容量一般比 EEPROM 大得多，且在擦除时一般以多个字节（页、扇区或块）为单位。如有的 Flash 存储器以 4096 个字节为扇区，最小的擦除单位为一个扇区。根据存储单元电路的不同，Flash 存储器又分为 NOR Flash 和 NAND Flash，如表 5.7 所示。由于制造工艺原因，Flash 存储器都会有不确定数量坏块的存在，以及擦写次数的限制。

表 5.7　NOR Flash 与 NAND Flash 特性对比

特　性	NOR Flash	NAND Flash
相同容量存储器成本	较贵	便宜
单片容量	较低	较高
存储方式	随机存储	连续存储
地址线和数据线	独立	共用
擦除单元	扇区/块	扇区/块
读写单位	可以按字节读写	必须以“块”为单位读写
读写速度	较高	较低
坏块	较少	较多
直接本地代码执行	支持	不支持

相比而言，NOR Flash 常用于可靠性要求较高场合，或需要直接运行固化程序的应用，如工业级存储卡、底板启动代码、BIOS 等；NAND Flash 常用于大容量、廉价存储，如 U 盘、SD 卡、固态硬盘等。

1．NOR Flash 和 NAND Flash 对比

下面分 6 个方面对表 5.7 中的 NOR Flash 和 NAND Flash 特性对比进行详细说明。

（1）接口差别

NOR 型 Flash 采用的是 SRAM 接口，提供足够的地址引脚来寻址，可以很容易地存取其片内的每一个字节。NOR Flash 的芯片示意图如图 5.10 所示。

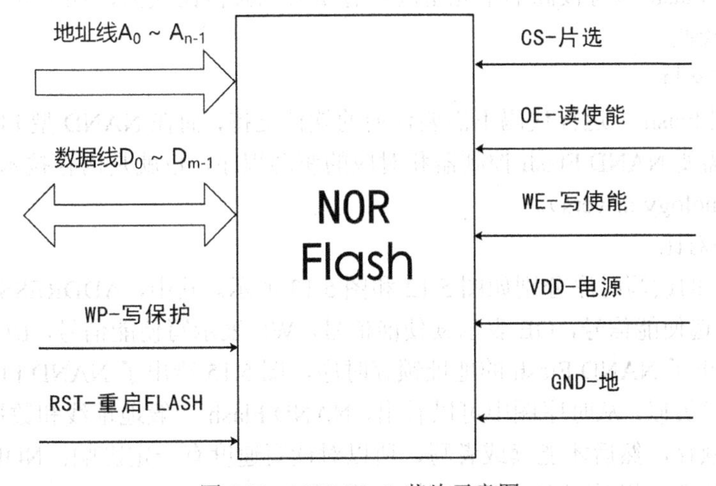

图 5.10 NOR Flash 芯片示意图

NAND 型 Flash 使用 I/O 总线接口，各个产品或厂商的方法可能不尽相同。通常是采用 8/16 个引脚来传送控制、地址和数据信息。NAND Flash 的芯片示意图如图 5.11 所示。

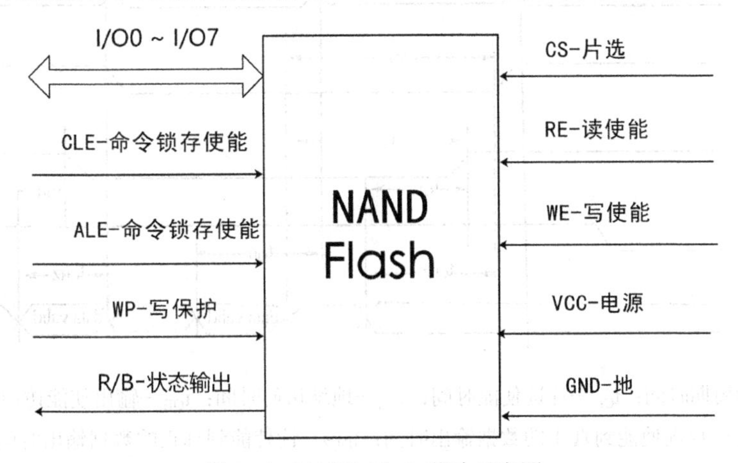

图 5.11 NAND Flash 芯片示意图

（2）读写的基本单位

NOR 型 Flash 读写操作是以“字”为基本单位。

NAND 型 Flash 读写操作是以“块”为基本单位，块的大小一般为 512B。

（3）性能比较

NOR 型 Flash 的地址线和数据线是分开的，传输效率高，程序可以在芯片内直接执行。NOR 型的读速度比 NAND 型快。

由于目前 NAND Flash 一般都内置数据缓冲器，NAND 型的批量数据写入速度比 NOR 型快。由于 NAND 型读写的基本单位为“扇区”，所以对于小量数据的写入，若没有内置数据缓冲器，总体写入速度要比 NOR 型慢。

（4）容量和成本

NAND 型 Flash 具有极高的单元密度，容量可以做得比较大，加上其生产过程更为简单，价格相应较低。

（5）软件支持

在 NOR 型 Flash 上运行代码不需要任何的软件支持，而在 NAND 型 Flash 上进行同样操作时，通常需要 NAND Flash 控制器和对应的驱动程序，也就是内存技术驱动程序 MTD（memory technology drivers）。

（6）时序对比

NOR Flash 的读写时序分别如图 5.12 和图 5.13 所示。其中，ADDRESS 表示数据线信号，CE 表示片选使能信号，OE 表示读使能信号，WE 表示写使能信号，DQ 表示数据线信号。图 5.14 给出了 NAND Flash 的地址锁存时序，图 5.15 给出了 NAND Flash 的读时序，写时序与读时序类似。从时序图中可以看出，NAND Flash 一般地址线和数据线复用，需要先对地址进行锁存，然后才能读或者写，所以对读写速度有一定影响；NOR Flash 闪存数据线和地址线分开，相对而言读写速度快一些。

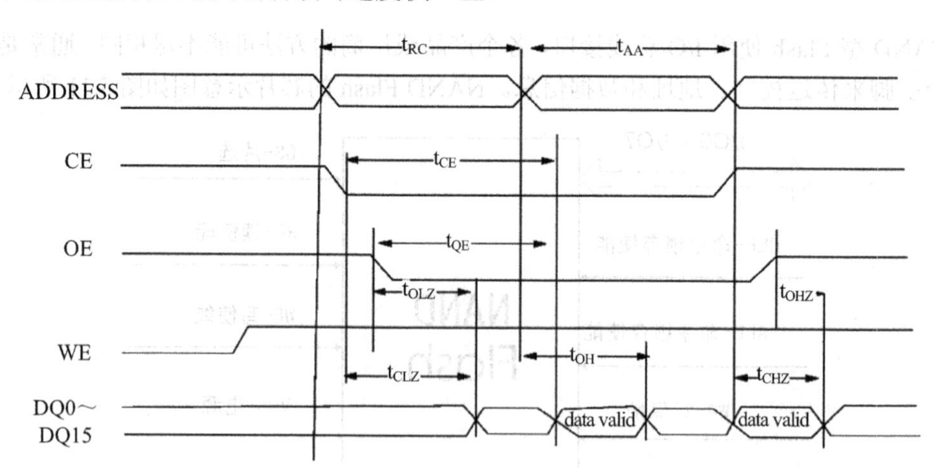

t_{RC}—读周期时间；t_{CE}—片选使能时间；t_{AA}—地址访问时间；t_{QE}—输出使能访问时间；
t_{CLZ}—片选使能到真正的数据输出时间；t_{OLZ}—读使能到真正的数据输出时间；
t_{CHZ}—片选失效到有效数据结束时间；t_{OHZ}—输出使能失效到有效数据结束时间；
t_{OH}—地址改变后的数据保持时间

图 5.12　NOR Flash 读时序图

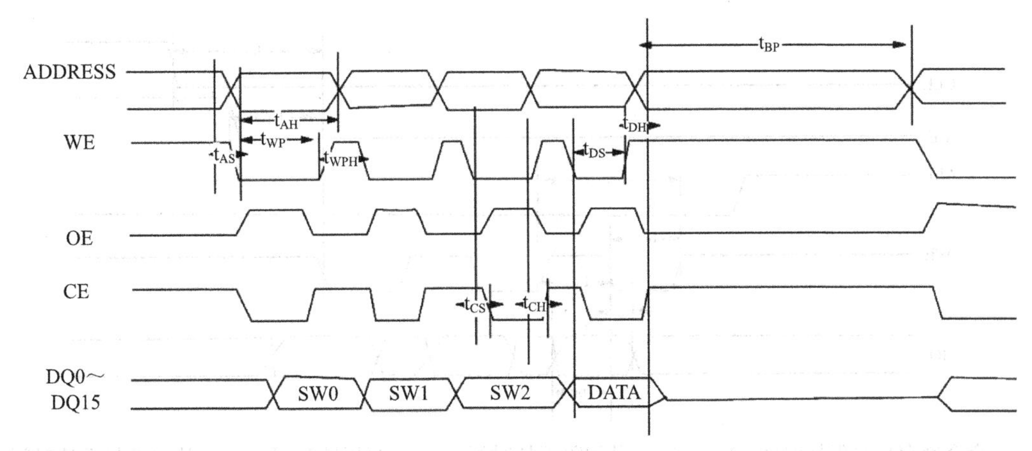

t_{BP}—字编程时间；t_{AS}—地址建立时间；t_{AH}—地址保持时间；t_{CS}—片选建立时间；t_{CH}—片选保持时间；
t_{WP}—写信号脉冲宽度；t_{WPH}—写信号间隔时间；t_{DS}—数据建立时间；t_{DH}—数据保持时间

图 5.13 NOR Flash 写时序图

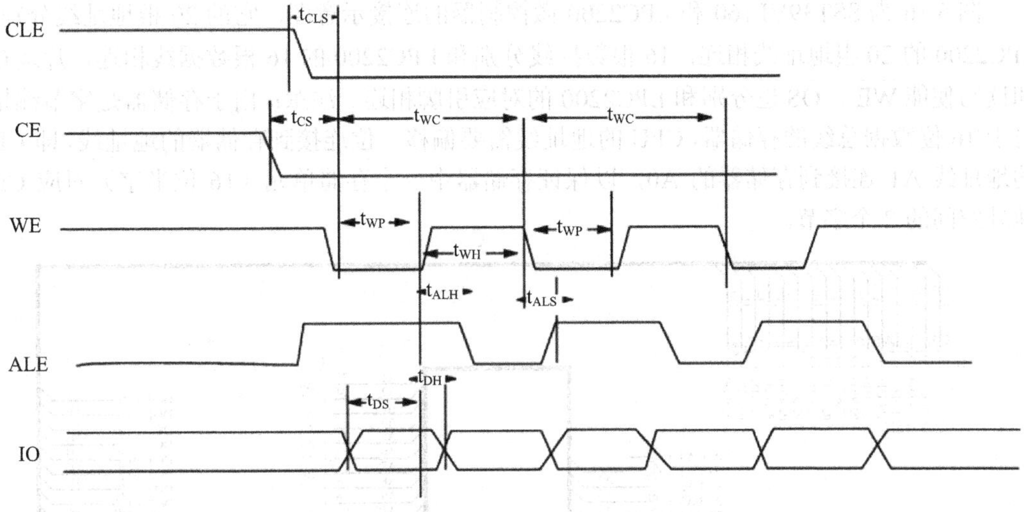

t_{CLS}—命令锁存信号建立时间；t_{WH}—写信号间隔保持时间；t_{WC}—写周期时间；t_{ALS}—地址锁存建立时间；
t_{ALH}—地址锁存保持时间；t_{WP}—写信号脉冲宽度；t_{DS}—数据建立时间；t_{DH}—数据保持时间；
t_{CS}—片选信号建立时间

图 5.14 NAND Flash 地址锁存时序

2．芯片示例

（1）NOR Flash

NOR 型 Flash 由块（block）构成，每个块又分成扇区（sector）。以 SST39VF160 为例，SST39VF160 的容量为 1M×16bit，块大小为 32K 字，扇区大小为 2K 字，每个字的大小为 16bit。读操作可以对任何地址的任何字节进行；写操作必须以字形式进行编程，写操作前必须完全擦除写目标地址所在的扇区。擦除操作可以扇区（2K）、块（32K）或全片为单位进行擦除，擦除后数据变为 0xFFFF。

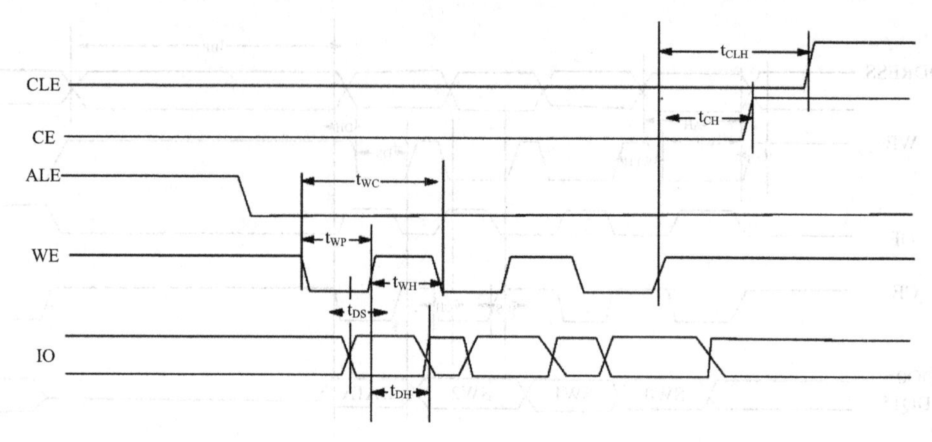

t_{CLH}—命令锁存信号保持时间；t_{WH}—写信号间隔保持时间；t_{WC}—写周期时间；t_{CH}—片选信号保持时间；t_{WP}—写信号脉冲宽度；t_{DS}—数据建立时间；t_{DH}—数据保持时间

图 5.15　NAND Flash 写时序图

图 5.16 为 SST39VF160 和 LPC2200 微控制器的连接示意图，它的 20 根地址线分别和 LPC2200 的 20 根地址线相连，16 根数据线分别和 LPC2200 的 16 根数据线相连，片选 $\overline{CS}$ 和读写使能 $\overline{WE}$ 、$\overline{OS}$ 也分别和 LPC2200 的对应引脚相连。注意：由于存储器是字节编址，对于 16 位数据总线的存储器，CPU 的地址线需要偏移一位连接到存储器的地址线，即 CPU 的地址线 A1 连接到存储器的 A0，以保证存储器中一个存储单元（16 位半字）对应 CPU 地址空间的 2 个字节。

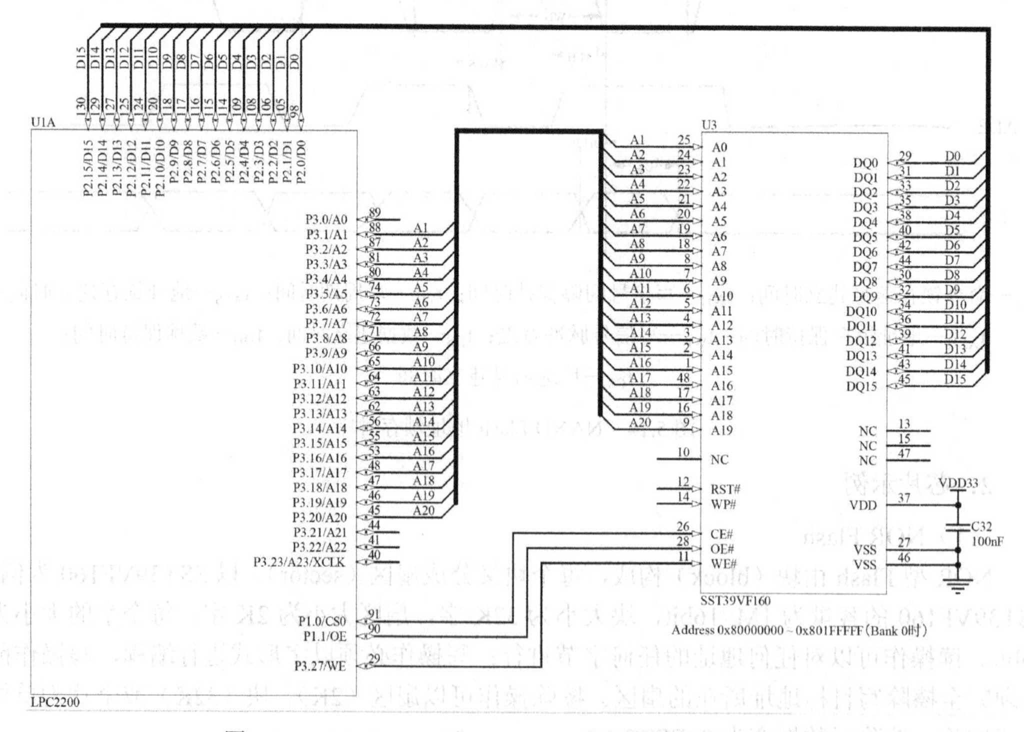

图 5.16　SST39VF160 和 LPC 2200 微控制器的互连示例图

（2）NAND Flash

K9F2808U0C 是 SAMSUNG 公司生产的 NAND 型 Flash 存储器，存储容量 16M×8bit，工作电压为 2.7～3.6V。K9F2808U0C 内部的块（block）大小是（16K+512）字节，块擦除时间为 2ms（典型），整个存储空间分为 32K 页，每一页有（512+16）字节，页编程操作时间为 200μs（典型），随机页访问时间为 10μs（最大），串行页访问时间为 50ns（最小）。编程/擦除次数不小于 100K，数据保存不少于 10 年。每页分为两个区：数据区和空闲区。数据区又可分为上、下两个区，每个区为 256 字节；空闲区可以用于存放 ECC 校验和其他校验信息。片内控制器实现所有编程和擦除功能，包括内部校验和数据冗余。

图 5.17 为 K9F2808U0C 和 LPC2200 的连接示意图。LPC2200 的数据线和读写使能分别和 K9F2808U0C 的对应引脚相连。与 NOR Flash 和 LPC2200 连接不同的是，K9F2808U0C 的片选需要 LPC2200 的片选和 P1.23 引脚共同决定，当它们两者都有效时，才能选中 K9F2808U0C，这是因为 LPC2200 在 $\overline{\text{RESET}}$ 引脚复位后，P1.16～P1.25 被置位低电平，将不做 I/O 端口使用，而是作为跟踪端口，所以只有 P1.23 在高电平时才表明是进行 I/O 访问。

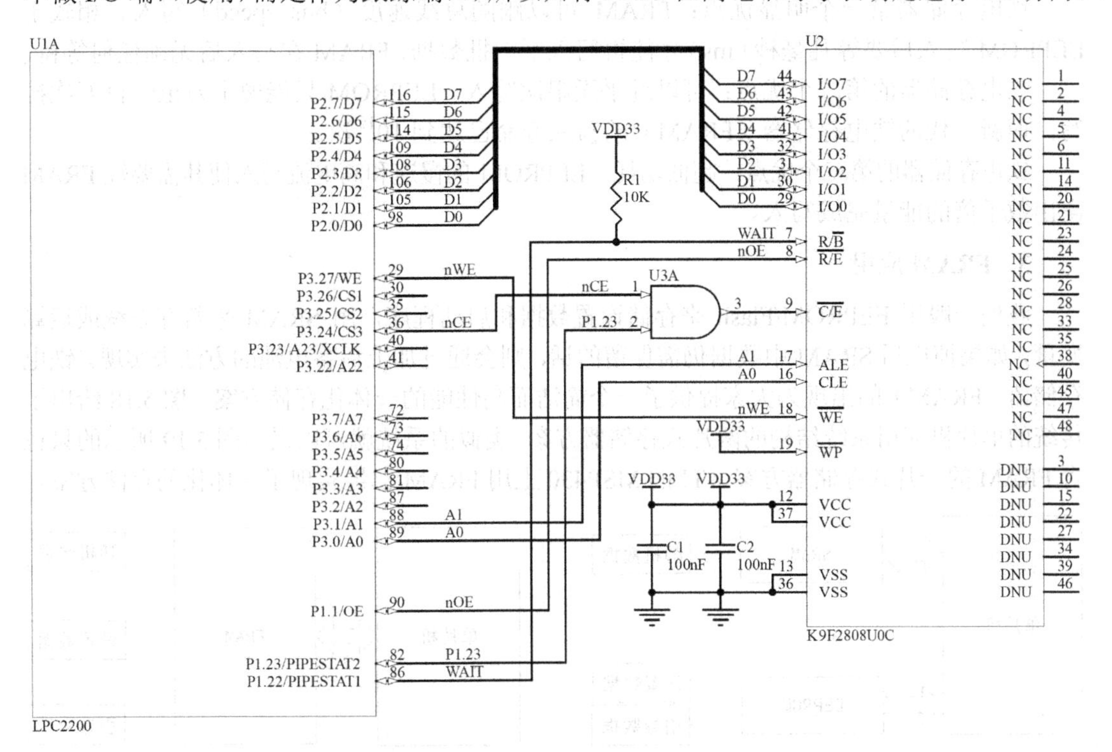

图 5.17　K9F2808U0C 和 LPC 2200 的互连示例图

5.1.4　铁电存储器 FRAM

传统的半导体存储器包括易失性存储器 RAM 和非易失性存储器 ROM。相对于这两种类型的半导体技术而言，新出现的铁电存储器（FRAM）具有一些独特的特性和优势。

非易失性存储器在掉电的情况下并不会丢失所存储的数据，目前主流的非易失性存储器都具有擦除、写入信息困难的特点。这些存储器不仅擦除、写入速度慢，擦写时功耗大，而且只能有限次地擦写。铁电存储器则不存在这些问题。

1. FRAM 工作原理

铁电存储器（FRAM）的核心技术是铁电晶体材料，这一特殊材料可以使铁电存储器产品同时拥有随机存取记忆体（RAM）和非易失性存储（ROM）产品的特性。

铁电晶体材料的工作原理：当我们把电场加载到铁电晶体材料上时，晶阵中的中心原子会沿着电场方向运动，到达稳定状态。晶阵中的每个自由浮动的中心原子只有两个稳定状态，一个用来记忆逻辑中的 0，另一个记忆 1。中心原子能在常温且没有电场的情况下停留在此状态一百年以上。铁电记忆体不需要定时刷新，能在断电情况下保存数据。

由于在整个物理过程中没有任何原子碰撞，铁电记忆体拥有高速读/写、超低功耗和几乎无限次写入等超级特性。

2. FRAM 优势

铁电存储器第一个明显优点：FRAM 可以跟随总线速度（bus speed）写入。相较于 EEPROM 写入后要等几毫秒（ms）才能再写入下一批数据，FRAM 在写入后无须任何等待。

铁电存储器的第二个优点：可以近乎无限次写入。EEPROM 只能做十万至一百万次擦写，而新一代的铁电存储器（FRAM）的写入寿命已达到 10^{16} 次。

铁电存储器的第三个优点：超低功耗。EEPROM 的慢速和高电流写入使其需要较 FRAM 高出数千倍的能量完成写入。

3. FRAM 应用

我们一般用 EEPROM/Flash 来存储设置数据和启动程序，用 SRAM 来暂存系统或运算变量，如果掉电后 SRAM 中数据仍需保留的话，则会通过加上后备电池的方法去实现。铁电存储器（FRAM）的出现为大家提供了一个简洁而高性能的一体化存储方案。图 5.18 给出了传统的单片机应用系统结构的两片式存储器方案，类似的系统就可以采用图 5.19 所示的只包含 FRAM 的一片式存储器方案，TI 的 MSP430 上用 FRAM 已经实现了一体化的存储方案。

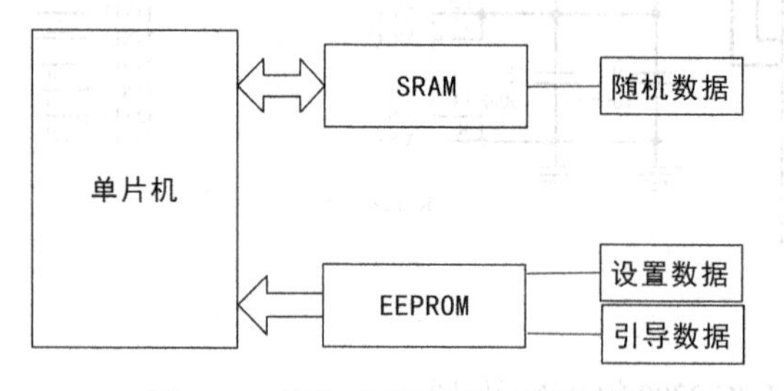

图 5.18　嵌入式系统两片存储方案

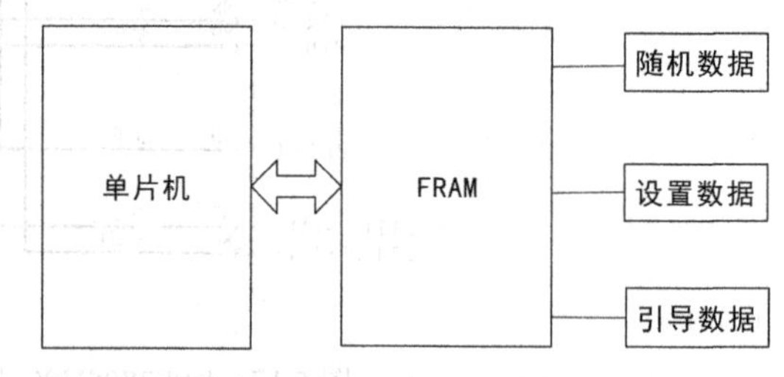

图 5.19　采用 FRAM 后嵌入式系统一片存储方案

铁电存储器既有 RAM 又有 ROM 的特性，这些优点使得铁电存储器有很多新的用途。下面给出铁电存储器的几种应用场合。

（1）数据采集和记录

数据采集包括记录和储存数据。更重要的是，能在失去电源的情况下不丢失任何资料。在数据采集的过程中，数据需要不断高速写入对旧资料进行更新。EEPROM 的写入寿命和速度往往不能满足要求。典型应用包括仪表（电力表、水表、煤气表、暖气表和计程车表等）、测量、非接触式智能卡（RFID）、门禁系统和汽车记录仪等。

（2）存储配置参数

受 EEPROM 写入次数的限制，以往工程师们只有在侦测到掉电时，才把更新了的配置参数及时地存进 EEPROM 里，这种做法很明显存在可靠性问题。铁电存储器的推出使工程师可以有更大的发挥空间去选择实时记录最新的配置参数，免去是否能在掉电时及时写入的忧虑。典型应用包括电话里的电子电话簿、影印机、打印机、工业控制、机顶盒（set top box）、网络设备、TFT 屏显、游戏机和自动贩卖机等。

（3）非易失性缓冲（buffer）记忆

由于数据的重要性，缓冲区内的数据在掉电时不能丢失。以往工程师只能通过 SRAM 加后备电池的方法去实现，但这种方法隐藏着电池耗尽、化学液体泄出等安全和可靠性问题。铁电存储器的出现为业界提供了一个高可靠性、低成本的方案。典型应用包括银行自动提款机（ATM）、税控机、商业结算系统（POS）和传真机等。

（4）SRAM 的取代和扩展

铁电存储器无限次快速擦写和非易失性的特点，令系统工程师可以把现在从线路板上分离的 SRAM 和 EEPROM 器件整合到一个铁电存储器里，从而节省系统功耗、成本和空间，增加了整个系统的可靠性。

4．芯片示例

FM24C/CL 系列是常用的串行接口（I2C）FRAM，其中，FM24CL 系列是低电压（2.7～3.6V）版本。FM24CL16 是用先进的铁电技术制造的 16Kbit 的 3.3V 供电非易失性存储器，采用 I2C 串行接口，最高可以 1MHz 总线速度进行读写操作。在进行写操作后，下一个总线周期可以立刻执行写入指令而无须进行数据查询。FM24CL16 具有比 EEPROM 高得多的读写操作次数，可以承受超过 100 万亿次的读写操作。由于无须内部升压电路，FM24CL16 具有非常低的写操作功耗。特别适合在智能水表、电表、气表等需要反复读写记录但又非易失性的应用。

FM24CL16 使用工业标准 I2C 两线接口，8 脚 SOP 封装，操作温度范围为−40～+85℃。图 5.20 为 FM24CL16 的芯片示意图，表 5.8 为其引脚说明。

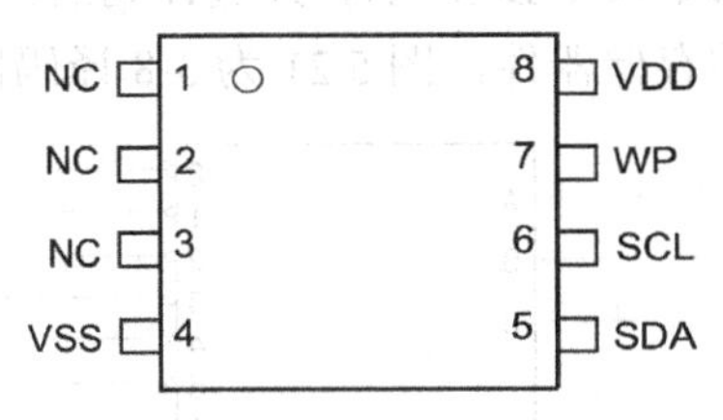

图 5.20　FM24CL16 芯片示意图

表 5.8　FM24CL16 引脚说明

符　号	描　述	符　号	描　述
NC	未连接	WP	写保护
VSS	接地	SCL	串行时钟
VDD	电源	SDA	串行地址/数据

5.1.5　存储控制器

处理器在访问存储器时，由于 CPU 的总线宽度、寻址空间、操作时序与所用存储器的接口不一定完全匹配，一般需要一些逻辑电路来完成处理器与存储器接口的“黏合”连接，包括地址译码、时序转换等。SRAM、NOR Flash 的接口与处理器接口基本一致，一般仅需简单的逻辑电路（如地址译码）即可实现二者的互联。而 DRAM、NAND Flash 的接口与 CPU 的总线接口差异较大，一般需要专用的存储控制器进行接口和时序转换。功能完整的外部存储控制器可以支持外接多种不同类型的存储器。

1．存储器地址译码

CPU 和其他外设进行数据交换时，需要读写接口电路中的端口寄存器，一般是通过地址信号和控制信号的不同组合来操作端口地址寄存器，即所谓的地址译码。常用的存储器地址译码方法有线选法和译码法。线选法将单根的高位地址线连接到外围接口芯片的片选端，以获得确定的地址信号，由此选通该芯片。译码法又分全译码法和部分译码法。

全译码法是指将地址总线中除片内地址以外的全部高位地址接到译码器的输入端参与译码。采用全译码法，每个存储单元的地址都是唯一的，不存在地址重叠，但译码电路较复杂，连线也较多。全译码法可以提供对全部存储空间的寻址能力，当存储器容量小于可寻址的存储空间时，可从译码器输出线中选出连续的几根作为片选控制，多余的令其空闲，以备需要时扩充。

部分译码法是将高位地址线中的一部分而不是全部进行译码来产生片选信号。该方法常用于不需要对全部地址空间进行寻址但线选法又不够用的情况。采用部分译码法时，由于未参加译码的高位地址与存储器地址无关，因此存在地址重叠的问题。

地址译码通常使用与非门译码器、3-8 译码器或 CPLD/FPGA 等可编程逻辑器件实现。用户可以根据自己的需要来设计逻辑功能，采用不同的译码器或者它们的组合完成存储器地址的译码。下面是一个简单通过 3-8 译码器设计的地址译码实例。

3-8 译码器有 3 个地址输入（C、B 和 A），经过译码后，8 个输出中只有一个变为低电平，从而可以选择 8 个不同的存储器件，图 5.21 为 3-8 译码器的芯片示意图。

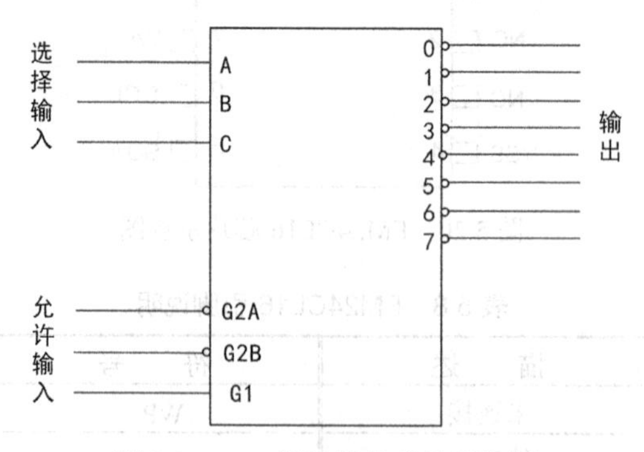

图 5.21　3-8 译码器的芯片示意图

如果想用3-8译码器设计出由8个8K×8EPROM组成的64K×8存储器的译码电路，要求其地址范围是F0000H～FFFFFH。分析可知，8K×8的EPROM需要13条地址线，要求存储器地址范围如下：

1111 0000 0000 0000 0000=F0000H

到

1111 1110 1111 1111 1111=FFFFFH

该例使用线选法达不到题目要求，而且对高位地址空间也有限制（最高位为4个1），所以只能采用全译码法。地址A16～A19用来接3-8译码器的允许输入端，控制3-8译码器是否有效，A13～A15接3-8译码器的选择输入端，选择某一个8K×8EPROM芯片，剩余地址线和EPROM芯片的地址线相连，如图5.22所示。

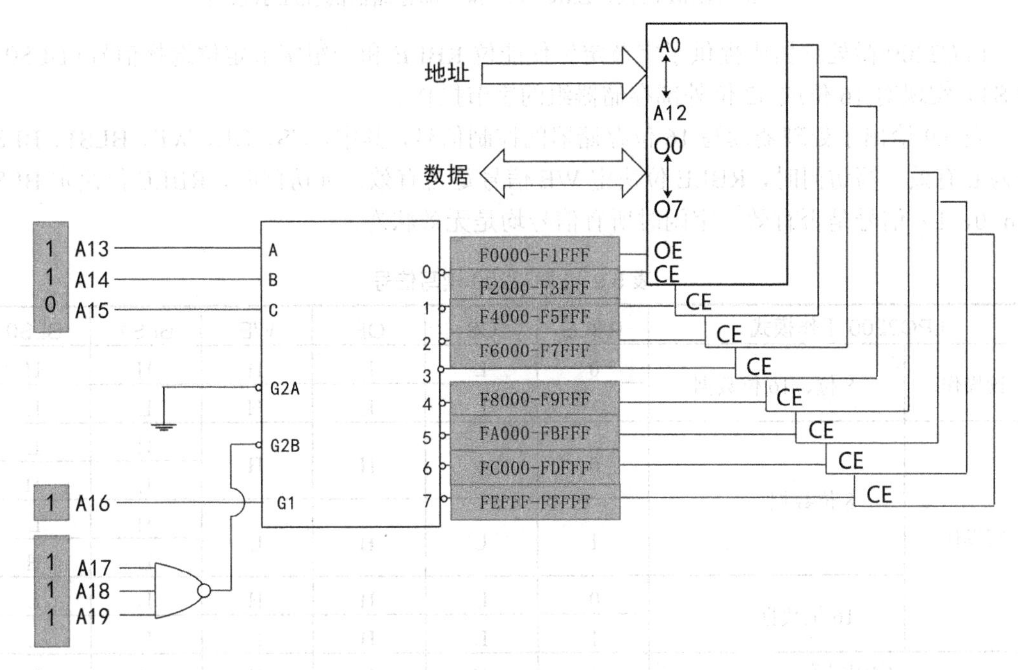

图5.22 使用3-8译码器设计的地址译码

2．外部存储控制器

对于CPU外挂存储器，目前一般都使用存储控制器来实现CPU与不同类型存储器的总线接口和时序转换。外部存储控制器（EMC）是总线上的一个从模块，它为系统总线和片外存储器器件提供了一个接口。该模块可以同时支持多个单独配置存储器组，每个存储器组可以是SRAM、ROM、EPROM、Flash中的任意一个。图5.23给出了一个EMC模块和外部存储器的互连示意图，可以看出，EMC模块是ARM内核和外部存储器连接的桥梁，通过EMC内核可以访问到各种不同的寄存器组，每个存储器组的总线宽度可以为8位、16位或32位，但是同一个存储器组不能使用两个不同宽度的存储器件。

另外，EMC可以对存储宽度较宽的存储单元进行单字节、半字和字的访问，下面以LPC2200微处理器为例讲解存储控制器提供的这种字节使能定位功能。

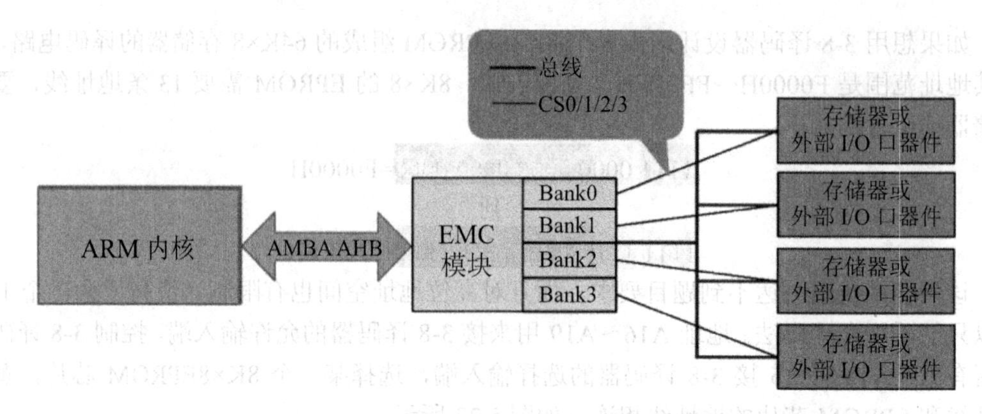

图 5.23　ARM 内核、EMC 模块和外部存储器的互连示意图

LPC2200 微处理器中提供了字节定位使能位 RBLE 和一组字节定位选择信号（BLS0～BLS3）实现对 16 位或 32 位外部存储器组的字节操作。

表 5.9 给出了处理器读写 16 位存储器的控制信号，其中，CS、OE、WE、BLS1、BLS0 均为 L 有效。写访问时，RBLE 位决定 WE 信号是否有效；读访问时，RBLE 位决定 BLSn（n=0，1）信号是否有效，空闲时所有信号均是无效状态。

表 5.9　LPC2200 读写信号

LPC2200 工作模式		RBLE	CS	OE	WE	BLS1	BLS0
读操作	8 位、16 位数据	0	L	L	H	H	H
		1	L	L	H	L	L
写操作	8 位数据	0	L	H	H	H	L
						L	H
		1	L	H	L	H	L
						L	H
	16 位数据	0	L	H	H	L	L
		1	L	H	L	L	L
空闲操作		X	H	H	H	H	H

当 OE=L 且 RBLE=1 时，读操作有效，写操作无效，此时数据线 D0～D15 输出有效的数据信号，其中，D0～D7 位输出低字节信号，D8～D15 位输出高字节信号。

- ❑ 读取 16 位数据时，BLS0 和 BLS1 均有效，有效数据位于 D[15:0]。
- ❑ 读取“低字节”数据时，BLS0 和 BLS1 均有效，有效数据位于 D[7:0]。
- ❑ 读取“高字节”数据时，BLS0 和 BLS1 均有效，有效数据位于 D[15:8]。

当 WE=L 且 RBLE=1 时，写操作有效，读操作无效。

- ❑ 写入 16 位数据时，EMC 将 16 位数据输出到 D[15:0]，同时使 BLS0 和 BLS1 均有效。
- ❑ 向“低字节地址”处写入 8 位数据时，EMC 将 8 位数据输出到 D[7:0]，同时使 BLS0 输出有效，BLS1 输出无效。
- ❑ 向“高字节地址”处写入 8 位数据时，EMC 将 8 位数据输出到 D[15:8]，同时使

BLS1 输出有效，BLS0 输出无效。

需要强调的是，对于按字节编址的存储器系统，当 32 位处理器连接操作 16 位数据宽度（2 字节）的存储器时，需将处理器的地址线 A1 连接到存储器芯片的地址线 A0 处，这相当于处理器按字节编址的地址每加 2 才对应一个 16 位的存储器地址。同理，如果处理器与 32 位数据宽度（4 字节）的存储器连接时，需要将处理器的地址线 A2 连接到存储器芯片的地址线 A0，相当于处理器按字节编址的地址每加 4 才对应一个 32 位字的存储器地址。当处理器连接数据位超过 8 位数据宽度的存储器时，存储控制器还需要根据当前处理器访问存储器的特征（字节、半字、字）输出相应的存储器字节选择信号，以决定当前总线操作是访问某个存储器地址单元中的哪个或哪几个字节。

例如，处理器与存储芯片 MT45W4MW16 的连接如图 5.24 所示，图中 MT45W4MW16 是一款 16 位数据总线宽度，容量 8M 字节的 PSRAM（伪 SRAM）芯片，其引脚说明如表 5.10 所示。由于是 16 位（2 字节）数据的存储器芯片，可见主处理器的地址线 A1 连接到了存储器芯片的地址线 A0，同时主处理器内部集成的存储控制器输出的 BLS0、BLS1 分别连接到了存储器芯片的字节选择信号 LB（低字节有效）、UB（高字节有效），这样主处理器可以用字节（8 位）访问指令读写某个存储器地址单元中的一个字节（LB 或 UB 有效），也可以用半字（16 位）访问指令读写某个存储器地址单元（LB、UB 同时有效）。当 32 位处理器用字（32 位）访问指令读写 16 位宽度的存储器单元时，存储控制器会连续执行 2 次存储器总线周期、访问 2 个连续地址的 16 位存储单元。对于半字、字访问，还应注意对齐问题，以获得最高的读写效率。

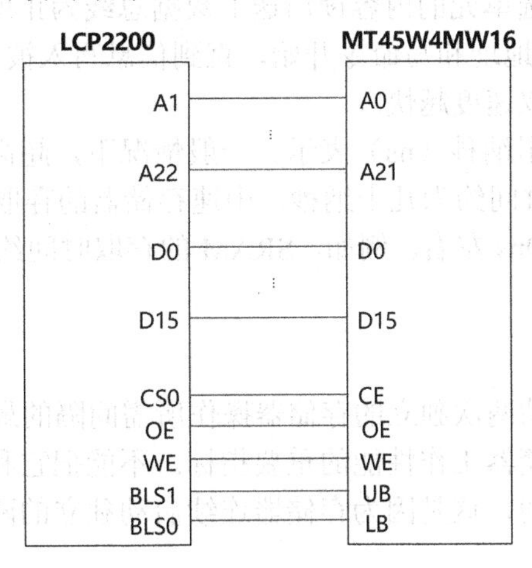

图 5.24 处理器连接 16 位数据存储器

表 5.10 MT45W4MW16 的引脚说明

符 号	描 述	符 号	描 述
A0～A21	地址线	OE	读写使能
D0～D15	数据线	WE	写使能
CE	片选线	UB	高字节使能
LB	低字节使能		

5.1.6 存储器性能指标

存储器是嵌入式系统的重要部件之一，系统运行的大部分的总线周期都是对存储器进行读/写操作，因此，存储器性能的好坏在很大程度上直接影响系统性能。衡量存储器性能的指标很多，如存取容量、存取时间、存取周期、存储器带宽、可靠性、功耗等。

1．存取容量

在一个存储器中可以容纳的存储单元的总数称为存储容量（memory capacity）。

为了描述方便和统一，目前大多数嵌入式系统采用字节为单位来表征存储容量。存储容量的单位由KB、MB、GB来表示，1KB=1024B，1MB=1024KB，1GB=1024MB。

一个以字节编址的存储系统，系统地址线位数决定了它支持的最大存储容量。例如，系统的地址码为n位，则可产生2^n个不同的地址码。如果地址码被全部利用，并且按字节编址，则其最大容量为2^n个字节。通常情况下，一个嵌入式系统的实际存储器容量远远小于系统理论上支持的最大容量。例如，32位的ARM系统，32位地址最大支持4GB的存储容量，但一般系统实际使用的存储器都远小于4GB。

2．存取时间

存取时间是指从启动一次存储器操作到完成该操作所经历的时间。

存取速度通常用存取时间来衡量。例如，读出时间是指从CPU向存储器发出有效地址和读命令开始，直到将被选单元的内容读出送上数据总线为止所用的时间；写入时间是指从CPU向存储器发出有效地址和写命令开始，直到信息写入被选中单元为止所用的时间。显然，存取时间越短，存取速度越快。

内存的存取时间通常用纳秒（ns）表示。一般情况下，超高速存储器的存取时间约为20ns，高速存储器的存取时间约为几十纳秒，中速存储器的存取时间为100～250ns，而低速存储器的存取时间为300ns左右。例如，SRAM的存取时间约为60ns，DRAM的存取时间为120～250ns。

3．存储周期

存储周期是指连续启动两次独立的存储器操作所需间隔的最小时间。

存储周期是衡量主存储器工作性能的重要指标。不能把它和存取时间的概念混淆，存储周期通常略大于存取时间，这是因为存储器连续启动独立的两次操作，中间必须有短暂的缓冲时间。

4．存储器带宽

存储器带宽是指单位时间里存储器所存取的信息量。

存储器带宽是衡量数据传输速率的重要指标，通常以位/秒（bit per second bit/s）或字节/秒（B/s）为单位。例如，总线宽度为32位，存储周期为250ns，则存储器带宽 = 32bit/250ns = 128Mbit/s。

5．可靠性

可靠性是指在规定的时间内，存储器无故障读/写的概率。

通常用平均无故障时间（mean time between failures，MTBF）来衡量可靠性。MTBF可以理解为两次故障之间的平均时间间隔，MTBF的值越大，说明存储器的性能越好。

6．功耗

功耗反映存储器件耗电的多少，同时也反映了其发热的程度。功耗越小，存储器件的工作稳定性越好。

5.2 微控制器存储器系统

Cortex-M4是32位处理器，可寻址的地址空间是4GB。代码、数据、外设统一编址，共用4GB空间。Cortex-M4内核指令总线与数据总线是分开的，内核指令和数据分别存放在I-Cache和D-Cache，从而使取指和数据访问各自使用自己的总线，可同时操作，且能保证流水线的高效运行。一般我们将程序放在Flash中，也就是后面提到的代码区，将数据放在RAM中，即后面提到的片内SRAM和片外RAM区。

5.2.1 存储器地址映射

地址映射是指把整个系统的Flash、RAM、外设等进行编址，即用地址来表示对象。为保证软硬件的兼容性，映射地址的大段划分（分区）一般是由处理器厂家规定好的，用户只有在外扩RAM、Flash或I/O设备情况下，才需要自己定义芯片或设备的地址。

Cortex-M4的存储器和I/O采用统一编址，地址映射从低地址到高地址依次可以划分为代码区、片上RAM区、片上外设区、片外RAM区、片外外设区和系统区，如图5.25所示。

0xE0000000～0xFFFFFFFF	512M	系统区 (System Level)
0xA0000000～0xDFFFFFFF	1GB	片外外设区 (External Device)
0x60000000～0x9FFFFFFF	1GB	片外RAM区 (External RAM)
0x40000000～0x5FFFFFFF	512M	片上外设区 (Peripherals)
0x20000000～0x3FFFFFFF	512M	片上RAM区 (SRAM)
0x00000000～0x1FFFFFFF	512M	代码区 (Code)

图5.25 Cortex-M4预定义地址映射

1．代码区

代码区有512MB，位于最低地址。该区域可以执行指令，是嵌入式应用程序最理想的存储场所，也是系统启动后中断向量表的默认存放位置。

2．片上RAM区

片上RAM区有512MB，该区域可以执行指令，常用于存储运行时刻临时程序和数据，也可用于固件升级等维护工作，该区域有一个位带区，位带概念见5.2.2节“位带操作”内容。

3．片上外设区

片上外设区有512MB，通过将片上外设寄存器地址映射到片上外设区，使得嵌入式软件工程师可以简单地使用 C 语言以访问内存的方式来访问这些外设的寄存器，从而控制外设的工作，片上外设区也有一个位带区。

4．片外 RAM 区

片外 RAM 区有 1GB，是为了弥补片内 RAM 不够而外接的片外 RAM，该区域允许执行指令。与片上 RAM 区不同的是，片外 RAM 区没有位带区。

5．片外外设区

片外外设区有 1GB，对应于片外外设。与片上外设区相似，但它没有位带区。

6．系统区

系统区有 512MB，位于最高地址，该区域不可执行指令，对应于 Cortex-M4 的特色外设，包括由芯片供应商定义的特定外设区和私有外设总线区，如图 5.26 所示。

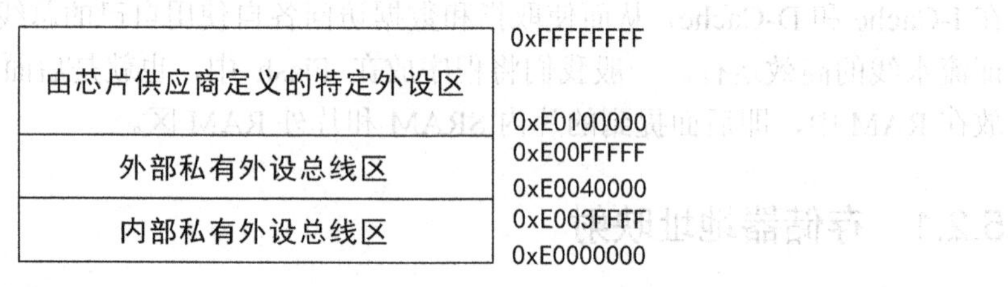

图 5.26　系统区存储区图

系统区的私有外设总线区根据 Cortex-M4 的两条私有外设总线——AHB 私有外设总线和 APB 私有外设总线，划分为内部私有外设总线区和外部私有外设总线区，包含了 NVIC、FPB、DWT、ITM 以及 ETM、TPIU、ROM 表等组件，如图 5.27 和图 5.28 所示。相应地，对以上组件的访问也通过相关总线来执行。例如，对 ITM、NVIC、FPB、DWT、MPU 等区域的访问在 Cortex-M4 内部私有外设总线上执行，而对 TPIU、ETM、ROM 表等区域的访问在 Cortex-M4 外部私有外设总线上执行。

0xE003FFFF	
	保留
0xE000F000	
	NVIC
0xE000E000	
	保留
0xE0003000	
	FPB
0xE0002000	
	DWT
0xE0001000	
	ITM
0xE0000000	

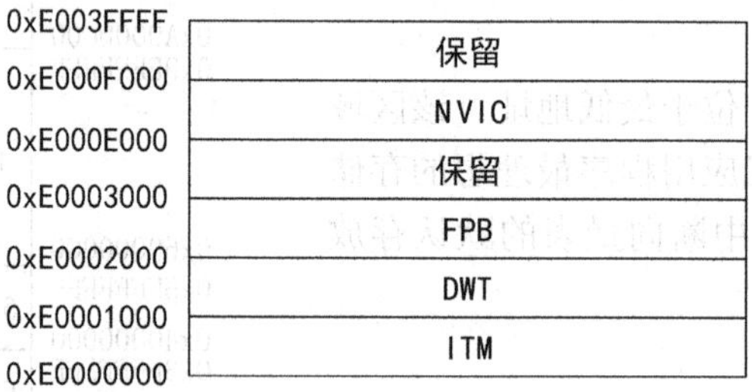

图 5.27　内部私有外设总线区

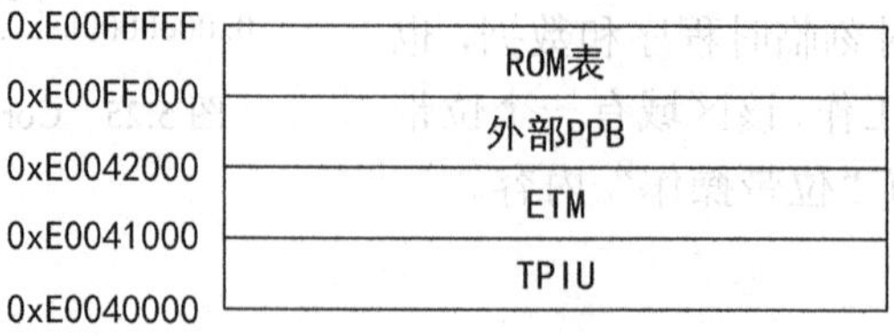

0xE00FFFFF	
	ROM表
0xE00FF000	
	外部PPB
0xE0042000	
	ETM
0xE0041000	
	TPIU
0xE0040000	

图 5.28　外部私有总线区

特别地，内部私有外设总线区中 NVIC 所处的区域叫作系统控制空间（SCS），在 SCS 中除了 NVIC，还有 SysTick、MPU 以及代码调试控制所用的寄存器等。

综上所述，Cortex-M4 存储空间为 0x00000000～0xFFFFFFFF，共 4GB。它的存储器映射单一、固定，并是由 ARM 预先定义的，这一特点极大地方便了嵌入式应用程序在不同的 Cortex-M4 微控制器间移植，各款 Cortex-M4 微控制器的 NVIC 和 MPU 寄存器都分布在相同的地址上，而与具体的芯片制造商和微控制器型号无关。ARM 架构给出了粗略的存储器映射定义，但这只是一个粗线条的模板，芯片制造商可以在此框架下灵活地分配具体存储器空间，提供更详细的片上外设的具体分布以及 RAM 与 ROM/Flash 的容量和位置信息，制造出各具特色的 Cortex-M4 微控制器产品。

另外，虽然 ARM 预先定义了上述基本的地址映射，但实际上内核访问所有地址单元都是用相同的指令（LD、ST），并不关心所访问的地址具体是什么类型的存储器/外设寄存器，需要应用程序自己保证操作单元的合理性。

5.2.2　位带操作

由于 Cortex-M4 微控制器不允许直接位操作，但在实际开发过程中往往又不可避免地涉及位操作，为了处理这种矛盾就引入了位带操作。位带操作就是把位带区中一个地址的 8 个位分别映射到位带别名区的 8 个地址，通过操作相应地址的方式实现操作某个位（如 GPIO 上的 P1.1）的方法。Cortex-M4 存储器映射包括两个位带区，分别为 SRAM 和外设存储区域中的最低的 1MB。这两个位带区中的地址除了可以像普通 RAM 一样使用，它们还都有自己的位带别名区。位带别名区是指位带区中每个位在位带别名区都被膨胀为一个 32 位的字。当通过位带别名区访问这些字时，实际上达到访问原始位带区上每个位的效果。

1. 位带区的位与位带别名区的字之间的映射关系

位带区的位和位带别名区的字的映射关系可以由以下公式得到：

bit_word_addr=bit_band_base+(byte_offset×0x20)+(bit_number×0x4)

其中，byte_offset 是位带区中包含目标位的字节的编号；bit_number 是位带区中目标位的位置（0～7）；bit_word_addr 是位带别名区中映射为目标位的字的地址；bit_band_base 是位带别名区的起始地址。以 SRAM 的位带区和位带别名区为例，图 5.29 显示了 SRAM 位带区的位和位带别名区的字的映射关系，其中，SRAM 位带别名区的起始地址为 0x22000000（bit_band_base=0x22000000）。

例如，位带区地址 0x200FFFFF 上的 bit 7 映射到位带别名区的字地址 0x23FFFFE0：0x23FFFFE0=0x22000000+(0xFFFFF×0x20)+0x7×0x4。

又如，位带别名区地址 0x2200002C 上的字映射为位带区地址 0x20000001 上的 bit 3：0x2200002C=0x22000000+(0x1×0x20)+0x3×0x4。

对于片上外设 RAM 存储区来说，其位带区的位和位带别名区的字的映射关系与 SRAM 的映射关系类似，不同的是，片上外设 RAM 存储区的位带区起始地址为 0x40000000，位带别名区的起始地址为 0x42000000。

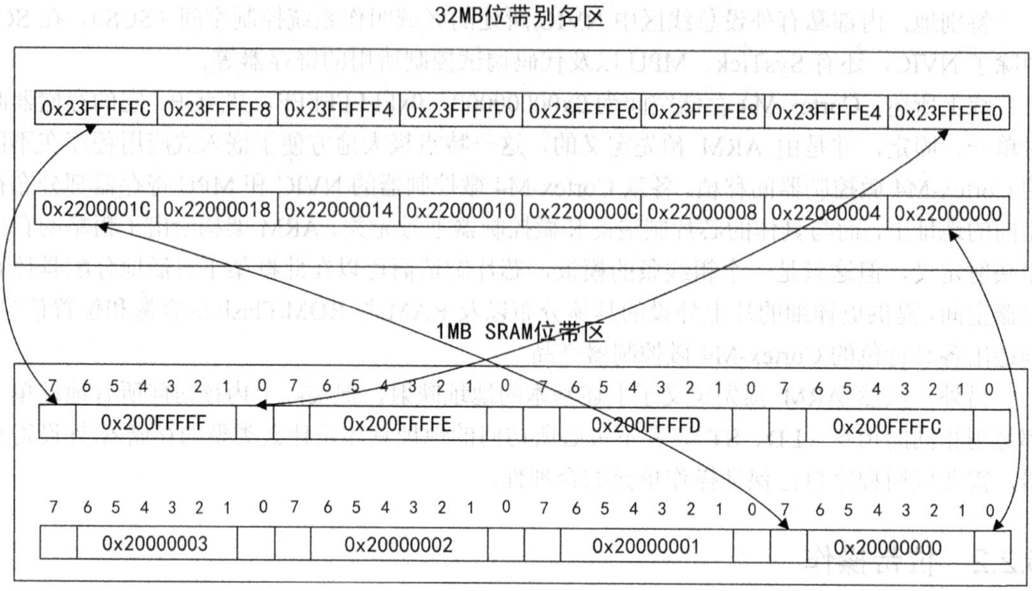

图 5.29　位带区的位和位带别名区的字的映射图

2．位带操作的优越性

位带操作的概念很早就出现了，并在 8051 单片机上首度实现。现在，Cortex-M4 对此功能做了进一步强化。

在支持了位带操作后，Cortex-M4 可以使用普通的 Load/Store 指令来对单一的比特进行读写，使得向位带别名区写入一个字与向位带区的目标位执行读—改—写语句具有相同的作用。例如，要将地址 0x20000000 上的 bit 2 置位，在不支持位带操作的情况下，要经过读（将地址 0x20000000 上的值读入寄存器）、改（将该寄存器的位[2]置 1）以及写（将该寄存器的值写回地址 0x20000000）3 条语句来实现。而支持位带操作后，可以用写（通过向其位带别名区地址 0x22000008 地址上写字数据 0x1）一条语句实现。尽管 Cortex-M4 对于位带别名区的写操作最终仍然执行读—改—写的过程，但位带操作使代码量得到减少，并能防止错误的写入。这给程序员的位操作带来了极大的便利，例如，在使用位带操作编程实现控制 GPIO 引脚每盏 LED 的亮灭、操作串行接口器件和程序跳转判断等情况时就很方便。

5.2.3　存储格式

一般计算机系统的存储器是按字节编址的，也就是每个地址单位存放一个字节的数据。对于字长大于 8 位的处理器，如 32 位的 ARM 处理器，当处理器读写存储器时，都会面临存储格式的问题。Cortex-M4 可以从存储器的某个地址开始一次连续读取或写入多字节的数据，例如，包含 4 字节的字数据。

在读写包含多个字节的字数据时，按照不同的字节顺序，有两种不同的存储表示方法。例如，图 5.30 中地址 0 单元开始存放的字数据，包含地址 0、1、2、3 号一共 4 个单元，大小为4B的数据，既可以读为0x20ABC600，也可以读为0x00C6AB20。究竟以何种方式读，取决于具体的存储格式。

地址	数据
0x20000003	0x00
0x20000002	0xC6
0x20000001	0xAB
0x20000000	0x20

图5.30 从地址零单元开始存放的字数据

一般来说，存储格式可以分为小端格式（little endian）和大端格式（big endian）两种。

1．小端格式

小端格式，又称小字节序或者低字节序，是一种将高字节数据存放在高地址，低字节数据存放在低地址的存储格式。例如，使用小端格式将字数据 0x1234E0 存放到地址 0x20002000 上时，将其最低字节 0xE0、次低字节 0x34、次高字节 0x12 和最高字节 0x00 依次放到最低地址 0x20002000、次低地址 0x20002001、次高地址 0x20002002 和最高地址 0x20002003 上，其具体存储分布如图 5.31 所示。

地址	数据
0x20002003	0x00
0x20002002	0x12
0x20002001	0x34
0x20002000	0xE0

图5.31 小端格式数据 0x1234E0

2．大端格式

大端格式，又称大字节序或者高字节序，是一种将高字节数据存放在低地址，低字节数据存放在高地址的存储格式。如图 5.32 所示的存储分布中，使用大端格式读取地址 0x20009FFC 上的字数据，从最高地址 0x20009FFF、次高地址 0x20009FFE、次低地址 0x20009FFD 和最低地址 0x20009FFC 上读取字节 0x0C、0x00、0x9B 和 0x0A，依次分别作为字数据的最低字节、次低字节、次高字节和最高字节。因此，最后读出的字数据为 0x0A9B000C。

地址	数据
0x20009FFF	0x0C
0x20009FFE	0x00
0x20009FFD	0x9B
0x20009FFC	0x0A

图5.32 大端格式数据 0x0A9B000C

3. Cortex-M4 支持的存储格式

Cortex-M4 能以小端或大端格式来访问存储器，具体使用哪种格式在复位时根据相关配置管脚硬件决定，且运行时不能更改。需要特别注意的是，Cortex-M4 在读取指令和访问私有外设总线区时始终使用小端格式。尽管 Cortex-M4 既支持小端格式又支持大端格式，但是 Cortex-M4 微控制器其他部分的设计，包括总线的连接，内存控制器以及外设的性质等，也能决定其可以支持的端格式。

开发人员在编写应用程序之前，一定要先了解系统使用的存储格式。不然，在大端格式机器上采集的数据，通过网络传送到小端格式的机器上时，就会产生数据错位情况。在绝大多数情况下，基于 Cortex-M4 的微控制器都使用小端格式，为了避免不必要的麻烦，推荐读者也尽量使用小端格式。

4. 对齐访问

现代通用计算机中内存空间都是按照字节（byte）编址划分的，从理论上讲，处理器似乎可以对任何类型的变量的访问从任何内存地址开始，但实际情况是计算机系统对基本数据类型合法内存地址做出了一些限制，要求某种数据类型对象的内存地址必须是某个值（通常是 2、4 或 8）的倍数。这种对齐限制简化了处理器和存储器系统之间接口的硬件设计。例如，假如一个处理器总是从存储器中取出 4 个字节，则内存地址必须为 4 的倍数，如果我们能保证将所有的 int 类型数据的地址对齐成 4 的倍数，那么就可以用一个存储器操作周期来读或者写一个 int 值（4 个字节）。否则，如图 5.33 所示的非对齐访问，当处理器访问的 4 字节数据对象被放在两个非对齐存储器块中，就需要执行两次存储器访问操作，增加了存储器访问的操作次数和时间。

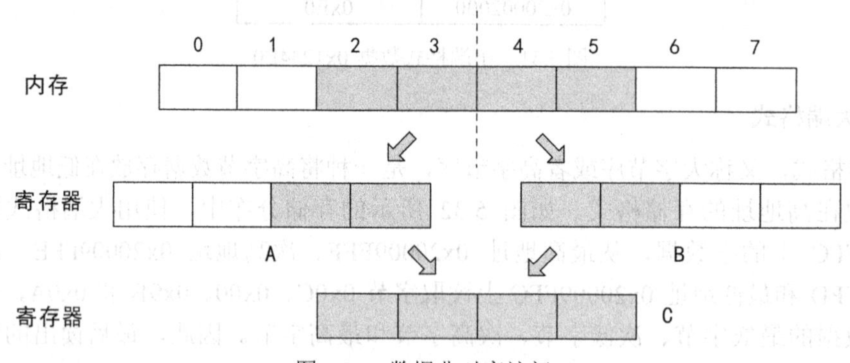

图 5.33　数据非对齐访问

由于各种硬件平台对存储空间的处理方式不尽相同，一些特定硬件平台的某种类型数据只能从某些特定地址开始存取，其他平台可能没有这种限制。但如果不按照硬件平台的要求对数据存放对齐，就会造成内存访问效率的损失。确保每种数据都按照指定方式组织和存储，即对每种类型的对象满足它的对齐限制，就可以保证处理器和存储器的对齐访问，保证处理器访问存储器的效率。

通常，高级语言编译器会选择适合目标平台的对齐策略，编程者也可以通过给编译器传递编译指令而改变对指定数据的对齐方式。如下面的结构 S 声明：

```
Struct S
{
    char A;
    int B;
    int C;
}
```

如果编译器用最小的 9 字节来分配，它就不可能满足字段 B（偏移量为 1）和 C（偏移量为 5）的 4 字节对齐要求。编译器就需要在字段 A 与 B 之间插入一个 3 字节的填充，以使字段 B（偏移量为 4）和 C（偏移量为 8）满足 4 字节对齐访问的要求。尽管采用对齐访问在存储空间上会有一定的损失，但是在存取效率上会有很大的提高。同样，处理器通常都会提供对齐的数据访问和非对齐的数据访问操作，但对齐的数据访问效率要远高于非对齐的数据访问。

5.3 操 作 示 例

下面给出两个基于 STM32 微控制器的存储器相关的实验例程。例程一帮助读者直观地观察存储器中代码和变量的存放位置和方式；例程二实现了对于 Flash 存储器的擦写工作。

5.3.1 变量地址观察例程

当我们用高级语言在程序中定义变量时，我们并不知道定义的变量是如何存储的以及存储的具体位置。因为编译器和操作系统已经帮用户完成了底层存储映射和变量分配等工作，所以高级语言的开发者通常不必关心这些事情。但对于调试程序、需要了解存储器使用情况或使用低级语言（如汇编语言）的开发人员，需要明晰存储器是如何存放代码和变量的。下面的例程可以让读者能够更清楚地了解变量以及代码的存储位置和存储方式，加深对存储器的理解。

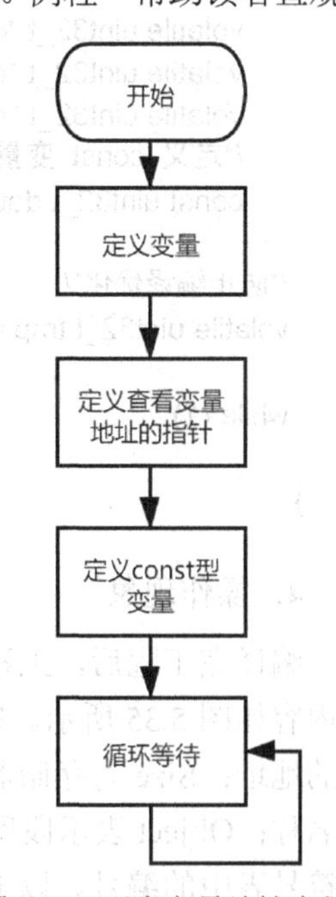

图 5.34　观察变量地址流程图

1．程序主要流程图

本例程的程序主要流程图如图 5.34 所示。

2．库函数说明

```
HAL_Delay(uint32_t Delay)
```

功能描述：毫秒级延时函数。

参数描述：Delay，延时毫秒数。

返回值：空。

3．示例代码

示例代码如下。

```
#include "main.h"
static void SystemClock_Config(void);
static void Error_Handler(void);
int main(void)
{

    HAL_Init();

    /*配置系统时钟到 100MHz */
    SystemClock_Config();

    /*定义变量*/
    uint32_t data = 0x1;
    uint32_t data1 = data + 0x2;
    uint32_t data2 = data + 0x3;
    uint32_t data3 = data + 0x4;
    /*定义指针*/
    volatile uint32_t *data_1 = &data1;
    volatile uint32_t *data_2 = &data2;
    volatile uint32_t *data_3 = &data3;
    /*定义 const 变量*/
    const uint32_t data4 = 0x1;

  /*防止编译优化*/
  volatile uint32_t tmp = *data_1 + *data_2 + *data_3;

  while (1);

}
```

4．操作现象

编译完工程后，工程目录下将生成一个 xxx.map 文件，其中，xxx 是工程名。xxx.map 的内容如图 5.35 所示。Load Addr 表示段在 Flash 中的存储地址；Exec Addr 表示段执行期间的地址；Size 为存储器分配给该段的大小；Type 表示段的类型；E Section Name 表示段的名称；Object 表示段所在源文件；Attr 表示该段的段属性，RW 分别表示读、写；Idx 代表符号表中的编号。以 i.main 段为例，该段起始地址为 0x0800170A。查看了 STM32F303 的 Flash 区间为 0x08000000～0x0807FFFF，程序代码确实在这个范围内，证明代码存在于 Flash 内。该段已使用大小为 0x00000030 属性为只读。

调式（debug）该程序时，在 while 语句前面设置断点，方便我们观察变量的存储地址。图 5.36 为程序运行到断点时的变量存储地址示意图，可以看到程序中定义的这些变量的地址都在 0x20000000～0x3FFFFFFF，表明它们存储在 SRAM 区。

```
Execution Region ER_IROM1 (Exec base: 0x08000000, Load base: 0x08000000, Size: 0x00001794, Max: 0x00080000, ABSOLUTE)

Exec Addr   Load Addr   Size        Type  Attr   Idx  E Section Name        Object

0x08000000  0x08000000  0x00000194  Data  RO       3   RESET               startup_stm32f303xe.o
0x080001a8  0x080001a8  0x00000024  Code  RO       4   .text               startup_stm32f303xe.o
0x080002ba  0x080002ba  0x00000018  Code  RO      13   i.Error_Handler     main.o
0x080002d2  0x080002d2  0x00000002  PAD
0x08001618  0x08001618  0x00000082  Code  RO      16   i.SystemClock_Config main.o
0x0800169a  0x0800169a  0x00000002  PAD
0x0800170a  0x0800170a  0x00000030  Code  RO      17   i.main              main.o
0x0800173a  0x0800173a  0x00000020  Data  RO     968   .constdata          stm32f3xx_hal_rcc.o
0x0800175a  0x0800175a  0x00000018  Data  RO    2344   .constdata          system_stm32f3xx.o
0x08001772  0x08001772  0x00000002  PAD
0x08001774  0x08001774  0x00000020  Data  RO    2407   Region$$Table       anon$$obj.o

Execution Region RW_IRAM2 (Exec base: 0x10000000, Load base: 0x080017a4, Size: 0x00000000, Max: 0x00004000, ABSOLUTE)

**** No section assigned to this execution region ****

Execution Region RW_IRAM1 (Exec base: 0x20000000, Load base: 0x08001794, Size: 0x00000410, Max: 0x00010000, ABSOLUTE)

Exec Addr   Load Addr   Size        Type  Attr   Idx  E Section Name        Object

0x20000000  0x08001794  0x00000009  Data  RW     805   .data               stm32f3xx_hal.o
0x20000009  0x0800179d  0x00000003  PAD
0x2000000c  0x080017a0  0x00000004  Data  RW    2345   .data               system_stm32f3xx.o
0x20000010  -           0x00000400  Zero  RW       1   STACK               startup_stm32f303xe.o
```

图 5.35 map 地址映射文件

Name	Location/Value	Type
main	0x08000F2A	int f()
data	0x00000001	auto - uint
data1	0x00000003	auto - uint
data2	0x00000004	auto - uint
data3	0x00000005	auto - uint
data_1	0x20000414	auto - uint *
[0]	0x00000003	uint
data_2	0x20000410	auto - uint *
[0]	0x00000004	uint
data_3	0x2000040C	auto - uint *
[0]	0x00000005	uint
data4	0x00000001	auto - uint

图 5.36 变量存储地址

5.3.2 Flash 擦写例程

STM32F303 的 512KB 闪存主存储区由 256 个 2KB 大小的页面组成，每个扇区在编程或擦除时都可同时进行读取和执行。该存储区是主要的存储器，用于保存代码和数据。Flash 闪存主存储区的地址为 0x08000000～0x0807FFFF。

闪存还有一个 8KB 的系统引导存储器以用于存储 ST 的闪存引导代码，以及一个 16B 的配置位来配置 Flash 读写保护等配置信息。系统引导存储器的地址为 0x1FFFD800～0x1FFFF7FF，配置位的地址为 0x1FFFF800～0x1FFFF80F。表 5.11 为 STM32F303 的内存映射图。

表 5.11　STM32F303 闪存映射图

	Flash 地址	大　小	名　字
主存储区域	0x08000000～0x080007FF	2KB	Page 0
	0x08000800～0x08000FFF	2KB	Page 1
	0x08001000～0x080017FF	2KB	Page 2
	0x08001800～0x08001FFF	2KB	Page 3
	⋮	⋮	⋮
	0x0807F800～0x0807FFFF	2KB	Page 255
信息块	0x1FFFD800～0x1FFFF7FF	8KB	System memory
	0x1FFFF800～0x1FFFF80F	16B	Option bytes
Flash 寄存器	0x40022000～0x40022003	4B	FLASH_ACR
	0x40022004～0x40022007	4B	FLASH_KEYR
	0x40022008～0x4002200B	4B	FLASH_OPTKEYR
	0x4002200C～0x4002200F	4B	FLASH_SR
	0x40022010～0x40022013	4B	FLASH_CR
	0x40022014～0x40022017	4B	FLASH_AR
	0x40022018～0x4002201B	4B	Reserved
	0x4002201C～0x4002201F	4B	FLASH_OBR
	0x40022020～0x40022023	4B	FLASH_WRPR

STM32F303 的闪存提供了两种擦除模式和一种擦除保护功能。

① 页面擦除模式。在页面擦除模式下，闪存控制器配置为擦除一个目标页面，启动擦除操作后，可通过闪存控制器的状态位来观察擦除是否完成，擦除完成时可产生一个中断。

② 整体擦除模式。在整体擦除模式下，闪存控制器设置为擦除整个闪存。

③ 擦除保护功能。闪存控制器可以调用扇区擦除模式或整体擦除模式。在写/擦除（W/E）保护位使能时，擦除操作对任何扇区都不起作用。

下面的例程给出了使用 HAL 函数完成对 Flash 的擦除功能。初始化时我们关闭闪存的写保护，对页面 254 和页面 255 填充数据。随后，我们设置闪存的写保护，并对页面 254 和页面 255 执行擦除。由于只能擦除未受保护的扇区，因此，擦除结束后可见页面 254 和页面 255 的数据被保留了下来。

1. 程序流程图

本例程的程序流程图如图 5.37 所示。

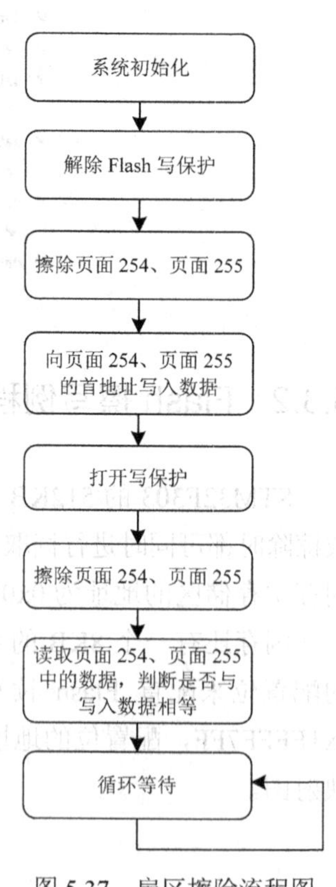

图 5.37　扇区擦除流程图

2．库函数说明

（1）void HAL_Flash_Unlock()

功能描述：对 Flash 控制寄存器解锁，使能访问。

参数描述：void。

返回值：空。

（2）HAL_StatusTypeDef HAL_FlashEx_Erase(Flash_EraseInitTypeDef *pEraseInit, uint32_t * PageError)

功能描述：全部擦除或者擦除指定扇区。

参数描述：pEraseInit，用户配置的擦除信息；PageError，擦除错误时的页面信息。

返回值：擦除结果，成功返回 0。

（3）HAL_StatusTypeDef HAL_Flash_Program(uint32_t TypeProgram, uint32_t Address, uint64_t Data)

功能描述：向指定的地址写入数据。

参数描述：TypeProgram，写入类型；Address，写入地址；Data，写入数据。

返回值：写入结果，成功返回 0。

（4）void HAL_Flash_Lock()

功能描述：对 Flash 控制寄存器上锁，禁止访问。

参数描述：void。

返回值：空。

3．示例代码

示例代码如下。

```
#include "main.h"

#define FLASH_BASE_ADDRESS ((uint32_t)0x08000000)
#define PAGE254_BASE_ADDRESS ((uint32_t)(FLASH_BASE_ADDRESS + 2048 * 254))
#define PAGE255_BASE_ADDRESS ((uint32_t)(FLASH_BASE_ADDRESS + 2048 * 255))

void SystemClock_Config(void);
static void MX_GPIO_Init(void);
static void MX_USART2_UART_Init(void);

int main(void)
{
    /*HAL 初始化*/
    HAL_Init();

    /*配置系统时钟*/
    SystemClock_Config();

    /*关闭写保护*/
    HAL_FLASH_Unlock();
```

```
    FLASH_EraseInitTypeDef pEraseInit;
    pEraseInit.TypeErase = FLASH_TYPEERASE_PAGES;    /*配置擦除方式为页面*/
    pEraseInit.TypeErase = FLASH_TYPEERASE_PAGES;    /*配置擦除方式为页面*/
    pEraseInit.PageAddress = PAGE254_BASE_ADDRESS;  /*配置擦除起始为页面 254*/
    pEraseInit.NbPages = 2;                          /*配置擦除页面个数为 2 个*/

    //设置 PageError
    uint32_t PageError= 0;
    //调用擦除函数
    HAL_FLASHEx_Erase(&pEraseInit, &PageError);
    if (PageError!= 0xFFFFFFFFU)
    {
        Error_Handler();
    }
    //向页面 254 写入数据
    uint32_t data = 0x12345678;
    HAL_StatusTypeDef FlashStatus = HAL_FLASH_Program(TYPEPROGRAM_WORD,
PAGE254_BASE_ADDRESS, data);

    if (FlashStatus != HAL_OK)
    {
        Error_Handler();
    }
    //向页面 255 写入数据
    FlashStatus = HAL_FLASH_Program(TYPEPROGRAM_WORD, PAGE255_BASE_ADDRESS,
data);

    if (FlashStatus != HAL_OK)
    {
        Error_Handler();
    }
    //打开写保护
    HAL_FLASH_Lock();
    //尝试擦除页面 254、页面 255 数据
    HAL_FLASHEx_Erase(&pEraseInit, &SectorError);

    uint32_t Page254Data = *(__IO uint32_t *)(PAGE254_BASE_ADDRESS);
    uint32_t Page255Data = *(__IO uint32_t *)(PAGE255_BASE_ADDRESS);
    //读取写入数据
    if (Page254Data != 0x12345678 && Page254Data != Page255Data)
    {
      Error_Handler();
    }

    while (1);
}
```

4．操作现象

逐步调试以上程序可以发现，开始时页面254和页面255先被整体擦除，然后每个页面从首地址开始的4个字节以小端存储的方式由低到高被初始化为0x78、0x56、0x34、0x12，最后在开启写保护后尝试擦除，但数据没有被擦除掉。

5.4 本章小结

计算机系统对存储器的总体要求是容量大、速度快、成本低、非易失等，但目前还没有一种存储器可以同时满足上述要求。本章主要介绍了嵌入式系统常用的半导体存储器RAM、ROM、FRAM和Flash存储器的基本原理及特性。RAM包括SRAM和DRAM；ROM分为掩膜ROM、一次可编程ROM和多次可编程ROM。总结起来，半导体存储器的分类如图5.38所示。不同类型的存储器，其性能和应用场合也不同。不同类型的存储器构成了嵌入式系统的存储系统。目前，MCU系统常用的存储器是NOR Flash（存放代码）、SRAM（存放程序变量）、EEPROM（存放参数）等。MPU系统常用的存储器是NAND Flash（存放代码）、SDRAM（存放程序变量）。存储器系统还涉及存储地址映射、位带操作、存储格式（大、小端）、对齐访问等知识。对Flash的擦除和写入一般都需要专门的驱动程序。为了让读者理解Flash操作特性，本章最后给出了一个在STM32上对Flash存储器进行擦除和写入的例程。

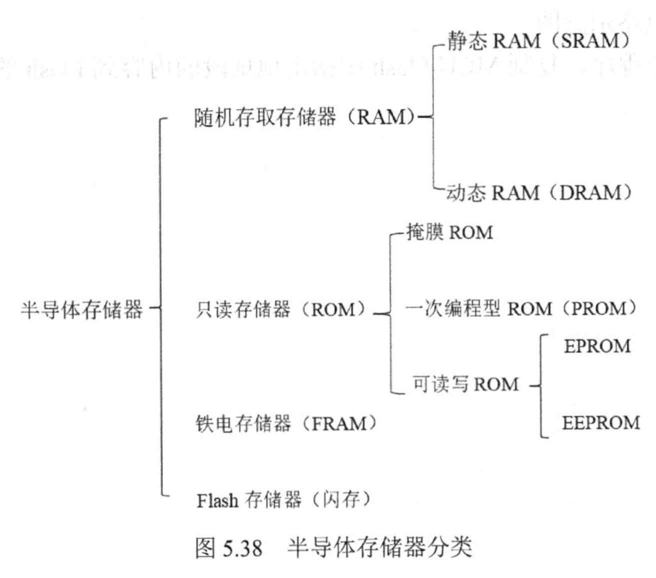

图5.38 半导体存储器分类

5.5 习 题

1．简述半导体存储器的分类。

2．SRAM 与 DRAM 的主要区别是什么？为什么 MCU 系统一般使用 SRAM 而不使用 DRAM？

3．存储器和 I/O 系统的地址映射有哪些形式？不同的地址映射，CPU 访问存储器和 I/O 的指令有何不同？

4．Flash 和 EEPROM 有什么区别？说明分别在什么情况下使用 Flash 和 EEPROM。

5．铁电存储器 FRAM 有什么特点？试列举两个能发挥其特点的应用示例。

6．NOR Flash 和 NAND Flash 的特点有哪些？分别适用于哪些应用？

7．用什么办法可以将用户烧写到 MCU Flash 中的代码复制出来？

8．什么是大端存储和小端存储？哪些情况下会出现大小端问题？

9．什么是存储器对齐访问？不对齐访问会产生什么影响？

10．对 NOR Flash 和 NAND Flash 存储器的读写操作分别是以什么为单位的？能否在不擦除的情况下直接改写 Flash 中的内容？

11．编写一个算法，在意外断电的情况下，保证写入 Flash 数据的正确性。

12．CPU 复位向量指向的存储器地址，该地址段的存储器应该是 RAM 还是 ROM/Flash？

13．对 Flash 存储器的哪些操作会影响其使用寿命？该如何避免 Flash 的寿命损耗？

14．嵌入式系统的引导代码通常放在哪类存储器中？用户参数放在哪类存储器中？

15．试用 256K×8 的 SRAM 芯片，扩展组成一个 512K×16 的存储器，并把此存储器定位在 32 位地址空间的 0x2C000000 起始地址处，假设存储器系统按字节编址，画出存储器扩展和地址译码电路示意图。

16．编写一个程序，复制 MCU Flash 中指定地址段的内容到 Flash 的另一个地址段。

第6章 基本外设

嵌入式系统与一般通用计算机系统的区别，除了按需选择的处理器和存储器，就是丰富的各种外设。常用的基本外设，如通用输入/输出（GPIO）、通用定时器、看门狗等，是一般嵌入式系统都需要的，其基本原理与使用方法较为基础但又十分重要。本章将介绍这些外设的基本原理，并在此基础上，给出了这些基本外设的初始化配置方法和操作示例。

6.1 通用输入/输出端口（GPIO）

GPIO（general purpose input/output）是嵌入式系统中最基础、最简单的外设，它是MCU与外部进行交互的接口。本节将介绍 GPIO 的基本原理和编程结构，并介绍如何配置和使用一个 GPIO。

6.1.1 GPIO 简介

GPIO 一般用于 MCU 对一些简单外部设备的控制，如发光二极管（LED 灯），或用于设备的输入，如按键等。这些设备简单到只需要一个控制位，或者说它们只有两个状态，如灯的亮/暗、按键的开/关等。作为嵌入式系统中最简单的系统外设，GPIO 有输入和输出两种状态。当它配置为输入状态时，MCU 可以通过读取 GPIO 的高低电平状态得到该 GPIO 所连接的外部设备的状态；当它配置为输出状态时，MCU 可以通过置高或置低电平来控制该 GPIO 连接的外部设备的状态。

GPIO 口一般都是按组规划的，不同的芯片有不同的分组方式。有的芯片是 8 个 GPIO 口为一组，有的则将 16～32 个 GPIO 口分为一组。GPIO 的表示方式一般为 Pxy，其中，x 为组号，y 为每个组具体的 GPIO 号。比如，PA0 表示 A 组第 0 位 GPIO 口；P2.1 表示 P2 组的第 1 位 GPIO 口。

所有 GPIO 口在复位后都有个默认方向。为了安全起见，系统复位后，除非用户特别设定，GPIO 的默认方向一般都为高阻或输入。如图 6.1 所示，若复位后 PA0 的方向为输出且输出为 1 时，当开关闭合时会形成 PA0 对地短路，长时间会损坏 PA0 端口。

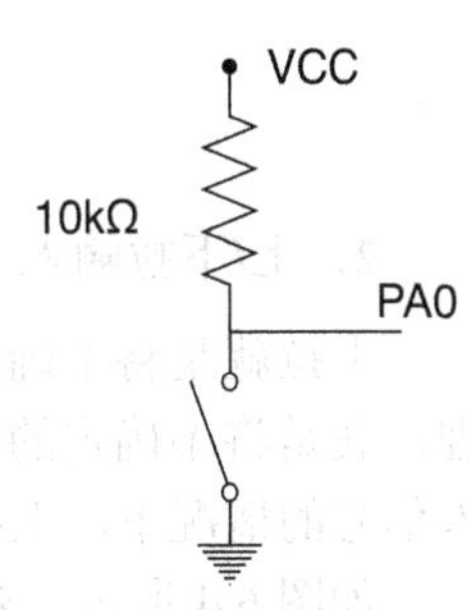

图 6.1 GPIO 端口电路

GPIO 的属性通过寄存器配置实现。一般来说，配置实现一个 GPIO 口的功能至少需要两个寄存器，分别是控制寄存器和数据寄存器。数据寄存器用于设置输出数据或读取输入数据；而控制寄存器决定 GPIO 的方向，即 GPIO 工作于输入还是输出状态。GPIO

的内部结构如图 6.2 所示，GPIO 控制寄存器可以控制一个三态门的使能端、控制 GPIO 的方向，当 GPIO 设置为输入方向时，三态门为高阻态，那么 GPIO 管脚的电平状态可以输入到输入锁存，再通过 GPIO 数据寄存器读到。

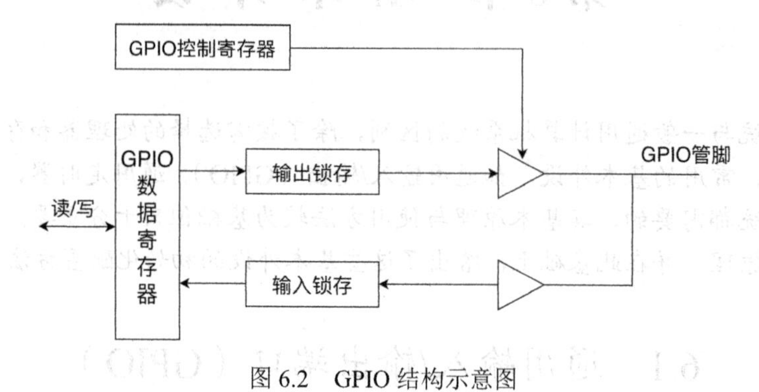

图 6.2　GPIO 结构示意图

实际上，目前 MCU 的 GPIO 管脚的功能都是复用的，管脚功能包括很多方面，需要一组控制寄存器进行配置，如 PINCFG 寄存器、DIR 寄存器以及 OUT 寄存器可以用于将 GPIO 配置为不同模式。其中，PINCFG 寄存器中的 PULLEN 位（PINCFG.PULLEN）控制上/下拉电阻是否使能，PINCFG.INEN 控制 I/O 端口内部缓存是否使能。根据这些控制位，每个 GPIO 都可以配置为推拉（PUSH-PULL）、开漏（OPEN-DRAIN）、上/下拉输入或输出等。下面将对这些模式分别进行介绍。

1．标准输入

如图 6.3 所示，若要将 GPIO 配置为标准输入模式，需要将 PINCFG.PULLEN 置 0、PINCFG.INEN 置 1、DIR 置 0。当 GPIO 被配置为标准输入时，为了防止 MCU 读到不确定的输入状态，该 GPIO 必须被外部电路驱动，即输入不能悬空。

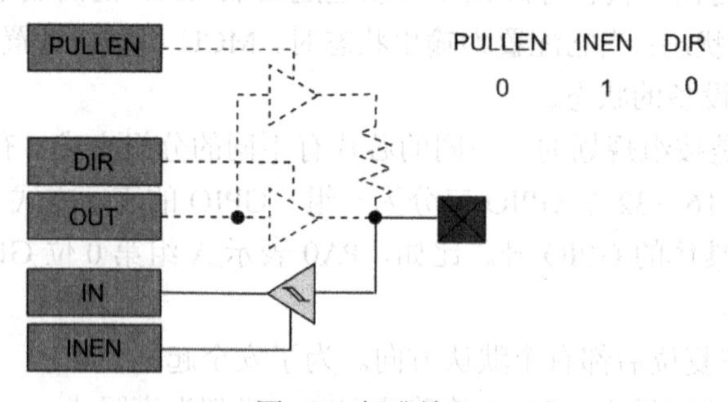

图 6.3　标准输入

2．上/下拉输入

上拉就是将不确定的信号通过一个电阻钳位在高电平，电阻同时起限流作用；下拉同理，就是将不确定的信号通过一个电阻钳位在低电平。从程序设计的角度来说，在没有输入信号的情况下，上拉时 GPIO 为高电平，下拉时 GPIO 为低电平。

如图 6.4 所示，若要将 GPIO 配置为上/下拉输入模式，需要将 PINCFG.PULLEN 置 1、PINCFG.INEN 置 1、DIR 置 0。当一个 GPIO 被设置为上/下拉输入模式时，如果该 GPIO

没有被外部电路所驱动，MCU 在上拉模式下会读到一个高电平，在下拉模式下会读到一个低电平。

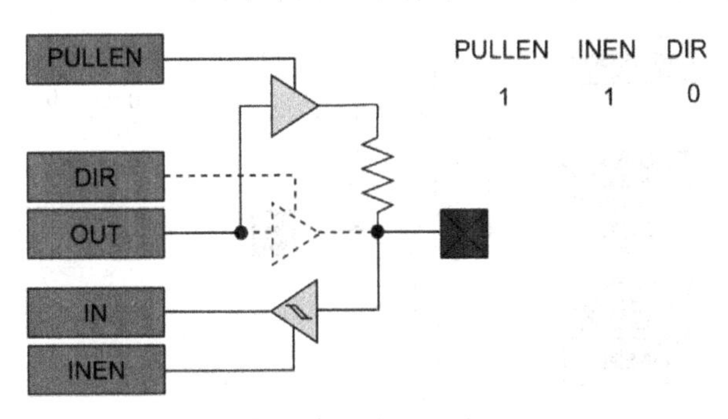

图 6.4 上/下拉输入

3．输入禁用的推拉输出

推拉电路由两个二极管组成，这两个二极管始终处于一个导通、一个截止的状态，对于负载而言，就好像是一个在推、一个在拉，共同完成电流输出任务。推拉电路的输出对外部电路具有驱动能力。

如图 6.5 所示，若要将 GPIO 配置为输入禁用的推拉输出模式，需要将 PINCFG.PULLEN 置 0、PINCFG.INEN 置 0、DIR 置 1。当一个 GPIO 被配置为推拉输出模式时，该输出引脚的输出电平取决于对应数据寄存器 OUT 中的值（1 或 0），而且不管是输出高电平还是低电平，都有足够的驱动能力来驱动外部电路。

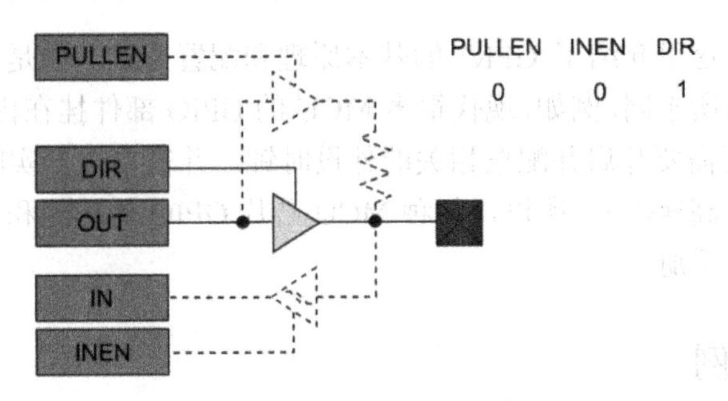

图 6.5 输入禁用的推拉输出

4．上/下拉输出

如图 6.6 所示，若要将 GPIO 配置为上/下拉输出模式，需要将 PINCFG.PULLEN 置 1、PINCFG.INEN 置 0、DIR 置 0。这种模式相当于在推拉输出时串接了一个电阻，限制了输出电流，可以保护 GPIO 引脚，适合于外部弱驱动要求的应用。这种配置不常用，不是所有 MCU 都具有这种配置。

5．复位或模拟 I/O

如图 6.7 所示，若要将 GPIO 配置为复位或模拟 I/O 模式，需要将 PINCFG.PULLEN 置 0、PINCFG.INEN 置 0、DIR 置 0。一般芯片复位时，GPIO 会被自动配置成这种模式。当

GPIO 引脚与 MCU 模拟外设（如 ADC、DAC）复用，且被模拟外设使用时，该引脚必须与数字电路全部断开，该 GPIO 也必须被配置为这种模式。

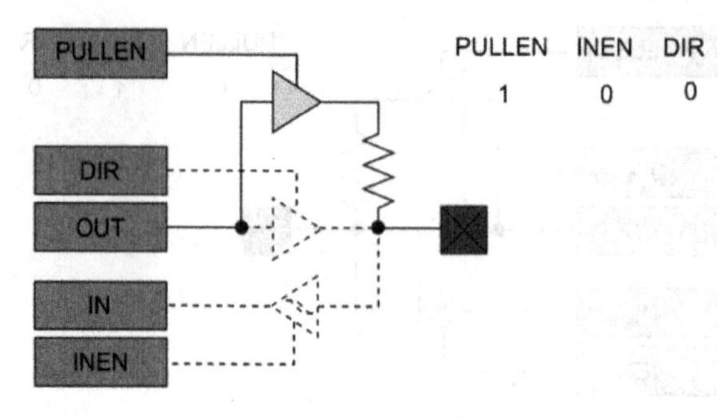

图 6.6　上/下拉输出

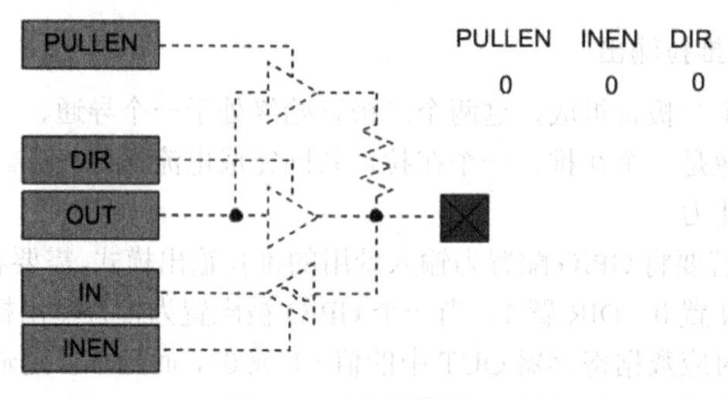

图 6.7　复位或模拟 I/O

需要注意的是，这里介绍了 GPIO 的基本原理和配置方式，但是不同的芯片支持的模式和配置方式可能有所不同。例如，现代很多 MCU 的 GPIO 部件挂在内部某个外设总线上，配置 GPIO 时一般还需要开启并配置相关的外设时钟，并需要根据实际需要配置 GPIO 的速度（低速、中速、高速等）。所以，每种 MCU 芯片 GPIO 的功能和具体配置方法还需要参考具体芯片的用户手册。

6.1.2　GPIO 示例

这里以 STM32 为例介绍 MCU 中具体的 GPIO。STM32 中包括了 8 组数字 I/O 端口（PA～PH），每个端口包括多个引脚，每个引脚都可以独立配置为输入或者输出，可单独进行读/写操作，以及可单独配置内部上拉电阻或下拉电阻。除模拟输入外，所有 GPIO 均具有高电流能力，某些端口还具有中断功能。如果需要，可以按照特定顺序锁定 I/O 配置，以避免对 I/O 寄存器进行虚假写入。快速 I/O 处理允许最高 I/O 切换速率为 36MHz。

图 6.8 是 STM32 的 GPIO 结构框图。在配置 GPIO 时用到的寄存器有 GPIOx_MODER、GPIOx_OTYPER、GPIOx_OSPEEDR、GPIOx_PUPDR 等。其中，GPIOx_MODER 可以选择 GPIO 引脚的功能模式，4 种功能模式分别为输入功能、输出功能、复用功能与模拟功能；GPIOx_OTYPER 用来配置输出类型是开漏还是推拉；GPIOx_OSPEEDR 用来配置输出速度是低速、中速、快速还是高速；GPIOx_PUPDR 可以选择是否使用上拉或下拉电阻。

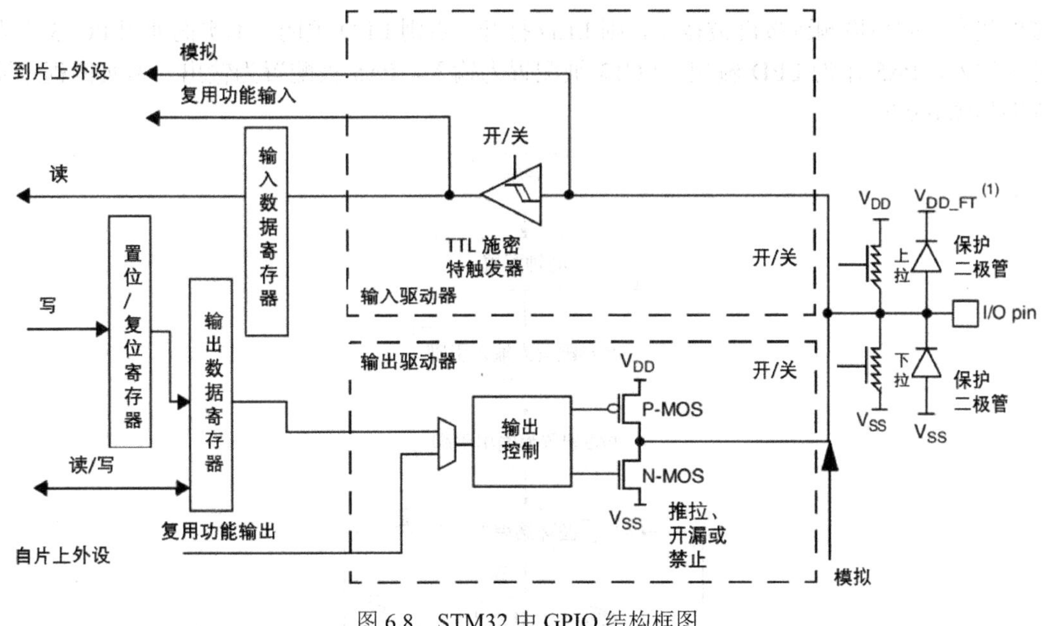

图 6.8 STM32 中 GPIO 结构框图

6.1.3 初始化配置

在使用 GPIO 进行输入/输出时，首先要对其进行初始化配置。要使用一个 GPIO，主要需要做以下几步工作。

首先，要选择 GPIO 的工作方向。GPIO 有输入和输出两个方向，一般来说，当 GPIO 连接到按键、开关等输入器件时，需要将其配置为输入引脚；当 GPIO 连接到 LED、继电器等用于控制的器件时，需要将其配置为输出引脚。

其次，要选择 GPIO 的模式，即 6.1.2 节提到的几种 GPIO 模式，包括推拉（PUSH-PULL）、开漏（OPEN-DRAIN）、上/下拉输入或输出等。

另外，需要开启所用 GPIO 组的外设时钟（时钟配置部分），选择 GPIO 的速度。一般应用 GPIO 选择中、低速就可以，摆率较低的信号有利于降低辐射干扰、提高电磁兼容性。许多 GPIO 还可以复用，要根据具体使用情况，将其配置为模拟或其他外设使用引脚。

GPIO 中断对于 GPIO 来说也是很重要的功能。如果使能 GPIO 中断，当引脚电平发生变化时可触发中断，会进入中断处理函数。

6.1.4 操作实例

6.1.3 节介绍了微处理器 GPIO 初始化的一般过程。下面将以 STM32 微控制器为例，采用 HAL 库函数给出两个 GPIO 配置例程。

1. GPIO 例程一

这部分给出了一个 GPIO 配置例程，展示 GPIO 的查询功能，在主程序中不断查询按键的状态，如果检测到按键被按下，则 LED 打开，否则 LED 关闭。本实例使用 PC13 作为开关输入，PA5 作为 LED 输出。PC13 被配置为输入，PA5 被配置为输出。本实例程序流程图如图 6.9 所示。

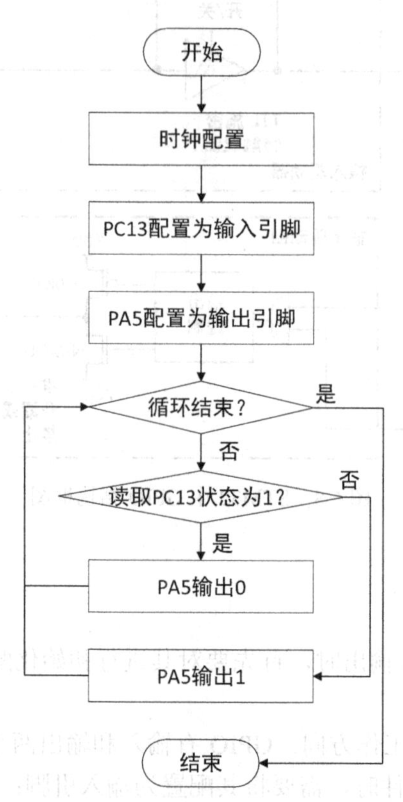

图 6.9　GPIO 例程一程序流程图

下面介绍本程序用到的库函数。

（1）void HAL_GPIO_WritePin(GPIO_TypeDef* GPIOx, uint16_t GPIO_Pin, GPIO_PinState PinState)

功能描述：设置或清除选定的数据端口位。

参数描述：GPIOx，选中的 port；GPIO_Pin，选中的 pin；PinState，要写入选定位的值。

返回值：空。

（2）GPIO_PinState HAL_GPIO_ReadPin(GPIO_TypeDef* GPIOx, uint16_t GPIO_Pin)

功能描述：读取指定端口的状态。

参数描述：GPIOx，选中的 port；GPIO_Pin，选中的 pin。

返回值：指定端口状态。

（3）void HAL_GPIO_Init(GPIO_TypeDef　*GPIOx, GPIO_InitTypeDef *GPIO_Init)

功能描述：初始化 GPIOx 外围设备。

参数描述：GPIOx，选中的 port；GPIO_Init，选中 port 的配置信息。

返回值：空。

（4）void HAL_GPIO_TogglePin(GPIO_TypeDef* GPIOx, uint16_t GPIO_Pin)

功能描述：切换指定的 GPIO 引脚。

参数描述：GPIOx，选中的 port；GPIO_Pin，选中的 pin。

返回值：空。

下面给出具体代码。

```
#include "main.h"
/*函数声明*/
void SystemClock_Config(void);
static void MX_GPIO_Init(void);
int main(void)
{
    //初始化所有外围设备，初始化 FLASH 接口和 Systick
    HAL_Init();
    //配置系统时钟，同 4.3.1 例程，这里不再给出详细代码
    SystemClock_Config();
    //初始化 GPIO
    MX_GPIO_Init();
    while (1)
    {
        if(HAL_GPIO_ReadPin(GPIOC,GPIO_PIN_13)==1)          //按键未按下
        {
            HAL_GPIO_WritePin(GPIOA,GPIO_PIN_5,0);          //LED 关闭
        }
        else                                                //按键按下
        {
            HAL_GPIO_WritePin(GPIOA,GPIO_PIN_5,1);          //LED 打开
        }
    }
}
/****************************************************************
*功能：GPIO 初始化函数
****************************************************************/
static void MX_GPIO_Init(void)
{
    GPIO_InitTypeDef GPIO_InitStruct = {0};
    //GPIO 端口时钟启用
    __HAL_RCC_GPIOC_CLK_ENABLE();
    __HAL_RCC_GPIOA_CLK_ENABLE();
    //配置 GPIO PA5 为输出模式
    HAL_GPIO_WritePin(GPIOA, GPIO_PIN_5, GPIO_PIN_RESET);
    //配置 GPIO 端口：PC13
    GPIO_InitStruct.Pin = GPIO_PIN_13;
    GPIO_InitStruct.Mode = GPIO_MODE_INPUT;                 //设置为输入模式
    GPIO_InitStruct.Pull = GPIO_NOPULL;                     //没有上拉或下拉电阻
    HAL_GPIO_Init(GPIOC, &GPIO_InitStruct);
    //配置 GPIO 端口：PA5
    GPIO_InitStruct.Pin = GPIO_PIN_5;
```

```
    GPIO_InitStruct.Mode = GPIO_MODE_OUTPUT_PP;      //选择输出方式为推挽输出
    GPIO_InitStruct.Pull = GPIO_NOPULL;              //没有上拉或下拉电阻
    GPIO_InitStruct.Speed = GPIO_SPEED_FREQ_LOW;     //选择低速传输
    HAL_GPIO_Init(GPIOA, &GPIO_InitStruct);
}
```

将上述代码的完整工程下载到 STM32 开发板并运行后，按下按键，LED 灯打开，松开按键，LED 灯关闭，并如此反复。

2．GPIO 例程二

GPIO 例程一展示了 GPIO 的查询功能，在这部分将展示 GPIO 的中断功能，使用按键控制 LED 灯的亮灭。实例使用 PC13 作为开关输入，PA5 作为 LED 输出。PC13 被配置为输入，并使能中断；PA5 被配置为输出。当开关按下时，LED 灯的亮灭状态翻转。本实例程序流程图如图 6.10 所示。

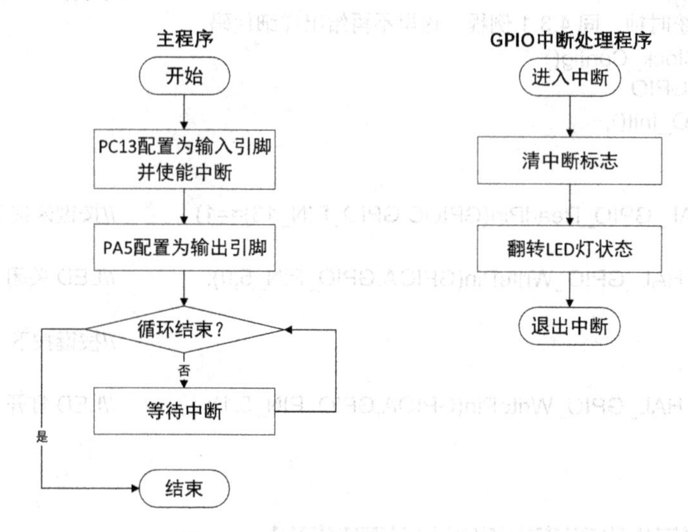

图 6.10　GPIO 例程二程序流程图

下面给出具体代码，同 GPIO 示例一相比，GPIO 初始化函数 MX_GPIO_Init(void)只需要将 PC13 的引脚模式修改为下降边缘触发检测的外部中断模式，即“GPIO_InitStruct.Mode = GPIO_MODE_IT_FALLING;”，同时在 GPIO 初始化函数最后加上两句外部中断初始化的代码“HAL_NVIC_SetPriority(EXTI15_10_IRQn, 0, 0); HAL_NVIC_EnableIRQ(EXTI15_10_IRQn);”即可，所以这里不再给出 MX_GPIO_Init(void)的详细代码。

```
#include "main.h"
/*函数声明*/
void SystemClock_Config(void);
static void MX_GPIO_Init(void);
int main(void)
{
    //初始化所有外围设备，初始化 FLASH 接口和 Systick
    HAL_Init();
    //配置系统时钟，同 4.3.1 例程，这里不再给出详细代码
```

```
    SystemClock_Config();
    //初始化 GPIO
    MX_GPIO_Init();
    while (1)
    {
        HAL_Delay(300);
    }
}
/*************************************************************
*功能：GPIO 按键中断回调函数
*************************************************************/
void HAL_GPIO_EXTI_Callback(uint16_t GPIO_Pin)
{
    //LED 翻转
    HAL_GPIO_TogglePin(GPIOA,GPIO_PIN_5);
}
```

将上述代码的完整工程下载到 STM32 开发板并运行后，按下按键，LED 灯打开，再一次按下按键，LED 灯关闭，并如此反复。

6.2　通用定时器/计数器

定时器是嵌入式系统中必不可少的外设部件，它就像一个闹钟，可以定时提醒 MCU 进行事件处理。本节将介绍通用定时器的基本原理，并介绍如何配置、使用一个通用定时器。

6.2.1　通用定时器简介

顾名思义，定时器是一个用来定时的外设。定时器工作时，计数器向上或向下计数，在计数达到一定值时通知 MCU。定时器在嵌入式系统的用途很多，如嵌入式操作系统的任务调度、通信电路的波特率发生器、数模转换等。

定时器和计数器具有相同的基本结构。定时器将系统时钟（固定时钟频率）作为计数脉冲，而计数器的脉冲输入通常来自处理器的外部引脚，实现对外部事件进行计数。通常将定时器和计数器设计在一起，通过开关切换脉冲源，使其工作于计数器状态或定时器状态。

如图 6.11 所示，定时器主要由控制寄存器、状态寄存器、初始值寄存器、输出寄存器和计数器组成。控制寄存器是一个只写寄存器，用于设置定时器的工作方式并控制其工作；状态寄存器是一个只读寄存器，用于存放定时器当前工作状态；初始值寄存器是一个只写寄存器，用于载入计数器的初始计数值；输出寄存器是只读寄存器，用于记录计数器当前的值；计数器多为递减计数器，从初始值寄存器读取初始值后，进行减法计数，减到 0 时产生溢出或中断信号，其具体的计数方式由控制寄存器控制。

通用定时器的主要功能是定时，产生一次或周期性中断。计数器的工作模式分为单次计数模式和循环计数模式。单次计数模式下，计数器计数到 0 就产生中断并停止计数；循环计数模式下，每次计数器计数到 0 便产生一次中断，随后重新载入计数器的初始值，继续计数。

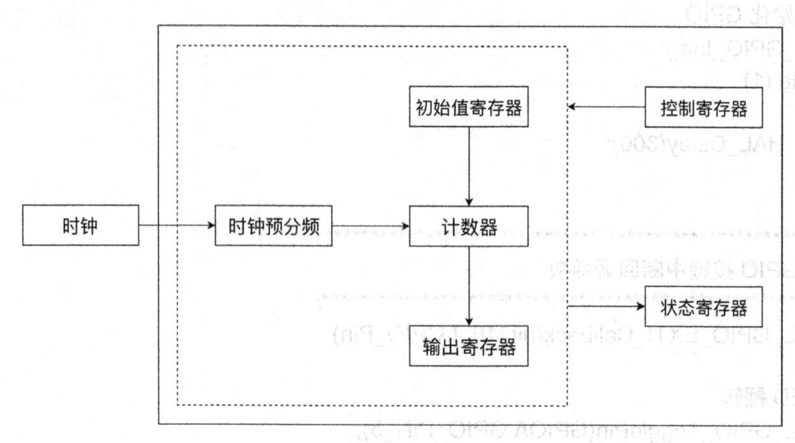

图 6.11　定时器结构图

有些定时器还具有以下几个功能。

- 输入捕获。
- 输出比较。
- 脉冲宽度调制。

输入捕获功能可以用于测量周期。如图 6.12 所示，当一个满足过滤要求的脉冲到达时，定时器都将当前计数器中的值载入捕获寄存器。若要计算周期，只要捕获两次脉冲，然后相减就能得到两次脉冲的间隔时间。如果用户选择开启中断，那么捕获时还会产生一个中断。

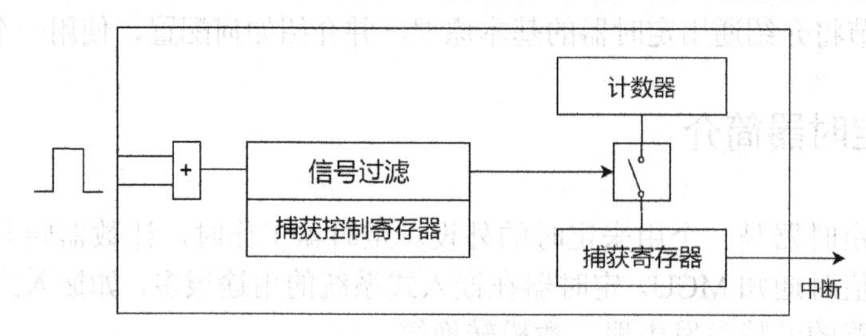

图 6.12　输入捕获

输出比较功能可以用于产生特定波形。如图 6.13 所示，当计数器的值与比较寄存器的值相等时，可在输出引脚输出指定信号。如果用户选择开启中断，那么还会产生一个中断。

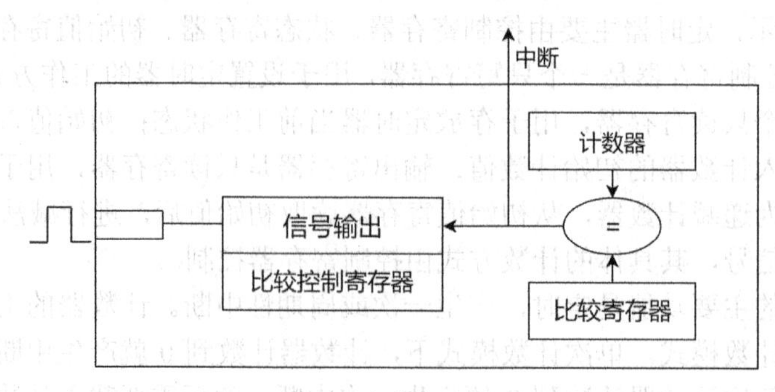

图 6.13　输出比较

6.2.2 定时器示例

STM32 包含了多种定时器，比如，高级定时器 TIM1、TIM8 和 TIM20，通用定时器 TIM2～TIM4、TIM15～TIM17，基本定时器 TIM6 和 TIM7，WDG，SysTick。Systick 是 Cortex-M4 硬件内核中的一个定时器，一般称为系统滴答定时器，因其位置的特殊性，这里不具体讨论。WDG 为看门狗定时器，也是一种特殊功能的定时器，在后面的章节中会学习到。本节只讨论基本定时器、通用定时器和高级定时器。

TIM6 和 TIM7 是两个 16 位的基本定时器。基本定时器只具有计数定时功能，主要用于驱动 DAC，也可以用作通用的 16 位时基，仅在计数器溢出时产生中断/DMA 请求，图 6.14 是定时器 TIM6 的模块图。

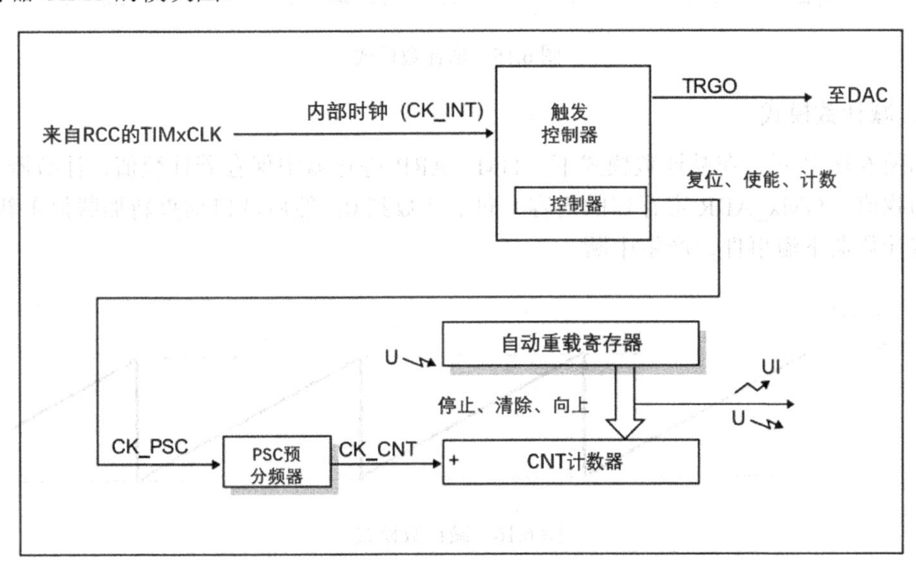

图 6.14 TIM6 模块结构

TIM2 是一个 32 位通用定时器，由一个 32 位自动重新加载计数器组成，TIM3、TIM4 和 TIM15～TIM17 是 5 个 16 位通用定时器。通用定时器可以用于多种用途，包括测量输入信号的脉冲长度（输入捕获）或生成输出波形（输出比较和 PWM）。并且可以在计数器上溢/下溢、计数器启动、输入捕获、输出比较等事件中生成中断/DMA 请求。

TIM1、TIM8 和 TIM20 是 3 个 16 位的高级控制定时器，它可用于多种用途，包括测量输入信号的脉冲长度（输入捕获）或生成输出波形（输出比较、PWM、带死区插入的互补 PWM）。相较于通用定时器，高级定时器的功能更多，例如，死区时间可编程的互补输出，并且带有重复计数器功能，仅在指定数目的计数器周期之后才更新定时器寄存器。

定时器的时钟可源自内部时钟（CK_INT）、外部输入模式 1（TIx）、外部输入模式 2（ETR）、内部触发输入（一个定时器触发另一个定时器），时钟源可以直接传递给定时器或者进行时钟分频后传递给定时器以供定时器使用，不同的定时器时钟源有细微差异，具体可以参考官网手册。定时器有 4 种计数模式：增计数模式、减计数模式、增减计数模式和停止模式。

1．增计数模式

如图 6.15 所示，在增计数模式下，TIMx_ARR 寄存器中保存着计数值，计数器从 0 计数到自动重新加载值（TIMx_ARR 寄存器的内容），然后从 0 重新启动，并生成计数器溢出事件、产生中断。

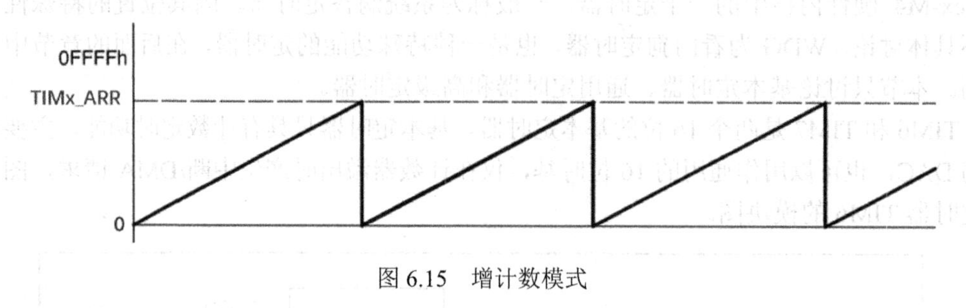

图 6.15　增计数模式

2．减计数模式

如图 6.16 所示，在减计数模式下，TIMx_ARR 寄存器中保存着计数值，计数器从自动重新加载值（TIMx_ARR 寄存器的内容）向下计数到 0，然后从自动重新加载值重新启动，并生成计数器下溢事件、产生中断。

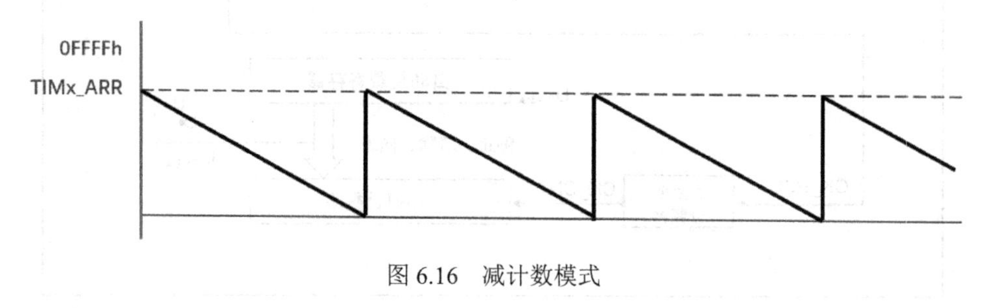

图 6.16　减计数模式

3．增减计数模式

如图 6.17 所示，在增减计数模式下，TIMx_ARR 寄存器中保存着计数值，定时器计数从 0 向上计数到 TIMx_ARR 中的值，再从 TIMx_ARR 中的值向下返回计数到 0。定时器从 TIMx_ARR-1 跳到 TIMx_ARR 时产生一个中断，并在从 00001h 跳到 0 时产生一个中断。一般来说，在定时器周期不是 0FFFFh，且需要产生一个对称的脉冲时，可以选择使用增减计数模式。此模式中，计数方向锁定，允许定时器停止并以相同的方向重新启动。

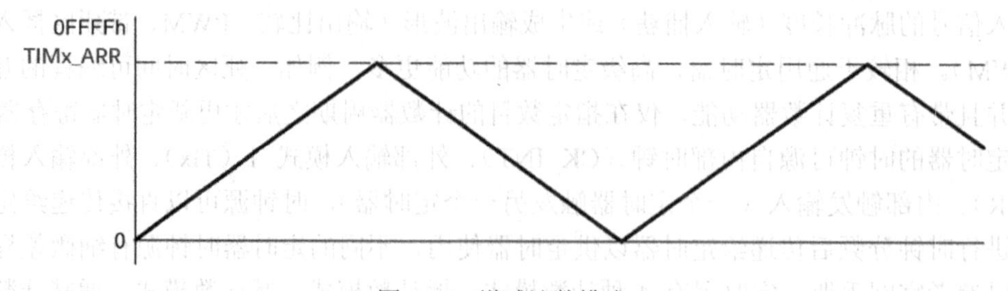

图 6.17　增减计数模式

4．停止模式

停止模式即定时器停止计数。

TIM2 中具有多达 4 个相同的捕获/比较模块，任何一个模块都可用于捕获定时器数据、产生时间间隔或产生 PWM。

捕获模式下，两次捕获的差值可用于计算速度或测量时间。捕获输入可连接到外部引脚，也可以是内部信号。输入信号的上升沿、下降沿或上升/下降沿都可以作为捕获沿。发生捕获时，计数器的值被复制到捕获/比较 TIMx_CCRy 寄存器中，并产生一个中断，CPU 在下一个写寄存器操作之前取到 TIMx_CCRy 寄存器中的值即可。

比较模式可以用于输出 PWM 信号。在此模式下，当计数器计数到 TIMx_CCRy 寄存器中的数时，产生一个中断，并根据输出模式调整输出信号的极性。具体的输出模式对应的输出波形，将会在 6.3 节中详细阐述。

6.2.3　初始化配置

在使用定时器模块时，首先要对其进行初始化配置。通用定时器的初始化流程包括时钟配置、定时器配置、中断配置等。

一个定时器要正常工作，首先需要一个时钟驱动。另外，定时器时钟对定时器的周期计算起重要作用，因此，选择一个合适的时钟频率十分重要。

在使用定时器时，要根据具体情况对定时器进行配置。首先，需要配置定时器的周期。一般来说，定时器内部有一个初始值寄存器，配置定时器的周期即设置初始值寄存器的值。根据这个初始值寄存器的值和时钟频率，可以计算出定时器的计数周期。其次，需要配置定时器的模式，包括定时器的计数模式（递增计数和递减计数）和工作模式（单次计数和循环计数）。

如果使能定时器中断，那么定时器在溢出时会产生一个中断，程序进入中断处理函数。

6.2.4　操作实例

本示例以 STM32 为例，展示了一个通用定时器的基本功能，即控制 LED 灯定时闪烁，时间周期为 1s。按键控制定时器计数开始以及中断使能。LED 灯和按键分别接在端口 PC13 和 PA5 上。本实例程序流程图如图 6.18 所示。

下面介绍本程序用到的库函数。

1．HAL_StatusTypeDef HAL_RCCEx_PeriphCLKConfig(RCC_PeriphCLKInitTypeDef *PeriphClkInit)

功能描述：初始化 RCC 扩展外围设备时钟。

参数描述：PeriphClkInit，外围设备时钟（ADC、CEC、I2C、I2S、SDADC、HRTIM、TIM、USART、RTC 和 USB）的配置信息。

返回值：HAL 状态。

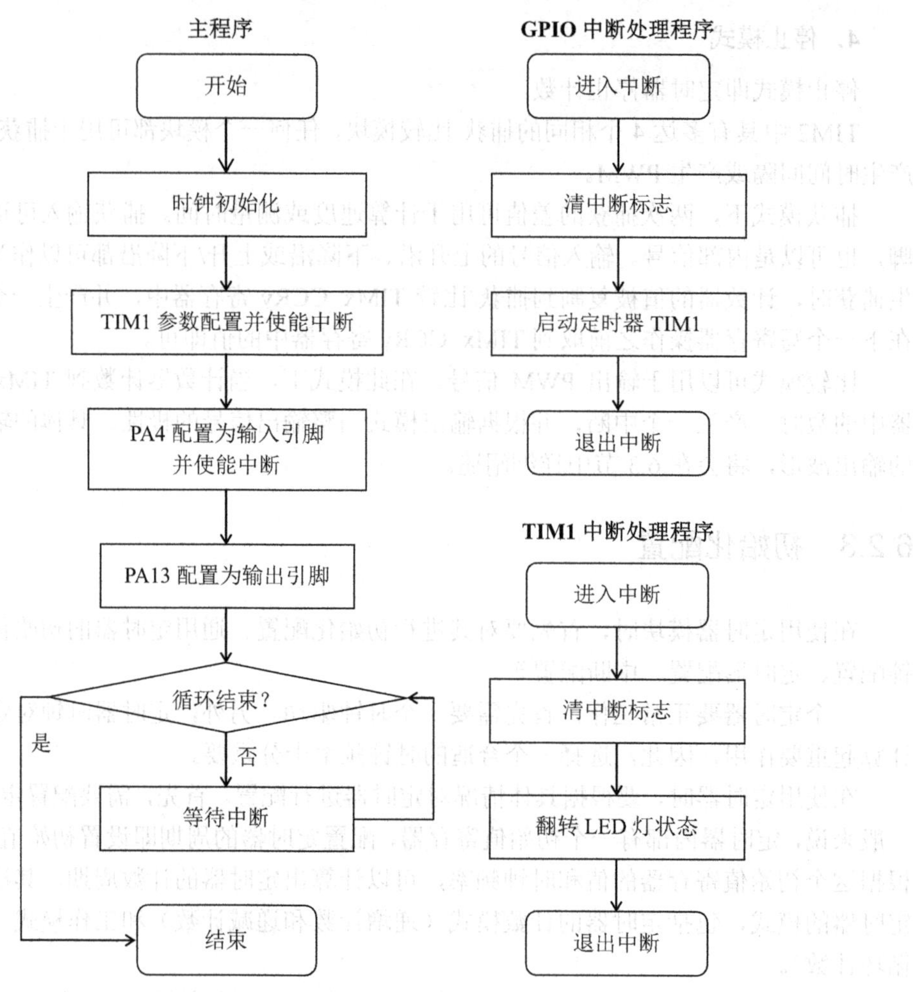

图 6.18　定时器程序流程图

2．HAL_StatusTypeDef HAL_TIM_Base_Init(TIM_HandleTypeDef *htim)

功能描述：初始化定时器并初始化相关句柄。

参数描述：htim，定时器句柄。

返回值：HAL 状态。

3．HAL_StatusTypeDef HAL_TIM_ConfigClockSource(TIM_HandleTypeDef *htim, TIM_ClockConfigTypeDef *sClockSourceConfig)

功能描述：配置定时器使用的时钟源。

参数描述：htim，定时器句柄；sClockSourceConfig，TIM 外围设备的时钟源信息。

返回值：HAL 状态。

4．HAL_StatusTypeDef HAL_TIMEx_MasterConfigSynchronization (TIM_ HandleTypeDef * htim, TIM_MasterConfigTypeDef * sMasterConfig)

功能描述：配置定时器为主模式。

参数描述：htim，定时器句柄；sMasterConfig，指向 TIM_MasterConfigTypeDef 结构，该结构包含所选触发器输出（TRGO）和主/从模式。

返回值：空。

5．HAL_StatusTypeDef HAL_TIM_Base_Start_IT(TIM_HandleTypeDef *htim)

功能描述：在中断模式下启动定时器。

参数描述：htim，定时器句柄。

返回值：HAL 状态。

其中，定时器配置结构体的参数如下。

- Prescaler：指定用于划分 TIM 时钟的预分频器值。
- CounterMode：指定计数模式。
- Period：指定下次更新事件时要加载到自动重新加载寄存器中的值。
- ClockDivision：指定时钟分频。
- AutoReloadPreload：指定是否自动重装载。

下面给出具体代码。

```
#include "main.h"

/*函数声明*/
void SystemClock_Config(void);
static void MX_GPIO_Init(void);
static void MX_TIM1_Init(void);
/*定义变量*/
TIM_HandleTypeDef htim1;

int main(void)
{
    //初始化所有外围设备，初始化 FLASH 接口和 Systick
    HAL_Init();
    //配置系统时钟，同 4.3.1 例程，这里不再给出详细代码
    SystemClock_Config();
    //配置定时器时钟
    RCC_PeriphCLKInitTypeDef PeriphClkInit = {0};
    PeriphClkInit.PeriphClockSelection = RCC_PERIPHCLK_TIM1;
    PeriphClkInit.Tim1ClockSelection = RCC_TIM1CLK_HCLK;
    if (HAL_RCCEx_PeriphCLKConfig(&PeriphClkInit) != HAL_OK)
    {
      Error_Handler();
    }
    //GPIO 配置，同 6.1.4 例程，这里不再给出详细代码
    MX_GPIO_Init();
    MX_TIM1_Init();
    while (1)
    {
    }
}
/*************************************************************
```

```
*功能：TIM1 初始化函数
*************************************************************/
static void MX_TIM1_Init(void)
{
    TIM_ClockConfigTypeDef sClockSourceConfig = {0};
    TIM_MasterConfigTypeDef sMasterConfig = {0};
    //参数配置
    htim1.Instance = TIM1;
    htim1.Init.Prescaler = 35999;                            //设置定时器的分频系数
    htim1.Init.CounterMode = TIM_COUNTERMODE_UP;             //设置计数模式为向上计数
    htim1.Init.Period = 1999;                                //设置向上计数的最大值
    htim1.Init.ClockDivision = TIM_CLOCKDIVISION_DIV1;       //设置时钟分频系数为 1
    htim1.Init.RepetitionCounter = 0;
    //设置定时器自动重装上限值
    htim1.Init.AutoReloadPreload = TIM_AUTORELOAD_PRELOAD_ENABLE;
    //TIM1 参数初始化
    if (HAL_TIM_Base_Init(&htim1) != HAL_OK)
    {
        Error_Handler();
    }
    //定时器时钟源配置
    sClockSourceConfig.ClockSource = TIM_CLOCKSOURCE_INTERNAL;
    if (HAL_TIM_ConfigClockSource(&htim1, &sClockSourceConfig) != HAL_OK)
    {
        Error_Handler();
    }
    //定时器主模式配置
    sMasterConfig.MasterOutputTrigger = TIM_TRGO_RESET;
    sMasterConfig.MasterOutputTrigger2 = TIM_TRGO2_RESET;
    sMasterConfig.MasterSlaveMode = TIM_MASTERSLAVEMODE_DISABLE;
    if (HAL_TIMEx_MasterConfigSynchronization(&htim1, &sMasterConfig) != HAL_OK)
    {
        Error_Handler();
    }
}
/************************************************************
*功能：GPIO 按键中断回调函数
*************************************************************/
void HAL_GPIO_EXTI_Callback(uint16_t GPIO_Pin)
{
    //启动定时器 TIM1
    HAL_TIM_Base_Start_IT(&htim1);
}
/************************************************************
*功能：TIM1 中断回调函数
*************************************************************/
void HAL_TIM_PeriodElapsedCallback(TIM_HandleTypeDef *htim)
{
    if(htim->Instance==TIM1)
    {
        //LED 翻转
```

```
        HAL_GPIO_TogglePin(GPIOA, GPIO_PIN_5);
    }
}
```

将包含上述代码的完整工程下载到 STM32 开发板后，按下按键，LED 以 1s 的周期开始闪烁。

6.3　脉冲宽度调制（PWM）

PWM（pulse width modulation）是利用微处理器的数字输出不同占空比的矩形波对外部电路进行控制的一种技术，广泛应用在电机控制、功率控制与变换等许多场合。本节将介绍 PWM 的基本原理，并介绍如何利用 MCU 的定时器产生一个频率和占空比可控的 PWM 波形。

6.3.1　PWM 简介

PWM 技术成本低、易于实现、控制灵活、抗噪性能强，是一种在许多应用设计中采用的技术。

PWM 的基本原理很简单，即冲量相等而形状不同的窄脉冲加在具有惯性的环节上时，其效果基本相同。这句话中，冲量指的是脉冲的面积，效果基本相同指的是输出响应波形基本相同。在图 6.19 中，4 种波形具有不同的形状和相同的冲量，它们输入图 6.20（a）所示电路后，其响应波形如图 6.20（b）所示，可以看到，响应波形在低频段非常接近，仅在高频段略有差异。也就是说，我们可以用图 6.19（a）来代替图 6.19（b）或图 6.19（c）。

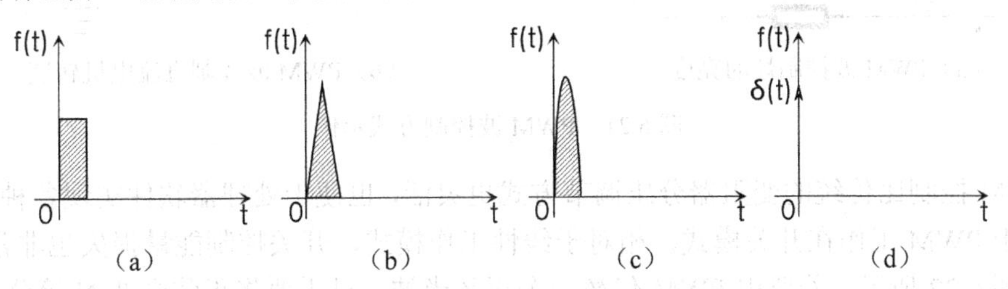

图 6.19　形状不同而冲量相同的各种窄脉冲

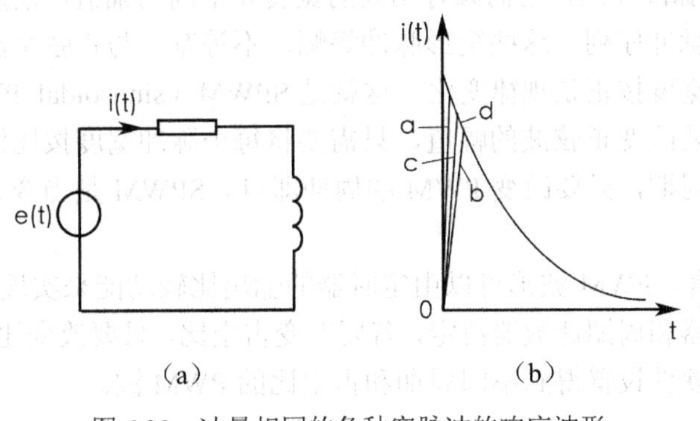

图 6.20　冲量相同的各种窄脉冲的响应波形

占空比是指高电平在一个矩形波周期内所占的时间比率，范围为 0%～100%，表征一个周期脉冲的能量。恒低电平可以看作是占空比为 0%的 PWM 波，恒高电平可以看作是 100%的 PWM 波；占空比为 50%的 PWM 波就是方波。

PWM 控制方式就是通过输出不同占空比的 PWM 波去控制高速电子开关的通断，使得输出负载端得到一系列幅值相等而占空比不同的脉冲，用这些脉冲来代替所需的波形或电压，实现对负载的等效功率控制。例如，MCU 可以输出不同占空比的 PWM 波去控制一个 LED 灯的亮度，实现一个呼吸灯的效果，其原理如图 6.21（a）所示，只要控制开关 S 的 PWM 波频率在 100Hz 以上，人眼就感觉不到灯的闪烁。同样，MCU 可以输出一个占空比可调的 PWM 波，通过一个功率三极管开关就可以调节直流电机的转速，如图 6.21（b）所示。由于电机是感性负载，需要在电机的电源正、负极反向并接一个续流二极管。另外，为了避免 PWM 产生音频噪声，用于电机控制的 PWM 频率一般选在 15～30kHz。对于不同功率的负载，电子开关可以选择相应功率的三极管、MOS 管、IGBT 等。

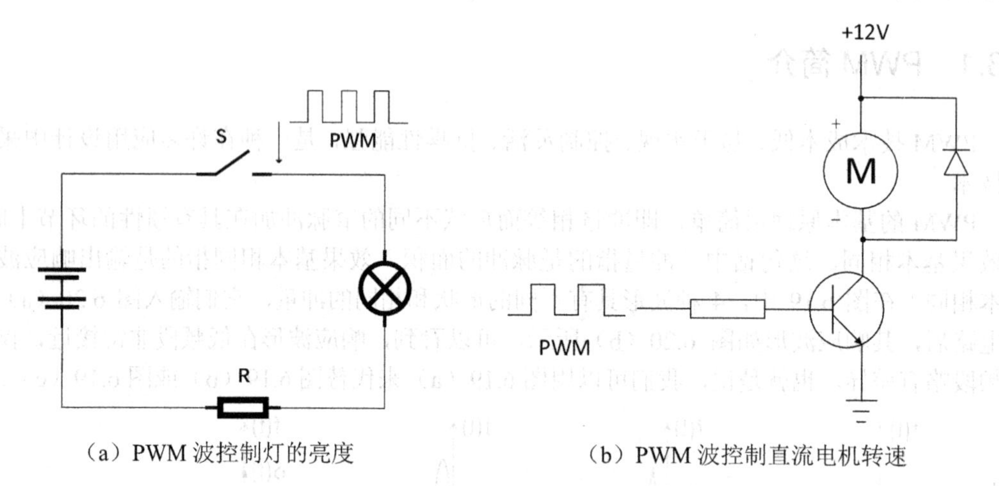

（a）PWM 波控制灯的亮度　　（b）PWM 波控制直流电机转速

图 6.21　PWM 波控制方式示例

PWM 控制比传统的变阻器分压调节方式更灵活，也便于处理器软件实现各种功能。另外，由于 PWM 工作在开关模式，相对于线性工作模式，开关控制能量损失也非常小。

如图 6.22 所示，若要用 PWM 代替一个正弦半波，只需要将正弦半波 N 等分，将其看成 N 个彼此相连的脉冲序列，它们具有相同的宽度和不同的幅值。根据等面积法，用 N 个矩形脉冲代替这些脉冲序列，这些矩形脉冲等幅、不等宽，与正弦半波的脉冲序列中点重合、面积相等，其宽度按正弦规律变化。这就是 SPWM（sinusoidal PWM，正弦脉冲宽度调制）的原理。若要改变正弦波的幅值，只需要将每个脉冲宽度按比例放大或缩小即可；若要改变正弦波的周期，只要改变 PWM 的周期即可。SPWM 是当今各种变频电机控制的基础。

对于 MCU 而言，PWM 波形可以由定时器的输出比较功能来实现。PWM 波的占空比和周期由比较寄存器和周期计数器决定，若要改变占空比，只要改变比较寄存器的值即可，可以非常方便地用软件设置得到不同周期和占空比的 PWM 波。

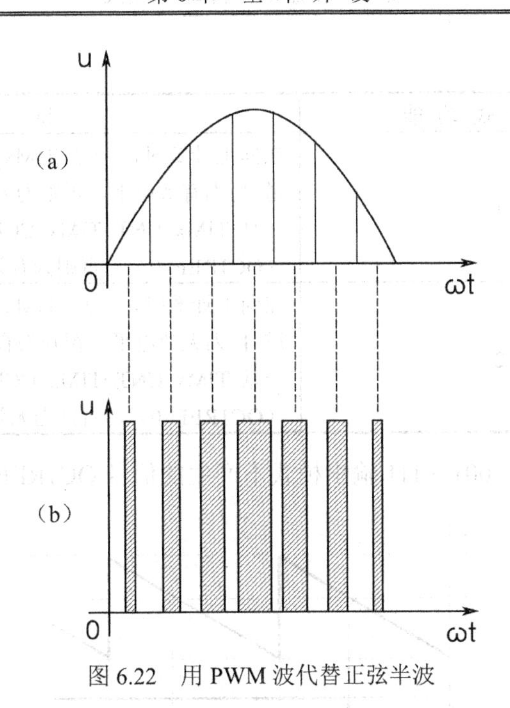

图 6.22　用 PWM 波代替正弦半波

PWM 控制的一个优点：从处理器到被控系统，信号都是数字形式的，无须进行数模转换。纯数字控制不仅大大降低了外部电路的复杂度，也可将外界噪声影响降到最小。PWM/SPWM 控制技术在变频空调、电梯、高铁、数控机床等行业有广泛应用。

6.3.2　PWM 示例

在 STM32 中，PWM 可以由高级定时器和通用定时器产生。高级定时器和通用定时器的基本结构在 6.2 节中已经了解，在本节中以 TIM1 为例说明。

TIM1 的每个捕获/比较区块都包含一个输出单元，该输出单元可以用于产生输出信号，如 PWM 信号。每个输出单元可生成 8 种模式的信号，由 TIMx_CCMR1 寄存器的 6:4 位决定。表 6.1 列出了 8 种输出模式及各模式的功能和特征。

表 6.1　TIM1 的输出模式

寄存器值	模式功能	特　征
000	冻结	输出比较寄存器 TIMx_CCR1 与计数器 TIMx_CNT 间的比较对 OC1REF 不起作用
001	匹配时设置通道 1 为有效电平	当计数器 TIMx_CNT 的值与捕获/比较寄存器 1（TIMx_CCR1）相同时，强制 OC1REF 为高
010	匹配时设置通道 1 为无效电平	当计数器 TIMx_CNT 的值与捕获/比较寄存器 1（TIMx_CCR1）相同时，强制 OC1REF 为低
011	翻转	当 TIMx_CCR1=TIMx_CNT 时，翻转 OC1REF 的电平
100	强制为无效电平	强制 OC1REF 为低
101	强制为有效电平	强制 OC1REF 为高

续表

寄 存 器 值	模 式 功 能	特　征
110	PWM 模式 1	在向上计数时，一旦 TIMx_CNT<TIMx_CCR1，则通道 1 为有效电平，否则为无效电平；在向下计数时，一旦 TIMx_CNT>TIMx_CCR1，则通道 1 为无效电平（OC1REF=0），否则为有效电平（OC1REF=1）
111	PWM 模式 2	在向上计数时，一旦 TIMx_CNT<TIMx_CCR1，则通道 1 为无效电平，否则为有效电平；在向下计数时，一旦 TIMx_CNT>TIMx_CCR1，则通道 1 为有效电平（OC1REF=0），否则为无效电平（OC1REF=1）

以增计数模式为例，001～111 输出模式下产生的信号 OC1REF 如图 6.23 所示。

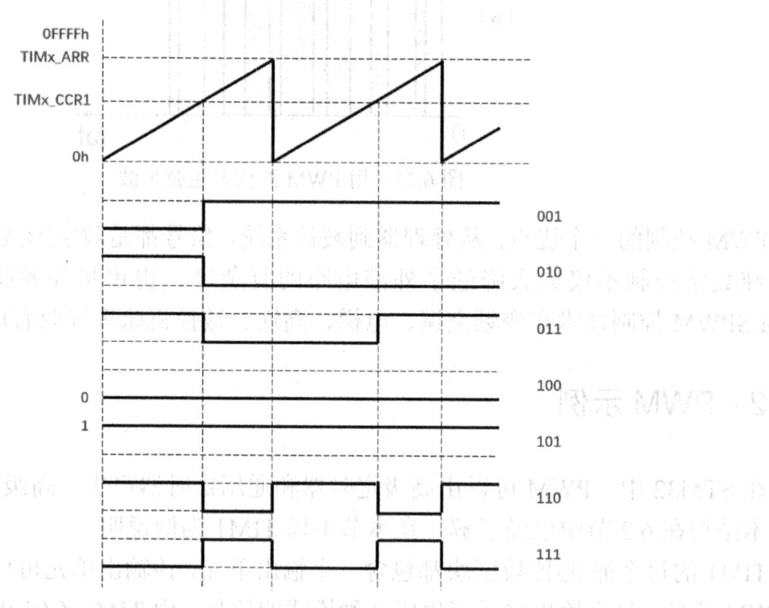

图 6.23　增计数模式下各输出模式下的输出信号图

6.3.3　操作实例

本实例以 STM32 为例，由定时器产生 PWM 波控制开发板上 LED 灯的亮度，实现类似呼吸灯的效果。本例中的 PWM 由 TIM2 产生，由于 STM32 HAL 库中有库函数可以用于产生 PWM，这里直接调用库函数即可。本实例程序流程图如图 6.24 所示。

下面介绍本程序用到的库函数。

1. HAL_StatusTypeDef HAL_TIM_Base_Start(TIM_HandleTypeDef *htim)

功能描述：启动定时器开始计数。

参数描述：htim，定时器句柄。

返回值：HAL 状态。

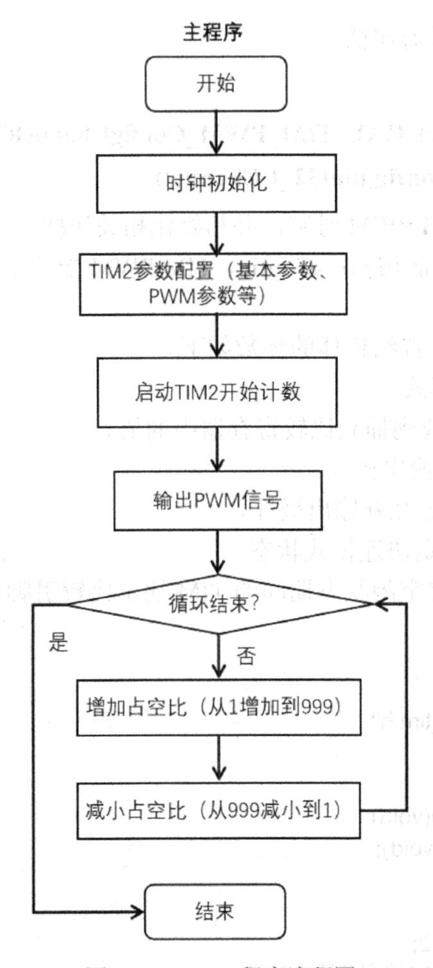

图 6.24　PWM 程序流程图

2．HAL_StatusTypeDef HAL_TIM_PWM_Start(TIM_HandleTypeDef *htim, uint32_t Channel)

功能描述：开始输出 PWM 信号。

参数描述：htim，定时器句柄；Channel，TIM 通道。

返回值：HAL 状态。

3．__HAL_TIM_SET_COMPARE(__HANDLE__, __CHANNEL__, __COMPARE__)

功能描述：在运行时设置 TIM Capture Compare 寄存器值（占空比）。

参数描述：__HANDLE__，定时器句柄；__CHANNEL__，TIM 通道；__COMPARE__，待设置的 TIM Capture Compare 寄存器值。

返回值：无。

4．HAL_StatusTypeDef HAL_TIM_PWM_Init(TIM_HandleTypeDef *htim)

功能描述：初始化 TIM PWM 时间基准，并初始化相关句柄。

参数描述：htim，定时器句柄。

返回值：HAL 状态。

5．HAL_StatusTypeDef HAL_TIM_PWM_ConfigChannel(TIM_HandleTypeDef *htim, TIM_OC_InitTypeDef *sConfig,uint32_t Channel)

功能描述：初始化 TIM PWM 时基，并初始化相关句柄。

参数描述：htim，定时器句柄；sConfig，TIM PWM 配置结构体；Channel，TIM 通道。

返回值：HAL 状态。

其中，定时器 PWM 配置结构体的参数如下。

- ❑ OCMode：TIM 模式。
- ❑ Pulse：指定要加载到捕获比较寄存器中的值。
- ❑ OCPolarity：指定输出极性。
- ❑ OCNPolarity：指定互补输出极性。
- ❑ OCFastMode：指定快速模式状态。
- ❑ OCIdleState：指定空闲状态期间的 TIM 输出比较引脚状态。

下面给出具体代码。

```
#include "main.h"
#include "stm32f3xx_hal_tim.h"

/*函数声明*/
void SystemClock_Config(void);
static void MX_TIM2_Init(void);

/*定义变量*/
TIM_HandleTypeDef htim2;
int i;  //指定要加载到捕获比较寄存器中的值

int main(void)
{
    //初始化所有外围设备，初始化 FLASH 接口和 Systick
    HAL_Init();

    //配置系统时钟，同 4.3.2 例程，这里不再给出详细代码
    SystemClock_Config();

    //配置定时器时钟
    RCC_PeriphCLKInitTypeDef PeriphClkInit = {0};
    PeriphClkInit.PeriphClockSelection = RCC_PERIPHCLK_TIM2;
    PeriphClkInit.Tim2ClockSelection = RCC_TIM2CLK_HCLK;
    if (HAL_RCCEx_PeriphCLKConfig(&PeriphClkInit) != HAL_OK)
    {
        Error_Handler();
    }

    HAL_RCC_GPIOA_CLK_ENABLE();
```

```
    //TIM2 初始化
    MX_TIM2_Init();
    //启动定时器开始计数
    HAL_TIM_Base_Start(&htim2);
    //开始生成 PWM 信号
    HAL_TIM_PWM_Start(&htim2,TIM_CHANNEL_1);

    while (1)
    {
        //产生呼吸灯效果
        while(i<1000)
        {
            i++;
            __HAL_TIM_SET_COMPARE(&htim2,TIM_CHANNEL_1,i);
            HAL_Delay(1);
        }
        while(i>0)
        {
            i--;
            __HAL_TIM_SET_COMPARE(&htim2,TIM_CHANNEL_1,i);
            HAL_Delay(1);
        }
    }
}

/*************************************************************
*功能：TIM2 初始化函数
*************************************************************/
static void MX_TIM2_Init(void)
{

    TIM_ClockConfigTypeDef sClockSourceConfig = {0};
    TIM_MasterConfigTypeDef sMasterConfig = {0};
    TIM_OC_InitTypeDef sConfigOC = {0};

    //基本参数配置
    htim2.Instance = TIM2;
    htim2.Init.Prescaler = 72-1;
    htim2.Init.CounterMode = TIM_COUNTERMODE_UP;
    htim2.Init.Period = 1000-1;
    htim2.Init.ClockDivision = TIM_CLOCKDIVISION_DIV1;
    htim2.Init.AutoReloadPreload = TIM_AUTORELOAD_PRELOAD_ENABLE;

    //TIM2 参数初始化
    if (HAL_TIM_Base_Init(&htim2) != HAL_OK)
    {
        Error_Handler();
```

```
    }

    //定时器时钟源配置
    sClockSourceConfig.ClockSource = TIM_CLOCKSOURCE_INTERNAL;

    if (HAL_TIM_ConfigClockSource(&htim2, &sClockSourceConfig) != HAL_OK)
    {
        Error_Handler();
    }

    if (HAL_TIM_PWM_Init(&htim2) != HAL_OK)
    {
        Error_Handler();
    }

    //定时器主模式配置
    sMasterConfig.MasterOutputTrigger = TIM_TRGO_RESET;
    sMasterConfig.MasterSlaveMode = TIM_MASTERSLAVEMODE_DISABLE;

    if (HAL_TIMEx_MasterConfigSynchronization(&htim2, &sMasterConfig) != HAL_OK)
    {
        Error_Handler();
    }

    //定时器 PWM 参数配置
    sConfigOC.OCMode = TIM_OCMODE_PWM1;                //比较输出模式：PWM1 模式
    sConfigOC.Pulse = 0;                               //占空比：0
    sConfigOC.OCPolarity = TIM_OCPOLARITY_LOW;         //输出极性：低
    sConfigOC.OCFastMode = TIM_OCFAST_DISABLE;         //快速模式：不使能

    if (HAL_TIM_PWM_ConfigChannel(&htim2, &sConfigOC, TIM_CHANNEL_1) != HAL_OK)

    {
        Error_Handler();
    }
    HAL_TIM_MspPostInit(&htim2);
}
```

将包含上述代码的完整工程下载到 STM32 开发板并运行后，可以看到 LED 灯的亮度从亮到暗递减再从暗到亮递增，并以此往复。

6.4　看门狗定时器（WDT）

WDT（watch dog timer）是一个特殊的定时器，当系统出现异常时，WDT 可以自动产生复位信号来防止系统死锁，在许多设备中都有普遍应用。本节将介绍 WDT 的基本原理，并给出使用 WDT 的一个实例。

6.4.1 WDT 简介

在工业现场，当供电电源、空间电磁干扰或其他原因引起强烈的干扰噪声并作用于数字器件时，极易使器件产生错误动作，引起“程序跑飞”事故。若不进行有效处理，程序就不能回到正常工作状态，看门狗正是为了解决这类问题而产生的，尤其是在具有循环结构的程序任务中，使用看门狗的效果更为明显。

看门狗是不随主芯片时钟的停止而停止的，它是一个独立的计时单元。假如用户在程序中使用并设置了看门狗，在系统上电后它就会启动，若在指定周期内没有重置看门狗，系统将会重新启动。这种设计为系统提供了极高的可靠性，即使系统死锁，也可以及时地自动恢复系统。

看门狗实质上是一个定时器，其主要功能有两个。

1．看门狗功能

使微控制器在进入错误状态后的一定时间内复位。当看门狗使能时，如果用户程序没有在周期时间内“喂狗”（重装），看门狗会产生一个系统复位信号。

2．普通定时器功能

如果系统不需要看门狗功能，可将它当作普通定时器使用。

WDT 的工作原理很简单。首先，WDT 设置一定的计时时间，使能后，计数器开始计数。当计时时间到达后，则触发系统复位。如果在定时时间到达之前，进行“喂狗”（计数器重装）动作，则不会引起系统复位。看门狗的定时时间可以由用户设定，可以根据需要在指定的时间内复位系统。因此，软件上对看门狗的控制很简单，即打开看门狗、关闭看门狗和看门狗定时器重装。打开看门狗是指设置初始参数并调用中断来使看门狗开始工作；关闭看门狗是指停止使用看门狗；看门狗定时重装是指在看门狗计数器的数值减为零之前恢复其初始值。

6.4.2 MCU 中的看门狗

在 STM32 中有两个看门狗，分别是独立看门狗 IWDG（independent watchdog）和窗口看门狗 WWDG（system window watchdog）。

独立看门狗（IWDG）由 12 位减计数器和 8 位预分频器组成。它由一个独立的 40kHz 内部 RC 振荡器计时，由于它独立于主时钟工作，故独立于系统之外，因此可以在停止和待机模式下工作，主要用于监视硬件错误。独立看门狗（IWDG）没有中断功能，只要在计数器减到 0（下限）之前重新装载计数器的值，就不会产生复位。IWDG 既可以用作出现问题时重置设备的看门狗，也可以用作应用程序超时管理的自由运行计时器。可通过选项字节配置硬件或软件。独立看门狗定时器模块的结构如图 6.25 所示。

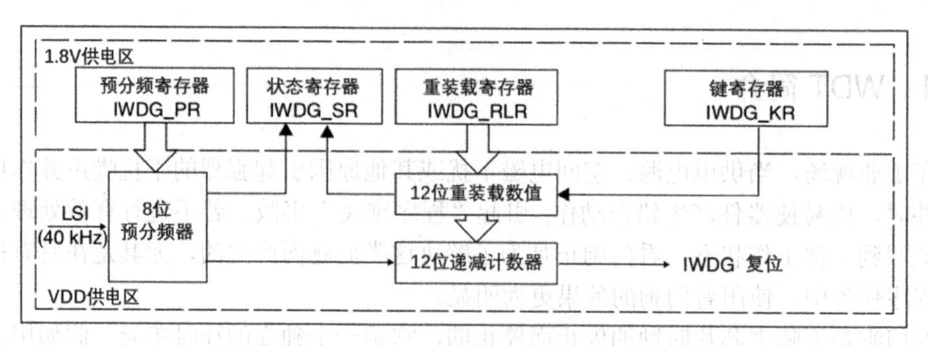

图 6.25　STM32 中的看门狗定时器结构图

窗口看门狗（WWDG）的计数器是一个可设置为自由运行的 7 位递减计数器。系统窗口看门狗（WWDG）用于检测软件故障的发生，该故障通常由外部干扰或不可预见的逻辑条件产生，从而导致应用程序放弃其正常顺序。WWDG 使用系统时钟 APB1 并且可以产生中断，必须在计数器的上限值和下限值之间重装计数器值，否则就会产生系统复位。WWDG 适用于需要看门狗在精确定时窗口内做出反应的应用。

在默认情况下，独立看门狗（IWDG）和窗口看门狗（WWDG）始终处于禁用状态。需要通过在 WWDG_CR 寄存器中设置 WDGA 位来启用该功能，然后除非通过重置，否则不能再次禁用该功能。

6.4.3　操作实例

本实例以 STM32 为例，展示了一个 WWDG 的看门狗功能。本实例中，按键用于禁用系统中断和清除由 WWDG 复位产生的标志位，系统使能 WWDG 中断，即在 WWDG 中断回调函数中“喂狗”。当按下按键时，将会禁用系统中断，那么程序不进行“喂狗”，系统由于看门狗溢出而复位，此时 LED 灯闪烁。当再次按下按键时，将清除由 WWDG 复位产生的标志位，系统定时进行“喂狗”，LED 灯停止闪烁。将 LED 灯和按键分别接在端口 PA5 和 PC13 上。本实例的程序流程图如图 6.26 所示。

下面给出本实例用到的库函数。

1．HAL_StatusTypeDef HAL_WWDG_Init(WWDG_HandleTypeDef *hwwdg)

功能描述：初始化看门狗模块。

参数描述：hwwdg，指向包含指定 WWDG 模块配置信息的 WWDG_HandleTypeDef 结构的指针。

返回值：HAL 状态。

2．HAL_StatusTypeDef HAL_WWDG_Refresh(WWDG_HandleTypeDef *hwwdg)

功能描述：刷新看门狗。

参数描述：hwwdg，指向包含指定 WWDG 模块配置信息的 WWDG_HandleTypeDef 结构的指针。

返回值：HAL 状态。

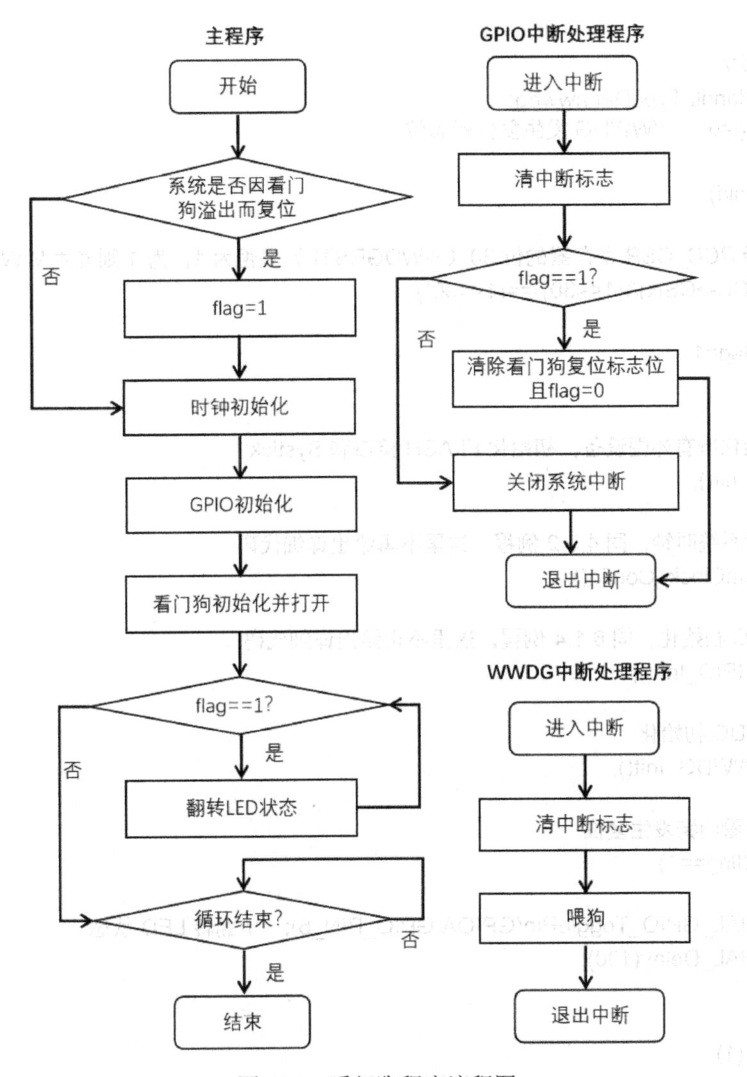

图 6.26　看门狗程序流程图

其中，窗口看门狗 WWDG 配置结构体的参数如下。

- Prescaler：指定 WWDG 的分频系数。
- Window：指定要与递减计数器进行比较的 WWDG 窗口值。
- Counter：指定 WWDG 自由运行递减计数器值。
- EWIMode：指定 WWDG 中断是否启用。

下面给出具体代码。

```
#include "main.h"

/*函数声明*/
void SystemClock_Config(void);
static void MX_GPIO_Init(void);
static void MX_WWDG_Init(void);
```

```
/*定义变量*/
WWDG_HandleTypeDef hwwdg;
uint8_t flag=0;     //WWDG 发生复位标志位

int main(void)
{
    //判断 RCC_CSR 寄存器的位 30（WWDGRSTF）是否为 1，为 1 则发生 WWDG 复位
    if(((RCC->CSR)&(1<<30))==(1<<30))
    {
        flag=1;
    }

    //初始化所有外围设备，初始化 FLASH 接口和 Systick
    HAL_Init();

    //配置系统时钟，同 4.3.2 例程，这里不再给出详细代码
    SystemClock_Config();

    //GPIO 初始化，同 6.1.4 例程，这里不再给出详细代码
    MX_GPIO_Init();

    //WWDG 初始化
    MX_WWDG_Init();

    //窗口看门狗发生复位
    while(flag==1)
    {
        HAL_GPIO_TogglePin(GPIOA,GPIO_PIN_5);    //翻转 LED 状态
        HAL_Delay(100);
    }

    while (1)
    {
    }
}

/****************************************************************
*功能：WWDG 窗口看门狗初始化函数
****************************************************************/
static void MX_WWDG_Init(void)
{
    hwwdg.Instance = WWDG;
    hwwdg.Init.Prescaler = WWDG_PRESCALER_8;        //设置分频系数为 8
    hwwdg.Init.Window = 96;                         //设置窗口值为 96
    hwwdg.Init.Counter = 104;                       //设置计数器值为 104
    hwwdg.Init.EWIMode = WWDG_EWI_ENABLE;

    if (HAL_WWDG_Init(&hwwdg) != HAL_OK)
```

```
    {
        Error_Handler();
    }
}

/*************************************************************
*功能：WWDG 中断回调函数
*************************************************************/
void HAL_WWDG_EarlyWakeupCallback(WWDG_HandleTypeDef *hwwdg)
{
    HAL_WWDG_Refresh(hwwdg);//喂狗
}
```

将包含上述代码的完整工程下载到 STM32 并运行后，按下按键，可以看到 LED 灯持续闪烁，再次按下按键，LED 灯停止闪烁，并以此往复。

6.5　实时时钟（RTC）

在一个嵌入式系统中，RTC（real-time clock）可以为系统提供可靠的系统时间，并且在系统处于关机状态时，RTC 也能通过独立的备份电池正常工作。本节将介绍 RTC 的基本原理，并结合实例介绍 STM32F303 中 RTC 的配置与使用。

6.5.1　RTC 简介

RTC 为嵌入式系统提供精确的时间基准，目前大多数实时时钟芯片采用精度较高的晶体振荡器作为时钟源。一般来说，为了在断电的情况下 RTC 也能正常工作，系统会采用备用电池并通过独立的 VBAT 引脚为 RTC 供电。

RTC 的框架结构如图 6.27 所示。RTC 的工作原理很简单，它依靠一个外部的 32.768kHz 的振荡晶体产生周期性的脉冲信号，每一个信号到来时计数器加 1，这样就完成了它的计时功能。外部晶振产生的 32.768kHz 的信号，经过 2^{15} 的时钟分频后，得到一个 1Hz 的信号，这个频率用来产生滴答计数，即时钟计数器的周期为 1s。经过工程师的经验总结，32.768kHz 的晶振频率产生的时钟是最准确的。

另外，图 6.27 中各个部件的功能如下。

- 闰年发生器：用于产生闰年逻辑。
- 时钟控制器：用于控制 RTC 的功能。
- 报警发生器：用于控制产生报警信号。
- 复位寄存器：用于重置 SEC（秒）和 MIN（分）寄存器。

RTC 有基本的计数功能，因此它可以用作一般的计数器。更重要的是，RTC 有日历功能。根据不同的应用需求，RTC 可以设置为规定间隔时间产生中断，也可以设置为固定的时间产生中断。

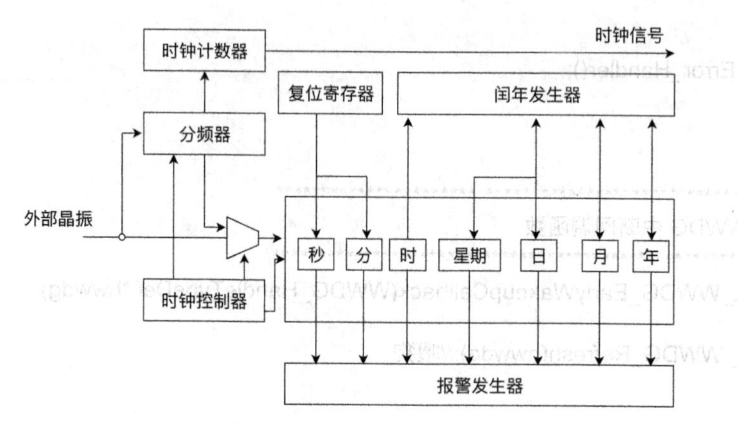

图 6.27　RTC 框架结构

6.5.2　RTC 示例

STM32 中有一个 RTC 模块，其结构图如图 6.28 所示，RTC 是一个独立的 BCD 定时器/计数器，提供了一个日历时钟，两个可编程闹钟中断和一个具有中断功能的可编程唤醒标志。

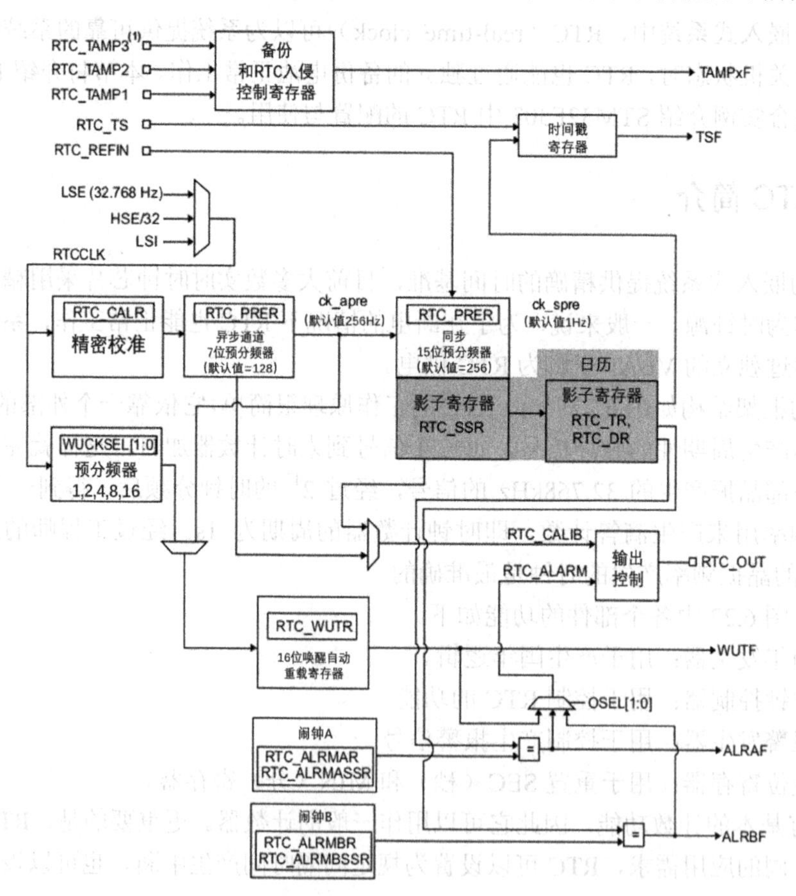

图 6.28　STM32 中的 RTC 模块结构

RTC可配置为日历模式，具有亚秒、秒、分、小时（12或24格式）、周、日、月、年的日历，采用BCD格式或者二进制格式，可以自动校正每月28、29（闰年）、30和31天。对于日历的配置，寄存器RTC_TR用来配置时间（时分秒），寄存器RTC_DR用来配置日期（年、月、日和星期），寄存器RTC_SSR可以存放比秒还要小的单位，即亚秒。

RTC模块的时钟源可以通过时钟控制器在LSE时钟、LSI振荡器时钟和HSE时钟中选择，一般选择LSE作为时钟来源，频率为32.768MHz。只要电源电压保持在工作范围内，RTC就不会停止，无论设备状态（运行模式、低功率模式等）如何。

6.5.3 操作实例

本实例以STM32为例，展示了RTC的两个基本功能，即日历功能和计数器功能。为了验证其计数器的功能，本实例令RTC每隔30s产生一个WakeUP中断，翻转LED灯的状态。另外，本实例设定RTC的起始时间为2021-08-19，16:10:10pm，并令其在同一天16:10:15pm时产生一个中断，翻转LED灯的状态。LED灯接在端口PA5上。本实例的程序流程图如图6.29所示。

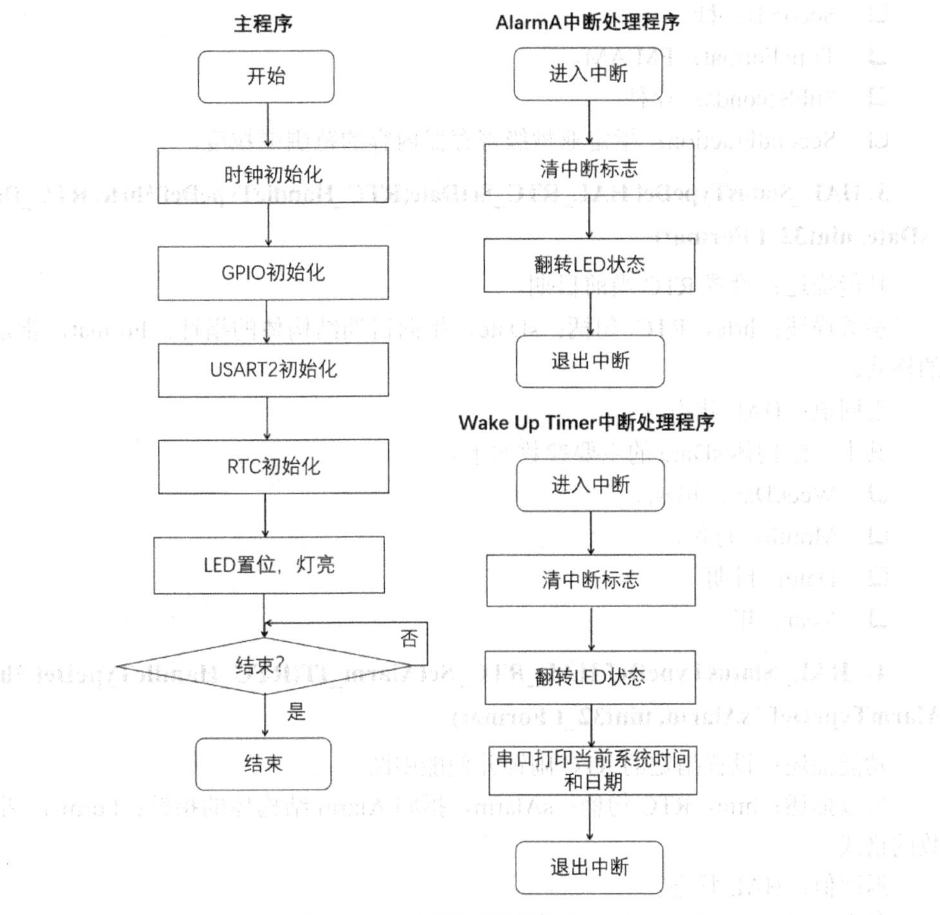

图6.29 RTC程序流程图

下面给出本实例用到的库函数。

1．HAL_StatusTypeDef HAL_RTC_Init(RTC_HandleTypeDef *hrtc)

功能描述：根据 RTC_InitTypeDef 结构中的指定参数初始化 RTC，并初始化相关句柄。

参数描述：hrtc，RTC 句柄。

返回值：HAL 状态。

2．HAL_StatusTypeDef HAL_RTC_SetTime(RTC_HandleTypeDef *hrtc, RTC_TimeTypeDef * sTime, uint32_t Format)

功能描述：设置 RTC 当前时间。

参数描述：hrtc，RTC 句柄；sTime，指向时间结构体的指针；Format，指定输入参数的格式。

返回值：HAL 状态。

其中，结构体 sTime 的主要参数如下。

- ❑ Hours：时。
- ❑ Minutes：分。
- ❑ Seconds：秒。
- ❑ TimeFormat：PM/AM。
- ❑ SubSeconds：亚秒。
- ❑ SecondFraction：指定亚秒级寄存器内容的范围或粒度。

3. HAL_StatusTypeDef HAL_RTC_SetDate(RTC_HandleTypeDef *hrtc, RTC_DateTypeDef *sDate, uint32_t Format)

功能描述：设置 RTC 当前日期。

参数描述：hrtc，RTC 句柄；sDate，指向日期结构体的指针；Format，指定输入参数的格式。

返回值：HAL 状态。

其中，结构体 sDate 的主要参数如下。

- ❑ WeekDay：星期。
- ❑ Month：月份。
- ❑ Date：日期。
- ❑ Year：年。

4．HAL_StatusTypeDef HAL_RTC_SetAlarm_IT(RTC_HandleTypeDef *hrtc, RTC_AlarmTypeDef *sAlarm, uint32_t Format)

功能描述：设置指定的 RTC 闹钟并使能中断。

参数描述：hrtc，RTC 句柄；sAlarm，指向 Alarm 结构体的指针；Format，指定输入参数的格式。

返回值：HAL 状态。

其中，结构体 sAlarm 的主要参数如下。

- AlarmTime：指定 RTC 闹钟时间成员（时、分、秒、亚秒）。
- AlarmMask：指定 RTC 闹钟屏蔽。
- AlarmSubSecondMask：指定 RTC 闹钟亚秒屏蔽。
- AlarmDateWeekDaySel：选择日期或者星期。
- AlarmDateWeekDay：指定日期或者星期。
- Alarm：指定闹钟。

5．HAL_StatusTypeDef HAL_RTCEx_SetWakeUpTimer_IT(RTC_HandleTypeDef *hrtc, uint32_t WakeUpCounter, uint32_t WakeUpClock)

功能描述：设置唤醒定时器并使能中断。

参数描述：hrtc，RTC 句柄；WakeUpCounter，Wake Up 计数器值；WakeUpClock，Wake Up 时钟。

返回值：HAL 状态。

6．HAL_StatusTypeDef HAL_RTC_GetTime(RTC_HandleTypeDef *hrtc, RTC_TimeTypeDef *sTime, uint32_t Format)

功能描述：获取 RTC 当前时间。

参数描述：hrtc，RTC 句柄；sTime，指向时间结构体的指针；Format，指定获取时间的格式。

返回值：HAL 状态。

7．HAL_StatusTypeDef HAL_RTC_GetDate(RTC_HandleTypeDef *hrtc, RTC_DateTypeDef *sDate, uint32_t Format)

功能描述：获取 RTC 当前日期。

参数描述：hrtc，RTC 句柄；sDate，指向日期结构体的指针；Format，指定获取日期的格式。

返回值：HAL 状态。

下面给出具体代码。

```
#include "main.h"
#include "stdio.h"
#include "string.h"
/*函数声明*/
void SystemClock_Config(void);
static void MX_GPIO_Init(void);
static void MX_RTC_Init(void);
static void MX_USART2_UART_Init(void);
/*定义变量*/
RTC_HandleTypeDef hrtc;
UART_HandleTypeDef huart2;
RTC_TimeTypeDef time;                                   //RTC 时间
RTC_DateTypeDef date;                                   //RTC 日期
char cal[100];
```

```
int main(void)
{
    //初始化所有外围设备，初始化 FLASH 接口和 Systick
    HAL_Init();
    //配置系统时钟
    SystemClock_Config();
    //GPIO 初始化，可参见 6.1.4 例程中对 PA5 的初始化代码，这里再给出代码
    MX_GPIO_Init();
    //USART2 初始化，将在后面的章节介绍，这里不详细给出代码
    MX_USART2_UART_Init();
    //RTC 初始化
    MX_RTC_Init();
    HAL_GPIO_WritePin(GPIOA,GPIO_PIN_5,1);          //LED 置位，灯亮
    while (1);
}
/****************************************************************
*功能：系统时钟初始化函数
****************************************************************/
void SystemClock_Config(void)
{
    RCC_OscInitTypeDef RCC_OscInitStruct = {0};
    RCC_ClkInitTypeDef RCC_ClkInitStruct = {0};
    RCC_PeriphCLKInitTypeDef PeriphClkInit = {0};
    //初始化 CPU、AHB 和 APB 总线时钟
    RCC_OscInitStruct.OscillatorType = RCC_OSCILLATORTYPE_HSI |
                                       RCC_OSCILLATORTYPE_LSI;
    RCC_OscInitStruct.HSIState = RCC_HSI_ON;
    RCC_OscInitStruct.HSICalibrationValue = RCC_HSICALIBRATION_DEFAULT;
    RCC_OscInitStruct.LSIState = RCC_LSI_ON;
    RCC_OscInitStruct.PLL.PLLState = RCC_PLL_ON;
    RCC_OscInitStruct.PLL.PLLSource = RCC_PLLSOURCE_HSI;
    RCC_OscInitStruct.PLL.PLLMUL = RCC_PLL_MUL9;
    RCC_OscInitStruct.PLL.PREDIV = RCC_PREDIV_DIV1;
    if (HAL_RCC_OscConfig(&RCC_OscInitStruct) != HAL_OK)
    {
        Error_Handler();
    }
    RCC_ClkInitStruct.ClockType = RCC_CLOCKTYPE_HCLK|RCC_CLOCKTYPE_SYSCLK
                                  | RCC_CLOCKTYPE_PCLK1|RCC_CLOCKTYPE_PCLK2;
    RCC_ClkInitStruct.SYSCLKSource = RCC_SYSCLKSOURCE_PLLCLK;

    RCC_ClkInitStruct.AHBCLKDivider = RCC_SYSCLK_DIV1;
    RCC_ClkInitStruct.APB1CLKDivider = RCC_HCLK_DIV2;
    RCC_ClkInitStruct.APB2CLKDivider = RCC_HCLK_DIV1;

    if (HAL_RCC_ClockConfig(&RCC_ClkInitStruct, FLASH_LATENCY_2) != HAL_OK)
    {
        Error_Handler();
    }
```

```
    //配置 RTC 时钟
    PeriphClkInit.PeriphClockSelection = RCC_PERIPHCLK_RTC;
    PeriphClkInit.RTCClockSelection = RCC_RTCCLKSOURCE_LSI;
    if (HAL_RCCEx_PeriphCLKConfig(&PeriphClkInit) != HAL_OK)
    {
        Error_Handler();
    }
}
/*************************************************************
*功能：RTC 初始化函数
*************************************************************/
static void MX_RTC_Init(void)
{
    RTC_TimeTypeDef sTime = {0};
    RTC_DateTypeDef sDate = {0};
    RTC_AlarmTypeDef sAlarm = {0};
    //RTC 基本配置
    hrtc.Instance = RTC;
    hrtc.Init.HourFormat = RTC_HOURFORMAT_24;
    hrtc.Init.AsynchPrediv = 127;
    hrtc.Init.SynchPrediv = 255;
    hrtc.Init.OutPut = RTC_OUTPUT_DISABLE;
    hrtc.Init.OutPutPolarity = RTC_OUTPUT_POLARITY_HIGH;
    hrtc.Init.OutPutType = RTC_OUTPUT_TYPE_OPENDRAIN;
    if (HAL_RTC_Init(&hrtc) != HAL_OK)
    {
        Error_Handler();
    }
    sDate.WeekDay = RTC_WEEKDAY_TUESDAY;
    sDate.Month = RTC_MONTH_AUGUST;
    sDate.Date = 0x19;
    sDate.Year = 0x21;
    if (HAL_RTC_SetDate(&hrtc, &sDate, RTC_FORMAT_BCD) != HAL_OK)
    {
        Error_Handler();
    }
    //RTC 日历时间设置：2021:08:19:16:10:10
    //使能 AlarmA，时间设置为 2021:08:19:16:10:15
    sAlarm.AlarmTime.Hours = 0x16;
    sAlarm.AlarmTime.Minutes = 0x10;
    sAlarm.AlarmTime.Seconds = 0x15;
    sAlarm.AlarmTime.SubSeconds = 0x0;
    sAlarm.AlarmTime.DayLightSaving = RTC_DAYLIGHTSAVING_NONE;
    sAlarm.AlarmTime.StoreOperation = RTC_STOREOPERATION_RESET;
    sAlarm.AlarmMask = RTC_ALARMMASK_NONE;
    sAlarm.AlarmSubSecondMask = RTC_ALARMSUBSECONDMASK_ALL;
    sAlarm.AlarmDateWeekDaySel = RTC_ALARMDATEWEEKDAYSEL_DATE;
    sAlarm.AlarmDateWeekDay = 0x19;
    sAlarm.Alarm = RTC_ALARM_A;
```

```
    if (HAL_RTC_SetAlarm_IT(&hrtc, &sAlarm, RTC_FORMAT_BCD) != HAL_OK)
    {
        Error_Handler();
    }

    //使能 RTC 唤醒中断，每 30s 唤醒一次
    if(HAL_RTCEx_SetWakeUpTimer_IT(&hrtc,30,RTC_WAKEUPCLOCK_CK_SPRE_16BITS)
    != HAL_OK)
    {
        Error_Handler();
    }
}

/**************************************************************
*功能：AlarmA 中断回调函数
**************************************************************/
void HAL_RTC_AlarmAEventCallback(RTC_HandleTypeDef *hrtc)
{
    HAL_GPIO_TogglePin(GPIOA,GPIO_PIN_5);        //翻转 LED 状态
}
/**************************************************************
*功能：Wake UP Timer 中断回调函数
**************************************************************/
void HAL_RTCEx_WakeUpTimerEventCallback(RTC_HandleTypeDef *hrtc)
{
    HAL_GPIO_TogglePin(GPIOA,GPIO_PIN_5);        //翻转 LED 状态
    //获取系统 RTC 时间
    HAL_RTC_GetTime(hrtc,&time,RTC_FORMAT_BIN);
    HAL_RTC_GetDate(hrtc,&date,RTC_FORMAT_BIN);
    sprintf(cal,"%d-%d-%d,%d:%d:%d\r\n",2000+date.Year,date.Month,
    date.Date,time.Hours,time.Minutes,time.Seconds);
    HAL_UART_Transmit(&huart2,(uint8_t*)cal,strlen(cal),10);
}
```

将包含上述代码的完整工程编译下载到 STM32 开发板并运行后，打开串口调试工具，可以看到，串口调试工具接收端每 30s 显示一次固件当前时间并翻转 LED 灯状态，并且在程序运行 5s 后，LED 灯状态翻转。

6.6 本章小结

本章主要介绍了嵌入式系统中最常用的几种基本外设，包括通用输入/输出端口 GPIO、通用定时器/计数器 Timer、脉冲宽度调制器 PWM、看门狗定时器 WDT、实时时钟 RTC 等。GPIO 一般复用有多种功能模式，如高阻输入、上/下拉输入、开漏输出、推拉输出、模拟功能等。定时器是嵌入式系统必备的功能部件，主要用于定时中断，以及完成一些软件难以实现的、与时间密切相关的任务，如输入捕获/计数、输出比较等。PWM 是现代数字控

制的基础，MCU可以方便地使用PWM技术实现温度、电机控制等应用；正弦PWM（SPWM）技术可实现电机的变频控制。看门狗定时器配合软件设计，可以在系统出现异常时自动发现异常并产生复位，使系统回归到正常状态。RTC由一组时间相关的寄存器组成，可以产生日常时间单位的中断（可用于低功耗系统）。RTC部件一般都备有后备电池。

6.7 习题

1．一个基本的I/O接口一般包含哪些寄存器？这些寄存器的作用分别是什么？

2．一个GPIO引脚作为输入、输出使用时，有哪几种常用具体配置？各种配置的特点和应用场合有哪些？

3．如何利用一个GPIO引脚控制LED闪烁，画出硬件接口电路并写出伪代码。

4．设计编写一个程序，用查询方式来读取一个按键状态，并控制一个LED的亮和灭。即按一下灯亮后再按一下灯灭，可重复操作，要求每次操作执行可靠。

5．设计编写一个程序，用中断方式来读取一个按键状态，并控制一个LED的亮和灭。即按一下灯亮后再按一下灯灭，可重复操作，要求每次操作执行可靠。

6．简述定时器的一般结构及其扩展功能（输入捕获、输出比较、PWM等）。

7．如何利用一个定时器控制LED定时闪烁？请画出流程图并写出伪代码。

8．如何使用PWM来控制一个LED的亮度变化？请通过实验测试不同PWM占空比与LED亮度的基本对应关系，并解释其原因。

9．设计编写一个程序，实现一个“呼吸灯”的功能。就是LED灯的亮度慢慢变亮后再慢慢变暗，周而复始不断循环，要求亮度变化感觉柔和，循环周期与人的呼吸周期接近。

10．在上述9题基础上，增加用按键控制呼吸灯功能：随时按下一个按键，LED灯的亮度就保持在当前亮度（锁定）；再按一下按键，LED灯亮度继续按原周期变化（呼吸）。按键可重复操控。

11．在上述10题基础上，增加断电状态（锁定/呼吸）保持功能：可在任何时候断电，下次上电时，系统自保持在上次断电状态开始运行。注意：Flash单元不能反复擦写，只能在每次按键改变系统状态时，才可以把状态（锁定/呼吸）写入Flash。

12．简述看门狗定时器的基本概念及其使用方法。

13．如何利用定时器产生输出半波正弦PWM（SPWM）？

第7章 通信外设

在很多嵌入式系统中，微控制器（MCU）需要与外部器件、设备进行数据交互，通信外设就是完成这一功能的。本章将介绍与嵌入式系统相关的一些通信技术和概念，详细阐述几种主要的串行通信外设的基本原理和编程结构，并在此基础上给出这些通信外设的初始化配置方法和操作实例。

7.1 数字通信系统概述

现代微处理器系统的一个重要指标就是它的通信能力，即它和周围环境中其他系统交换信息的能力。通信接口可以更新固件或加载本地参数，还可以在分布处理过程中交换应用程序的信息。

数字通信系统一般由发送器、接收器和通信介质3个部分构成。发送器的主要工作是处理要发送的信息，将其构造成一定格式的帧；接收器用于接收信息并解析信息；通信介质则是发送器和接收器之间的桥梁，为信息提供物理介质，通常为双绞线、光纤或无线射频。

按照一次传输的数据位个数，数字通信可以分为串行通信和并行通信。所谓串行通信，指的是数据是一位一位地由端口发送或接收；而并行通信指的是数据的各个数据位（一般为8位及其整数倍）在多条数据线上同时被传输。由于并行通信的各个数据位同时传输，因此它的传输速度快、效率高，但它抗干扰能力差，且需要的资源也较多，因此一般用于短距离、高带宽的大数据量传输。串行通信的最大优势在于它节省传输线，尤其在远程通信时，这一点尤其重要，但相对而言，串行通信的数据传送效率就没有并行通信高。随着材料和差分信号传输技术的发展，串行通信速率也有了很大突破，串行通信方式越来越受到工程师们的欢迎。

按照传输时是否有同步时钟，数据通信可以分为同步通信和异步通信。同步通信指的是通信双方使用同一个参考时钟源进行数据传输；而异步通信指的是通信双方分别有自己的时钟源而不使用公共的参考时钟，但必须使用相同的波特率。由于异步通信没有同步时钟，因此，在数据的头尾需要加上起始位和结束位，以达到“同步”的效果，否则将会出现接收错误。这些“同步”信息也会增加一些额外的开销。异步通信一般用于低速数据传输，而同步通信比异步通信的速率高很多，适用于高速传输。

除此之外，数字通信中还有几个重要的概念，即单工、半双工和全双工。单工通信规定通信双方在任何时刻都只能进行单向的数据传输，即一方固定为发送器，另一方固定为接收器。双工通信中通信双方可以双向传输信息。双工通信又可以分为半双工通信和全双工通信。半双工通信规定在同一时刻，信息只能单向传输；而在全双工通信中，任何时刻通信双方都可以同时进行信息收发，以实现同时双向信息传输。

7.2 UART接口

UART（universal asynchronous receiver/transmitter，通用异步串行接收/发送器）是一种通用串行接口，可以实现全双工数据传输。UART口具有极低的资源消耗、较高的可靠性、简洁的协议以及高度的灵活性，因此非常符合嵌入式设备的应用需求，几乎所有的MCU都把UART作为一个基本的通信接口，用来实现与其他嵌入式设备或PC机的数据通信。

7.2.1 UART简介

UART是一种串行、异步、全双工的通信收发器。

当设备发送数据时，发送移位器将发送缓存区中的数据进行并-串转换。CPU把准备发送的数据写入UART的数据寄存器，再通过FIFO（first input first output，先入先出）队列传送到串行发送器。控制逻辑按预先设定的帧格式输出串行数据流。数据流由一个起始位开始，然后是数据位，最后再根据设定的帧格式发送校验位和停止位。

当设备接收数据时，接收逻辑在检测到一个有效的开始脉冲（起始位）后，按预先设定的帧格式逐位接收数据位、校验位和停止位，再将接收到的数据位进行串-并转换并存放到接收数据缓冲区（FIFO）。此外，接收器还对数据进行校验位、帧错、溢出错误检查，将状态反映在UART的状态寄存器中供CPU查阅。

基本的UART通信字符帧的格式如图7.1所示。

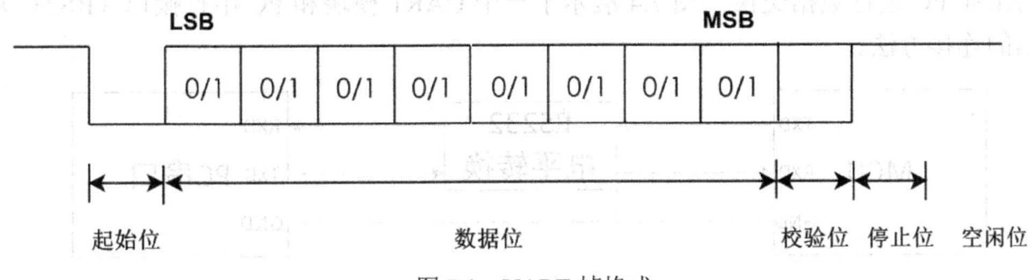

图7.1 UART帧格式

图7.1中各位的意义如下。

- 起始位：先发出一个逻辑“0”的信号，表示传输字符的开始（起同步作用）。
- 数据位：紧接在起始位之后。数据位的个数可以是5、6、7、8等，构成一个字符，从最低位开始传送（LSB被先发送）。通常采用ASCII码。
- 奇偶校验位：字符位后加上这一位（可选），使得“1”的位数为偶数（偶校验）或奇数（奇校验），以此来校验数据传送的正确性。
- 停止位：它是一个字符帧传输的结束标志。可以是1位、1.5位、2位的高电平。
- 空闲位：处于逻辑“1”状态，表示当前线路上没有数据传送。

图7.2是8个数据位、无校验位、一位停止位的UART帧格式示例图。

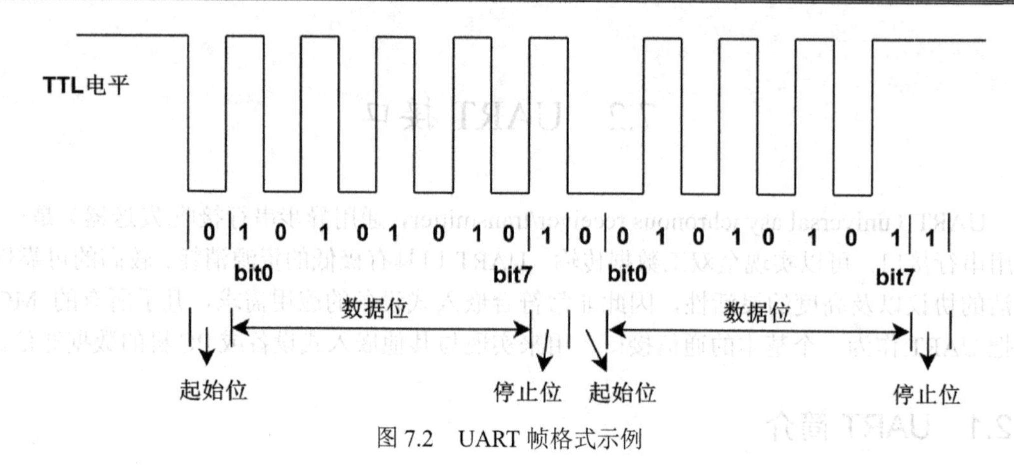

图 7.2　UART 帧格式示例

UART 通信线路比较简单，包括数据发送线（TX）、数据接收线（RX），同时接口还配有一路接地信号。图 7.3 展示了两个 UART 模块之间直接通信的连接方法，双方的 TXD 和 RXD 需交叉连接。

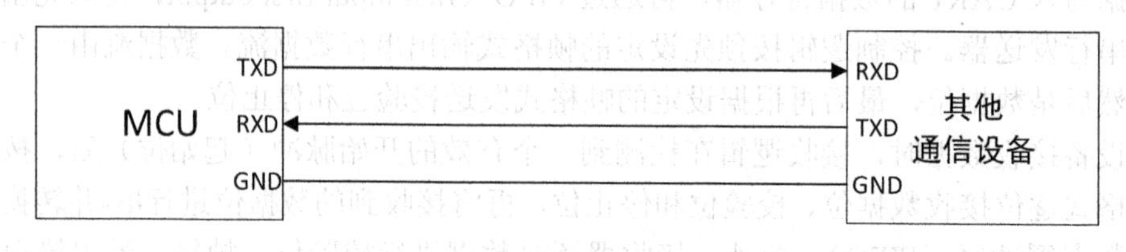

图 7.3　UART 模块之间相互通信

嵌入式系统除了可以通过 UART 直接与其他系统进行数据交换，也可以通过 RS232 转换器与工业 PC 进行数据交换。图 7.4 展示了一个 UART 模块和 PC 串行接口（RS232）接口通信的连接方法。

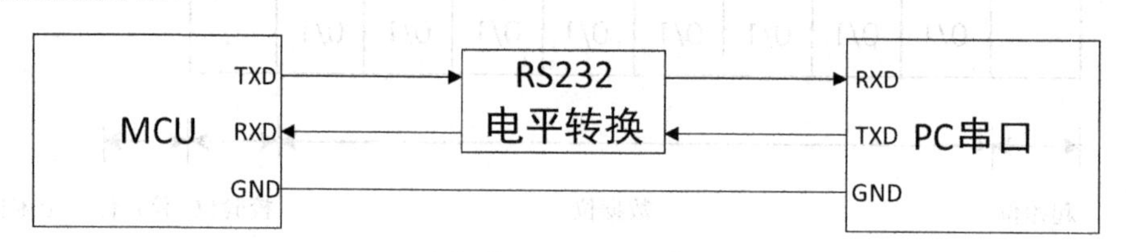

图 7.4　UART 模块与 PC（RS232）通信

目前，家用 PC 和笔记本电脑一般都不带串口，USB-串口转换器可以实现电脑 USB 接口到通用串口之间的转换。使用 USB 转串口设备相当于将传统的串口设备变成了即插即用的 USB 设备。USB 转 UART 的示意图如图 7.5 所示。

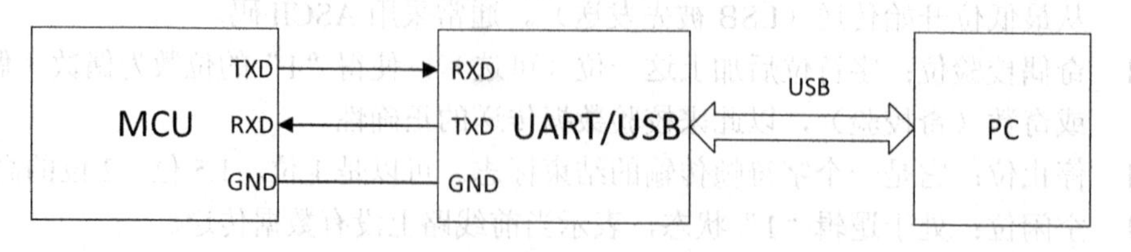

图 7.5　USB 转 UART 示意图

RS232 是美国电子工业协会（EIA）制定的串行通信标准，又称 RS232C，它是一个全双工的通信标准，可以同时进行数据接收和发送工作。传统的 RS232C 接口标准有 22 根线，采用标准 25 芯 D 型插头座。自 IBM PC/AT 开始使用简化了的 9 芯 D 型插座，简称 DB9。DB9 接口的外形图如图 7.6 所示。

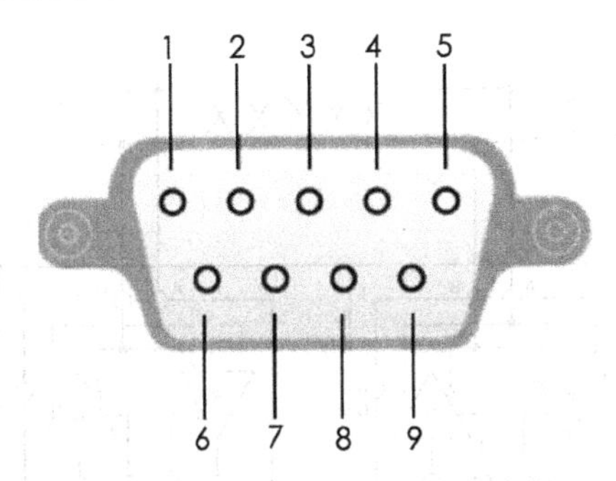

图 7.6 DB9 接口的外形图

PC RS232 接口 DB9 插座的引脚定义如表 7.1 所示。

表 7.1 DB9 接口引脚定义

引 脚	简 写	说 明
Pin1	CD	调制解调器通知计算机有载波被侦测到
Pin2	RXD	接收数据
Pin3	TXD	发送数据
Pin4	DTR	计算机告诉调制解调器可以进行传输
Pin5	GND	地线
Pin6	DSR	调制解调器告诉计算机一切准备就绪
Pin7	RTS	请求发送
Pin8	CTS	允许发送
Pin9	RI	振铃提醒

最简单的串口通信只使用数据发送（TXD）、数据接收（RXD）、地（GND）3 根线，简称三线通信。如需要硬件进行流控，则要增加请求发送（RTS）、允许发送（CTS）两根线，即五线通信。由于现在电话线调制解调器（modem）已经很少采用，RS232 串口上的其他信号线基本不用。

RS232 对电气特性、逻辑电平和各种信号线功能都做了规定。在 RS232 中任何一条信号线的电压均为负逻辑关系。即逻辑“1”为-5～-15V；逻辑“0”为+5～+15V。噪声容限为 2V。也就是说，要求接收器能识别高到-3V 的信号作为逻辑“1”，以及低至+3V 的信号作为逻辑“0”。使用较高的电平电压进行传输可增加线路的抗干扰能力、延长通信距离。RS232 可靠传输距离一般为 15.24～30.48m。

RS232 串口通信标准可以实现点对点的通信，但是不能实现组网功能，而 RS485 解决了这个问题。RS485 是一个定义数字多点系统中驱动器和接收器的电气特性的标准，该标准由电信行业协会和电子工业联盟定义，RS485 使得连接本地网络以及多支路通信链路的配置成为可能。RS485 一般采用两线制接线方式，即总线式拓扑结构，在同一总线上最多可以挂接 32 个节点。RS485 采用半双工工作方式，在 RS485 通信网络中一般采用的是主从通信方式，即一个主机带多个从机的组网通信。RS485 半双工总线配置图如图 7.7 所示。

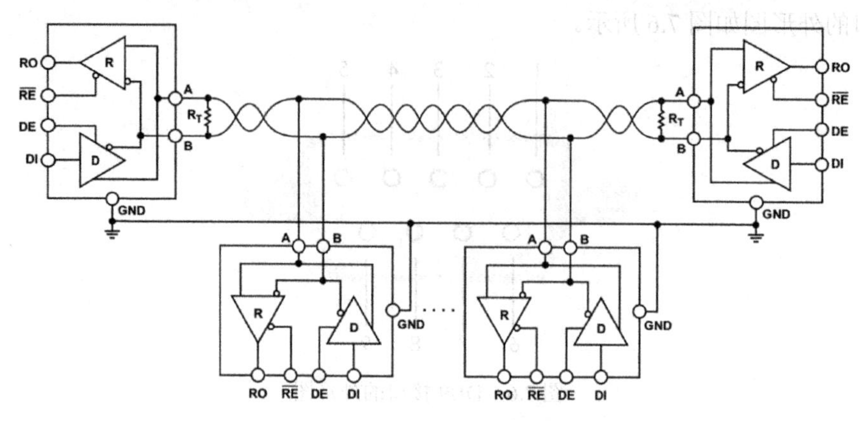

图 7.7　RS485 半双工总线配置图

RS485 总线标准规定了总线接口的电气特性标准，即对于 2 个逻辑状态的定义：传输线差分正电平在+2～+6V，表示一个逻辑状态；传输线差分负电平在−2～−6V，则表示另一个逻辑状态。接口信号电平比 RS232 降低了，就不易损坏接口电路的芯片，且该电平与 TTL 电平兼容，可方便与 TTL 电路连接。总线数字信号采用差分传输方式，能够有效减少噪声信号的干扰，RS485 的最大传输距离标准值为 4000 英尺（约 1200m）。

RS422 标准全称是平衡电压数字接口电路的电气特性，RS422 的电气性能与 RS485 完全一样，都是以差动方式发送和接受，不需要数字地线。差动工作是同速率条件下传输距离远的根本原因，这正是二者与 RS232 的根本区别。RS422 与 RS485 的主要区别在于：RS422 有 4 根（2 对）信号线，两根发送（Y、Z）、两根接收（A、B），而 RS485 有 2 根（1 对）信号线，分时发送和接收。这也就导致了 RS422 是全双工工作方式，而 RS485 是半双工工作方式。

RS422 一般用于较长距离的点对点全双工通信，电路连接配置图如图 7.8 所示。RS422 和 RS485 在 19Kbit/s 下能传输 1200m。

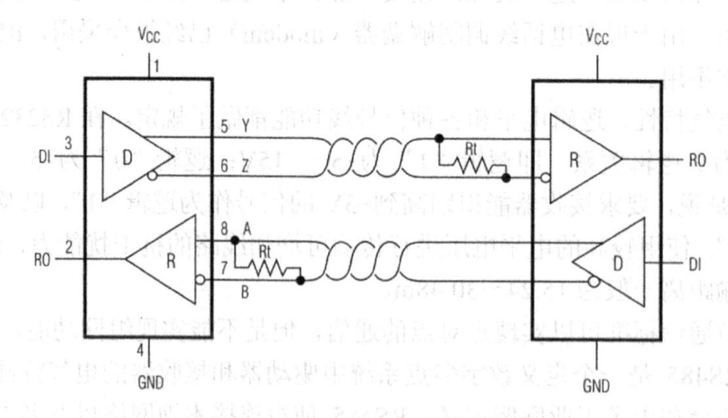

图 7.8　RS422 全双工总线配置图

RS232、RS485、RS422 都是以 UART 为基础的数字串行通信方式，在仪器仪表、工业设备、楼宇自动化等领域有广泛的应用。

7.2.2 波特率

由于 UART 是异步通信，通信双方不使用公共时钟，因此双方必须有相同的波特率才能正常通信。一般来说，在异步通信中，发送器确定波特率，接收器必须知道该波特率，并在检测到起始位后立即和发送器同步。异步通信中通信设备之间的时钟是相互独立的，因此，即使两个时钟在某一时刻同步了，也不能保证过一些周期之后，它们还是同步的。

波特率是衡量数据传送速率的指标。在信息传输通道中，携带数据信息的信号单元叫码元，每秒钟通过信道传输的码元数称为码元传输速率，简称波特率，其单位为波特（baud，也用 symbol/s 表示）。通俗地讲，波特率就是指一个设备在一秒钟内发送（或接收）了多少码元的数据。

另一个容易与波特率混淆的概念是比特率。每秒钟通过信道传输的信息量称为位传输速率，即每秒钟传送的二进制位数，简称比特率，其单位为比特每秒（bit/s）。波特率与比特率的关系也可换算成：

比特率=波特率×单个调制状态对应的二进制位数

在 UART 通信中，一个码元用一种电平表示，同时也代表一个二进制数字，是一种两相调制，所以比特率就等于波特率。例如，假设 UART 每秒钟传送 240 个字符，每个字符帧格式包含 10 位（1 个起始位，1 个停止位，8 个数据位），则这时波特率为 2400baud，比特率为 2400bit/s。

常用的波特率有 300baud、600baud、1200baud、2400baud、4800baud、9600baud、19200baud、38400baud、43000baud、56000baud、57600baud、115200baud 等。

一般填入波特率寄存器中的值都是通过如下公式求出来：

$$UART\_BR = MCLK / (BaudRate \times N)$$

其中，N 为波特率因子，大多数芯片取 N=16。有些芯片波特率计算精度较高，它们有两个波特率寄存器 UART_BR1 和 UART_BR2，其中，UART_BR1 用来存放上式计算出来的整数部分，而 UART_BR2 则用来存放上式计算出来的小数部分，这样计算出来的波特率就更精确，误差更小。

7.2.3 UART 示例

STM32 上嵌入了两个通用异步收发传输器（UART4 和 UART5）和 3 个通用同步异步收发传输器（USART1、USART2 和 USART3）。UART 是在 USART 的基础上裁剪掉了同步通信功能，只有异步通信。USART 提供了一种灵活的全双工数据交换方式，可与需要行业标准 NRZ 异步串行数据格式的外部设备进行数据交换。USART 结构框图如图 7.9 所示。主要由波特率生成部分、数据收发部分、控制部分组成。

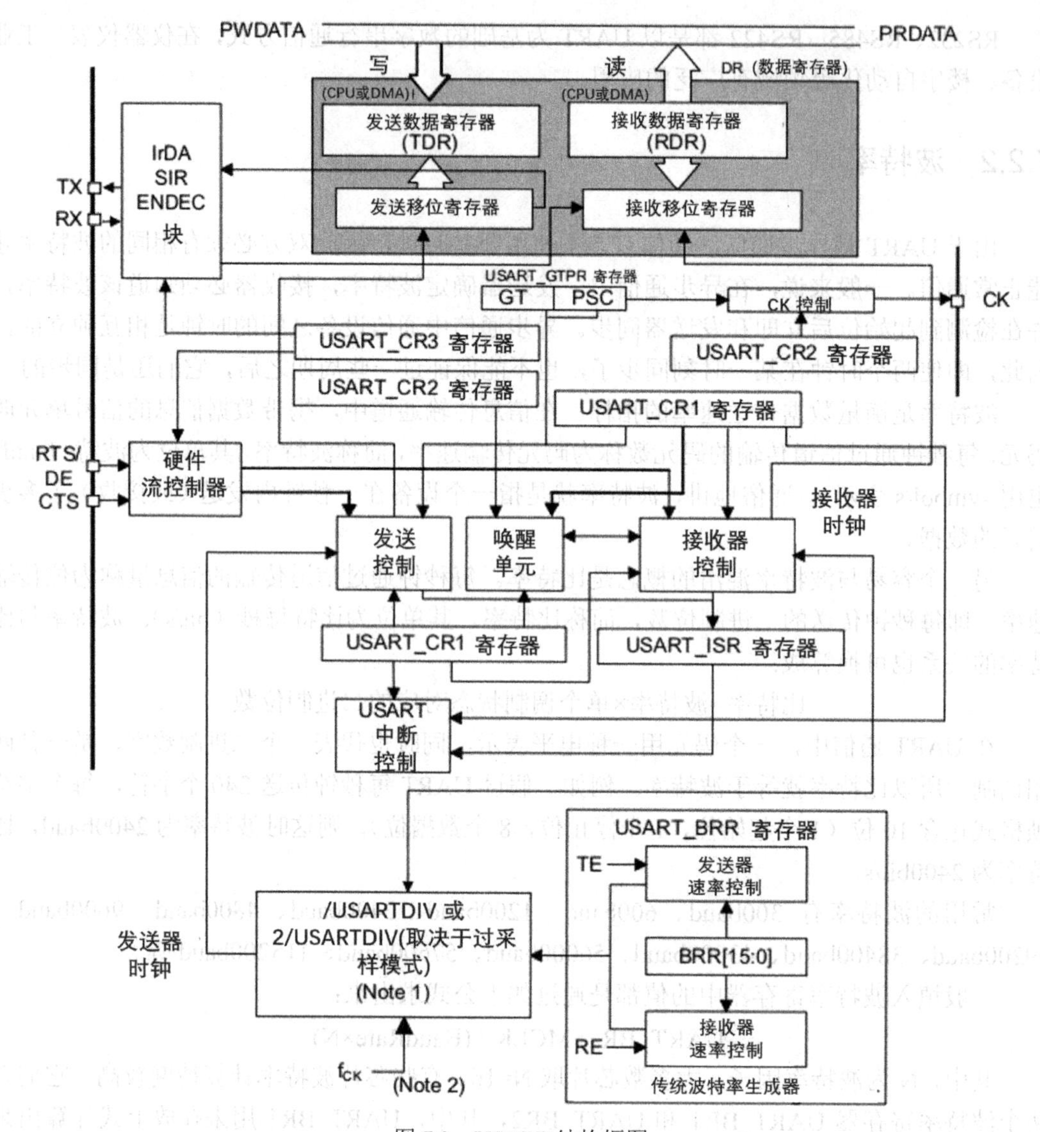

图 7.9　USART 结构框图

发送端主要由发送移位寄存器、发送数据寄存器（TDR）组成。当 STM32 要发送数据时，发送数据寄存器中要发送的值装入发送移位寄存器中，再一位一位地从发送端口 TX 中发送出去。接收端则主要由接收数据寄存器（RDR）、接收移位寄存器组成。当 STM32 接收数据时，数据从 RX 一位一位送入接收移位寄存器，然后装入接收数据寄存器中。控制部分主要由发送控制单元、接收控制单元和中断控制单元组成。

硬件方面，STM32 开发板自带的 ST-Link 调试器具备串口调试功能。通过官网查看开发板的原理图，可以得知 STM32 的 PA2 和 PA3（USART2）和 ST-Link 的串口相连接，故调试时，只需直接将 USB 接口和 PC 主机连接就可以实现 UART 的通信。

此外，通信仿真时，主机端会产生一个虚拟的 COM 端口来和 UART 通信，用户就可以使用任何应用程序和 COM 端口连接，包括终端应用程序，如 Hyperterminal 或 Docklight。

实验时，用串口助手来验证通信即可。

7.2.4 初始化配置

在使用UART模块进行通信时，首先要对其进行初始化配置。UART的配置与其他外设类似，首先要进行时钟、GPIO的配置。

UART时钟对UART的正常工作和波特率的产生有重要的作用，因此，必须选择一个合适的时钟频率。UART使用两根线进行通信，因此，需要将发送端口配置为输出方向，将接收端口配置为输入方向。

配置好时钟和GPIO引脚后，就要进行对UART模块的初始化配置。UART模块的初始化配置包括数据帧格式的配置和波特率的配置。数据帧格式的配置包括数据位的长度、停止位的位数、数据校验方式等。波特率的配置包括波特率生成方式和波特率大小的配置。选定通信所需的波特率后，通过公式计算出需要填入波特率寄存器的值，然后将该值填入波特率寄存器即可。

如果不使能UART接收中断，那么在接收寄存器接收到数据后，需要软件主动去访问数据。如果使能了UART接收中断，那么在接收寄存器收到数据后，会自动产生中断，执行中断处理程序中的代码。

7.2.5 操作实例

本实例以STM32为例，展示了STM32通过UART与PC通信的过程。本实例中，STM32将通过串口收到的字符发回给PC，并在串口调试工具中显示出来。UART帧格式被配置为一个起始位、一个停止位，数据位为8，无校验位，波特率为15200baud。PA3与PA2分别为接收端口与发送端口。本实例使用的波特率为15200baud。本实例的程序流程图如图7.10所示。

下面给出本实例中用到的库函数。

1. HAL_StatusTypeDef HAL_UART_Init(UART_HandleTypeDef *huart)

功能描述：初始化UART模式，并初始化相关句柄。

参数描述：huart，UART句柄。

返回值：HAL状态。

其中，UART配置结构体的参数如下。

- BaudRate：波特率。
- WordLength：数据位位数，可选择7、8或9。
- StopBits：停止位位数，可选择0.5、1、1.5或2。
- Parity：校验位，可选择无校验位、奇校验或偶校验。
- Mode：指定是启用还是禁用接收或发送模式。
- HwFlowCtl：指定是启用还是禁用硬件流控制模式。
- OverSampling：指定是启用还是禁用过采样。

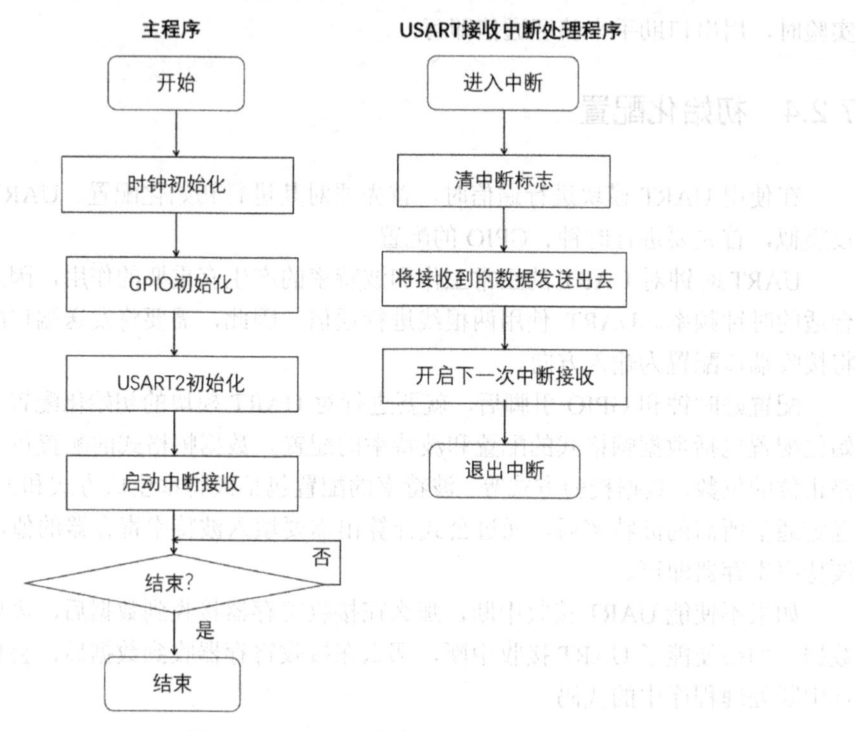

图 7.10　UART 程序流程图

- OneBitSampling：指定单比特采样次数为 1 次或者 3 次。

2．HAL_StatusTypeDef HAL_UART_Transmit(UART_HandleTypeDef *huart, uint8_t *pData, uint16_t Size, uint32_t Timeout)

功能描述：以阻塞方式发送数据。

参数描述：huart，UART 句柄；pData，指向发送数据缓冲区的指针；Size，发送数据长度；Timeout，超时时间。

返回值，HAL 状态。

3．HAL_StatusTypeDef HAL_UART_Receive_IT(UART_HandleTypeDef *huart, uint8_t *pData, uint16_t Size)

功能描述：以中断模式接收数据。

参数描述：huart，UART 句柄；pData，指向接收数据缓冲区的指针；Size，接收数据长度。

返回值：HAL 状态。

下面给出具体代码。

```
#include "main.h"

/*函数声明*/
void SystemClock_Config(void);
static void MX_GPIO_Init(void);
```

```
static void MX_USART2_UART_Init(void);

/*定义变量*/
UART_HandleTypeDef huart2;
uint8_t uart1_rx;                                    //USART2 中断接收字符
int main(void)
{
    //初始化所有外围设备，初始化 FLASH 接口和 Systick
    HAL_Init();
    //配置系统时钟，同 4.3.2 例程，这里不再给出详细代码
    SystemClock_Config();
    //配置 USART2 时钟
    RCC_PeriphCLKInitTypeDef PeriphClkInit = {0};
    PeriphClkInit.PeriphClockSelection = RCC_PERIPHCLK_USART2;
    PeriphClkInit.Usart2ClockSelection = RCC_USART2CLKSOURCE_PCLK1;
    if (HAL_RCCEx_PeriphCLKConfig(&PeriphClkInit) != HAL_OK)
    {
        Error_Handler();
    }
    //GPIO 端口时钟使能
    __HAL_RCC_GPIOA_CLK_ENABLE();

    //USART2 初始化
    MX_USART2_UART_Init();
    //开启中断接收
    HAL_UART_Receive_IT(&huart2,&uart1_rx,1);
    while (1);
}

/************************************************************
*功能：UASRT 初始化函数
************************************************************/
static void MX_USART2_UART_Init(void)
{
    huart2.Instance = USART2;
    huart2.Init.BaudRate = 115200;                      //波特率：115200
    huart2.Init.WordLength = UART_WORDLENGTH_8B;        //数据位：8 位
    huart2.Init.StopBits = UART_STOPBITS_1;             //停止位：1 位
    huart2.Init.Parity = UART_PARITY_NONE;              //校验：无
    huart2.Init.Mode = UART_MODE_TX_RX;
    huart2.Init.HwFlowCtl = UART_HWCONTROL_NONE;
    huart2.Init.OverSampling = UART_OVERSAMPLING_16;
    huart2.Init.OneBitSampling = UART_ONE_BIT_SAMPLE_DISABLE;
    huart2.AdvancedInit.AdvFeatureInit = UART_ADVFEATURE_NO_INIT;
    if (HAL_UART_Init(&huart2) != HAL_OK)
    {
        Error_Handler();
    }
}
```

```
/************************************************************
*功能：UASRT 接收中断回调函数
************************************************************/
void HAL_UART_RxCpltCallback(UART_HandleTypeDef *huart)
{
    //将接收到的字符使用串口发送出去
    HAL_UART_Transmit(&huart2,&uart1_rx,1,10);
    //开启下一次接收中断
    HAL_UART_Receive_IT(&huart2,&uart1_rx,1);
}
```

将包含上述代码的完整工程下载到 STM32 开发板并运行后，打开 PC 端串口调试工具，在串口调试工具数据发送端输入字符并发送，可以看到串口调试工具数据接收端显示相同的字符。

7.3 SPI 接口

串行外设接口（serial peripheral interface，SPI）最初是由美国摩托罗拉公司推出的一种同步串行传输规范，常作为单片机外设芯片串行扩展接口，是一种高速同步串行输入/输出端口。SPI 常用在板级外部输入/输出接口或外设扩展口设备，如网络接口、显示器接口、ADC、DAC 设备等。在点对点的通信中 SPI 接口不需要进行寻址操作，且为全双工通信，简单而高效。

7.3.1 SPI 简介

SPI 是一种高速串行、同步、全双工的通信方式。SPI 总线一般由 4 条线组成，分别是串行时钟线（SCLK）、主机输入/从机输出数据线（MISO）、主机输出/从机输入数据线（MOSI）和低电平有效的从机选择线（$\overline{SS}$）。这 4 条线的具体描述如表 7.2 所示。其中，串行时钟 SCK 的频率可达几十兆赫兹。

表 7.2　SPI 的 4 条线描述

引 脚 名 称	描　　述
SCLK	串行时钟，用于同步 SPI 接口间数据传输的时钟信号。该时钟信号总是由主机驱动，并且从机接收
$\overline{SS}$	从机选择，SPI 从机选择信号是一个低有效信号，用于指示被选择参与数据传输的从机
MISO	主入从出，MISO 信号是一个单向的信号，它将数据由从机传输到主机
MOSI	主出从入，MOSI 信号是一个单向的信号，它将数据从主机传输到从机

SPI 的典型结构如图 7.11 所示。

从图 7.11 中可以看出，SPI 以主-从模式工作。在软件的控制下，SPI 总线可以构成各种简单的或复杂的系统，比如，一个主 MCU 和几个从 MCU 构成的系统、几个从 MCU 相互连接构成的多主机系统（分布式系统），其中，最常见的是一个主MCU和一个或几个从I/O设备构成的系统。

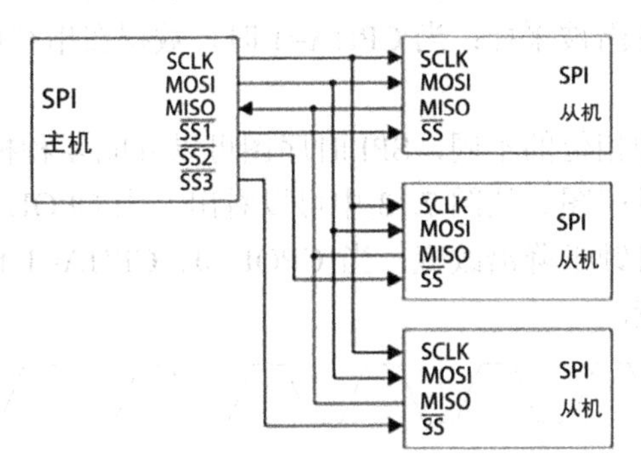

图7.11 SPI典型结构

当器件作为主机时，器件使用一个I/O引脚拉低相应从机的选择引脚（$\overline{SS}$），传输由主机发送数据来启动，时钟（SCK）信号由主机产生。通过MOSI发送数据，同时通过MISO引脚接收从机发出的数据。

当器件作为从机时，传输在从机的选择引脚（$\overline{SS}$）被主机拉低后开始，接收主机输出的时钟信号，在读取主机数据的同时通过MISO引脚输出数据。

当主机通过从机选择线选择了进行通信的从机时，两者是如何进行数据传输的呢？

SPI设备间的数据传输又被称为数据交换，即在通信过程中设备不是仅仅充当“发送者（transmitter）”或者“接收者（receiver）”的身份。在一个SPI时钟周期内，通信双方会完成如下操作。

- 主机通过MOSI线发送1位数据，从机通过该线读取这1位数据。
- 从机通过MISO线发送1位数据，主机通过该线读取这1位数据。

这是通过移位寄存器来实现的，如图7.12所示，主机和从机各有一个移位寄存器，且二者连接成环。随着时钟脉冲，数据按照从高位到低位的方式依次移出主机寄存器和从机寄存器，并且依次移入从机寄存器和主机寄存器。当寄存器中的内容全部移出时，相当于完成了两个寄存器内容的交换。

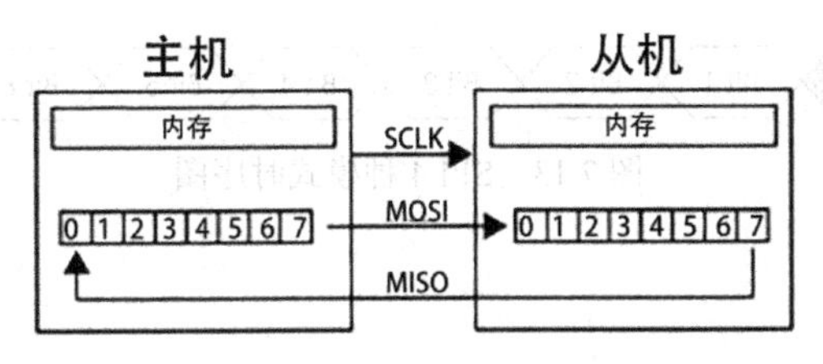

图7.12 SPI移位寄存器串行发送示意图

也就是说，当主机发送一个数据时，同时也接收到一个数据。从机在接收一个数据时，同时也发送了一个数据。主机和从机的发送数据是同时完成的，两者的接收数据也是同时完成的。所以，为了保证主从机正确通信，应使得它们的SPI具有相同的时钟极性和时钟相位。

时钟极性（CPOL）决定串口时钟在空闲时是高电平还是低电平。当CPOL=0时，串口时钟在空闲时保持低电平；当 CPOL=1 时，串口时钟在空闲时保持高电平。

时钟相位（CPHA）决定数据在第几个时钟跳变沿被采样。当 CPHA=0 时，数据在串行同步时钟的第一个跳变沿被采样；当 CPHA=1 时，数据在串行同步时钟的第二个跳变沿被采样。

根据时钟极性和时钟相位的不同，SPI 时序图可以分成 4 种模式，图 7.13 展示了一个常见的 SPI 4 种模式的时序图。从图 7.13 中可以看出，当 CPOL=0、CPHA=0 时，数据在时钟上升沿被捕获，在时钟下降沿改变；当 CPOL=0、CPHA=1 时，数据在时钟下降沿被捕获，在时钟上升沿改变。

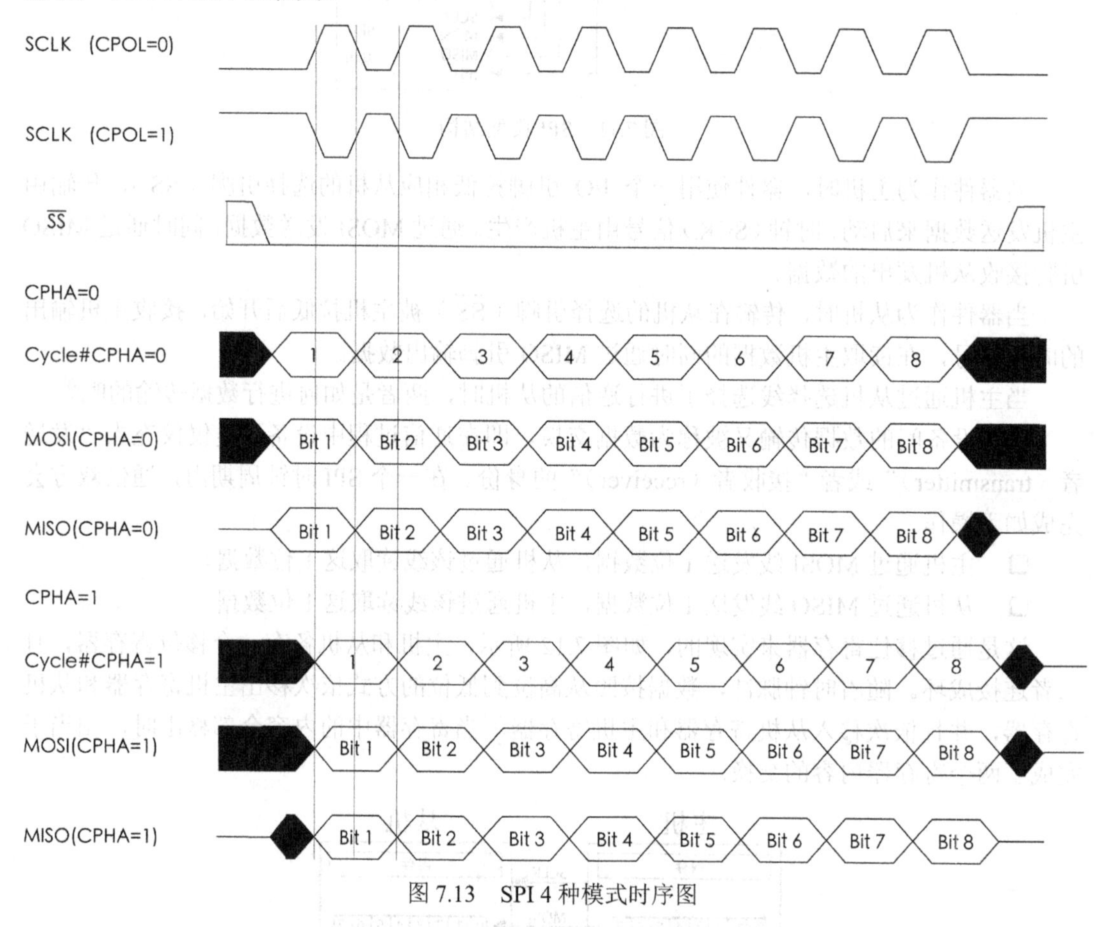

图 7.13　SPI 4 种模式时序图

7.3.2　SPI 示例

STM32F303 支持 SPI，当它配置为 SPI 模式时，其结构图如图 7.14 所示。其中 SCK 为串行时钟（即 SCLK），NSS 为从设备选择信号（即 $\overline{\text{SS}}$）。SPI 内部硬件大致可以分为时钟模块、数据发送模块和数据接收模块。时钟发送模块用来产生位同步时钟信号，数据发送模块和数据接收模块用来完成 SPI 数据的发送和接收。STM32F303 中的 SPI 模块既可以作为主设备又可以作为从设备，使用时只需按具体情况配置数据接口即可。

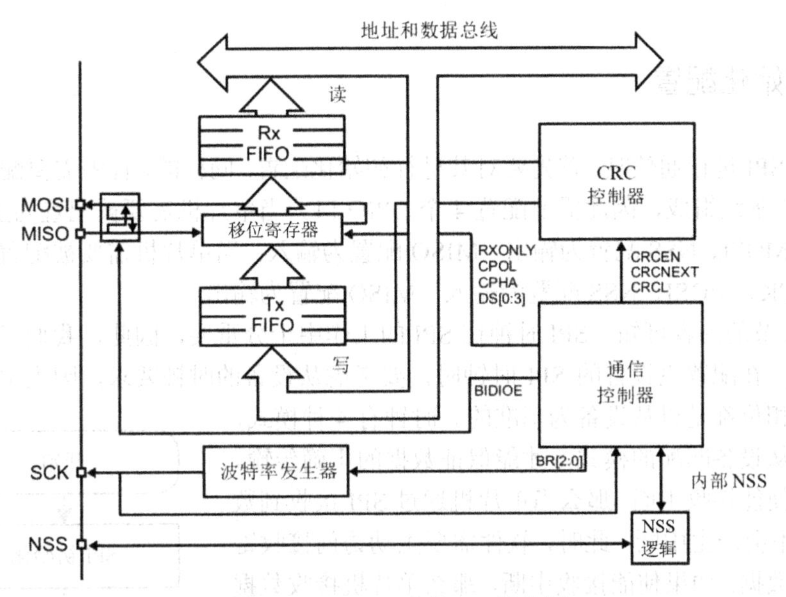

图 7.14 STM32 中的 SPI 结构图

如图 7.15 所示，SPI 模块配置为主机时，在数据传到发送缓冲寄存器时 SPI 开始数据传输。当发送移位寄存器为空时，发送缓冲寄存器中的数据传送到移位寄存器中，然后通过 MOSI 传输到从机。到达 MISO 的数据在发送数据相反的时钟沿被移入接收移位寄存器，到达相应的位数后，数据传入接收缓冲寄存器，并置位接收中断标志位，表明一个 RX/TX 操作完成。发送和接收是同时进行的。

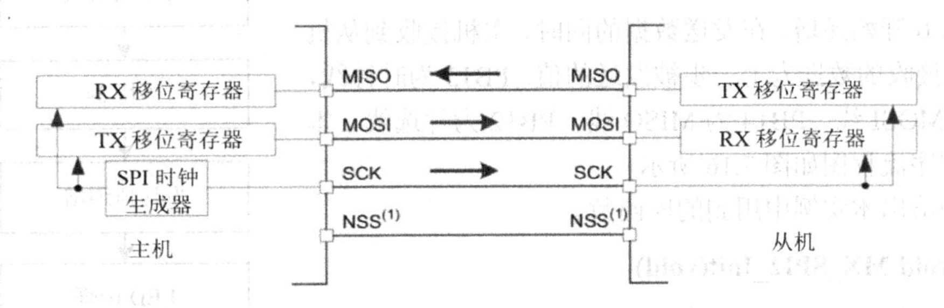

图 7.15 STM32F303 主从机模式

在主机模式下，第四根线的方向可以是输入也可以是输出，这都是由 SPI 模块的配置决定的。当第四根线用作输入时，其作用是避免与其他主机的冲突；当第四根线用作输出时，其作用是使能从机。

如图 7.15 所示，SPI 模块配置为从机时，模块内部不产生时钟，传输数据需要的时钟由外部主机提供，通过 SCK 输入。数据在时钟开始前写入发送缓冲寄存器并传到发送移位寄存器。到达 MOSI 的数据被移入接收移位寄存器，并在到达规定位数后，被传到接收缓冲寄存器，并置位接收中断标志，指示数据已接收完成。如果在新数据到达时，上一次的数据还没有被读走，那么将产生一个错误标志。

在从机模式下，第四根线 NSS 用作输入，由主机驱动。当从机处于不活动状态时，所有的接收动作都停止，移位操作终止，直到从机重新变成活动状态。

7.3.3 初始化配置

在使用 SPI 进行通信时，首先要对其进行初始化配置。同样的，首先需要配置其 GPIO。SPI 一般由 4 条线组成，因此需要配置 4 个 GPIO 口。当单片机需要被配置为主机模式时，则将 SCK、MOSI、NSS 配置为输出，MISO 配置为输入；当单片机需要被配置为从机模式时，则将 SCK、MOSI、NSS 配置为输入，MISO 配置为输出。

从 7.3.2 节的内容可知，SPI 时钟在 SPI 的工作中十分重要，因此，我们必须选择一个合适的时钟。在配置主设备的 SPI 时钟时，要考虑从设备的时钟要求，因为主设备的时钟极性和时钟相位都是以从设备为基准的。时钟有 4 种模式，只有选择与从设备匹配的模式，才能保证数据的正确传输。

如果不使能接收中断，那么当单片机通过 SPI 接收到数据时，程序不会产生中断，此时，软件需要主动访问接收寄存器得到的数据；如果使能接收中断，那么单片机接收数据时会产生中断，然后进入中断处理程序执行相应的代码。

7.3.4 操作实例

本实例以 STM32F303 为例，展示了 STM32F303 作为主机时采用 4 线 SPI 与从机的通信方式。本实例中，被发送的数据从 0 开始递增，在发送数据的同时，主机接收到从机的数据，接收的数据为上一步被发送的值。PB13 为时钟线，PB15 为 MOSI 线，PB14 为 MISO 线，PB12 为片选线。本实例的程序流程图如图 7.16 所示。

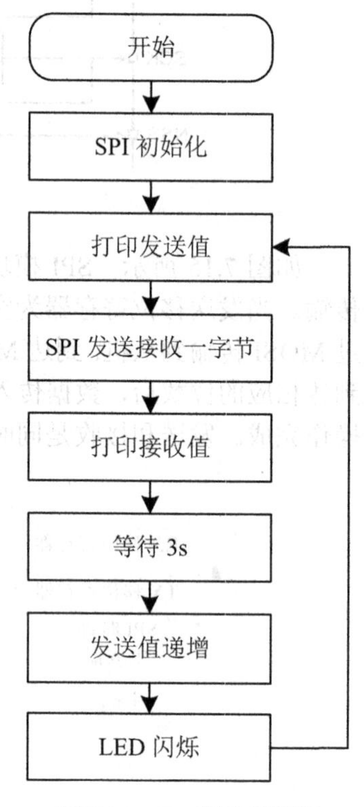

图 7.16　SPI 程序流程图

下面给出本实例中用到的库函数。

1．void MX_SPI2_Init(void)

功能描述：初始化 SPI 模块。

参数描述：空。

返回值：空。

2．HAL_StatusTypeDef HAL_SPI_Init(SPI_HandleTypeDef *hspi)

功能描述：初始化 SPI 模块为主机模式。

参数描述：hspi，指定使用的 SPI 模块句柄。

返回值：若初始化成功则返回 HAL_OK(0)，否则返回其他。

其中，SPI 配置结构体的参数如下。

- Mode：选择工作模式。
- Direction：选择传输模式，如全双工、半双工等。
- DataSize：选择 SPI 传输数据长度。

- NSS：选择硬件 NSS 或者软件 NSS。
- BaudRatePrescaler：设置时钟分频。
- TIMode：是否使用 TI 模式。
- CRCCalculation：是否启用 CRC 校验。
- CRCPolynomial：CRC 多项式。
- CRCLength：CRC 长度。
- NSSPMode：是否启用 NSSP 模式。

3．HAL_StatusTypeDef HAL_SPI_TransmitReceive(SPI_HandleTypeDef *hspi, uint8_t *pTxData, uint8_t *pRxData, uint16_t Size, uint32_t Timeout)

功能描述：SPI 发送接收一个字节。

参数描述：hspi，指定使用的 SPI 模块；pTxData，指向待发送数据的指针；pRxData，指向接收缓冲区的指针；Size，数据包大小；Timeout，超时时间。

返回值：若成功则返回 HAL_OK(0)，否则返回其他。

下面给出具体代码。

```
#include "main.h"
#include "stdio.h"
SPI_HandleTypeDef hspi2;
static void MX_SPI2_Init(void);
uint8_t rxbuf = 0;
uint8_t txbuf = 1;
int main(void)
{
  //初始化所有外围设备，初始化 FLASH 接口和 Systick
  HAL_Init();
  //配置系统时钟
  SystemClock_Config();
  //GPIO 端口初始化
  MX_GPIO_Init();
  //串口初始化
  MX_USART2_UART_Init();
  //SPI 接口初始化
  MX_SPI2_Init();
  printf("======= master start =======\r\n");
  rxbuf = 0;
  txbuf = 0;
  while (1)
  {
      //串口打印即将通过 SPI 发送的值
      printf("master send:%d\r\n",txbuf);
      HAL_SPI_TransmitReceive(&hspi2,&txbuf,&rxbuf,1,0xFFFF);
      //串口打印通过 SPI 接收的值
      printf("master receive:%d\r\n",rxbuf);
      HAL_Delay(3000);
      txbuf++;
```

```
        //LED 翻转
        HAL_GPIO_TogglePin(LD2_GPIO_Port, LD2_Pin);
    }
}
static void MX_SPI2_Init(void)
{
    hspi2.Instance = SPI2;
    hspi2.Init.Mode = SPI_MODE_MASTER;                          //主机模式
    hspi2.Init.Direction = SPI_DIRECTION_2LINES;                //双向传输
    hspi2.Init.DataSize = SPI_DATASIZE_8BIT;                    //8 位数据长度
    hspi2.Init.NSS = SPI_NSS_HARD_OUTPUT;                       //硬件 NSS
    hspi2.Init.BaudRatePrescaler = SPI_BAUDRATEPRESCALER_64;
    hspi2.Init.TIMode = SPI_TIMODE_ENABLE;                      //使用 TI 模式
    hspi2.Init.CRCCalculation = SPI_CRCCALCULATION_DISABLE; //禁用 CRC 校验
    hspi2.Init.CRCPolynomial = 7;
    hspi2.Init.CRCLength = SPI_CRC_LENGTH_DATASIZE;
    hspi2.Init.NSSPMode = SPI_NSS_PULSE_DISABLE;
    if (HAL_SPI_Init(&hspi2) != HAL_OK)
    {
        Error_Handler();
    }
}
```

将以上代码下载到 STMF303 并运行后，将 STMF303 连接到 PC，打开串口调试工具，可以看到，串口调试工具数据接收区持续输出“master send:0”“master receive:0”“master send:1”“master receive:0”“master send:2”“master receive:1”“master send:3”“master receive:2”……

7.4　I2C 接口

I2C BUS（inter IC BUS）是 Philips 推出的芯片间串行传输总线，它以 2 根信号连线实现了完善的双向同步数据传送，可以极方便地构成多机系统和外围器件扩展系统。I2C 总线采用了器件地址的硬件设置方法，通过软件寻址完全避免了器件的片选线寻址方法，从而使硬件系统具有简单而灵活的扩展方法。

7.4.1　I2C 简介

I2C 是一种串行、同步、半双工的通信方式。它只需要一根时钟线和一根数据线即可完成双向通信，在物理层它只能实现半双工的通信。I2C 的时钟速率不高，一般为 100～400kHz。在低速传感器（如温湿度）、EEPROM 等数据传输频率要求不高的情况下，I2C 接口是很好的选择。另外，I2C 是二线总线接口，PCB 布线非常方便，这也是硬件设计时值得考虑的一个优势。

I2C 总线在物理上由两条信号线和一条地线构成。两条信号线分别为串行数据线（SDA）

和串行时钟线（SCL），内部都是开漏结构，它们通过上拉电阻连接到正电源，且总线速率越高，总线上拉电阻就越小，通常使用2～5.1kΩ的上拉电阻。I2C总线连接图如图7.17所示。从图7.17中可以看出，I2C总线是个多主机总线，所有设备都同等地连到SDA和SCL上。I2C工作时，这些设备都可以作为总线的主控制器，任何一个设备都能像主控器一样工作，并控制总线。

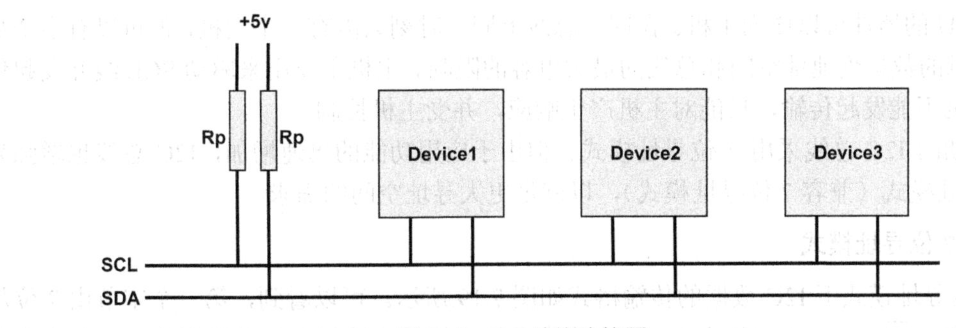

图7.17　I2C总线连接图

I2C总线接口的内部结构如图7.18所示。每一个I2C总线器件内部的SDA、SCL引脚电路结构都是一样的，引脚的输出驱动与输入缓冲连在一起。其中输出为漏极开路的MOS管，输入缓冲为一只高输入阻抗的同相器。由于SDA、SCL为漏极开路结构，因此它们必须接上拉电阻。当总线空闲时，两根线均为高电平。由于I2C总线上各设备的SDA及SCL都是“线与”关系，因此连到总线上的任一设备输出的低电平，都将使总线的信号变低。

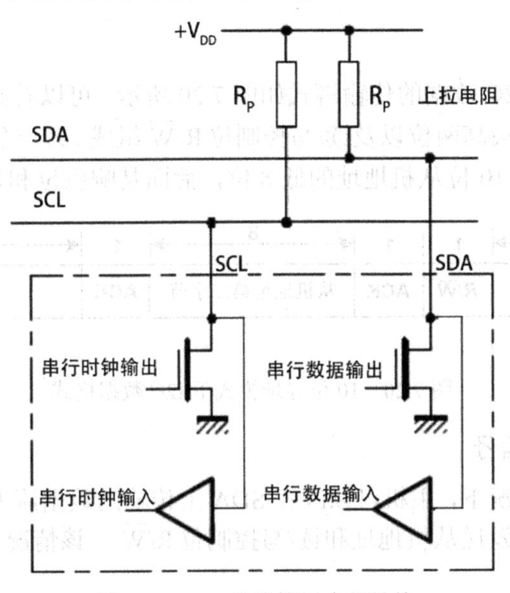

图7.18　I2C总线接口内部结构

另外，引脚在输出信号的同时还将对引脚上的电平进行检测，检测是否与刚才输出一致，为“时钟同步”和“仲裁”提供了硬件基础。

为了更好地理解I2C主线，下面先介绍几个I2C的常用术语。

❑　发送设备：发送数据到总线上的设备。

❑ 接收设备：从总线上接收数据的设备。
❑ 主机：启动数据传送并产生时钟信号的设备。
❑ 从机：被主设备寻址的设备。

每个 I2C 模块由主机和从机两个部分组成，每个从机由唯一地址进行标识，其地址是由芯片内部硬件电路和外部地址同时决定的。I2C 总线可以构成多主数据传送系统，但只有带 CPU 的器件可以成为主机。在同一总线上同一时刻只能有一个主机，但可以有多个从机，从机的数量受地址空间和总线的最大电容的限制。主机主要用来驱动 SCL 线并发起传输，从机不能发起传输，只能对主机产生响应，并受主机控制。

早期的 I2C 总线采用 7 位寻址模式。但由于应用功能的迅速增加，I2C 总线也增强为 10 位寻址模式（兼容 7 位寻址模式），以满足更大寻址空间的需求。

1．7 位寻址模式

7 位寻址模式下 I2C 数据的传输格式如图 7.19 所示。可以看到，第一个字节由 7 位从机地址和 R/$\overline{W}$（读/写）位组成。不论总线上传送的是地址信息还是数据信息，每个字节传输完毕后，接收设备都会发送一个响应位（ACK）。

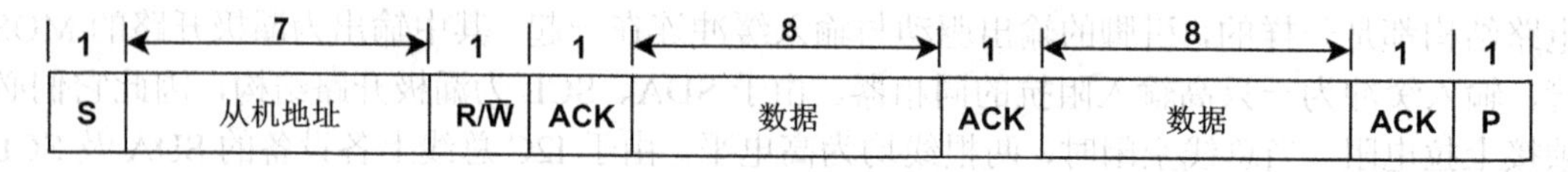

图 7.19　7 位寻址模式下 I2C 数据格式

2．10 位寻址模式

10 位寻址模式下 I2C 数据的传输格式如图 7.20 所示。可以看到，第一个字节由二进制位 11110 和从机地址的最高两位以及读/写控制位 R/$\overline{W}$ 组成。第一个字节传输完毕依然还是响应位，第二个字节是 10 位从机地址的低 8 位，后面是响应位和数据。

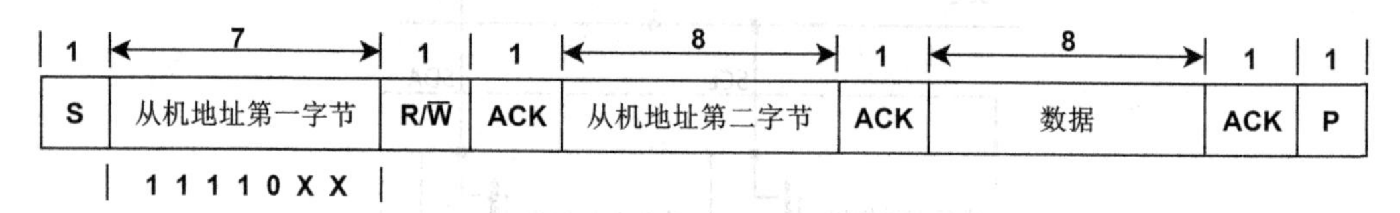

图 7.20　10 位寻址模式下 I2C 数据格式

3．重复产生起始信号

在不停止传输的情况下，主机可以改变 SDA 上传输的数据流方向，方法是主设备再次发送起始信号，并重新发送从机地址和读/写控制位 R/$\overline{W}$，该情况下 I2C 数据的传输格式如图 7.21 所示。

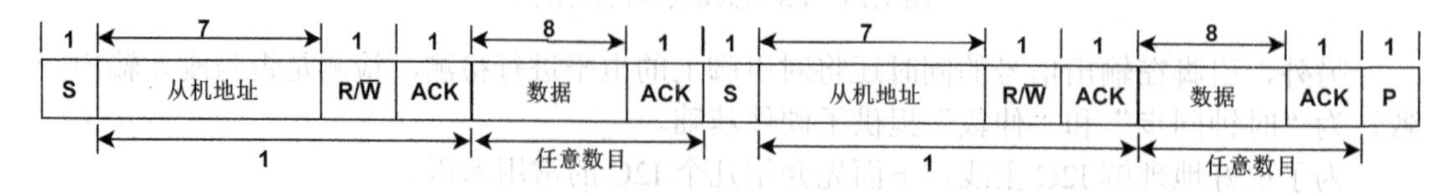

图 7.21　重复产生起始信号时 I2C 数据格式

那么，图 7.19～图 7.21 中的起始信号与停止信号是如何产生的呢？

I2C 总线协议定义了两种信号，以便开始和结束数据传输，即起始信号和停止信号。如图 7.22 所示，当 SCL 为高电平时，SDA 线由高到低的跳变被定义为起始信号；当 SCL 为高电平时，SDA 线由低到高的跳变被定义为停止信号。总线在起始条件之后被视为忙状态，在停止条件之后被视为空闲状态。需要注意的是，起始信号和停止信号是一种电平跳变时序信号，而不是一个电平信号。

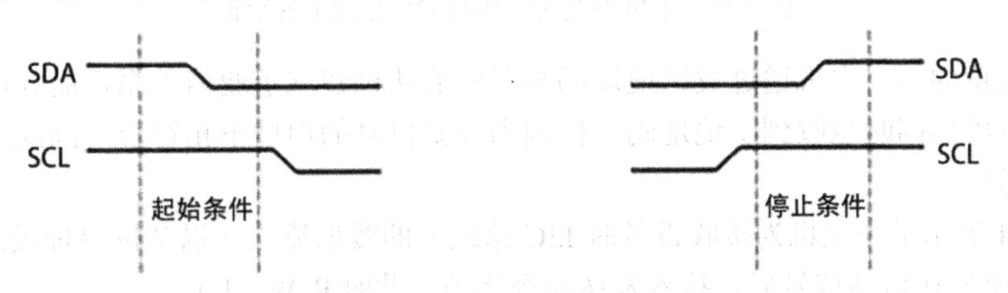

图 7.22 START 和 STOP 信号

为了保证数据有效性，I2C 总线进行数据传送时，时钟信号为高电平期间，数据线上的数据必须保持稳定，只有在时钟线上的信号为低电平期间，数据线上的高电平或低电平状态才允许变化，否则会被误判为起始位或停止位而造成错误。

图 7.19～图 7.21 中的 ACK 位（应答位）是保证数据正确传输的关键。总线上所有传输都要具有应答。发送设备（可以是主机或从机）在应答周期过程中释放 SDA 线，即 SDA 为高电平。为了响应传输，接收设备必须在应答时钟周期过程中反馈一个应答信号。应答信号为低电平时，规定为有效应答位（ACK），表示接收器已经成功地接收了该字节；应答信号为高电平时，规定为非应答位（NACK），表示接收器没有成功接收该字节。若要反馈有效应答位 ACK，接收设备必须在应答时钟周期过程中拉低 SDA，并且确保在时钟的高电平期间为稳定的低电平。

当从机不能响应主机时，从机必须将 SDA 线保持在高电平状态，使得主机可产生停止条件来中止当前的传输。如果主机在传输过程中被用作接收设备，则必须应答从机发起的传输。在它收到最后一个字节数据后，主机发送一个 NACK 信号，以通知被控发送设备结束数据发送，并释放 SDA 线，以便主控接收器发送停止信号或重复产生起始信号。

图 7.23 展示了当主机为发送设备时 I2C 总线上的数据流程（以 7 位寻址模式为例）。

① 主机在检测到总线为“空闲状态”（即 SDA、SCL 线均为高电平）时，发送一个起始信号，表示一次通信的开始。

② 主机接着发送一个命令字节，该字节由 7 位的外围器件地址和 1 位读写控制位 $R/\overline{W}$ 组成（此时 $R/\overline{W}=0$）。

③ 从机收到命令字节后向主机回馈应答信号 ACK。

④ 主机收到从机的应答信号后开始发送第一个字节的数据。

⑤ 从机收到数据后返回一个应答信号 ACK。

⑥ 主机收到应答信号后再发送下一个数据字节。

⑦ 当主机发送最后一个数据字节并收到从机的 ACK 后，通过向从机发送一个停止信号结束本次通信并释放总线，从机收到停止信号后退出与主机之间的通信。

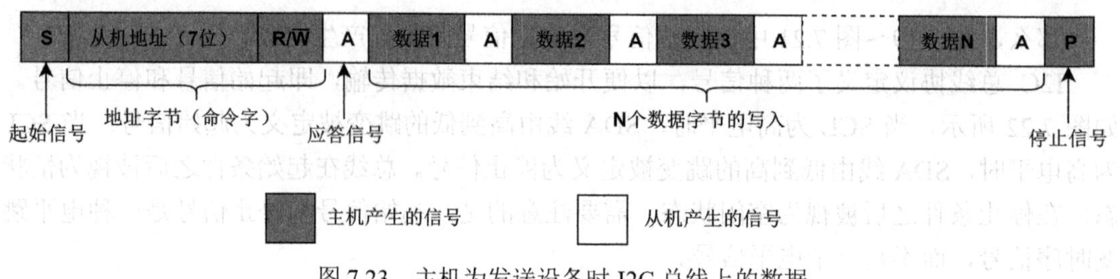

图 7.23 主机为发送设备时 I2C 总线上的数据

需要注意的是，主机通过发送地址码与对应的从机建立了通信关系，而挂接在总线上的其他从机虽然同时也收到了地址码，但因为与其自身的地址不相符合，因此提前退出与主控器的通信。

图 7.24 展示了当主机为接收设备时 I2C 总线上的数据流程（以 7 位寻址模式为例）。

① 主机发送启动信号后，接着发送命令字节（此时 $R/\overline{W}=1$）。

② 对应的从机收到地址字节后，返回一个应答信号并向主机发送数据。

③ 主机收到数据后向从机反馈一个应答信号。

④ 从机收到应答信号后再向主机发送下一个数据。

⑤ 当主机完成接收数据后，向从机发送一个非应答信号（NACK），从机收到非应答信号后便停止发送。

⑥ 主机发送非应答信号后，再发送一个停止信号，释放总线结束通信。

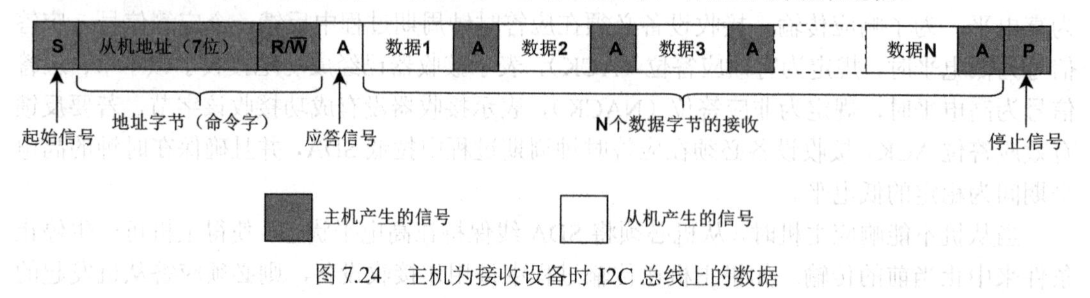

图 7.24 主机为接收设备时 I2C 总线上的数据

在空闲总线上两个主机可以同时开始传输，所以必须要有一个方法来决定哪个主机来控制总线并完成其数据传输。这个方法就是时钟同步和仲裁。单主机系统不需要时钟同步和仲裁。

仲裁解决了两个或两个以上设备同时发出起始信号的冲突。只有在总线空闲时，主机才可以启动传输。在起始信号的最少保持时间内，两个或两个以上的主机都有可能产生起始信号。在这些情况下，当 SCL 为高电平时仲裁机制在 SDA 线上产生。在仲裁过程中，若某一个竞争的主机在 SDA 上设置 1（高电平），而另一个主机发送 0（低电平），那么前者将关闭其数据输出并退出，直至总线再次空闲。

仲裁过程中，I2C 总线要对来自不同主机的时钟进行同步处理，因此需要确定一个确定的时钟进行逐位仲裁。一旦主机 A 的时钟变为低电平，它会保持 SCL 线处于低电平状态直到时钟到达高电平。然而，如果另一个主机 B 的时钟依旧是低电平，主机 A 的时钟从低到高的变化并不会改变 SCL 线的状态。SCL 拉低的时间由最长的低电平周期决定，较短的低电平周期的主机在这时进入等待状态。当所有主机的低电平周期都结束了，时钟线才回到高电平。这时所有主机时钟的电平状态和 SCL 的状态一致，所有主机开始计数它们的高电平周期。第一个结束高电平的主机将 SCL 线重新拉低，也就是说，同步 SCL 时钟的低电平周期由所有主机中最长的低电平周期决定，高电平周期由最短的高电平周期决定。

7.4.2 I2C 示例

以 STM32F303 的 I2C 为例，其内部结构图如图 7.25 所示。

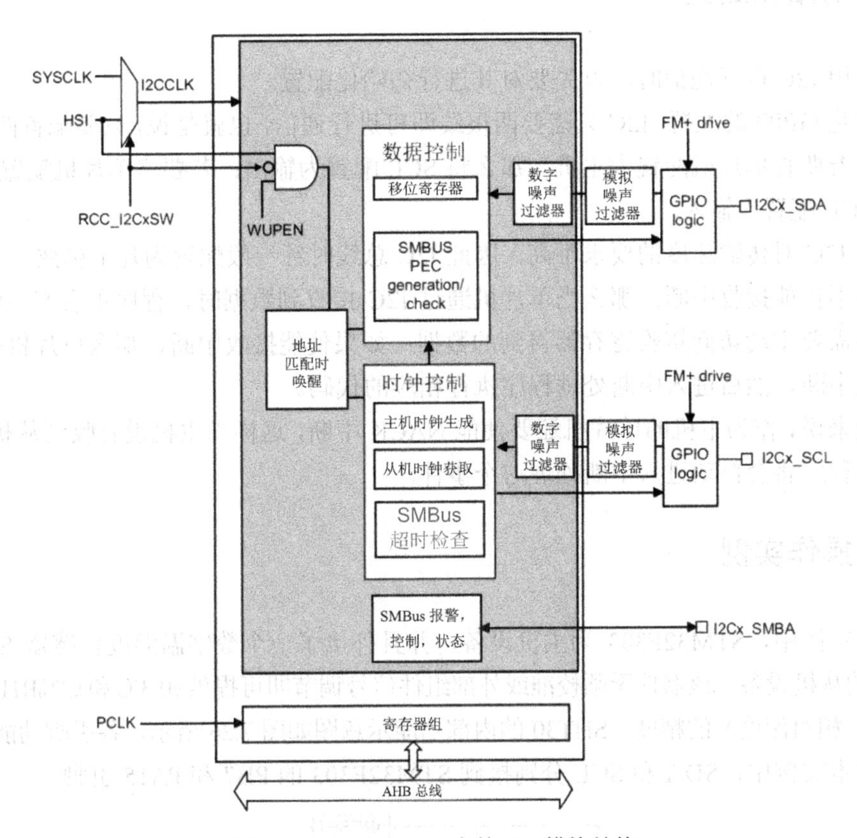

图 7.25 STM32F303 中的 I2C 模块结构

当 STM32F303 配置为从机模式时，其保存着自身的地址，当接收到主机传来的地址数据时，把该地址与自身地址进行对比，如果符合的话，则产生一个中断标志。

如果主机向 STM32F303 请求数据，则 I2C 模块将自动配置成发送模式。此时，SCL 线将一直保持低电平，直到待发送的数据写入发送缓冲寄存器。然后，产生一个应答并发送数据。一旦数据传送到移位寄存器中，将产生一个中断标志。主机确认数据后，STM32F303 发送下一个写入发送缓冲寄存器中的数据。如果缓冲器为空，在应答期间将停止总线工作，并保持 SCL 为低电平，直到新数据写入发送缓冲寄存器为止。

如果主机要向 STM32F303 发送数据，那么 STM32F303 进入从机接收模式。在接收完第一个数据字节后，将置位接收中断标志。I2C 模块将自动应答接收到的数据，并可接收下一个数据字节。

如果主机发送一个 NACK 信号，并紧随一个停止条件，那么将置位停止标志。如果主机发送一个 NACK 信号后，紧随一个重复起始条件，那么 I2C 状态机将返回到地址接收状态。

当 STM32F303 配置为主机模式时，需要在从机地址寄存器中写入从机地址，I2C 模块会一直等待直至总线空闲，然后产生一个起始条件并发送从机地址。

7.4.3　初始化配置

在使用 I2C 进行通信时，首先要对其进行初始化配置。

首先是 GPIO 的配置。I2C 只需要两根线即可进行通信，也就是说，只要配置两个 GPIO 口即可。若要将单片机配置为主机，那么将 SCL 配置为输出；若要将单片机配置为从机，那么将 SCL 配置为输入。

由于 I2C 对传输速度的要求不高，因此 I2C 总线时钟一般配置为几千赫兹。

如果不使能接收中断，那么当单片机通过 I2C 接收到数据时，程序不会产生中断，此时，软件需要主动访问接收寄存器得到的数据；如果使能接收中断，那么单片机接收数据时会产生中断，然后进入中断处理程序执行相应的代码。

一般来说，作为主机的单片机还要使能 NACK 中断，这样当主机没有收到从机的 ACK 时，主机程序将会自动进入中断处理这个事件。

7.4.4　操作实例

在本实例中，STM32F303 为主机设备，并且外接了一个数字温湿度传感器 SHT30 作为 I2C 的从机设备。该器件无须校准或外部组件信号调节即可提供±0.3℃和±2%RH（relative humidity，相对湿度）的精度。SHT30 的内部功能示意图如图 7.26 所示，各引脚功能如表 7.3 所示。在本实例中，SDA 和 SCL 分别接到 STM32F303 的 PB7 和 PA15 引脚。

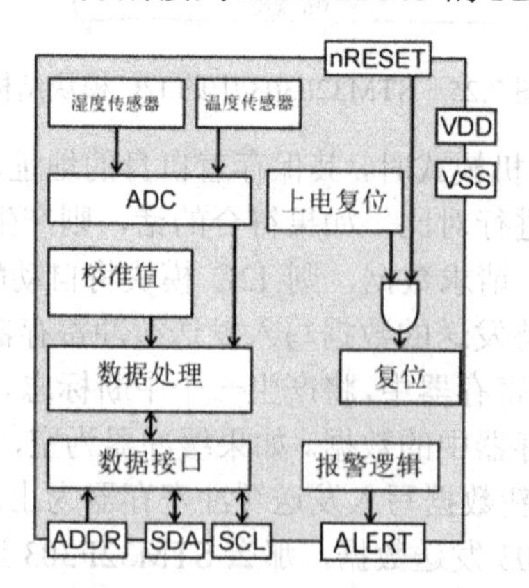

图 7.26　温湿度传感器 SHT30 内部功能示意图

表 7.3 SHT30 各引脚功能

引脚		输入/输出方向	功能
编号	名称		
1	SDA	输入/输出	串行数据线
2	SCL	输入	串行时钟线
3	ALERT	输出	超过阈值时警报输出
4	VSS	—	接地
5	VDD	输入	供电
6	nRESET	输入	复位
7	ADDR	输入	地址选择线

地址选择线决定了 SHT30 作为从机时的从机地址，具体的对应关系可查阅 SHT30 的数据手册。在本实例中，我们将地址线都接地，此时从机地址为 0x44。

本实例的程序流程图如图 7.27 所示。

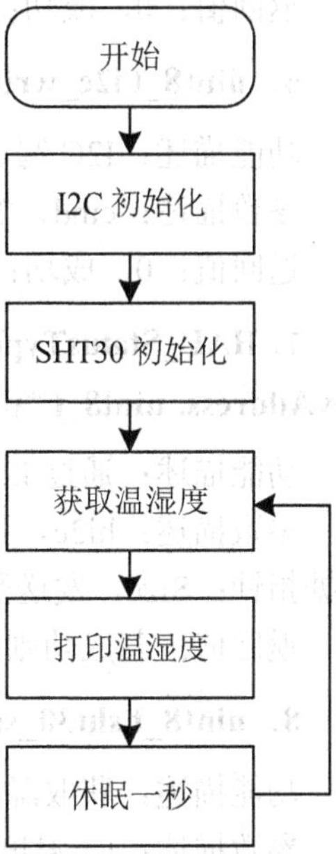

开始 → I2C 初始化 → SHT30 初始化 → 获取温湿度 → 打印温湿度 → 休眠一秒 →（返回获取温湿度）

图 7.27 I2C 程序流程图

下面给出本实例中用到的库函数。

1．void MX_I2C1_Init(void)

功能描述：初始化 I2C 模块。

参数描述：空。

返回值：空。

2．HAL_StatusTypeDef HAL_I2C_Init(I2C_HandleTypeDef *hi2c)

功能描述：初始化 I2C 模块为主机模式。

参数描述：hi2c，指定使用的 I2C 模块句柄。

返回值：空。

其中，I2C 配置结构体的参数如下。

- Timing：设置 I2C 时钟。
- OwnAddress1：指定自身的 I2C 设备地址 1。
- AddressingMode：设置 I2C 地址模式。
- DualAddressMode：设置 I2C 双地址模式。
- OwnAddress2：指定自身的 I2C 设备地址 2。
- OwnAddress2Masks：设置第二个地址发送 ACK 时的 MASK 模式。
- GeneralCallMode：指定广播呼叫模式 2。
- NoStretchMode：指定禁止时钟延长模式。

3．HAL_StatusTypeDef HAL_I2CEx_ConfigAnalogFilter(I2C_HandleTypeDef *hi2c, uint32_t AnalogFilter)

功能描述：设置 I2C 模拟噪声滤波器。

参数描述：hi2c，指定使用的 I2C 模块句柄；AnalogFilter，是否使能模拟滤波模块。

返回值：空。

4. HAL_StatusTypeDef HAL_I2CEx_ConfigDigitalFilter(I2C_HandleTypeDef *hi2c, uint32_t DigitalFilter)

功能描述：设置 I2C 数字噪声滤波器。

参数描述：hi2c，指定使用的 I2C 模块句柄；DigitalFilter，数字滤波器系数。

返回值：空。

5. uint8_t sht30_init()

功能描述：初始化 SHT30。

参数描述：空。

返回值：0，成功；其他，失败。

6. uint8_t i2c_write_cmd(uint16_t cmd)

功能描述：I2C 写 2 字节命令。

参数描述：cmd，2 字节命令。

返回值：0，成功；其他，失败。

7. HAL_StatusTypeDef HAL_I2C_Master_Transmit(I2C_HandleTypeDef *hi2c, uint16_t DevAddress, uint8_t *pData, uint16_t Size, uint32_t Timeout)

功能描述：通过 I2C 向从机传输一定量数据。

参数描述：hi2c，指定使用的 I2C 模块句柄；DevAddress，外设写地址；pData，发送数据指针；Size，发送数据长度；Timeout，发送超时时间。

返回值：若成功则返回 HAL_OK (0)，否则返回其他。

8. uint8_t sht30_sample(float *t, float *h)

功能描述：获取温湿度。

参数描述：t，温度指针；h，湿度指针。

返回值：0，成功；其他，失败。

9. HAL_StatusTypeDef HAL_I2C_Master_Receive(I2C_HandleTypeDef *hi2c, uint16_t DevAddress, uint8_t *pData, uint16_t Size, uint32_t Timeout)

功能描述：通过 I2C 从从机接收一定量数据。

参数描述：hi2c，指定使用的 I2C 模块句柄；DevAddress，外设读地址；pData，接收数据指针；Size，接收数据长度；Timeout，接收超时时间。

返回值：若成功则返回 HAL_OK (0)，否则返回其他。

10. uint8_t CheckCrc8(uint8_t *message, uint8_t initial_value)

功能描述：计算 CRC。

参数描述：message，数据；initial_value，初始值。

返回值：CRC 值。

下面给出具体代码。

```
#include "main.h"
#include "stdio.h"
I2C_HandleTypeDef hi2c1;
UART_HandleTypeDef huart2;                                         //串口配置省略
static void MX_GPIO_Init(void);
static void MX_USART2_UART_Init(void);
static void MX_I2C1_Init(void);

#define SHT_ADDR (0x44 << 1)

uint8_t sht30_init(void);
uint8_t sht30_sample(float *t, float *h);
int main(void)
{
    HAL_Init();
    SystemClock_Config();
    MX_GPIO_Init();
    MX_USART2_UART_Init();
    MX_I2C1_Init();
    sht30_init();
    float temp = 0;
    float humi = 0;
    HAL_Delay(1000);
    while (1)
    {
        sht30_sample(&temp, &humi);
        printf("temp: %f,humi %f\r\n", temp, humi);
        HAL_Delay(1000);
    }
}
static void MX_I2C1_Init(void)
{
    hi2c1.Instance = I2C1;
    hi2c1.Init.Timing = 0x2000090E;                                //设置 I2C 时钟
    hi2c1.Init.OwnAddress1 = 0;                                    //指定自身的 I2C 设备地址 1
    hi2c1.Init.AddressingMode = I2C_ADDRESSINGMODE_7BIT;  //设置 I2C 地址模式
    hi2c1.Init.DualAddressMode = I2C_DUALADDRESS_DISABLE;//设置 I2C 双地址模式
    hi2c1.Init.OwnAddress2 = 0;                                    //指定自身的 I2C 设备地址 2
    hi2c1.Init.OwnAddress2Masks = I2C_OA2_NOMASK;//设置第二个地址发送 ACK 时的 MASK
模式
    hi2c1.Init.GeneralCallMode = I2C_GENERALCALL_DISABLE;  //指定广播呼叫模式
    hi2c1.Init.NoStretchMode = I2C_NOSTRETCH_DISABLE;       //指定禁止时钟延长模式
    if (HAL_I2C_Init(&hi2c1) != HAL_OK)
    {
        Error_Handler();
    }
```

```
    if (HAL_I2CEx_ConfigAnalogFilter(&hi2c1, I2C_ANALOGFILTER_ENABLE) != HAL_OK)
    {
        Error_Handler();
    }
    if (HAL_I2CEx_ConfigDigitalFilter(&hi2c1, 0) != HAL_OK)
    {
        Error_Handler();
    }
}
//I2C 写 2 字节命令
uint8_t i2c_write_cmd(uint16_t cmd)
{
    uint8_t cmd_buff[2];
    cmd_buff[0] = cmd >> 8;
    cmd_buff[1] = cmd;

    return HAL_I2C_Master_Transmit(&hi2c1, SHT_ADDR, cmd_buff, 2, 0xffff);
}

//CRC 校验计算
#define CRC8_POLYNOMIAL 0x31
uint8_t CheckCrc8(uint8_t *message, uint8_t initial_value)
{
    uint8_t remainder;
    uint8_t i = 0, j = 0;
    remainder = initial_value;
    for (j = 0; j < 2; j++)
    {
        remainder ^= message[j];
        for (i = 0; i < 8; i++)
        {
            if (remainder & 0x80)
            {
                remainder = (remainder << 1) ^ CRC8_POLYNOMIAL;
            }
            else
            {
                remainder = (remainder << 1);
            }
        }
}
return remainder;
}

//初始化代码
uint8_t sht30_init()
{
    //软复位
    i2c_write_cmd(0x30a2);
    HAL_Delay(25);
```

```
    return i2c_write_cmd(0x2220);                        //读取模式设置
}
//获取温湿度
//1-ERR
//0-OK
uint8_t sht30_sample(float *t, float *h)
{
    uint8_t read_buff[6] = {0};
    uint16_t temp_value;
    uint16_t humi_value;
    i2c_write_cmd(0xe000);                          //读取温湿度命令
    //读取温湿度
    if (HAL_I2C_Master_Receive(&hi2c1, SHT_ADDR | 0x01, read_buff, 6, 0xffff) != HAL_OK)
    {
        return HAL_ERROR;
    }
    //计算 CRC
    if (CheckCrc8(read_buff, 0xFF) != read_buff[2] || CheckCrc8(&read_buff[3], 0xFF) != read_buff[5])
    {
        return HAL_ERROR;
    }
    //计算真实温湿度
    temp_value = ((uint16_t)read_buff[0] << 8) | read_buff[1];
    *t = -45 + 175 * ((float)temp_value / 65535);
    humi_value = ((uint16_t)read_buff[3] << 8) | read_buff[4];
    *h = 100 * ((float)humi_value / 65535);
    return HAL_OK;
}
```

将以上代码下载到 STM32F303 后，将 STM32F303 与 SHT30 相连接，打开串口调试工具，可以看到串口调试工具数据接收区打印温度和湿度值。

7.5　USB 接口

USB（universal serial bus）是通用串行总线的缩写，是连接计算机系统与外部设备的一种串口总线标准，也是一种输入/输出接口的技术规范。由于使用方便，USB 已被广泛应用于各种需要与 PC 机相连的外部设备，如 U 盘、移动硬盘、无线网卡、手机、MP3 播放器等。

7.5.1　USB 接口概述

USB 最大的特点是支持热插拔和即插即用。当设备插入时，主机枚举到此设备并加载所需的驱动程序。USB 在速度上远比并行端口与串行接口等传统计算机用标准接口快。USB 需要使用 USB 控制器来实现其各种规范功能，目前一些相对高端的 MCU 已经集成了

USB 控制器。

USB 经历了数代的发展，最新一代是 USB 3.1，传输速度可达 10Gbit/s。通常 USB 1.1 是较普遍的 USB 规范，其全速方式的传输速率为 12Mbit/s（实际数据速率约为 1.5MB/s），低速方式的传输速率为 1.5Mbit/s。USB 2.0 规范是由 USB 1.1 规范演变而来的。它的传输速率达到了 480Mbit/s，足以满足大多数外设的速率要求。

USB 可以支持多种应用，各应用对硬件接口的大小需求不同，因此，USB 也需要有多种类型的接口，以适应不同的应用需求。根据接口形状的不同，USB 接口类型可以分为三大类，即 Type、Mini 和 Micro。

Type 类型包括 Type-A、Type-B 和 Type-C。Type-A 的接口形状如图 7.28 所示，它呈长方形，一般用于 PC 中，是最常见的 USB 接口。Type-B 的接口形状如图 7.29 所示，它一般用于外部设备的连接，但因为尺寸较大，现在已经比较少见，Type-B 大多用于比较旧型的外接式烧录机、硬盘、打印机等。随着 USB 3.0 的推行，现在很多 USB Type-A 和 Type-B 都已经进化到 USB 3.0 的标准，传输速度比 USB 2.0 高出 8 倍以上，区别 USB 2.0 与 USB 3.0 最简单的方式是看 USB 接口是否有蓝色装饰。Type-C 是在 USB 3.0 之后出现的最新的 USB 接口，它的形状如图 7.30 所示，Type-C 在设计上不具有方向性，它最大的特点就是支持双面插入。目前众多厂商都推出了 Type-C 接口，如华为手机等。

图 7.28　USB Type-A　　图 7.29　USB Type-B　　图 7.30　USB Type-C

Mini 类型包括 Mini-A 和 Mini-B。Mini-A 和 Mini-B 的接口形状分别如图 7.31 和图 7.32 所示，它们一般用于数码相机、测量仪器等移动设备。

图 7.31　Mini-A

图 7.32　Mini-B

Micro USB 在 USB 2.0 时代就已经出现，它较为小巧，适用于移动设备。Micro 类型包括 Micro-A 和 Micro-B。Micro-A 和 Micro-B 的接口形状分别如图 7.33 和图 7.34 所示，它们比早期部分手机使用的 Mini USB 接口更小，目前，许多智能手机、平板电脑的充电与数据接口使用的就是 Micro USB B 接口。

图 7.33 Micro-A

图 7.34 Micro-B

虽然目前 USB 的接口类型有很多种，但由于各种接口传输的信号都一样，差别只在插头与插座的形式有所不同，所以可以通过转接器互相转接。例如，很多轻薄类型的笔记本电脑只有 Type-C 插座，只需通过转接器转换为 Type-A 插座，就可以像往常一样使用一般的传输线。

USB 是一种电缆总线，它定义了两种角色：主机和设备。USB 总线完成在主机和设备之间进行数据传输的功能。任何 USB 系统都只能有一个主机。主机和 USB 总线的接口称为主机控制器。主机控制器由硬件和软件组成。主机通过主机控制器与设备进行通信。主机的功能主要有检测 USB 设备的插入和卸载、管理在主机和设备之间的控制流、管理在主机和设备之间的数据流、收集状态和动作信息、给与之连接的 USB 设备提供电源等。设备分为 USB Hub 和功能设备。USB Hub 用于提供更多的连接点，功能设备则提供某些具体的功能，如 U 盘、键盘等。

图 7.35 是一个 USB 系统，显示了 USB 各部分之间的关系。USB 系统可以分为 3 层，由下往上分别为接口层、设备层和功能层。接口层是实际的数据流传输层，主机和设备之间的数据交互实际上是在这一层完成的。设备层包含了 USB 基本的协议栈，在这一层，主机和设备执行各种 USB 命令，逻辑上是 USB 系统软件和 USB 逻辑设备之间的数据交互。最后，功能层提供了用户所需的各种功能，在主机端，用户可以编写软件和 USB 设备驱动程序，在设备端则可以编程各种功能单元来满足需求。

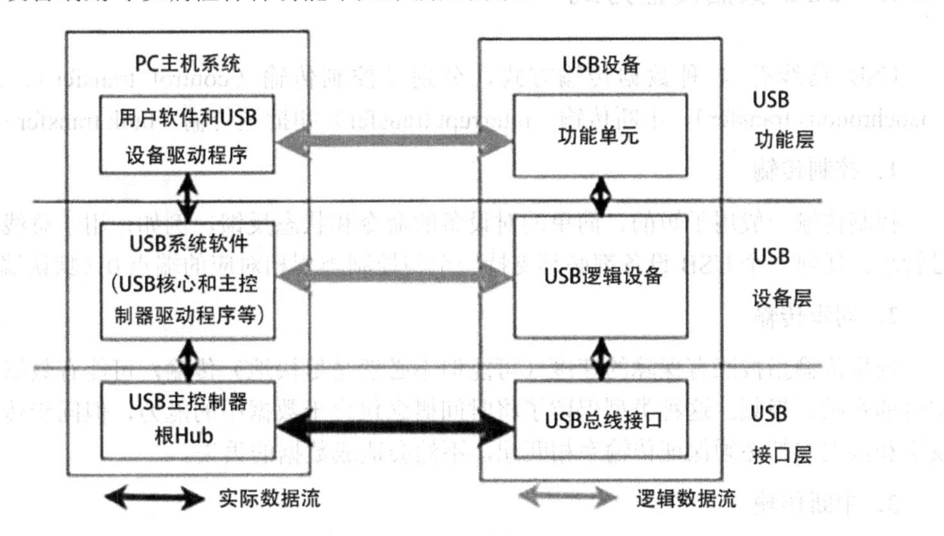

图 7.35 USB 系统

图 7.36 是 USB 的拓扑结构。可以看到，它由 3 种元素组成，分别是主机、Hub（集线器）和设备。在使用 PC 作为主机的 USB 系统中，PC 就是第一层主机和根 Hub，用户可以将设备直接与 Hub 相连，也可以将 Hub 连接下一层的 Hub，从而形成星形结构。在一个 USB 系统中，USB 设备和 Hub 总数不超过 127 个。

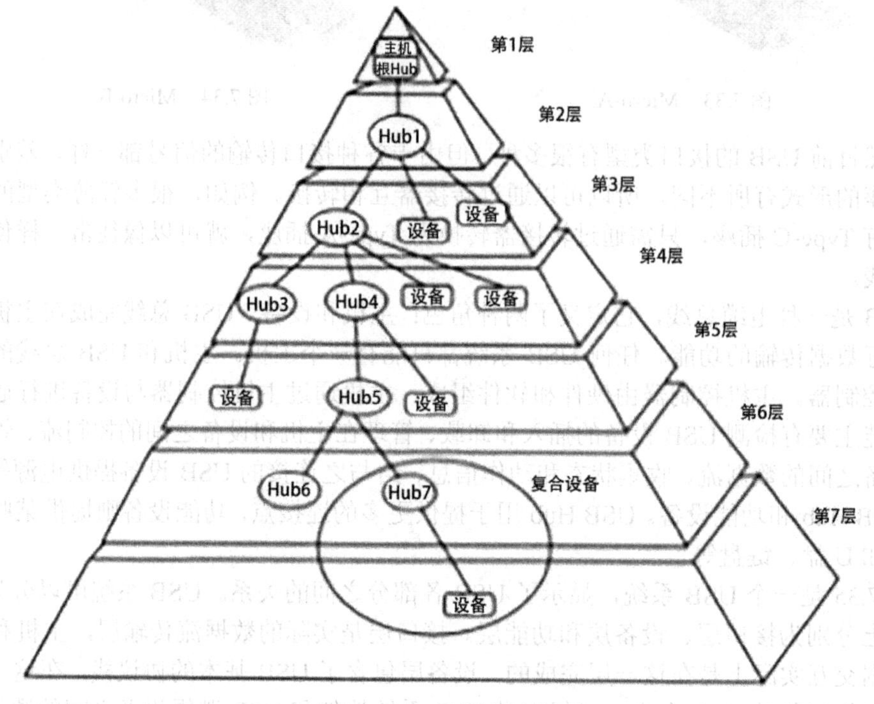

图 7.36　USB 拓扑结构

7.5.2　USB 数据传输方式

USB 总线有 4 种数据传输方式，分别是控制传输（control transfer）、同步传输（isochronous transfer）、中断传输（interrupt transfer）和批量传输（bulk transfer）。

1．控制传输

控制传输一般用于短的、简单的对设备的命令和状态反馈，例如，用于总线控制的 0 号管道。任何一个 USB 设备都必须支持一个与控制类型相对应的端点 0（默认端点）。

2．同步传输

同步传输指按照有保障的速度（可能但不必然是尽快地）传输，可能有数据丢失，如实时的音频、视频。这种类型保留了将时间概念包含于数据中的能力，但同步传输方式的发送和接收方都必须保证传输率相匹配，不然会造成数据的丢失。

3．中断传输

中断传输用于必须保证尽快反应的设备（有限延迟），如鼠标、键盘。

4．批量传输

批量传输指使用余下的带宽大量地（但是没有对于延迟、连续性、带宽和速度的保证）传输数据，如普通的文件传输。批量传输方式并不能保证传输的速率，但可保证传输的可靠性，当出现错误时会要求发送方重发。

当一个USB设备首次接入USB总线时，主机要进行总线枚举，总线枚举是USB设备的重要特征。只有对设备进行了正确的枚举之后，主机才能确认设备的功能，并与设备进行通信，其具体过程如下。

- 设备连接及上电，USB设备接入USB总线并上电。
- 主机检测到设备，设备连接并上电后，主机通过检测设备在总线的上拉电阻检测到有新的设备连接并确定设备速度。然后发出一个复位信号，设备接收到复位信号以后才可以对总线的处理操作做出响应，然后设备就使用默认地址（00H）作为自己的暂时地址。
- 主机发出一个标准设备请求GetDeviceDescriptor，以获取设备描述符、默认管道的最大数据长度等信息。主机主要对Length域感兴趣，发送内容一定要正确，特别是第2字节type一定为0x01，即Device；否则，主机将不响应，或者重复两次后放弃。这时由于主机对Device的描述符将有多长实际上都不知道，所以这个步骤只是试探性的，目的是得到真正长度，后面才会读取设备描述符。
- 主机发出下一个请求SetAddress。当USB设备连接以后，由主机负责给设备分配一个唯一的地址（之前都是用默认地址00H通信，后面通信就使用这个分配的地址）。
- 主机发出GetDeviceDescriptor，读取全部设备描述符，一般为18字节，分为多次传输。如果不正确，主机将不响应或重复两次后放弃。
- 主机读取配置描述符GetConfigDescriptor。
- 主机除了读取设备描述符和配置描述符，还要读取接口描述符和端点描述符。那么这次还是使用读取配置描述符的方法GetConfigDescriptor来读取全部的配置描述符、接口描述符和端点描述符的集合。次数根据描述符的大小决定（端点个数不同，描述符大小不同），如果不正确，主机将不响应或重复两次后放弃。
- 主机获取了设备的配置信息后，选择其中一个配置，并用SetConfig命令将所选择的配置种类通知USB设备。在该过程结束后，设备可用，总线枚举过程结束。

当设备从USB总线上拔出时，HUB将发送一个信号通知主机，主机使与该设备相连的端口禁用，及时更新它的拓扑结构并回收设备所占有的主机资源和带宽。

传统的USB开发不仅需要开发下位机硬件驱动，同时还需要编写上位机驱动程序，开发复杂度大大增加。现在为了简化开发者的开发难度，通常利用USB的4种数据传输方式，将待开发的应用规划到这四大类中，例如，传输实时音频和视频时使用同步传输，鼠标、键盘类的使用中断传输，普通的文件传输使用批量传输，等等，使用这种方式不需要再编写上位机驱动。同时，对于下位机硬件驱动的开发，目前也有很多开发工具可以方便开发者快速开发，例如，在使用STM32开发板开发USB时可以利用STM32CubeMX工具，只需要在 STM32CubeMX 中配置一个 USB 设备中间件，再配置一些基本参数即可完成一个简单的 USB 配置开发工作，对于初学者更容易上手。

7.6　CAN 总线

CAN 是控制器局域网络（controller area network）的简称，最早由德国 BOSCH 公司推出，用于汽车内部测量与执行部件之间的通信，后来成为国际标准，是国际上应用广泛的现场总线之一。

CAN 总线网络结构如图 7.37 所示。CAN 总线网络挂在 CAN_H 和 CAN_L 上，各个节点通过这两条线实现信号的串行差分传输，为了避免信号的反射和干扰，还需要在 CAN_H 和 CAN_L 之间接上 120Ω 的终端电阻。CAN 总线具有在线增减设备，即总线在不断电的情况下也可以向网络中增加或减少节点。一条总线最多可以容纳 110 个节点，通信比特率为 5Kbit/s～1Mbit/s，在通信的过程中要求每个节点的波特率保持一致（误差不能超过 5%），否则会引起总线错误，从而导致节点的关闭，出现通信异常。

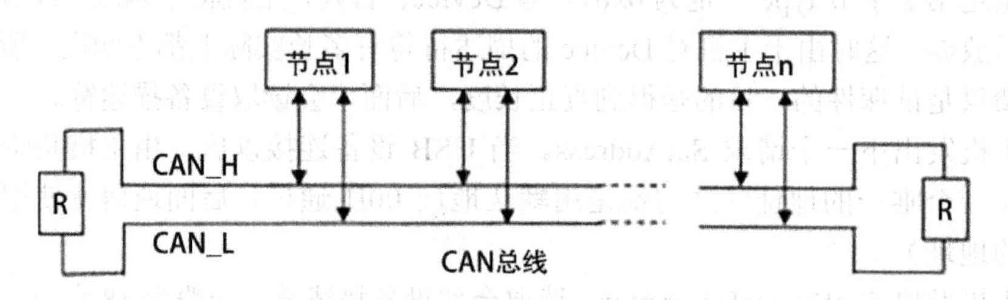

图 7.37　CAN 总线结构

在 CAN 总线上，电平信号分为显性电平和隐形电平两种。当 CAN_H−CAN_L < 0.5V 时，电平信号表现为隐性电平，逻辑信号表现为高电平（逻辑 1）；当 CAN_H−CAN_L > 0.9V 时，电平信号表现为显性电平，逻辑信号表现为低电平（逻辑 0）。发送方通过使总线电平发生变化，将消息发送给接收方。

CAN 总线具有以下特点。

- CAN 总线上任意节点均可在任意时刻主动地向其他节点发起通信，节点没有主从之分，但在同一时刻优先级高的节点能获得总线的使用权，在高优先级的节点释放总线后，任意节点都可使用总线。
- CAN 总线传输比特率为 5Kbit/s～1Mbit/s，在 5Kbit/s 的通信比特率下最远传输距离可以达到 10km，即使在 1Mbit/s 的比特率下也能传输 40m 的距离。在 1Mbit/s 比特率下节点发送一帧数据最多需要 134μs。
- CAN 总线采用载波监听多路访问、逐位仲裁的非破坏性总线仲裁技术。在节点需要发送信息时，节点先监听总线是否空闲，只有节点监听到总线空闲时才能发送数据，即载波监听多路访问方式。在总线出现两个以上的节点同时发送数据时，CAN 协议规定按位进行仲裁，按照显性位优先级大于隐性位优先级的规则进行仲裁，最后高优先级的节点数据毫无破坏地被发送，其他节点停止发送数据（即逐位仲裁的非破坏性传输技术）。这样能大大地提高总线的使用效率及实时性。

- ❑ CAN 总线所挂接的节点数量主要取决于 CAN 总线收发器或驱动器，目前的驱动器一般都可以使同一网络容量达到 110 个节点。
- ❑ CAN 总线定义使用了硬件报文滤波，可实现点对点及点对多点的通信方式，不需要软件来控制。数据采用短帧发送方式，每帧数据不超过 8 字节，抗干扰能力强，每帧接收的数据都进行 CRC 校验，使得数据出错概率可以得到极大限度地降低。CAN 节点在错误严重的情况下具有自动关闭的功能，避免了对总线上其他节点的干扰。
- ❑ CAN 总线通信介质可采用双绞线、同轴电缆或光纤，选择极为灵活，可大大节约组网成本。

CAN 总线本身只定义 ISO/OSI 模型中的第一层物理层（PLS）和第二层数据链路层，其中，数据链路层又分为逻辑链路控制子层（LLC）和媒体访问控制子层（MAC），所以实际上为三层结构，其结构图如图 7.38 所示。数据发送节点数据流为 LLC→MAC→PLS，然后将数据发送到总线上；而对于挂在总线上的所有节点（包括发送节点）的接收数据流为 PLS→MAC→LLC。

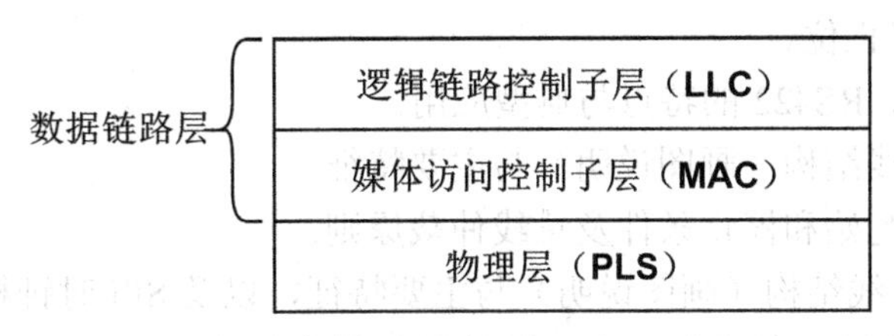

图 7.38 CAN 分层结构

图 7.38 中各层的功能如下。

- ❑ PLS 层：电气连接、物理信号的定时、同步、位编码解码。
- ❑ MAC 层：完成数据的封装/拆装、帧编码、媒体访问管理、错误检测、出错标定、应答、串行化/解除串行化等。
- ❑ LLC 层：为数据传送和远程数据请求提供服务，确认由 LLC 子层接收的报文实际已被接收，并为恢复管理和通知超载提供信息。

7.7 本章小结

本章介绍了嵌入式系统中常见的数字通信外设，包括异步通信接口 UART、高速同步全双工通信接口 SPI、灵活易扩展的同步通信接口 I2C，以及 USB 和汽车电子常用的 CAN 通信接口。这些通信接口各有特点，适用于不同的应用场合。UART 及其拓展应用接口 RS232、RS422、RS485 一般用于双机通信和一对多通信。SPI 接口常用于处理器与板级高速外设的通信，如 Flash 存储器、LCD 控制器、网络控制器等，SPI 通信一般需要配合 DMA

使用。I2C 接口形式简单，常用于连接各种传感器、EEPROM 等。理解 USB 的枚举过程和 4 种传输类型，是学习使用 USB 通信的关键。CAN 通信网络具有简洁的拓扑结构，在汽车内网中被广泛应用。读者在了解各种通信协议特点的基础上，还需要理解其实现原理，以及所用外部功能芯片的编程结构，从而正确使用并发挥出各种通信协议的优点。在使用方面，MCU 厂商一般都有提供各种通信外设的库函数，可以降低开发使用这些外设的难度。

7.8 习　题

1．什么是串行通信、并行通信？

2．什么是同步通信、异步通信？

3．什么是全双工、半双工、单工通信？

4．简述 UART 的帧格式。

5．简述 UART 的编程结构（主要寄存器）。写出 UART 初始化并发送 40 个字符的程序流程图。

6．画出在 RS232 传输线上传送字符“E”的波形图。其他设置：9600bit/s、8 个数据位、偶校验、一个终止位。

7．简述 RS485、RS422 的特点与典型应用。

8．简述 I2C 总线结构（画图说明）与主要特征。

9．简述 I2C 的起始和停止条件及总线仲裁原则。

10．简述 SPI 总线结构（画图说明）与主要特征，以及 SPI 时钟极性、相位的概念。

11．USB 接口的特点有哪些？USB 硬件包括哪些部分？

12．简述 USB 的枚举过程。

13．说明 USB 包含的几种数据传输类型的特点，并分别列举一个应用实例。

14．请查阅资料，分析说明 RS232、RS422、RS485 的特点和应用场合。

15．尝试在所用实验板上外接一个 I2C 接口的传感器，通过编程定时读取传感器的数据，并通过 UART 发送到 PC 主机。

16．尝试在所用实验板上外接一个 I2C 接口的传感器，通过编程定时读取传感器的数据，并通过 USB 虚拟串口发送到 PC 主机。

17．查阅资料，简述 MODBUS 串口协议，编程实现 MODBUS RTU 协议中读写寄存器（功能码 03 和 06）的功能。

第 8 章 模 拟 外 设

现实世界中的物理量通常都是连续变化的模拟信号，如温度、湿度、力、声音、电压、气压等，但处理器能处理和控制的信号只能是离散的数字信号。本章将介绍可以将模拟信号和数字信号进行转换和处理的模数转换器（ADC）、数模转换器（DAC）和模拟比较器（AC）的基本原理，以及这些模拟外设的配置和基本使用方法。

8.1 模数转换器（ADC）

模拟信号是指随时间连续变化的信号，而数字信号是离散的，通常更容易被计算机储存与处理。模数转换器（analog-to-digital Converter，ADC）就是将模拟信号转变成数字信号的一种外设，是嵌入式电子设备中非常重要的部件。

8.1.1 ADC 简介

在实际应用中，控制或测量的对象往往是一些连续变化的模拟量，这些模拟量通过传感器被检测出来，并转换为电信号，通过运算放大器放大，再经过 ADC 转变成数字量，才能被计算机处理，如图 8.1 所示。ADC 将模拟信号转化为数字信号的过程可分为 4 步，即采样、保持、量化、编码。在实际电路中，这些过程有的是合并进行的，例如，采样和保持、量化和编码往往是同时实现的。

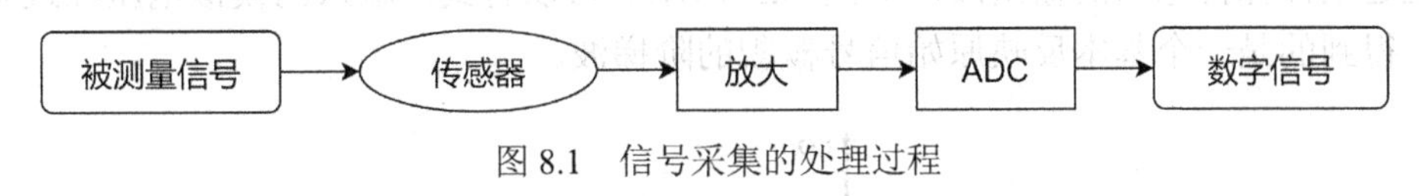

图 8.1 信号采集的处理过程

1. 采样

在 ADC 转换中，输入信号是连续的模拟信号，而输出信号是离散的数字信号，因此，必须对模拟信号进行采样。所谓采样，就是对模拟信号进行周期性抽取样值的过程。

采样过程如图 8.2 和图 8.3 所示，图中，$U_I(t)$为输入模拟信号，$U_S(t)$为采样输出信号，S(t)为采样脉冲。可以看到，模拟信号经采样后，得到了一系列样值脉冲，这些脉冲的间隔时间 T_s 即为采样脉冲的周期。根据采样定理，只有当采样频率大于模拟信号中最高频率的两倍时，采样值才能不失真地反映原来模拟信号，即：

$$f_s \geqslant 2f_{max} \tag{8.1}$$

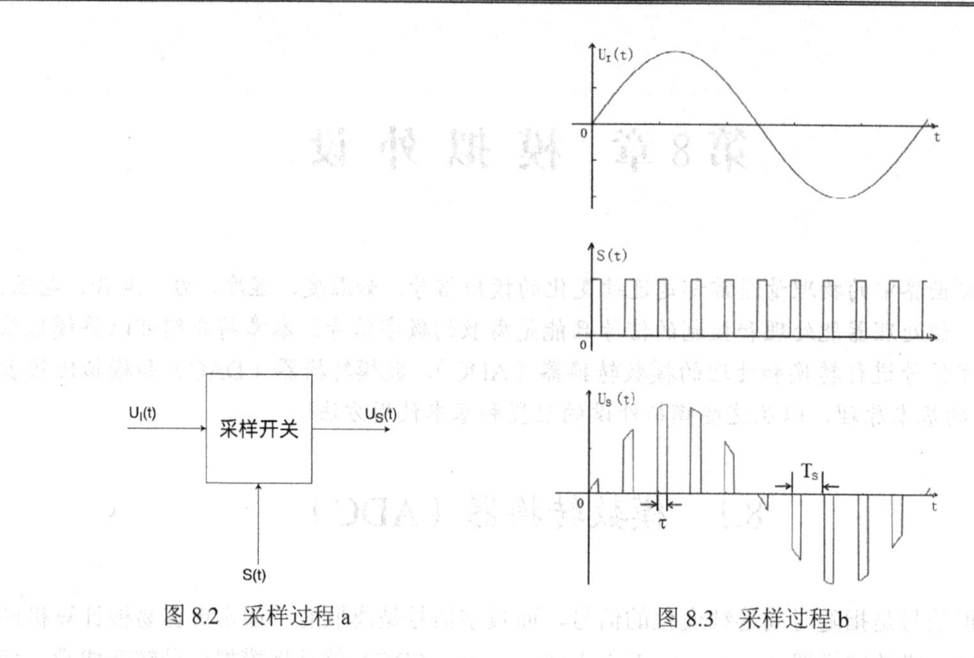

图 8.2　采样过程 a　　　　图 8.3　采样过程 b

2．保持

ADC 在工作时还有一个很重要的内部控制电路——采样保持电路。对模拟信号进行 A/D 转换需要一定的转换时间，在下一个采样脉冲到来之前，应暂时保持所取得的样值脉冲幅度，以便进行转换，因此在采样电路之后需要引入采样保持电路。

采样保持电路的工作原理图如图 8.4 所示。图中，场效应管 VT 为采样门；电容 C 为保持电容；运算放大器为跟随器，起缓冲隔离作用，同时运放的驱动能力能维持输出电压。在采样脉冲 S(t)到来的时间 τ 内，VT 导通，$U_I(t)$向电容 C 充电，假定充电时间常数远小于 τ，则有：$U_O(t)=U_S(t)=U_I(t)$，这个过程为采样过程。采样结束，VT 截止，而电容 C 上电压保持充电电压 $U_I(t)$不变，直到下一个采样脉冲到来为止，这个过程即为保持。

经过采样保持电路的输出波形如图 8.5 所示。可以看到，输入的模拟电压经过采样保持后，得到的是一个基本反映原始信号概貌的阶梯波。

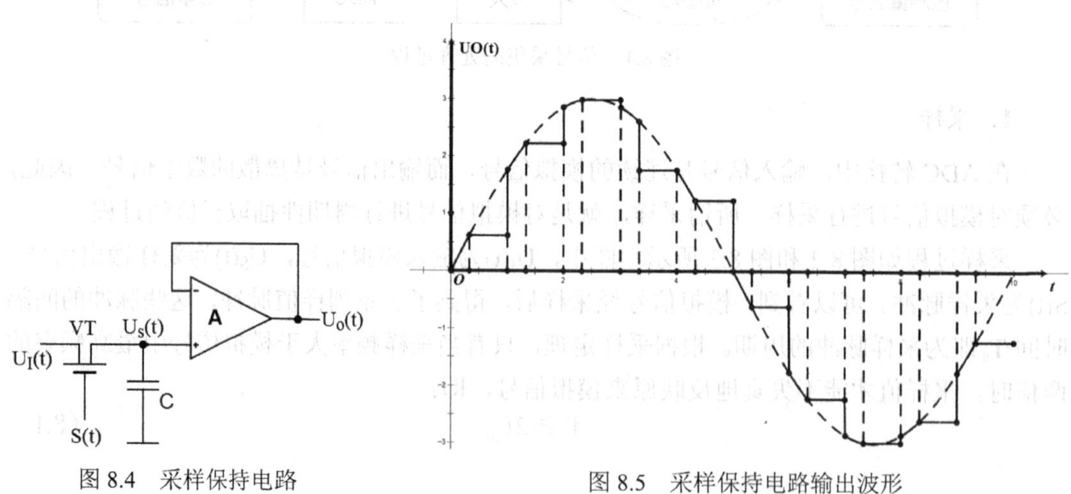

图 8.4　采样保持电路　　　　图 8.5　采样保持电路输出波形

3．量化

量化是指将信号的连续取值近似为有限多个离散值的过程。按照在同一量化单位下取值的不同，我们可以将量化方式分为舍入法和截断法两种。

舍入法采用最靠近实际采样值的量化值来近似采样值，截断法采用不大于实际采样值的最大量化值来近似采样值。图 8.6 给出了一个 3 位的 ADC，一个输入模拟信号 V(t)，它的满量程电压为 FSR，量化单位为 $FSR/2^N$。对于点 A，采用舍入法得到的量化值为 011，采用截断法得到的量化值为 010；对于点 B，采用舍入法得到的量化值为 010，采用截断法得到的量化值为 010。

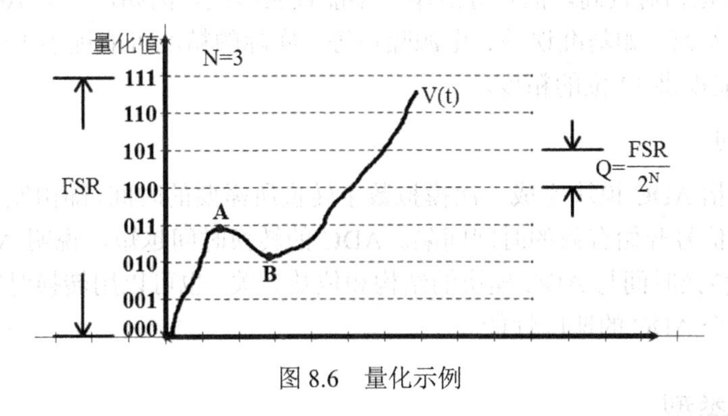

图 8.6 量化示例

从图 8.6 中可以看出，不管是舍入法还是截断法，量化都会产生一定的误差。对于舍入法来说，量化误差为（−Q/2,+Q/2），截断法的量化误差为（−Q,0）。

4．编码

编码就是将量化后的离散量用相应的二进制码表示的过程。

当 ADC 的模拟输入电压为单极性方式时，即输入电压只允许为正电压或只允许为负电压，那么编码结果用无符号的二进制数表示。例如，对于一个 8 位 ADC，当模拟输入信号为 0～+10V，ADC 的数字输出 00000000B 对应 0V，11111111B 对应+10V。

当 ADC 的模拟输入电压为双极性方式时，即输入电压既可以是正电压也可以是负电压时，那么编码结果常用二进制原码、偏移码或补码表示。在二进制系统中，数值的正、负号通常用一位二进制数的 0、1 来表示，并且常把符号位连同数值位一起编码，编码所得到的就是符号数，也称为双极性代码。

8.1.2 ADC 性能指标

ADC 的性能指标主要有分辨率、精度和转换时间等。

1．分辨率

分辨率用来反映 ADC 对输入电压微小变化的响应能力，通常用数字输出最低位（LSB）所对应的模拟输入电压来表示。它定义为转换器的满刻度电压与 2^n 的比值，其中 n 为 ADC 的位数。例如，一个 8 位 ADC 模块的分辨率为满刻度电压的 1/256，如果满刻度电压为 5V，那么该 ADC 可分辨 5V/256（约 20mV）的电压变化。一般而言，ADC 模块位数（分辨率）越高，数据采集的精度就越高。

2. 精度

ADC 模块的精度反映了一个实际 ADC 模块在量化上与一个理想 ADC 模块进行模/数转换的差值，常用最低位（LSB）的倍数表示。例如，给出相对误差≤±3LSB，表示实际输出的数字量和理论上应得到的输出数字量之间的误差小于 3 个最低位。换而言之，转换器的精度决定了数字输出中有多少个比特表示输入信号的有用信息。一般而言，分辨率较高的 ADC，精度也相对较高，但是分辨率并不能代表精度。例如，一个 16 位 ADC 由于存在内部或外部误差源，如基准误差、电源噪声等，实际的精度可能远小于分辨率，一个 16 位 ADC 也许只能提供 12 位的精度。

3. 转换时间

转换时间是指 ADC 模块完成一次模拟数字转换所需要的时间，即由发出启动转换命令信号到转换结束信号开始有效的时间间隔。ADC 的转换时间越短，说明 ADC 越能适应输入信号的变化。转换时间与 ADC 模块的结构和位数有关。也可以用转换时间的倒数——转换速率来表征一个 ADC 的速度性能。

8.1.3 ADC 类型

模数转换器的种类很多，按工作原理的不同，可分成直接比较型和间接比较型。

1. 直接比较型

直接比较型 ADC 将输入模拟信号直接与标准的参考电压比较，从而得到数字量。属于这种类型常见的有逐次逼近型 ADC 和并行比较型 ADC。

逐次逼近型 ADC 是应用非常广泛的模/数转换方法，它的原理图如图 8.7 所示，它由电压比较器、D/A 转换器、数据寄存器、移位寄存器、时钟发生器和控制逻辑电路组成。

逐次逼近转换过程和用天平称物重非常相似，就是将输入模拟信号与不同的参考电压（V_{REF}）进行多次比较，使转换所得的数字量在数值上逐次逼近输入模拟量对应值。

对照图 8.7 所示的电路，它由启动脉冲启动后，在第一个时钟脉冲作用下，控制电路使移位寄存器的最高位置 1，其他位置 0，经数据寄存器将 1000…0 送入 D/A 转换器。输入电压首先与 D/A 转换器输出电压（$V_{REF}/2$）相比较，若 $V_I \geqslant V_{REF}/2$，则比较器的输出为 1；若 $V_I < V_{REF}/2$，则比较器的输出为 0，比较结果存于数据寄存器的 D_{n-1} 位。然后在第二个时钟脉冲作用下，移位寄存器右移一位。如果数据寄存器最高位已置 1，则此时 V_O=（3/4）V_{REF}，V_I 再与（3/4）V_{REF} 相比较；若 $V_I \geqslant$（3/4）V_{REF}，则次高位 D_{n-2} 置 1，否则 D_{n-2} 置 0；如果数据寄存器最高位为 0，则 $V_O=V_{REF}/4$；若 $V_I \geqslant V_{REF}/4$，则 D_{n-2} 位置 1，否则置 0。以此类推，逐次比较得到输出数字量。

逐次逼近型 ADC 比较高速，且功耗相当低。但是如果器件特性要做到高于 14 位分辨率，传感器产生的信号在进行模/数转换之前需要进行处理，包括增益级和滤波，这样会明显增加成本。

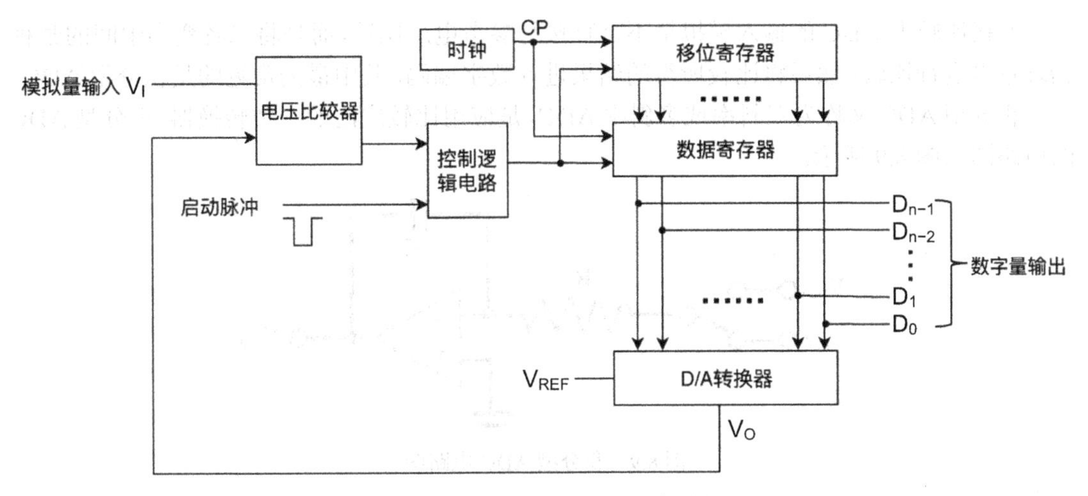

图 8.7　逐次逼近型 ADC 原理图

除了逐次逼近型 ADC，并行比较型 ADC 也较为常见。

并行比较型 ADC 是现今速度最快的模数转换器，采样速率在 1GSPS（gigabit samples per second，每秒千兆次采样）以上，通常称为“闪烁式”ADC。并行比较型 ADC 的原理图如图 8.8 所示，它由电阻分压器、比较器、缓冲器和编码器 4 部分组成。

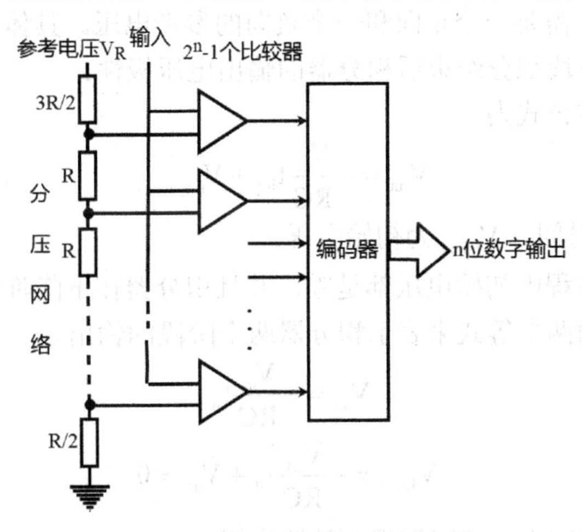

图 8.8　并行比较型 ADC 原理图

图 8.8 中，2^n 个电阻将参考电压 V_R 分压，从上到下每个比较器的输入参考电压 V_R' 分别为 $3/2^{n+1}V_R$、$5/2^{n+1}V_R$、…、（$2^{n+1}-1$）$/2^{n+1}V_R$。比较器比较这些参考电压和输入电压，若输入电压 $V_I \geq V_R'$，则比较器输出 1，否则比较器输出 0。编码器根据 2^n-1 个比较器的输出，得到 n 位数字输出。

并行比较型 ADC 速度最快，但 n 位的输出需要 2^n 个电阻和 2^n-1 个比较器，其编码网络也很复杂，元件数量随位数增加以几何级数上升，所以这种 ADC 一般只适用于要求高速、低分辨率的场合，其精度取决于分压网络和比较电路的精度。

2．间接比较型

间接比较型 ADC 的输入模拟量不是直接与参考电压比较，而是将二者变为中间的某种物理量再进行比较，然后将比较所得的结果进行数字编码。其中最为常见的是积分型 ADC。

积分型 ADC 又称为双斜率或多斜率 ADC，是应用比较广泛的一类转换器。积分型 ADC 的电路图如图 8.9 所示。

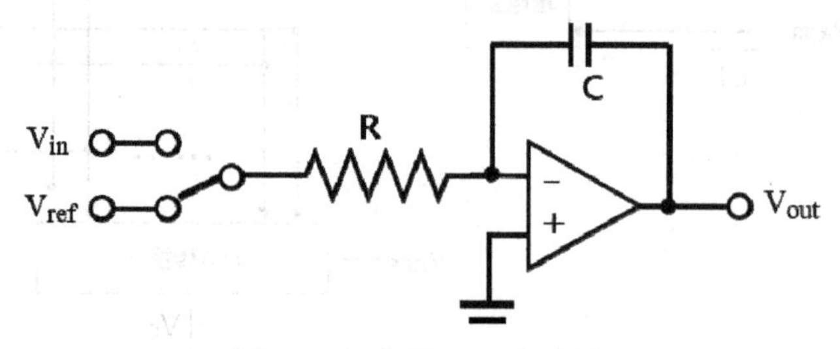

图 8.9　积分型 ADC 电路图

积分型 ADC 的工作分为两个阶段：第一阶段为采样期（上升阶段）；第二阶段为比较期（下降阶段）。在上升阶段，开关选择积分器的输入端为被测电压，积分器在一个固定的时间段 t_u 进行积分，并向积分电容充电。在下降阶段，开关选择积分器的输入端为参考电压，测量积分器输入归零的时间 t_d。

为了使积分器向相反方向积分，参考电压需要与被测电压的极性相反。为了能够处理正负电压输入的情况，需要一个正向和一个负向的参考电压。具体选择哪一个极性的参考电压，则取决于上升阶段积分结束后积分器的输出电压极性。

积分器输出的基本公式为

$$V_{out} = -\frac{V_{in}}{RC}t_{int} + V_{initial} \tag{8.2}$$

其中，t_{int} 为积分时间，$V_{initial}$ 为初始电压。

假设在每个转换过程中初始电压都是零，并且积分器在下降阶段结束时的输出电压也是零，就可以得到下面两个等式来表示积分器两个阶段的输出。

$$V_{up} = -\frac{V_{in}}{RC}t_u \tag{8.3}$$

$$V_{down} = -\frac{V_{ref}}{RC}t_d + V_{up} = 0 \tag{8.4}$$

结合式（8.3）和式（8.4），可以得到被测电压。

$$V_{in} = -V_{ref}\frac{t_d}{t_u} \tag{8.5}$$

积分型 ADC 的分辨率高、功耗低、成本低，但转换速率低。这类 ADC 主要应用于低速、精密测量等领域，如数字电压表。

3．Σ-Δ 型

随着超大规模集成电路制造水平的提高，Σ-Δ 型 ADC 得到了越来越广泛的应用。它的分辨率高且成本很低，在既有模拟又有数字的混合信号处理场合优势明显。为了理解 Σ-Δ

型 ADC，我们需要了解过采样、噪声整形、数字滤波和采样抽取这几个概念。

（1）过采样

通过 8.1.1 节的学习可以知道，由于 ADC 位数限制，ADC 量化过程中会产生量化误差，这种量化误差也称为量化噪声。理想的经典 N 位采样 ADC 以频率 f_s 进行采样，在 DC 至 $f_s/2$ 的频段范围内均匀地分布着均方根大小为 $q/\sqrt{12}$（$q=1/2^N$）的量化噪声。将采样频率提高 k 倍时，即采样频率为 k_{fs}，均方根量化噪声不变，但它将分布在 DC 至 $k_{fs}/2$ 这个更宽的带宽范围。这种采样频率远高于输入信号频率的采样技术称为过采样，这里的 k 称为过采样系数。如果在输出端上接一个低通滤波器，可以很好地消除量化噪声，进而提高 ADC 的分辨率。

（2）Σ-Δ 型调制器和噪声整形

图 8.10 的虚线部分是一个一阶 Σ-Δ 型调制器。图中，输入信号经过一个积分器后，以该积分器的输出来驱动一个 1 位的 ADC（实质上是一个比较器），然后将该 ADC 的输出馈入一个 1 位 DAC 并将 1 位 DAC 的输出与输入信号的加和馈入积分器。若接着在数字输出端添加一个数字低通滤波器（LPF）和抽取器，则可以得到一个 Σ-Δ 型 ADC。

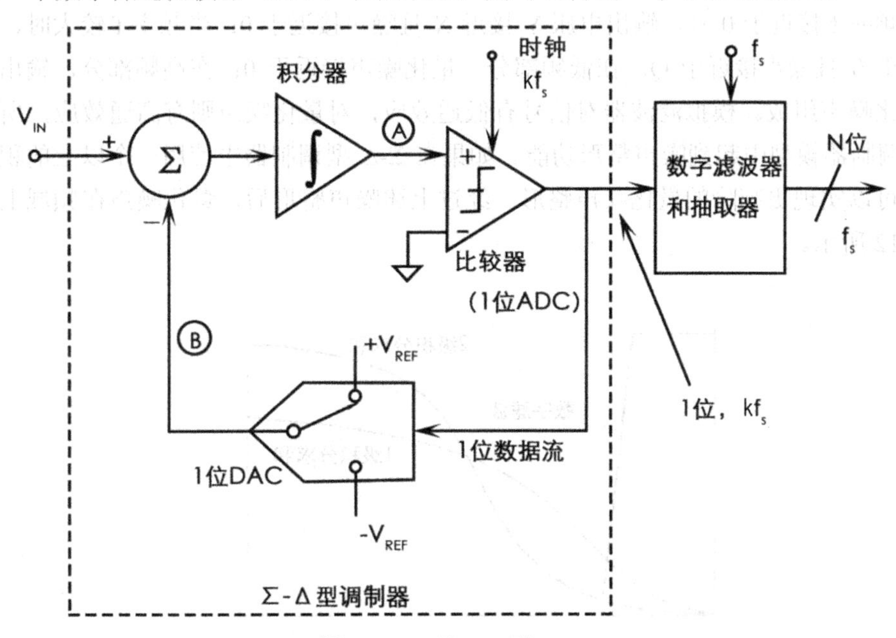

图 8.10 一阶 Σ-Δ 型 ADC

假定在 V_{IN} 处施加直流输入，积分器在节点 A 处持续斜升或斜降。比较器的输出通过一个 1 位 DAC 反馈至节点 B 处，这一负反馈环路强制将节点 B 处的平均直流电压设为 V_{IN}。DAC 平均输出电压由比较器输出的 1 位数据流中的“1”的密度来控制。随着输入信号增加到 $+V_{REF}$，串行位流中的“1”数量增加，而“0”数量则减少。反之，随着信号负向趋近 $-V_{REF}$，串行位流中的“1”数量减少，而“0”数量则增加。显而易见，输入电压的平均值包含在比较器输出的串行位流中。

考虑 Σ-Δ 型调制器在频域上的特性，可以得到如图 8.11 所示的频域线性模型。

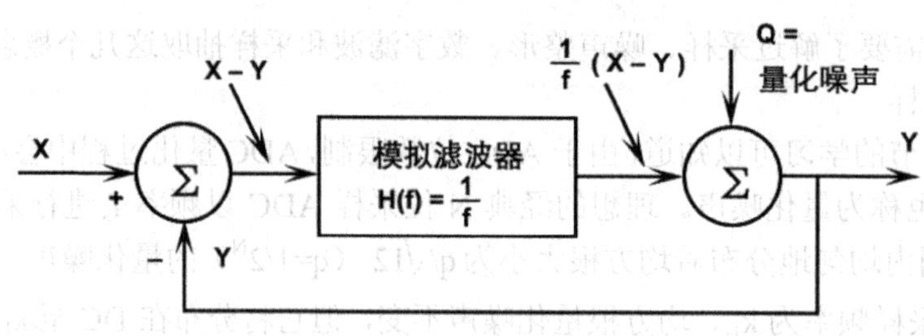

图 8.11　Σ-Δ 调制器频域线性模型

Σ-Δ 型调制器中的积分器可以表示为传递函数为 H(f) = 1/f 的模拟低通滤波器。此传递函数具有与输入频率成反比的幅度响应。假定输入电压为 X，输出电压为 Y，可以得到：

$$Y = \frac{1}{f}(X - Y) + Q \tag{8.6}$$

整理上式，可以得到：

$$Y = \frac{X}{f+1} + \frac{Qf}{f+1} \tag{8.7}$$

当频率 f 接近于 0 时，输出电压 Y 接近 X 且噪声接近于 0；当频率 f 较大时，信号部分接近于 0 且噪声接近于 Q。在低频部分，量化噪声接近于 0；在高频部分，输出信号主要由量化噪声组成。模拟滤波器对信号有低通效应，对量化噪声则有高通效应，所以它在 Σ-Δ 型调制器模型中起到噪声整形功能。如果在 Σ-Δ 型调制器中使用一个以上的积分求和级，就可以实现更高阶的量化噪声整形。经过上述噪声整形后，量化噪声在频域上的分布如图 8.12 所示。

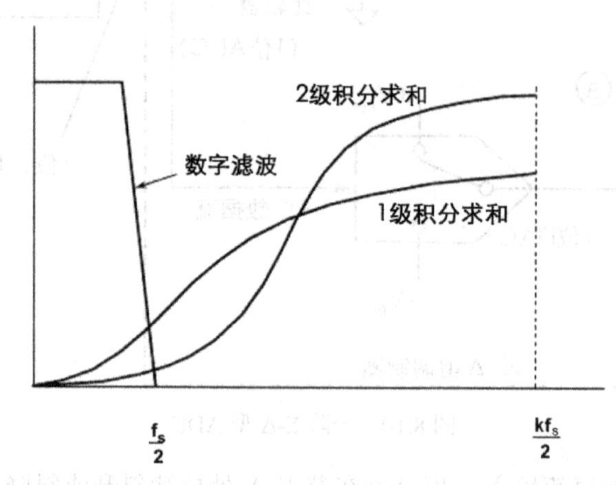

图 8.12　噪声整形后的量化噪声

（3）数字滤波和采样抽取

由于使用了过采样，Σ-Δ 型调制器输出的位数据流的速率很高，可达到兆赫兹的程度。数字滤波和抽取的目的是从该数据流中提取出有用的信息，并将数据速率降低到可用的水平。

数字滤波器对位数据流求平均，移去带外量化噪声并改善 ADC 的分辨率。

可以通过从每输出 M 个数据中抽取 1 个数据的重采样方法降低输出数据速率，这种方法称作输出速率降为 1/M 的采样抽取。它在去除过采样过程中产生的多余信号的同时，不会造成信号的任何损失。

8.1.4 初始化配置

在使用 ADC 模块进行模数转换时，首先要对其进行初始化配置。ADC 模块的初始化流程比较简单，主要包括时钟配置、GPIO 配置、ADC 配置、中断及 DMA 配置等。

ADC 时钟对 ADC 采样频率、转换时间等都有很大的影响，因此选择一个合适的时钟频率十分重要。时钟频率应该与待采样信号的频率匹配，比如，待采样信号频率很高，那么相应的时钟频率也应该高一点，只有这样才能满足采样定理。同时，配置的 ADC 工作时钟不能超过所用 ADC 的最高工作时钟频率。

GPIO 配置主要是将使用到的 GPIO 管脚配置为相应的方向与模式。比如，ADC 在采样时需要 GPIO 作为输入通道，此时要将对应的 GPIO 管脚配置为输入方向。

在使用 ADC 时，要根据具体情况对 ADC 进行配置。

一般来说，一个 ADC 包括许多通道，在初始化 ADC 时，要选择使用哪一个或哪几个通道进行采样。ADC 采样过程可以配置为单通道采样和多通道采样。ADC 还可以配置为差分模式，即采用两个通道采样信号的差值作为输入信号。

ADC 的触发方式有定时器触发、软件触发、外部触发等。若需要 ADC 周期性地进行工作，可以将 ADC 配置为定时器触发。若只需要 ADC 在特定情况下才工作，那么可以将 ADC 配置为软件触发。若使用外部信号触发 ADC，那么可以将 ADC 配置为外部触发。

如果不使能 ADC 中断，那么 ADC 转换完成后，就需要软件主动去查询其转换结果。如果使能 ADC 中断，那么 ADC 在转换完成后会自动进入 ADC 中断，并由应用去读取和处理转换数据。

8.1.5 ADC 示例

STM32 基本都包含一个 12 位的 ADC1 模块，支持快速 12 位模数转换。ADC1 模块采用的是 SAR（逐次逼近）内核，以及多路单端/差分可选的外部输入通道。在最高分辨率时，最高转换速率可达 1MSPS 或更高。STM32F303 中 ADC1 的内部结构图如图 8.13 所示。

进行采样时，STM32F303 需要一个采样输入信号 ADSTART 来控制采样的开始，ADSTART 由某一寄存器位选择。一般来说，ADC 有单次采样和连续采样两种方式可以选择。

单次转换模式下，ADC 只执行一次转换。该模式既可通过设置 ADCx_CR 寄存器的 ADSTART 位启动，也可通过外部触发启动，这时 CONT 位为 0。一旦选择通道的转换完成，转换数据被储存在 16 位 ADC_DR 寄存器中，同时 EOC（转换结束）标志被设置，如果设置了 EOCIE 位，则产生中断。在连续转换模式中，当前面 ADC 转换结束后会立即启动另一次转换。此模式可通过外部触发启动或通过设置 ADCx_CR 寄存器上的 ADSTART 位启动，此时 CONT 位是 1。

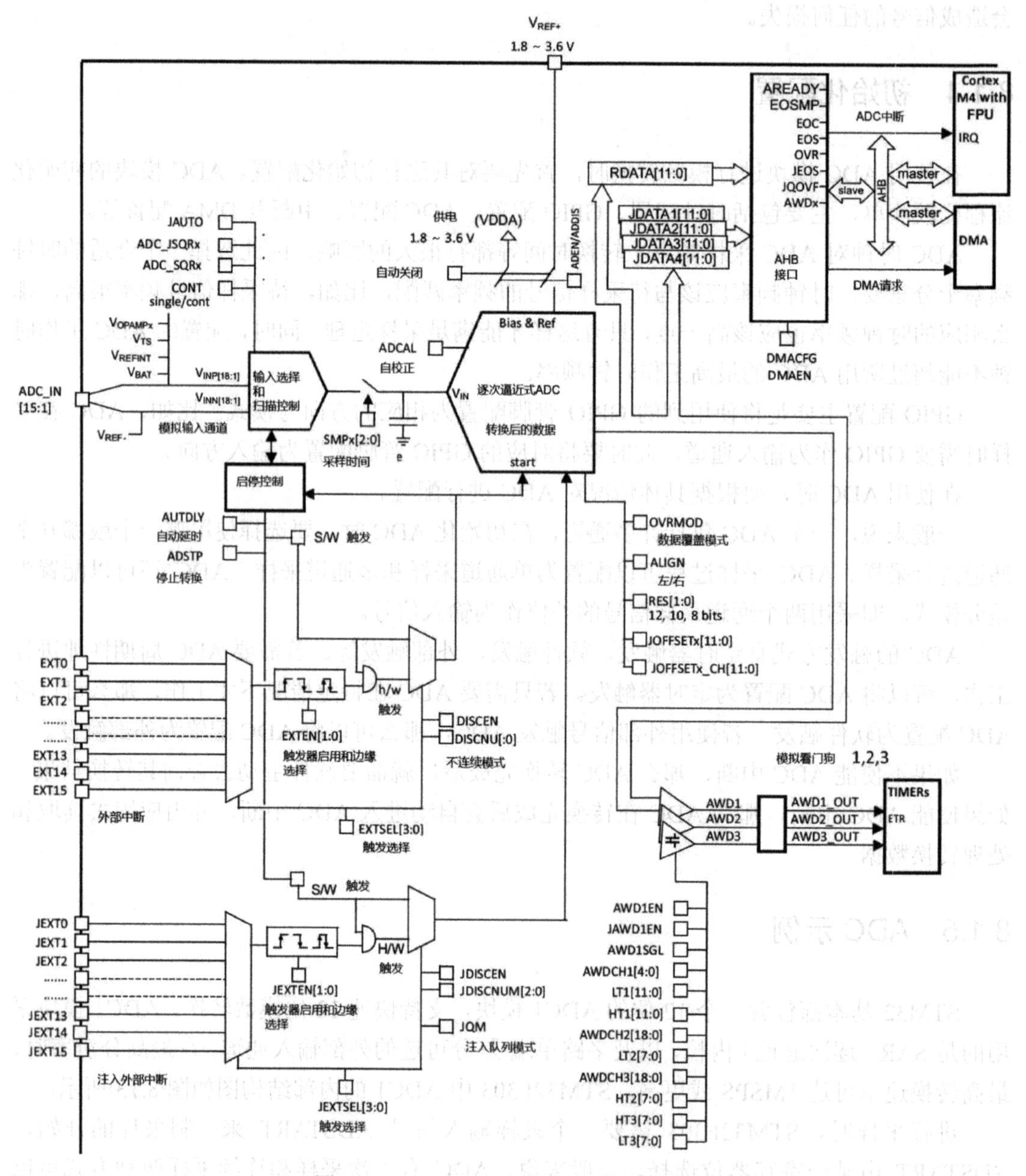

图 8.13　STM32F303 中 ADC 模块结构图

单次采样的具体时序如图 8.14 所示。在这种模式下。用户将 ADSTART 置位，等待 ADC 通道序列开始转换，每个通道采样结束后 EOC 置位，所有通道转换完成后 EOS 置位，同时数据存储到对应通道的 DR 寄存器中。

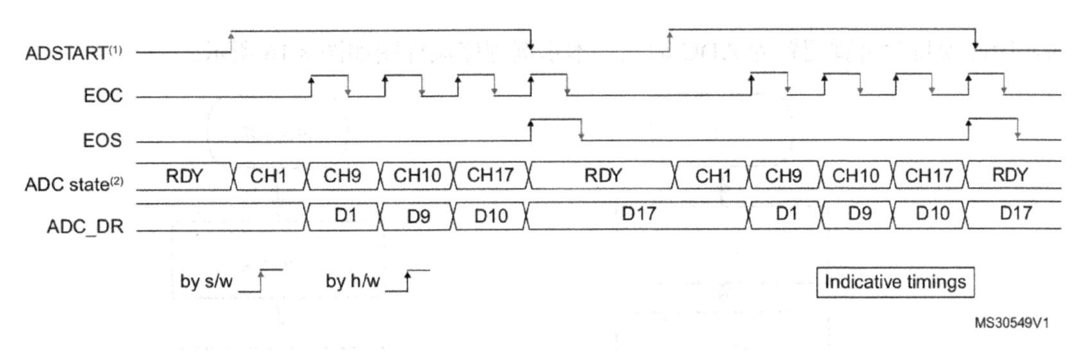

图 8.14 单次软件触发采样时序

连续脉冲采样的具体时序图如图 8.15 所示。在这种模式下，TRGx 信号相当于一个采样开始信号。在接到 TRGx 信号后，ADC 通道序列开始转换。每个通道采样结束后 EOC 置位，所有通道转换完成后 EOS 置位，同时数据存储到对应通道的 DR 寄存器中，可以通过设置 ADSTP 位结束采样。

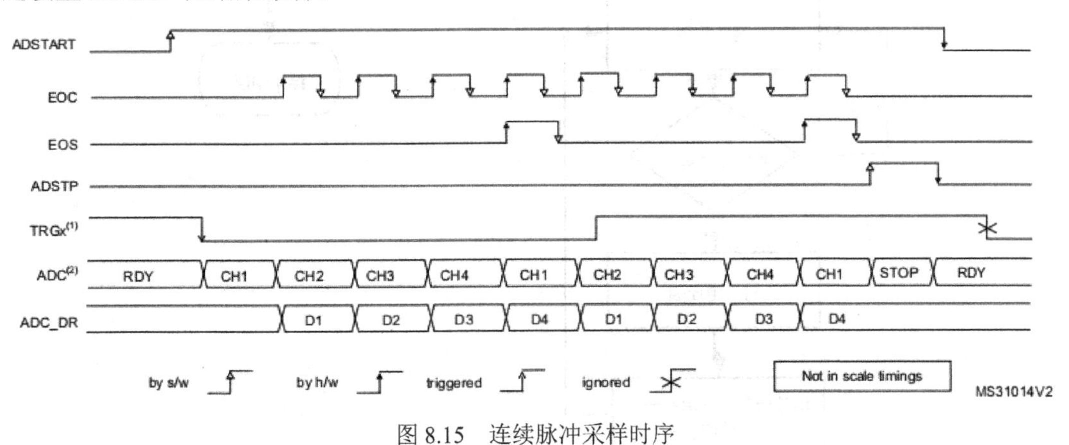

图 8.15 连续脉冲采样时序

STM32F303 有 4 种转换模式可以选择，具体描述如表 8.1 所示。

表 8.1 4 种转换模式

模　　式	操　　作
单通道单次转换	单通道仅转换一次
多通道（自动扫描）	一个通道序列仅转换一次
单通道重复转换	单通道重复转换
多通道重复（重复自动扫描）转换	一个通道序列重复转换

8.1.6 操作实例

本实例以 STM32F303 为例，展示了一个 ADC 的基本功能，即通过单通道进行反复采样。ADC 采样配置为手动模式，每次通过 HAL_ADC_Start_IT 函数给出采样转换信号，ADC 模数转换完成后，程序都会进入 ADC 中断。中断函数中，程序将转换结果保存在一个变量中，并置位标志位，在主循环中通过串口打印出来。本实例中，模拟信号从 PA0 输入，因此须将此引脚配置为 ADC 输入。本示例程序流程图如图 8.16 所示。

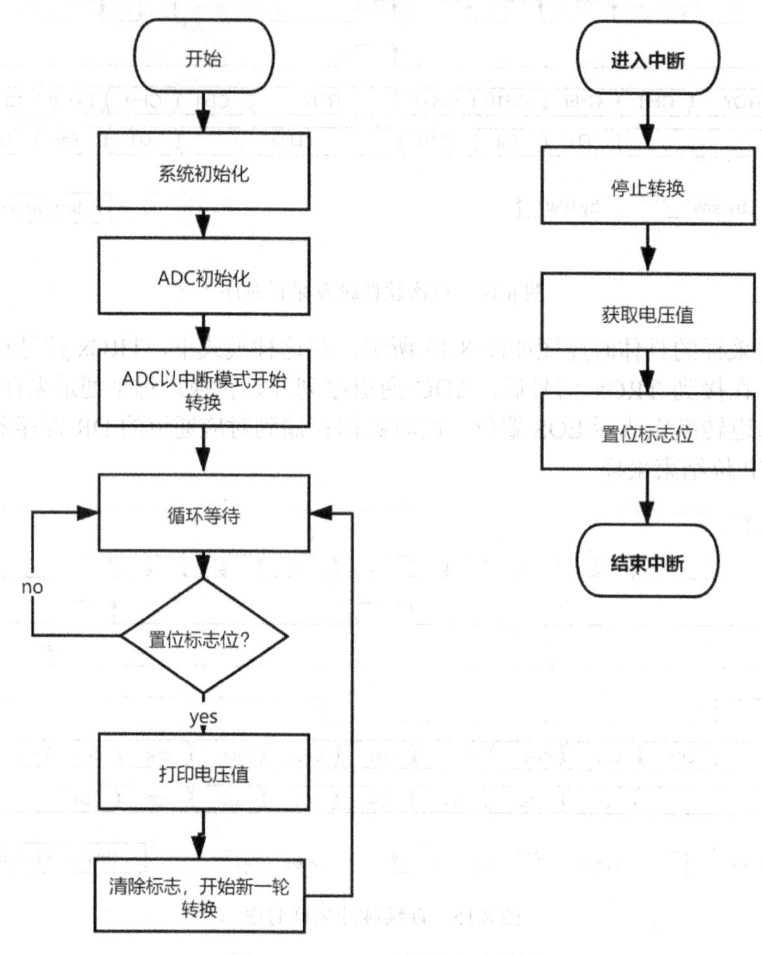

图 8.16　ADC 示例程序流程图

由于篇幅有限，下面仅介绍本示例程序中用到的 ADC 模块的库函数。

1．void MX_ADC1_Init(void)

功能描述：初始化 ADC 模块。
参数描述：空。
返回值：空。

2．HAL_StatusTypeDef HAL_ADC_Start_IT(ADC_HandleTypeDef* hadc)

功能描述：以中断模式开启 ADC。
参数描述：hadc，ADC 实例句柄。
返回值：若成功则返回 HAL_OK (0)，否则返回其他。

3．void HAL_ADC_ConvCpltCallback(ADC_HandleTypeDef* hadc)

功能描述：ADC 中断服务函数。

参数描述：hadc，ADC 实例句柄。
返回值：空。

4．HAL_StatusTypeDef HAL_ADC_Init(ADC_HandleTypeDef* hadc)

功能描述：初始化 ADC。
参数描述：hadc，ADC 实例句柄。
返回值：若初始化成功则返回 HAL_OK (0)，否则返回其他。

5．HAL_StatusTypeDef HAL_ADCEx_MultiModeConfigChannel(ADC_HandleTypeDef* hadc, ADC_MultiModeTypeDef* multimode)

功能描述：配置 ADC 工作模式。
参数描述：hadc，ADC 实例句柄；multimode，ADC 工作模式。
返回值：若成功则返回 HAL_OK (0)，否则返回其他。

6．HAL_StatusTypeDef HAL_ADC_ConfigChannel(ADC_HandleTypeDef* hadc, ADC_ChannelConfTypeDef* sConfig)

功能描述：使能中断。
参数描述：hadc，ADC 实例句柄；sConfig，ADC 通道配置。
返回值：若成功则返回 HAL_OK (0)，否则返回其他。
下面给出相关代码。

```
#include "main.h"
#include "stdio.h"
ADC_HandleTypeDef hadc1;
UART_HandleTypeDef huart2;
static void MX_USART2_UART_Init(void);
static void MX_ADC1_Init(void);
int fputc(int ch, FILE *f)
{
    uint8_t temp[1] = {ch};
    HAL_UART_Transmit(&huart2, temp, 1, 5);
    return 0;
}
int flag = 0;
float Vin = 0;
void HAL_ADC_ConvCpltCallback(ADC_HandleTypeDef *hadc)
{
    //关闭 ADC
    HAL_ADC_Stop_IT(&hadc1);
    //获取 ADC DR 寄存器中的值
    //获取 ADC DR 寄存器中的值
    uint32_t AD_DR_Value = HAL_ADC_GetValue(&hadc1);
    //将 DR 寄存器的值换算为电压值，这里参考电压为 3.3V
    //12 位的 ADC 满量程为 2^12=4096，转换出来的单位是 V
    float real_value = (float)AD_DR_Value / 4096 * (float)3.3;
    Vin = real_value;
```

```
    flag = 1;
}
int main(void)
{
    HAL_Init();
    SystemClock_Config();
    MX_USART2_UART_Init();
    //ADC 初始化
    MX_ADC1_Init();
    //中断模式读取 ADC
    HAL_ADC_Start_IT(&hadc1);

    while (1)
    {
        if (flag == 1)
        {
            printf("AD_Value: %.4f\r\n", Vin);
            flag = 0;
            //中断模式读取 ADC
            HAL_ADC_Start_IT(&hadc1);
        }
    }
}
static void MX_ADC1_Init(void)
{

    ADC_MultiModeTypeDef multimode = {0};
    ADC_ChannelConfTypeDef sConfig = {0};

    hadc1.Instance = ADC1;
    hadc1.Init.ClockPrescaler = ADC_CLOCK_ASYNC_DIV1; //时钟分频系数

    hadc1.Init.Resolution = ADC_RESOLUTION_12B;             //ADC 的分辨率
    hadc1.Init.ScanConvMode = ADC_SCAN_DISABLE;             //是否使用扫描
    hadc1.Init.ContinuousConvMode = DISABLE;                //启动自动连续转换还是单次转换
    hadc1.Init.DiscontinuousConvMode = DISABLE;             //不连续采样模式
    //外部触发极性选择
    hadc1.Init.ExternalTrigConvEdge = ADC_EXTERNALTRIGCONVEDGE_NONE;
    hadc1.Init.ExternalTrigConv = ADC_SOFTWARE_START;//外部触发事件选择
    hadc1.Init.DataAlign = ADC_DATAALIGN_RIGHT;             //转换结果数据对齐模式
    hadc1.Init.NbrOfConversion = 1;                         //转换通道数目
    hadc1.Init.DMAContinuousRequests = DISABLE;             //是否采用 DMA
    hadc1.Init.EOCSelection = ADC_EOC_SINGLE_CONV;          //选择转换结束标志
    hadc1.Init.LowPowerAutoWait = DISABLE;                  //是否启用自动等待
    hadc1.Init.Overrun = ADC_OVR_DATA_OVERWRITTEN; //溢出事件
    if (HAL_ADC_Init(&hadc1) != HAL_OK)
    {
        Error_Handler();
    }
```

```
    multimode.Mode = ADC_MODE_INDEPENDENT;              //ADC 模式配置
    if (HAL_ADCEx_MultiModeConfigChannel(&hadc1, &multimode) != HAL_OK)
    {
        Error_Handler();
    }

    sConfig.Channel = ADC_CHANNEL_1;                    //转换通道配置
    sConfig.Rank = ADC_REGULAR_RANK_1;                  //转换序列排序
    sConfig.SingleDiff = ADC_SINGLE_ENDED;              //输入模式单端模式或差分模式
    sConfig.SamplingTime = ADC_SAMPLETIME_61CYCLES_5;//采样时间设置
    sConfig.OffsetNumber = ADC_OFFSET_NONE;             //偏移值
    sConfig.Offset = 0;
    if (HAL_ADC_ConfigChannel(&hadc1, &sConfig) != HAL_OK)
    {
        Error_Handler();
    }
}
/*
配置串口
*/
static void MX_USART2_UART_Init(void)
{

    huart2.Instance = USART2;
    huart2.Init.BaudRate = 115200;
    huart2.Init.WordLength = UART_WORDLENGTH_8B;
    huart2.Init.StopBits = UART_STOPBITS_1;
    huart2.Init.Parity = UART_PARITY_NONE;
    huart2.Init.Mode = UART_MODE_TX_RX;
    huart2.Init.HwFlowCtl = UART_HWCONTROL_NONE;
    huart2.Init.OverSampling = UART_OVERSAMPLING_16;
    huart2.Init.OneBitSampling = UART_ONE_BIT_SAMPLE_DISABLE;
    huart2.AdvancedInit.AdvFeatureInit = UART_ADVFEATURE_NO_INIT;
    if (HAL_UART_Init(&huart2) != HAL_OK)
    {
        Error_Handler();
    }
}
```

将以上代码下载到 STM32F303 并运行后，在引脚 PA0 输入模拟电压，打开 PC 端的串口调试工具，可以看到数据接收区展示输入电压的大小。

8.2 模拟比较器（AC）

模拟比较器是用于比较两个模拟电压的大小并提供一个数字输出信号作为比较结果的外设，常用于电压报警、电源电压监测、过零检测等。

8.2.1 模拟比较器简介

模拟比较器可对正负两个输入端的模拟信号进行比较，并输出一个二进制信号。当输入信号的差值增大或减小且正负符号不变时，比较器的输出保持恒定。

模拟比较器的基本电路如图 8.17（a）所示，V_A 和 V_B 分别为两个输入信号，V_{OUT} 为输出信号。其中，V_A 接比较器同相端，V_B 接比较器反相端，V_A 和 V_B 的大小关系如图 8.17（b）所示。在 0～t_1 时，$V_A>V_B$；在 t_1～t_2 时，$V_B>V_A$；在 t_2～t_3 时，$V_A>V_B$。这种情况下，比较器的输出信号如图 8.17（c）所示。可以看到，当 $V_A>V_B$ 时，比较器输出高电平，反之，比较器输出低电平。若将 V_A 和 V_B 反接，即将 V_A 接反相端，V_B 接同相端，那么比较器的输出信号如图 8.17（d）所示。

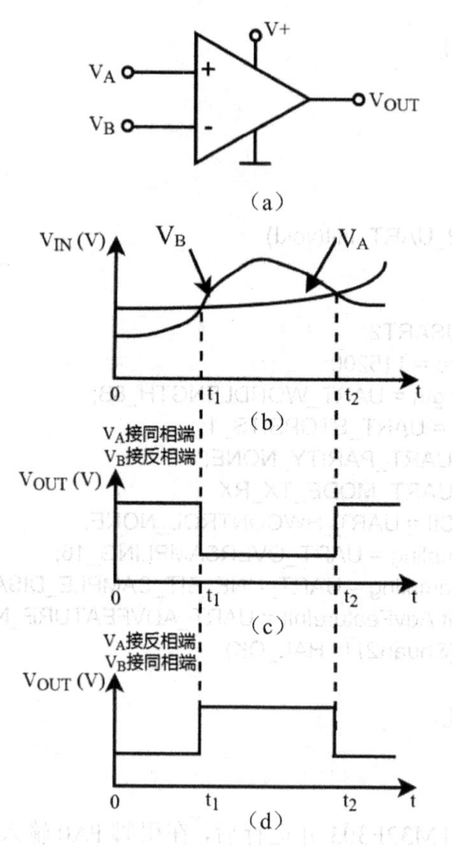

图 8.17　比较器基本原理

模拟比较器是由运算放大器发展而来的，比较器电路可以看作是运算放大器的一种应用电路，与普通运放电路不同的是，比较器中的集成运放大多处于开环或正反馈的状态。

比较器有过零比较器、任意电平比较器、滞回比较器和窗口比较器几种类型。

1. 过零比较器

如图 8.18 所示，某一输入端接地的比较器称为过零比较器，它一般用于电压过零检测。

过零比较器按输入方式的不同可以分为同相输入和反相输入两种类型。图 8.18 为同相输入方式，当输入 u_i>0 时，u_o 输出高电平，反之则输出低电平。若比较器输入为反相输入方式，那么 u_i 接比较器的反相端，比较器的同相端接地，当 u_i<0 时，u_o 输出高电平，反之则输出低电平。

2．任意电平比较器

如图 8.19 所示，比较器的某一输入端为恒定电压 U_R，此时比较器为任意电平比较器。U_R 称为参考电压、基准电压或阈值电压。任意电平比较器结构简单、灵敏度高，但它的抗干扰能力差，容易在比较点附近产生振荡。

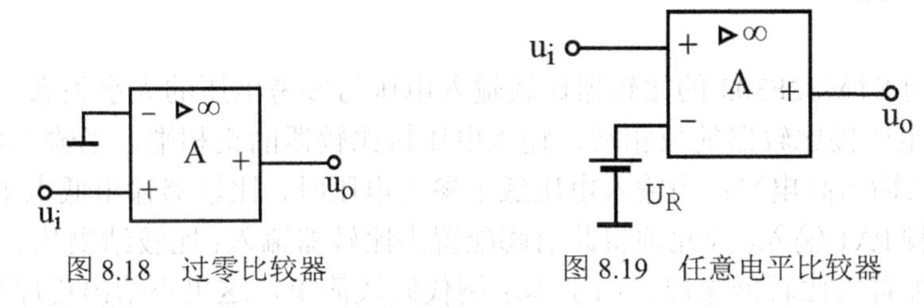

图 8.18　过零比较器　　　　图 8.19　任意电平比较器

3．滞回比较器

如果输入信号因干扰在阈值电压附近变化时，输出电压可能在高、低两个电平之间反复跳变。滞回比较器有较强的抗干扰能力。滞回比较器的原理图如图 8.20 所示。

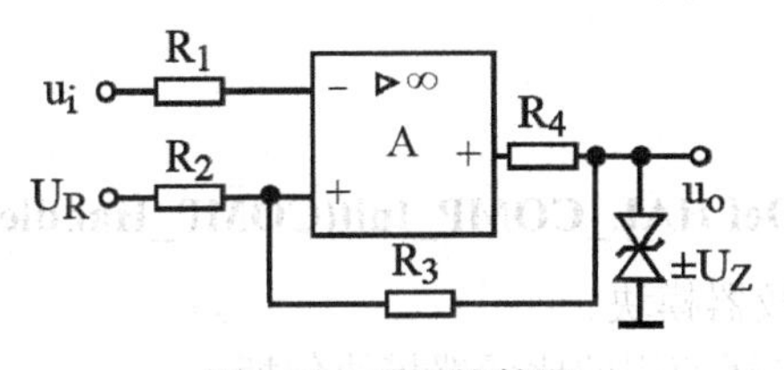

图 8.20　滞回比较器

滞回比较器有两个阈值电压 U_{TH1} 和 U_{TH2}。在输入电压 u_i 逐渐增大的过程中，其阈值 U_{TH1} 为

$$U_{TH1}=\frac{R_3U_R+R_2U_O}{R_2+R_3}=\frac{R_3U_R+R_2U_Z}{R_2+R_3} \tag{8.8}$$

在输入电压 u_i 逐渐减小的过程中，其阈值 U_{TH2} 为

$$U_{TH2}=\frac{R_3U_R+R_2U_O}{R_2+R_3}=\frac{R_3U_R-R_2U_Z}{R_2+R_3} \tag{8.9}$$

对于图 8.20 中的滞回比较器，当 u_i 逐渐增大时，输出电压在 U_{TH1} 处由高电平变为低电平；当 u_i 逐渐减小时，输出电压在 U_{TH2} 处由低电平变为高电平。

8.2.2　初始化配置

在使用 MCU 内置的比较器之前，要对其进行初始化配置。比较器的配置比较简单，主要包括 GPIO 配置、比较器配置、中断配置等。

比较器的输入端需要通过 GPIO 进行信号输入。在配置 GPIO 时，首先确定比较器输入端对应的GPIO引脚，再将其配置为输入方向。同样的，比较器的输出也对应一个 GPIO 管脚，要将其配置为输出方向。

比较器还需要配置参考电压。参考电压可以自己定义大小，也可以直接使用电源电压分压。有些处理器芯片还包含了参考电压发生器，可以用于产生参考电压。

如果不使能比较器中断，那么在比较器产生结果时，需要软件主动去查询比较结果；如果使能了比较器中断，那么在比较器产生结果（可设定极性）后会自动进入此中断处理程序。

8.2.3 操作实例

本实例使用 STM32F303 的比较器比较输入电压与参考电压的大小关系。参考电压设置为 V_{REF}。参考电压接比较器的反相端，输入电压接比较器的正相端。当输入电压高于参考电压时，比较器输出高电平；当输入电压低于参考电压时，比较器输出低电平。本实例中，模拟信号从引脚 PA1 输入，因此须将此引脚配置为比较器输入；比较结果从引脚 PA0 输出，因此将此引脚配置为比较器输出。由于本示例代码较简单，这里不给出程序流程图，仅介绍代码中用到的库函数。

1．void MX_COMP1_Init(void)

功能描述：初始化比较器模块。

参数描述：空。

返回值：空。

2．HAL_StatusTypeDef HAL_COMP_Init(COMP_HandleTypeDef *hcomp)

功能描述：初始化比较器模块。

参数描述：hcomp，选择使用的比较器模块句柄。

返回值：若初始化成功则返回 HAL_OK (0)，否则返回其他。

其中，比较器配置结构体有以下几个字段。

- NonInvertingInput：选择比较器正相端输入。
- InvertingInput：选择比较器反相端输入。
- Output：选择输出重定向。
- OutputPol：选择输出是否翻转。
- BlankingSrce：比较器不上锁。
- TriggerMode：选择比较器模块的触发模式。

3．HAL_StatusTypeDef HAL_COMP_Start(COMP_HandleTypeDef *hcomp)

功能描述：使能比较器模块。

参数描述：hcomp，选择使用的比较器模块句柄。

返回值：若成功则返回 HAL_OK (0)，否则返回其他。

4．uint32_t HAL_COMP_GetOutputLevel(COMP_HandleTypeDef *hcomp)

功能描述：获取比较结果。

参数描述：hcomp，选择使用的比较器模块句柄。

返回值：若成功则返回 HAL_OK (0)，否则返回其他。

下面给出具体代码。

```
#include "main.h"
#include "stdio.h"
COMP_HandleTypeDef hcomp1;
UART_HandleTypeDef huart2;
static void MX_USART2_UART_Init(void);
static void MX_COMP1_Init(void);
int fputc(int ch, FILE *f)
{
    uint8_t temp[1] = {ch};
    HAL_UART_Transmit(&huart2, temp, 1, 5);
    return 0;
}
int main(void)
{
    HAL_Init();
    SystemClock_Config();
    MX_GPIO_Init();
    MX_USART2_UART_Init();
    //     PA0     ------> 比较器输出
    //     PA1     ------> 比较器正相输入
    MX_COMP1_Init();
    //使能比较器
    HAL_COMP_Start(&hcomp1);
    while (1)
    {
        //如果输入电压低于参考电压
        if (HAL_COMP_GetOutputLevel(&hcomp1) == 0)
        {
            printf("low\r\n");
        }
        else
        {
            printf("high\r\n");
        }
        HAL_Delay(1000);
    }
}
static void MX_COMP1_Init(void)
{
    hcomp1.Instance = COMP1;
    hcomp1.Init.InvertingInput = COMP_INVERTINGINPUT_VREFINT;
    hcomp1.Init.NonInvertingInput = COMP_NONINVERTINGINPUT_IO1;
    hcomp1.Init.Output = COMP_OUTPUT_NONE;
    hcomp1.Init.OutputPol = COMP_OUTPUTPOL_NONINVERTED;
    hcomp1.Init.BlankingSrce = COMP_BLANKINGSRCE_NONE;
    hcomp1.Init.TriggerMode = COMP_TRIGGERMODE_NONE;
    if (HAL_COMP_Init(&hcomp1) != HAL_OK)
```

```
    {
        Error_Handler();
    }
}

static void MX_USART2_UART_Init(void)
{
    huart2.Instance = USART2;
    huart2.Init.BaudRate = 115200;
    huart2.Init.WordLength = UART_WORDLENGTH_8B;
    huart2.Init.StopBits = UART_STOPBITS_1;
    huart2.Init.Parity = UART_PARITY_NONE;
    huart2.Init.Mode = UART_MODE_TX_RX;
    huart2.Init.HwFlowCtl = UART_HWCONTROL_NONE;
    huart2.Init.OverSampling = UART_OVERSAMPLING_16;
    huart2.Init.OneBitSampling = UART_ONE_BIT_SAMPLE_DISABLE;
    huart2.AdvancedInit.AdvFeatureInit = UART_ADVFEATURE_NO_INIT;
    if (HAL_UART_Init(&huart2) != HAL_OK)
    {
        Error_Handler();
    }
}
```

将以上代码下载到 STM32F303 并运行后，将输出引脚 PA0 接到示波器，在引脚 PA1 上输入一个电压。若输入电压大于 V_{REF}，可以看到示波器上产生一个高电平信号，同时串口输出 high；若输入电压小于 V_{REF}，可以看到示波器上产生一个低电平信号，同时串口输出 low。

8.3　数模转换器（DAC）

数模转换器（digital-to-analog converter，DAC）是将数字量转换成模拟量输出的一种外设。在实际应用中，DAC 可以方便地产生规则（梯形波和三角波）或不规则的模拟电压波形，用来控制一些模拟设备。DAC 在测试仪表、音频方面有广泛应用。

8.3.1　DAC 简介

DAC 将输入的二进制数字转换为模拟量，以电压或电流的形式输出。一般常用的线性数模转换器，其输出模拟电压 u_o 和输入数字量 D_n 之间成正比关系，其转换公式为

$$u_o = kD_nV_{REF} \tag{8.10}$$

其中，V_{REF} 为参考电压。

一个数字量的每一位都有位权，如二进制数 110，从高位到低位的位权分别为 4、2、1。为了将数字量转换为模拟量，就要将每一位按其位权大小转换成相应的模拟量，然后将代表各位的模拟量相加，这样就实现了从数字量到模拟量的转换。这一转换过程用公式如下表示。

$$u_o = kD_n V_{REF} = kd_{n-1} \cdot 2^{n-1} \cdot V_{REF} + kd_{n-2} \cdot 2^{n-2} \cdot V_{REF} + \cdots + kd_0 \cdot 2^0 \cdot V_{REF} \tag{8.11}$$

也就是说，DAC 的输出电压 u_o，等于代码为 1 的各位所对应的各分模拟电压之和。

DAC 一般由数码缓冲寄存器、模拟电子开关、参考电压、解码网络和求和电路等几部分组成，其结构框图如图 8.21 所示。图中，数字量以串行或并行方式输入，并存储在数码缓冲寄存器中；寄存器输出的每位数码驱动对应数位上的电子开关，将在解码网络中获得的相应数位权值送入求和电路；求和电路将各位权值相加，便得到与数字量对应的模拟量。

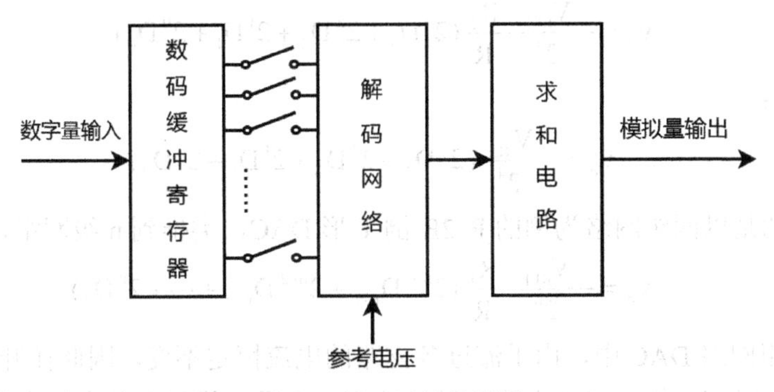

图 8.21　DAC 结构框图

8.3.2　DAC 类型

根据解码网络的不同，DAC 可以分为权电阻网络 DAC、倒 T 形电阻网络 DAC、权电流型 DAC 等多种类型。

R-2R 倒 T 形 DAC 是应用较为广泛的一种 DAC，一个四级 T 形网络的原理图如图 8.22 所示。

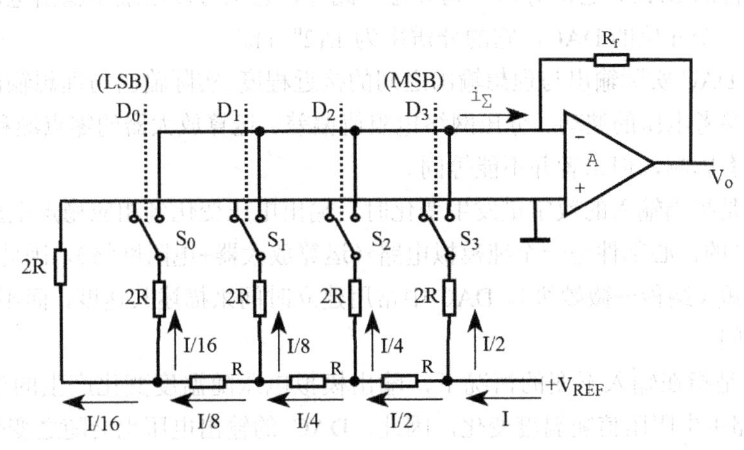

图 8.22　R-2R 倒 T 形 DAC 原理图

图 8.22 中 S_0～S_3 是模拟开关，由输入数码 D_i 控制。当 D_i=1 时，S_i 接运算放大器反相输入端（虚地），电流 I_i 流入求和电路；当 D_i=0 时，S_i 将电阻 2R 接地。即无论 S_i 处于何种位置，与 S_i 相连的 2R 电阻均接“地”（地或虚地）。

图 8.22 中：

$$v_o = -i_\Sigma \cdot R_f = -\left(\frac{I}{2}D_3 + \frac{I}{4}D_2 + \frac{I}{8}D_1 + \frac{I}{16}D_0\right)R_f \tag{8.12}$$

$$I = \frac{V_{REF}}{R} \tag{8.13}$$

可以得到：

$$v_o = -\frac{V_{REF}}{2^4} \cdot \frac{R_f}{R}(2^3 D_3 + 2^2 D_2 + 2^1 D_1 + 2^0 D_0) \tag{8.14}$$

当 R_f=R 时：

$$v_o = -\frac{V_{REF}}{2^4}(2^3 D_3 + 2^2 D_2 + 2^1 D_1 + 2^0 D_0) \tag{8.15}$$

以上介绍的是以四级网络为例的 R-2R 倒 T 形 DAC，类推到 n 级网络，可以得到：

$$v_o = -\frac{V_{REF}}{2^n} \cdot \frac{R_f}{R}(2^{n-1} D_{n-1} + 2^{n-2} D_{n-2} + \cdots + 2^0 D_0) \tag{8.16}$$

倒 T 形电阻网络 DAC 中，由于流过各支路的电流恒定不变，因此在开关状态变化时，不需要电流建立时间，提高了该电路的转换速度。但是，模拟开关上的电压降可能会影响 ADC 精度。

8.3.3 DAC 的技术指标

DAC 的主要技术参数有分辨率、精度、建立时间、温度系数等。

分辨率是表示一个 DAC 能分辨的最小输出电压的参数，它可用输入数字量的位数来表示，如一个 8 位的 DAC，它的分辨率为 8 位。此外，它也可以用最小输出电压与最大输出电压之比，如一个 n 位的 DAC，它的分辨率为 $1/(2^n-1)$。

精度是指 DAC 实际输出与理想输出之间的接近程度。实际输出与理想输出不一致的原因有很多，如参考电压的波动、分压网络电阻值偏差、运算放大器的零点漂移等。DAC 的分辨率对精度有影响，但二者并不能等同。

建立时间是指当输入的数字量发生变化时，输出电压变化到相应稳定电压值所需的时间。由于 DAC 的核心部件是一个纯模拟电路（运算放大器+电阻网络），因此一般 DAC 的建立时间都很短（纳秒～微妙级）。DAC 中常用建立时间来描述其速度，而不使用 ADC 中常用的转换时间。

温度系数是指在输入不变的情况下，输出模拟电压随温度变化产生的变化量。由于 DAC 内部电路中电阻阻值随温度变化，因此，DAC 的输出电压也会随之变化。一般将满刻度输出条件下，温度每升高 1℃，其输出电压变化的百分数作为温度系数。

8.3.4 操作实例

STM32F303 包含一个 DAC1 模块，该模块可以配置为 8 位或 12 位模式，也可以与 DMA

控制器配合使用。DAC 工作在 12 位模式时，数据可以设置成左对齐或右对齐。DAC 可以通过参考电压 V_{REF}+来获得更精确的转换结果。DAC1 模块包含两个 DAC 通道，每个通道都有单独的转换器。在双 DAC 模式下，2 个通道可以独立进行转换，也可以同时进行转换并同步更新 2 个通道的输出。

DAC 主要特征如下。

- 12 位模式下数据左对齐或者右对齐。
- 同步更新功能。
- 噪声波形生成。
- 三角波形生成。
- 双 DAC 通道同时或者分别转换。
- 每个通道都有 DMA 功能。
- 外部触发转换。
- 可编程内部缓冲。
- 输入参考电压。

DAC 的内部结构图如图 8.23 所示。该模块核心为数模转换器，它的左边分别是参考电源的引脚，来自 DAC 的数据寄存器 DORx 的数字编码输入转换器进行转换得的模拟信号由 DACx_OUTy 输出。数据寄存器 DORx 受控制逻辑模块控制，它可以向数据寄存器加入一些伪噪声或产生三角波信号。图中的左上角为 DAC 的触发源，DAC 根据触发源的信号来进行 DAC 转换，它可以配置的触发源为外部中断源触发、定时器触发或软件控制触发。

本实例以 STM32F303 为例，展示了一个 DAC 的基本功能，即输出正弦波。实例中，STM32F303 通过 DAC 将电压数据进行数模转换后，从 PA4 管脚输出一个正弦波信号，输出信号可以通过示波器进行检测和显示。本实例的程序流程图如图 8.24 所示。

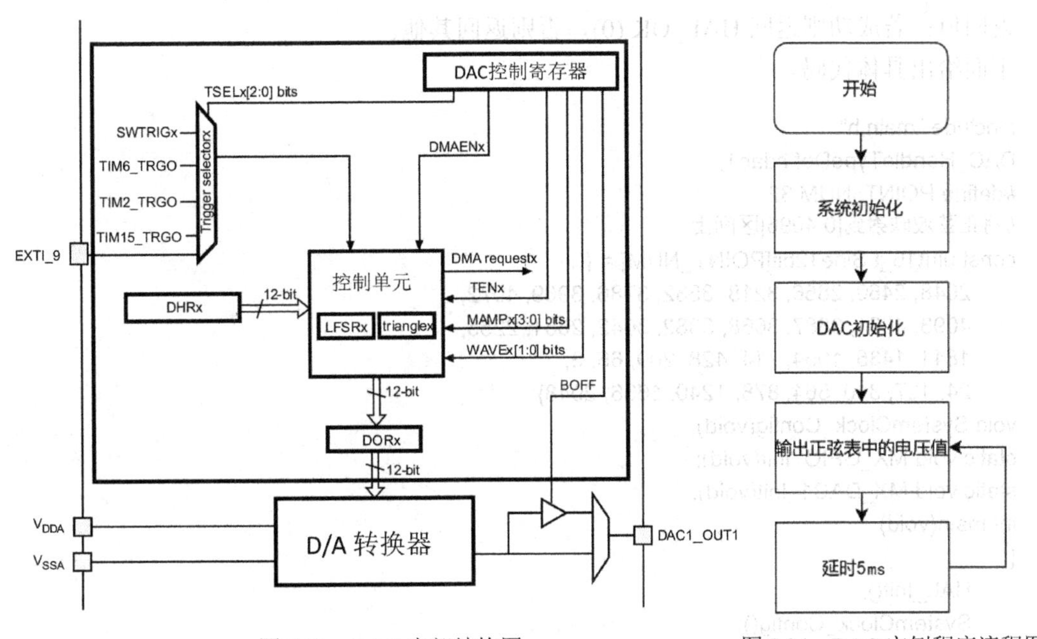

图 8.23　DAC 内部结构图　　　图 8.24　DAC 实例程序流程图

同样的，下面仅给出本实例中用到的库函数。

1．void MX_DAC1_Init(void)

功能描述：初始化 DAC。

参数描述：空。

返回值：空。

2．HAL_StatusTypeDef HAL_DAC_Init(DAC_HandleTypeDef* hdac)

功能描述：初始化 DAC。

参数描述：hdac，选择使用的 DAC 句柄。

返回值：若成功则返回 HAL_OK (0)，否则返回其他。

3．HAL_StatusTypeDef HAL_DAC_ConfigChannel(DAC_HandleTypeDef* hdac, DAC_ChannelConfTypeDef* sConfig, uint32_t Channel)

功能描述：发送数据。

参数描述：hdac，选择使用的 DAC 句柄；sConfig，DAC 通道配置；Channel，要配置的通道。

返回值：若成功则返回 HAL_OK (0)，否则返回其他。

4．HAL_StatusTypeDef HAL_DAC_SetValue(DAC_HandleTypeDef* hdac, uint32_t Channel, uint32_t Alignment, uint32_t Data)

功能描述：设置输出电压。

参数描述：hdac，选择使用的 DAC 句柄；Channel，要配置的通道；Alignment，数据对齐；Data，电压值。

返回值：若成功则返回 HAL_OK (0)，否则返回其他。

下面给出具体代码。

```
#include "main.h"
DAC_HandleTypeDef hdac1;
#define POINT_NUM 32
//将正弦波映射到[0,4096]区间上
const uint16_t Sine12bit[POINT_NUM] = {
    2048, 2460, 2856, 3218, 3532, 3786, 3969, 4072,
    4093, 4031, 3887, 3668, 3382, 3042, 2661, 2255,
    1841, 1435, 1054, 714, 428, 209, 65, 3,
    24, 127, 310, 564, 878, 1240, 1636, 2048};
void SystemClock_Config(void);
static void MX_GPIO_Init(void);
static void MX_DAC1_Init(void);
int main(void)
{
    HAL_Init();
    SystemClock_Config();
```

```
    MX_GPIO_Init();
    MX_DAC1_Init();
    HAL_DAC_SetValue(&hdac1, DAC_CHANNEL_1, DAC_ALIGN_12B_R, 0);
    HAL_DAC_Start(&hdac1, DAC_CHANNEL_1);
    while (1)
    {
        for (int i = 0; i < POINT_NUM; i++)
        {
            HAL_DAC_SetValue(&hdac1,DAC_CHANNEL_1,
                DAC_ALIGN_12B_R,Sine12bit[i]);
            HAL_Delay(5);
        }
    }
}

static void MX_DAC1_Init(void)
{
    hdac1.Instance = DAC1;
    if (HAL_DAC_Init(&hdac1) != HAL_OK)
    {
            Error_Handler();
    }
    //触发方式
    sConfig.DAC_Trigger = DAC_TRIGGER_NONE;
    //是否启用输出 buffer
    //buffer 作用是减小输出阻抗，可以在不使用外部运放的情况下就可以直接驱动外部负载
    sConfig.DAC_OutputBuffer = DAC_OUTPUTBUFFER_ENABLE;
    if (HAL_DAC_ConfigChannel(&hdac1, &sConfig, DAC_CHANNEL_1) != HAL_OK)
    {
        Error_Handler();
    }
}
```

将以上代码下载到 STM32F303 并运行后，将示波器探头连接到 PA4 管脚，可以在示波器上看到一个周期大约为 160ms 阶梯状的正弦波。由于所用 STM32F303 的 DAC 参考电压为3.3V，实例中向 12 位 DAC 发送的数据在 0～4095，那么所输出的波形电压也在 0～3.3V。由于输出没有加滤波器，可以看到 DAC 输出的是阶梯状的正弦波。如果需要一个更标准的正弦波，需要外加一个低通滤波器。

8.4　本 章 小 结

大部分嵌入式系统都会涉及模拟外设接口，包括模数转换器 ADC、数模转换器 DAC 和模拟比较器 AC。ADC 的应用较为广泛，在各类涉及传感与数据采集的嵌入式系统中，ADC 都发挥了重要的作用。根据 ADC 不同的电路结构，ADC 也有不同的类型，具体表现

在转换速度、精度、分辨率等指标上有明显差异，需要根据实际应用需求选择合适的 ADC。目前常用的 ADC 是逐次比较型 ADC，具有较高的转换速度（可达 1MSPS 以上），分辨率一般在 10～16 位。DAC 常用于自动检测和音频系统，一般都具有较高的转换速率，目前常用 DAC 的分辨率在 8～16 位。模拟比较器常用于信号过零检测、阈值判断等场合。通常 MCU 内部集成的模拟外设性能不会很好，当需要一些特殊功能（如多通道同步采样）或高性能的 ADC、DAC 时，需要选择独立的外部模拟芯片。MCU 内置的模拟外设的使用方法相对比较简单，在完成引脚、时钟、DMA 或中断等初始化配置后，给出采样或转换信号即可完成一次 AD/DA 转换，模拟比较器输出可触发中断。

8.5 习　　题

1．ADC 的主要技术指标有哪些？

2．简述 ADC 的一般工作流程。

3．简述 ADC 的类型及其特点。

4．举例说明 ADC 不同类型的优缺点。

5．采用过采样技术为什么能提高 ADC 的分辨率？过采样要取得好的效果，有哪些前提要求？

6．一个 n 位的逐次比较式 ADC，理论上需要多少个时钟完成一次模数转换？

7．简述模拟比较器（AC）的类型及特点，以及一般用于哪些场合。

8．试在所用实验板上外接一个可变电阻器（电位器），编程实现通过改变可变电阻器阻值，控制发光二极管 LED 的亮度变化，类似于调光台灯的效果。

9．假设一个 12 位的 DAC，满量程输出为 0～3.3V。要用数字频率合成方法输出一个幅度为 1～2V、周期为 100ms 的三角波，请写出设计思路及伪代码。

10．试在具备 DAC 的实验板上，使用 DAC（DMA 方式）数字频率合成方法，编程实现输出一个峰峰值为 3Vpp、频率可设置（0～10kHz）、波形可设置（方波、正弦波、三角波）的波形发生器。频率、波形等参数可通过 UART 进行设置。

第 9 章　嵌入式实时操作系统

前面几章介绍了嵌入式微控制器 MCU 及其主要外设的基本原理，示例均为简单的嵌入式系统，可以在裸机上进行开发，但对于比较复杂的多任务应用系统，需要基于嵌入式操作系统进行软件设计与开发。

本章首先介绍几种在嵌入式领域应用较为广泛的嵌入式实时操作系统，以及 RTOS 的基本概念和基础知识，最后详细介绍 FreeRTOS 操作系统。

9.1　常用的嵌入式操作系统

到目前为止，嵌入式操作系统（EOS）种类繁多并且都已基本成熟，常用的 EOS 包括 VxWorks、μC/OS-II、ThreadX、嵌入式 Linux、FreeRTOS 等。这些 EOS 主要功能都比较完善，但各有特点，以下将简单介绍这些 EOS。

1．VxWorks

VxWorks 是美国 Wind River System 公司的产品，是目前嵌入式系统领域中应用广泛，具有高市场占有率的嵌入式操作系统。VxWorks 实时操作系统由 400 多个相对独立、短小精悍的目标模块组成，用户可根据需要进行适当裁剪并配置系统；提供基于优先级的任务调度、任务同步与任务通信、中断处理、定时器和内存管理等功能，符合 POSIX（可移植操作系统接口）规范的实时扩展标准，以及多处理器支持；并且具有清晰易懂的用户接口，采用微内核结构，最小可达到 8KB。其良好的可靠性和卓越的实时性被广泛地应用在军事、航空、航天等高精尖技术及实时性要求极高的领域中，如军事演习、弹道制导、飞机导航等。在美国的 F-16、FA-18 战斗机和 B-2 隐形轰炸机上，甚至连 1997 年 4 月在火星表面登陆的火星探测器、2008 年 5 月登陆的凤凰号和 2012 年 8 月登陆的好奇号也都使用了 VxWorks。Wind River System 公司同时提供了一套实时操作系统开发环境 Tornado，其类似于 Microsoft Visual C，但是提供了更丰富的调试、仿真环境和工具。

2．μC/OS-II

μC/OS-II 是由美国嵌入式系统专家 Jean J. Labrosse 用 C 语言编写的基于优先级的抢占式多任务实时操作系统。μC/OS-II 能管理 64 个任务，并提供任务调度与管理、内存管理、任务间同步与通信（信号量、邮箱、消息队列）、时间管理和中断服务等功能，具有执行效率高、占用空间小、实时性能优良和可扩展性强等特点。目前其应用在很多领域，如手机、网络设备、音响设施、不间断电源、飞行器、医疗器械及工业控制等，并且 μC/OS-II 源码公开，便于移植和维护。目前 μC/OS 系统已经出现第三代系统内核，支持现代的实时内核所期待的大部分功能，将 μC/OS-II 中很少使用的功能删除或更新，并添加了更高效的功能和服务，比如，将原本 μC/OS-II 不支持的时间片轮转法（round robin）实现，并能在 8 位、16 位、32 位的处理器上很好地工作。

3. ThreadX

ThreadX 是优秀的硬实时操作系统，具有规模小、实时性强、可靠性高、无产品版权费、易于使用等特点，并且支持大量的处理器和 SoC，包括 ARM、PowerPC、SH 4、MIPS、ADI DSP、TI DPS、Nios II 等，系统优先级可于程序执行时动态设定，并且相关配套基础软件完整，且无权利金[①]与弹性商业授权方式，因此广泛应用于消费电子、汽车电子、工业自动化、网络解决方案等领域中，并已经成功应用于 Panasonic 公司的 11Mbit/s 无线网卡，同样在 2005 年，美国国家航空航天局（NASA）成功实施了“深度撞击”飞船对坦普尔 1 号彗星的准确撞击，其中，ThreadX 在其中发挥了关键作用，即控制其中全部三套彗星成像仪的运行。

4. 嵌入式 Linux

嵌入式 Linux 是以 Linux 为基础的嵌入式操作系统，其源代码公开，开发人员可以对操作系统进行定制，系统具有嵌入式操作系统的特性。嵌入式 Linux 作为嵌入式系统，其优点如下：首先，其源代码的开放，不存在黑箱技术，遍布全球的众多 Linux 爱好者又能给予 Linux 开发者强大的技术支持；其次，Linux 的内核小、效率高，内核的更新速度很快，Linux 是可以定制的，其系统内核最小只有约 134KB；最后，Linux 是免费的 OS，在成本上极具竞争力。Linux 还有着嵌入式操作系统所需要的很多特色，较为突出的就是 Linux 适应于多种 CPU 和多种硬件平台，是一个跨平台的系统。同时，它有多种应用软件支持，软件开发周期短，产品上市迅速，实时性能具有较高的稳定性、安全性，从而被广泛应用在移动电话、个人数字助理（PDA）、媒体播放器、消费性电子产品等领域中。嵌入式 Linux 一般应用于基于 MPU 的嵌入式系统。

5. FreeRTOS

FreeRTOS 是一个迷你实时操作系统内核。作为一个轻量级的操作系统，功能包括任务管理、时间管理、信号量、消息队列、内存管理、记录功能等，可基本满足较小系统的需要。由于 RTOS 需占用一定的系统资源（尤其是 RAM 资源），只有 μC/OS-II、embOS、Salvo、FreeRTOS 等少数实时操作系统能在小 RAM 单片机上运行。相对 μC/OS-II、embOS 等商业操作系统，FreeRTOS 操作系统是完全免费的，且具有源码公开、可移植、可裁减、调度策略灵活的特点，可移植到各种单片机上运行。目前，很多芯片公司提供的 SDK 一般都基于 FreeRTOS，本章 9.3 节将详细介绍 FreeRTOS。

9.2 RTOS 基础

RTOS（real-time operating system）指的是实时操作系统，相较于大家熟知的通用的多

① 权利金指买卖期权合同的价格。

任务操作系统（如 Windows 7、Linux 和 Macintosh 等），其主要特点就在于“实时性”。当操作系统接收到一个任务后，实时操作系统（RTOS）会在规定的时间内处理该任务并对此任务做出快速响应。

实时操作系统（RTOS）可以调用一切可利用的资源完成实时任务，使得任务的响应或延时在预定可接受的范围内，保证任务及时且可靠地执行。在嵌入式开发中，使用实时操作系统可以有效地利用硬件资源，简化应用软件的开发难度，更好地保证系统的实时性和可靠性。

9.2.1　RTOS 的基本概念

RTOS 是嵌入式应用软件的运行平台和开发平台，开发者开发的应用程序都运行在 RTOS 之上，并作为嵌入式软件的目标代码的一部分。RTOS 具有很高的可靠性和可行性，将多任务处理这一复杂的功能交由操作系统完成，可以最大限度地降低应用软件的开发难度。

在进一步认识 RTOS 之前，首先需要了解一个操作系统中非常重要的概念——内核，它是一个操作系统的核心，是基于硬件的第一层软件扩充，提供操作系统最基本的功能，也是操作系统工作的基础。它负责管理系统的进程、内存、设备驱动程序、文件和网络系统，决定着系统的性能和稳定性。从 RTOS 结构来看，内核是底层硬件的抽象层管理器，但一个完整的操作系统并非只具有内核。

在嵌入式开发中，由于硬件资源相对紧缺，因此运行在其上的 RTOS 实时操作系统就要更加精简。将操作系统的基本功能（如任务管理、任务调度、任务间通信与同步、定时器管理等）集成于其实时操作系统的内核，并且以其内核服务函数的形式交给上层应用程序调用，这就是 RTOS 的 API（application programming interface）。内核中具有任务调度功能的模块称为调度器，调度器会按照一定的调度算法来执行任务。不同的操作系统内核中的调度算法不尽相同，在嵌入式平台运行的 RTOS 内核的调度模块一般都采用流行的基于优先级的抢占式调度器和非抢占式调度器，而使用这两种调度器的系统又分别称为抢占式操作系统和非抢占式操作系统，如图 9.1 所示。

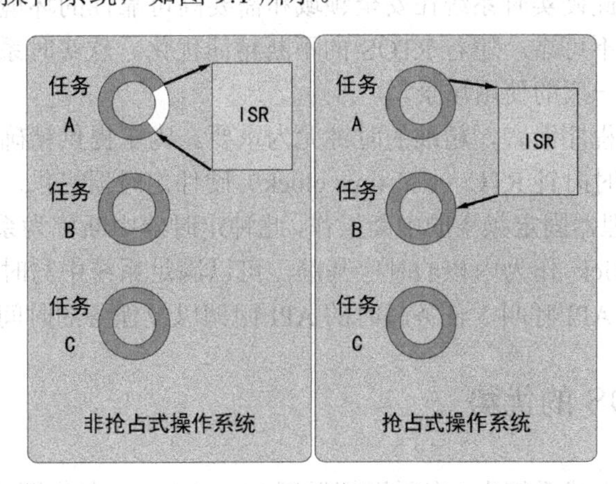

图 9.1　非抢占式操作系统与抢占式操作系统

图 9.1 中的 ISR（interrupt service routines）为操作系统的中断服务程序。在非抢占式操作系统中，任何正在执行的任务都无法被其他任务抢占处理器资源，例如，图 9.1 左侧任务 A 在执行，任务 B 就无法打断其执行，任务 A 会一直运行，直到该任务结束，或者转移到等待状态，或者转移到等待所需的 I/O 资源或系统资源状态时，它才会交出处理器资源供其他任务执行。而在抢占式操作系统中则不同，正在执行的任务可以被就绪队列中的其他任务抢占处理器资源，例如，图 9.1 右侧任务 B 抢占任务 A 的处理器资源，原因可能是任务 B 的优先级高于任务 A，又或者是任务 A 的时间片用完交出处理器资源，具体视不同的调度算法而定。简言之，任务会在还没有执行结束或者转移到等待状态时，被调度器抢占其处理器资源，供其他任务执行。

优先级在多任务系统中是一个可分配给任务的基本属性。一般而言，当系统使用抢占式模式后，系统将处理器分配给高优先级的任务。不同的调度器的区别主要在于如何将处理器分配给所管理的各种任务，使用基于优先级的抢占式调度器中的调度算法又有单调速率调度（rate monotonic scheduling）和最早截止时间优先调度（earliest deadline first scheduling）等，它们的区别仅是调度器根据哪个因素给任务分配优先级。

为了方便调度和管理各个任务，系统为每个任务开辟其私有的堆栈资源和创建相应的任务控制块 TCB（task control block），任务控制块中又保存有任务的状态信息。除与任务功能有关的 RTOS 内核核心之外，RTOS 同样具有一般操作系统所具有的功能模块，如网络协议栈、文件系统和设备驱动程序等，只需将相应功能代码移植到相应的嵌入式平台即可。

实时操作系统也可根据对其任务的截至完成时间划分成如下两种类型。

- 软实时系统：仅要求事件响应是实时的，并不要求限定某一任务必须在多长时间内完成，如音频-视频播放系统、网页服务等。
- 硬实时系统：不仅要求任务响应要实时，而且要求在规定的时间内完成事件的处理，如核动力装置控制、安全气囊控制系统和车辆防抱死系统（ABS）等。

在软实时系统中，系统会根据应用软件所规定的时间，在一个弹性的时间内完成某项工作，并不一定要在规定时间内完成；而硬实时系统的任务一定要在规定的时间内完成，并且不允许任何超出时限的错误。由于超时的错误可能会导致系统失败或导致系统不能实现它的预期目标，因此硬实时系统在安全领域和需要高可靠性的环境中使用较多，但这并不意味着软实时系统不可靠。随着 RTOS 的不断精简优化，软实时系统的可靠性也不断提高，所以其亦可满足一般的使用场景。

对于大部分应用程序而言，精准的时钟尤为重要。为了提供精确的时钟，多数内核的基准是由高精度的实时时钟 RTC（real-time clock）硬件定时器提供。通过对硬件定时器进行编程，可以实现处理器固定频率的中断操作，此种定时器中断称为系统滴答（system timer tick，SysTick）。SysTick 作为内核的时序基准，可以满足系统中与时间有关的服务，如软件定时器、任务睡眠 API 呼叫、任务超时的 API 回调以及任务的时间片轮转等。

9.2.2 使用 RTOS 的优势

没有 RTOS 的嵌入式系统中，多采用超循环（super-loop）与中断驱动（interrupt-driven）

结合的软件结构设计。应用程序按固定顺序执行每个函数，用中断服务程序处理对系统时间敏感或关键的部分程序，而在超循环体内做对时间不敏感的运算和操作。因此，中断服务程序的设计变得非常重要，需尽可能对其进行优化，一旦软件的结构确定后将很难改变和扩充，不利于系统的升级换代。尽管这样的软件结构很适合简单的小系统且能够满足大部分的应用软件开发的需求，但对于较复杂的应用程序就存在若干弊端。首先，复杂的应用程序开发所涉及的工作大部分都与底层硬件相关，需要较高的专业水平，使得开发费时、开发效率低。其次，软件结构中的超循环和中断服务程序之间的数据交换是通过全局共享变量进行的，这使系统变得不安全和不可靠。最后，也是较为重要的一点，就是尽管这个结构也可以创建实时程序，但无法像 RTOS 那样解决多任务的调度调度、维护和任务计时问题。

使用 RTOS 系统后，可以使嵌入式系统结构的设计更灵活，可适应各种预想不到的扩展因素，也使嵌入式系统代码的可重用性和可移植性得到提升，并能够充分利用其硬件资源。RTOS 中实现了多任务的管理和调度功能，能够在多个任务间进行通信与切换，如图 9.2 所示，便是 μC/OS-II RTOS 系统基于邮箱（mailbox）的进程通信技术，邮箱用于在两个任务之间或中断服务例程 ISR 到任务之间交互单条消息，图中创建的邮箱是通过队列（FIFO）建立的，发送消息的任务或 ISR 通过系统内核提供的接口将消息发送到邮箱中，收到消息的邮箱将消息发送给订阅其邮箱的任务，从而完成消息传递。

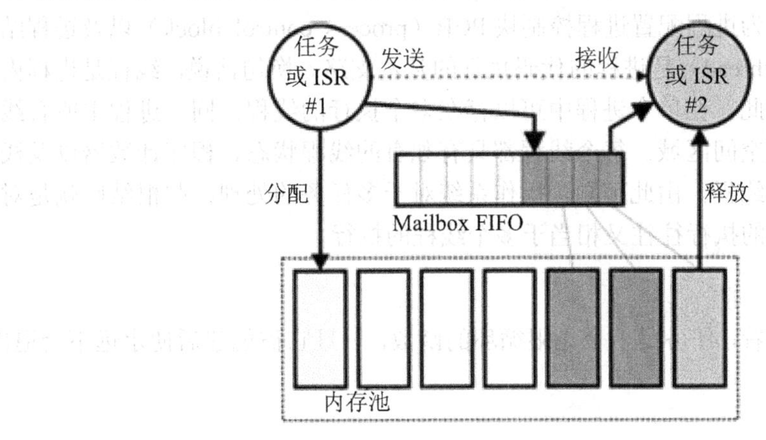

图 9.2　RTOS 的内存管理与任务间通信

在嵌入式系统中合理地使用 RTOS 具有以下好处。

- 硬件资源的充分管理，提高资源的利用率。
- 确定的堆栈使用，方便管理每个任务，实现可预测的内存使用。
- 实现软件系统的多任务机制，开发时只需将重心放在程序流和事件响应中。
- 多任务的并发执行，增加了系统的吞吐量和硬件使用的效率。
- 应用程序代码的可移植性和可重用性更高。
- RTOS 的高可靠性使得嵌入式系统的可靠性和可行性更高。
- 应用程序的开发人员无须再多关心系统的硬件细节，提高了软件的开发效率。
- 整个系统的灵活性更好，增减系统功能方便，不必做过多的硬件改动。

9.2.3 RTOS 的功能组成

任务主要是指需要程序完成的工作。程序开发人员开发的程序往往需要同时完成一个或几个任务。对于操作系统而言，任务往往定义成需要执行的程序，以及由操作系统维护的相关程序信息。当前被执行的程序或部分程序被称为进程（process），进程往往又是当前执行的程序或程序的一部分。在操作系统中，进程可能需要多种系统资源，比如，用于信息交换的I/O资源、存储相关变量的存储器以及执行进程的CPU等。进程在操作系统中占用的存储器资源有3种类型：栈存储器、数据存储器和代码存储器。栈存储器用于保存进程的临时数据，如进程的本地变量；数据存储器用于保存进程的所有全局变量；代码存储器用于存放进程对应的程序代码，即程序转化为机器可识别的机器指令。

操作系统的进程管理可以从理论上实现多个任务伪并行。真正的并行指的是在同一时刻多个任务并行执行，这就必须用多个处理器，而在 MCU 微控制器资源短缺的情况下，一般都是单核处理器，只能在某一时刻执行一个进程。在操作系统调度器合理的调度切换下，可以使多个任务共享 CPU 资源，即将 CPU 执行单个进程时的空闲时间充分利用，从而实现进程的伪并发执行，提高处理器 CPU 的利用率。

操作系统的进程管理包括创建进程、为进程配置存储空间、将进程代码载入存储器空间中、分配系统资源、为进程配置进程控制块 PCB（process control block）以及进程结束与进程删除等。线程（thread）是进程的代码执行的基本支路。换句话说，线程是进程内的单个顺序控制流程，因此，在单个进程中可以存在多个执行的线程，同一进程中所有线程共享相同的存储器地址空间区域。每个线程都具有独有的线程状态、程序计数器以及栈，以区别同一进程的其他线程。由此可知，操作系统对于多任务的处理，归根结底就是对于多个进程的处理，进程的执行往往又相当于多个线程的执行。

1．任务

从开发者的角度来看，任务是一个无限循环的函数，一旦它被创建后便永远不会退出，类似以下代码。

```
void Task( void )
{
for(;;)
    {
    //任务处理部分
    }
}
```

任务代码编写完成后，根据不同的操作系统使用的线程标准（thread standard）来创建与管理线程。线程标准指的是一组线程类库的集合，下面简单介绍几种常用的线程类库。

（1）POSIX 线程

POSIX 是可移植操作系统（portable operating system interface）的英文缩写。POSIX.4 标准处理实时扩展，POSIX.4a 标准处理线程扩展。用于创建和管理线程的 POSIX 标准库是Pthreads，并且使用的是C语言，定义了POSIX线程创建与线程管理函数的集合。

（2）Win32线程

Win32线程是各种Windows操作系统支持的线程。Win32 API（win32 application programming interface）库提供了Win32线程创建与线程管理功能的标准集合。

（3）Java线程

这类线程是Java语言所支持的线程，线程定义在java.lang包中。将此包导入之后，便可使用此Java线程类支持的线程创建函数，通过继承Thread基类的方法与变量实现对Java线程的使用。更多有关Java线程的使用方法，感兴趣的读者可以访问Sun公司有关线程的教程。

至此我们已经从操作系统的角度介绍了目前常用的几类线程标准，应用于多线程系统中实现线程的创建。在嵌入式开发中，POSIX标准和Win32标准为常用线程标准库。其他的非标准的库，如可移植的线程库Pth，这里不再过多介绍。

在操作系统中，由于任务与进程往往指示相同的代码实体，因此通常是可以互换使用的。在实时操作系统中，当一个进程被创建后，进程的状态往往具有以下几种，如表9.1所示。

表9.1　RTOS常见进程状态

任务状态	说　明
Executing	进程从就绪队列中调入到处理器并执行
Ready	进程已经在就绪队列中，正等待调度器调度执行。处于此状态的进程可能是被其他进程抢占了处理器，也可能是获得了共享资源或I/O完成
Blocked	进程被阻塞，此时进程可能正在等待共享资源或者等待I/O使用
Completed	进程已经完成其运算处理，并且自它的入口函数返回，结束进程的执行，同时不会再次被调度器调度

在理解任务这一基本概念后，我们将进一步介绍操作系统中任务调度、任务通信和任务同步等系统功能。

2．任务调度

已知在嵌入式开发引入RTOS就是为了解决多任务的并发执行，而为了确定给定时刻应该执行哪个任务所进行的相应的调度操作称为任务调度（task scheduling），也称为进程调度（process sheduling）。当然，不同的操作系统采用不同的调度策略，调度策略的实现采用特定的调度算法，任务调度作为一种服务由内核运行，实现这种调度算法的机构就是内核中的调度器（sheduler）。

根据是否可以抢占当前执行的任务或进程的CPU资源，调度器可分为非抢占式调度器和抢占式调度器。在实时操作系统中，系统对于任务或进程的“实时性”要求更高，即系统希望能快速响应某些任务或进程，在此种情形下应用抢占式调度器则更能有效保障这一点。这里仅介绍在抢占式调度器中常用的两种算法。先介绍几个在操作系统中与CPU调度有关的队列。

- ❑ 就绪队列：包含所有已经准备好执行的进程，其中的进程需要等待CPU为其分配时序资源才可以执行，不存在就绪的进程时为空队列。

- ❑ 设备队列：包含等待 I/O 设备的进程集合。
- ❑ 作业队列：包含系统中的所有进程。

（1）基于优先级的调度算法

操作系统采用这种算法后，在系统设置成抢占式时，任何进入就绪队列的高优先级进程都会立即得到调度执行；而在系统设置成非抢占式时，调度器在选择要执行的进程时，就绪队列中高优先级的进程会比低优先级的进程先得到服务。两者的区别在于非抢占式调度仅在当前进程执行完毕或者当前进程主动放弃 CPU 资源时，进入就绪队列的高优先级进程才会得到调度。

使用这种 RTOS 系统时，应用软件的开发者通常可以根据任务对实时性的响应需求设定不同的优先级。例如，在一个控制马达、键盘和显示器的应用程序中，马达通常比键盘和显示器需要更快的反应时间，因此，可以设定马达的进程的优先级高于显示器和键盘。值得注意的是，在给任务设定正确的优先级时，采取的原则是尽量减少优先级的层级，这是因为进程抢占其他进程时，系统需要对其进行上下文切换，越少的上下文切换，就表示有越多的时间是花费在执行应用程序代码上，所以给任务设定正确的优先级时，采取的原则是尽量减少优先级的层级。其中的上下文切换（context switch）是指操作系统中，CPU 切换到另一个进程需要保存当前进程的状态并还原另一个进程的状态，其中包括保存当前任务的运行环境和恢复将要运行任务的运行环境。

基于优先级的算法如图 9.2 所示，3 个进程中，进程 1 具有优先级 100 且处于等待状态，此时就绪队列中有两个进程，即进程 2 和进程 3，由于进程 2 的优先级是 50，相对于进程 3 有更高的优先级，因此调度器从就绪队列中选择进程 2 放入处理器中执行，进程 2 的状态转变为运行态，进程 3 则保持就绪状态等待调度器调度。

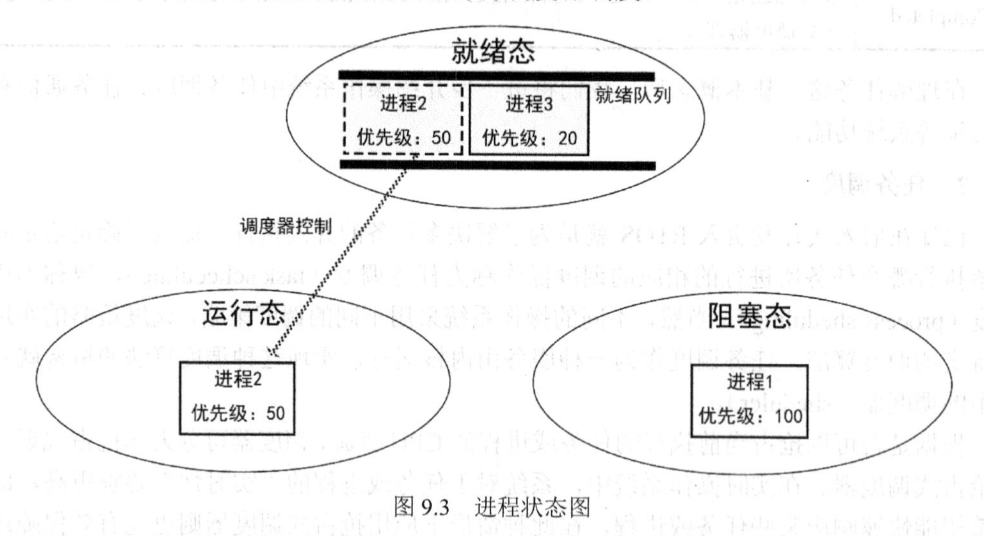

图 9.3　进程状态图

（2）基于时间的调度算法

这类算法通常称为 Round-Robin 算法，这就意味着所有进程的调度机会均等，每个在就绪队列中的进程都是在一个预先设定好的时间片（time-slice）中执行。进程的执行起始于第一个进程，它会在时间片内执行；如果时间片消耗完毕，或者进程在时间片消耗完前执行完毕，则执行就绪队列的下一个进程；如果所有的进程都执行完毕，调度器会回到初始状态，挑选进程并开始执行，不断重复循环。

算法执行过程如图 9.4 所示，当就绪队列中有 5 个进程并按序排列，调度器首先挑选进程 1 执行，待分配给它的时间片消耗完毕或者在系统给定的时间片内它执行完毕后，调度器转而选择下一个进程 2，就绪队列中的所有进程按此选择执行，待所有 5 个进程按此执行完毕后，调度器将再次选择进程执行，即选择进程 1 执行。

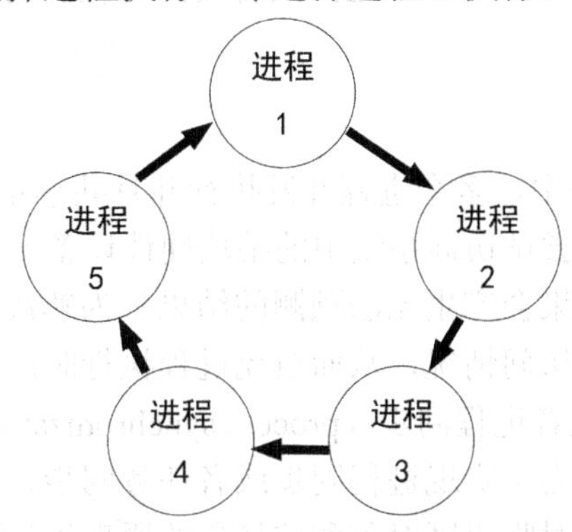

图 9.4　RTOS 模块示意图

3．任务通信

在多任务/多进程软件开发中，了解各个任务或者各个进程之间如何进行通信也是相当重要的，目前各个系统任务通信机制大致分为如下两类。

- 基于存储器共享实现的进程通信机制，如管道（pipe）、内存映射方法等。
- 基于消息的进程之间的信息交换机制，如消息队列（message queue）、邮箱（mailbox）和信号通信（signaling）等方式。

在 FreeRTOS 嵌入式操作系统中，任务之间的通信一般采用消息队列和信号通信两种方式，一般来说，如果一个进程想要与另一个任务进行通信，该进程应该先将消息（message）发给先入先出（first in first out，FIFO）队列中，此队列称为消息队列。发送消息的进程一般使用系统提供的 send()函数接口，而消息接收方需要使用相应的 receive()函数接口从队列中提取消息。其中，具体的 send()和 receive()方法取决于操作系统内核的实现。使用此任务通信的方法可以实现任务与任务之间的通信，也可实现任务与中断服务例程的通信，如图 9.5 所示。

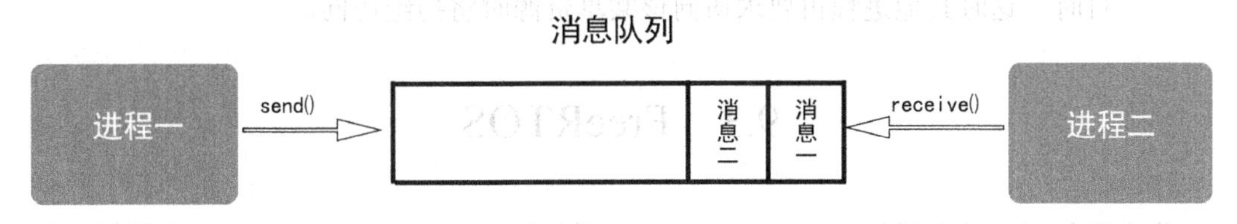

图 9.5　进程与消息队列关系图

信号通信是进程或线程之间通信的基本方式，用于异步通知事件发生，当一个进程或线程发出特定的信号后，指示特定的场景或事件已经发生，而另一个进程或线程正在等待此特定的信号并处于阻塞状态，待接收到该信号后，将转为就绪状态并等待调度器调度。

除以上两种通信方式外，在其他嵌入式操作系统中，如 Windows CE 5.0、嵌入式 Linux，还可以使用内存映射和管道通信方式。内存映射指的是在物理内存中开辟一块存储空间，进程在需使用该物理内存空间时，将其映射到进程的虚拟地址空间，然后对虚拟地址空间进行读写操作，其操作结果都将被提交到物理存储区域中。而在管道通信中，创建管道的进程称为管道服务器（pipe server），连接到管道的进程称为管道客户端，可以将管道看作信息流通的导管。

4. 任务同步

在多任务/多进程环境中，多个进程并发执行并且共享系统资源。考虑这样一个问题，当系统中的两个进程同时尝试访问系统中的某项硬件设备（如显示器），或者尝试访问共享存储器区域，那么执行结果会产生无法预测的结果。为解决这类问题，最好的办法就是使每个进程了解共享资源的访问情况，从而避免进程执行时产生冲突，该操作称为任务同步（task synchronization）或者进程同步（process synchronization）

在实时操作系统中，为了实现进程同步或者任务同步，有自旋锁、信号量、临界区对象、事件等方式。这里只对临界区对象和信号量的原理进行阐述。临界区对象的基本含义与互斥量基本相同，只不过临界区对象只能由单个进程的线程使用，进程会将临界区对应的代码段放置到进程的临界区域，而且通过调用相应接口系统来为临界区分配存储器区域空间。信号量是用于实现对共享资源访问的互斥实现，可以将其看作系统的一种资源。需要访问共享资源的进程首先要获取这个信号量，从而告知那些希望获得相同共享资源的其他进程一个事实：该进程当前已经获得并占用这个共享资源。进程中的共享资源可以是进程互斥访问，也可以是多个进程同使用的。根据对共享资源访问的实现方式，分为以下两类。

- 互斥量（mutex semaphore）为共享资源提供了互斥访问机制，系统每次只能将资源分配给单个进程，并且该进程使用共享资源时，不允许其他进程抢占该资源。它与临界区对象的区别在于它可以被多个进程互斥访问。
- 计数信号量（counting semaphore）始终记录某个特定的计数器，其取值范围是从 0 到某个固定值之间，限制了系统支持资源并发访问的最大数目。当进程或线程获取信号量对象时，计数信号量的计数值将会减 1；当进程或线程释放信号量对象时，计数信号量的计数值将会加 1；当已经达到信号量所能支持的最大并发数目时，这时其他进程再要求访问该共享资源时将拒绝访问。

9.3　FreeRTOS

作为嵌入式领域常用的 RTOS，FreeRTOS 系统以其开源、免费和无须商业授权等优势而被大部分公司使用。FreeRTOS 已经支持大多数厂家的芯片，应用程序的开发者可以直接从 FreeRTOS 的官方网站上下载源码并参考其中的 DEMO（样例程序）进行开发，如此大大加快了开发进度。作为初学者的我们可以将 FreeRTOS 作为开发软件与硬件之间的中间件，不需要过于深入探究其系统内核的机制，只需了解 FreeRTOS 内核的基本原理以及开发时用到的一些函数接口即可。基于上述目的，下面的知识可能无法覆盖 FreeRTOS 的全部内容，但是作为软件开发使用的知识已然足够，对其系统内核机制感兴趣的同学可以去 FreeRTOS 的官方网站 http://www.freertos.org/下载源码及文档，以学习其具体运行机制。

9.3.1　FreeRTOS 的体系结构

FreeRTOS 的体系结构包括任务调度机制、系统时间管理机制、内存分配机制、任务通信与同步机制等。FreeRTOS 还提供 I/O 库、系统跟踪（trace）、TCP/IP 协议栈等相关组件。如图 9.6 所示。

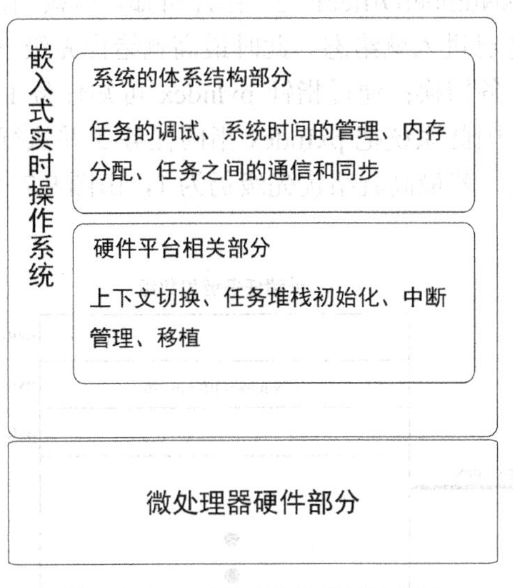

图 9.6　FreeRTOS 的体系结构框图

9.3.2　FreeRTOS 的任务调度机制

1. FreeRTOS 任务调度原则

（1）从调度方式上分析

可根据用户的需要设置为可剥夺型内核或不可剥夺型内核。

- 设置为可剥夺型内核时，处于就绪态的高优先级任务能剥夺低优先级任务的 CPU 使用权，这样可保证系统满足实时性的要求。
- 设置为不可剥夺型内核时，处于就绪态的高优先级任务只有等当前运行任务主动释放 CPU 的使用权后才能获得运行，这样可提高 CPU 的运行效率。

（2）从优先级的配置上分析

① FreeRTOS 系统对于优先级的设置数量上没有限制，开发者可以通过修改宏参数

configMAX_PRIORITIES 来指定系统的优先级数量。

② 可以根据系统需要对不同的任务指定不同的优先级。其中，优先级为 0 的任务优先级最低。

③ 可以对不同任务设置相同的优先级，同一优先级的任务，轮流在系统的每一个时间片内执行。

④ 若此优先级下只有一个就绪任务，则此就绪任务进入运行态。若此优先级下有多个就绪任务，则需采用轮换调度算法实现多任务轮流执行。

2．系统调度方式

以图 9.7 为例，设系统的最大任务数为 portMAX_PRIORITIES，在某一时刻进行任务调度时，得到链表数组 pxReadyTasksLists[i]，图中的 usNumberOfItems=i（i=2,…,portMAX_PRIORITIES）为优先级标号以及同时得到优先级为 1 的任务链表 pxReadyTasksLists[1]，且此时链表中的任务个数 usNumberOfItems=3。由此可知，内核当前最高就绪优先级为 1，且此优先级下已有 3 个任务已进入就绪态。此时最高就绪优先级下有多个就绪任务，系统需执行轮换调度算法实现任务切换；通过指针 pxIndex 可知任务 1 为当前任务，而任务 1 的 pxNext 结点指向任务 3，因此系统把 pxIndex 指向任务 3 并执行任务 3 来实现任务调度。当下一个时钟节拍到来时，若最高就绪优先级仍为 1，由图 9.7 可见，系统会把 pxIndex 指向任务 2 并执行任务 2。

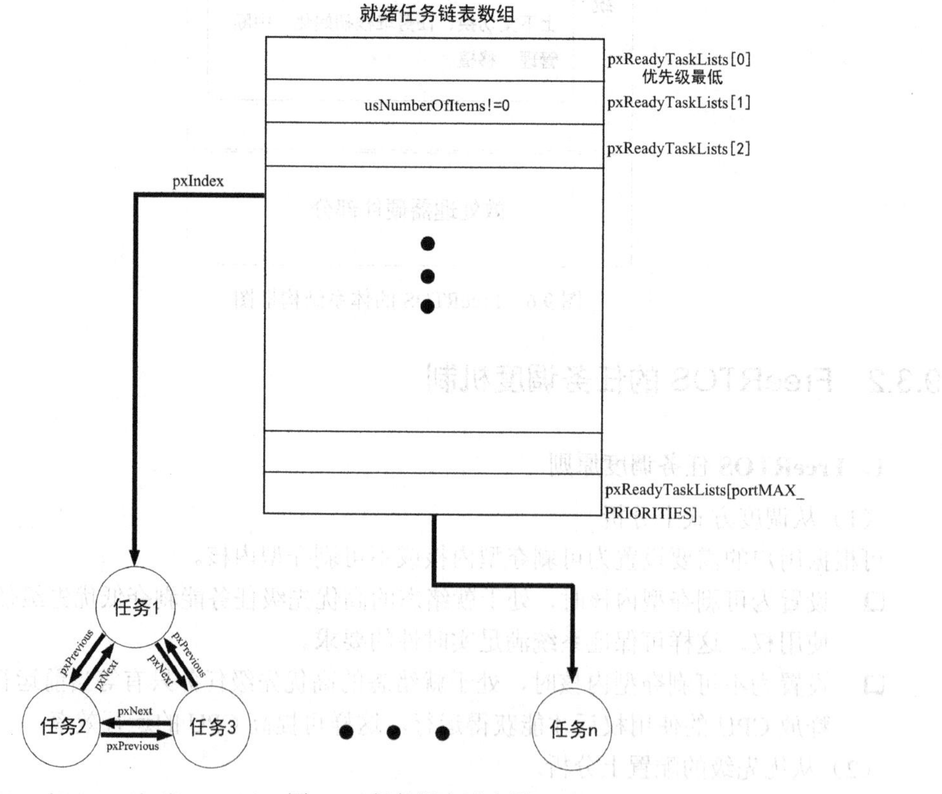

图 9.7　任务调度示意图

为了加快任务调度的速度，FreeRTOS 通过变量 ucTopReadyPriotity 跟踪当前就绪的最高优先级。当把一个任务加入就绪链表时，如果此任务的优先级高于 ucTopReadyPriority，则把这个任务的优先级赋予 ucTopReadyPriority。这样当进行优先级调度时，调度算法不是从 portMAX_PRIORITIES 而是从 ucTopReadyPriority 开始搜索。这就加快了搜索的速度，同时缩短了内核关断时间。

FreeRTOS 的任务调度算法可由用户自己制定，用户可通过修改在 FreeRTOS_V8.x.x 的源码（以下说明的参数如未说明 FreeRTOS 的版本则都是指 v8.x.xs）中 FreeRTOSConfig.h 文件中的参数 configUSE_PREEMPTION 和 configUSE_TIME_SLICING 来指定所使用的调度算法，而这里主要介绍 FreeRTOS 中的优先级抢占式调度，调度算法基于如下假设。

- 每个任务都赋予了一个优先级。
- 每个任务都可以存在一个或多个状态。
- 在任何时候都只有一个任务可以处于运行状态。
- 调度器总是在所有处于就绪态的任务中选择具有最高优先级的任务来执行。

这种类型的调度方案被称为“固定优先级抢占式调度”。所谓“固定优先级”，是指每个任务都被赋予了一个优先级，这个优先级不能被内核本身改变（只能被任务修改）。如前文所述，抢占式是指当任务进入就绪态或是优先级被改变时，如果处于运行态的任务优先级更低，则该任务总是抢占当前运行的任务。而在阻塞状态的任务可以等待一个事件，当事件发生时任务将自动回到就绪态，发生在某个特定时刻的事件，如阻塞超时，通常称为时间事件，其主要用于周期性或超时行为。任务或中断服务例程往队列发送消息或发送信号量的事件，都将触发同步事件。同步事件通常用于触发同步行为，如某个外围设备的数据到达。

图 9.8 通过图示某个应用程序的执行流程展现了抢占式调度的行为方式。

（1）空闲任务

空闲任务具有最低优先级，所以每当有更高优先级任务处于就绪态时，空闲任务就会被抢占，如图 9.8 中 t_3、t_5 和 t_9 时刻。

（2）任务 3

任务 3 是一个事件驱动任务。其工作在一个相对较低的优先级，但优先级高于空闲任务。其大部分时间都在阻塞态等待其关心的事件。每当其关心的事件发生时其就从阻塞态转移到就绪态。FreeRTOS 中所有的任务间通信机制（队列、信号量等）都可以通过这种方式用于发送事件以及让任务解除阻塞。

事件在 t_3、t_5 以及 t_9～t_{12} 的某个时刻发生。发生在 t_3 和 t_5 时刻的事件可以立即被处理，这是由于这些时刻任务 3 在所有可运行任务中优先级最高。发生在 t_9～t_{12} 某个时刻的事件不会得到立即处理，需要一直等到 t_{12} 时刻，这是由于具有更高优先级的任务 1 和任务 2 尚在运行中，只有到了 t_{12} 时刻，这两个任务进入阻塞态，使得任务 3 成为具有最高优先级的就绪态任务。

（3）任务 2

任务 2 是一个周期性任务，其优先级高于任务 3 并低于任务 1。根据周期间隔，任务 2 期望在 t_1、t_6 和 t_9 时刻执行。在 t_6 时刻任务 3 处于运行态，但是任务 2 相对具有更高的优先级，所以会抢占任务 3，并立即得到执行。任务 2 完成处理后，在 t_7 时刻返回阻塞态。

同时，任务 3 得以重新进入运行态，继续完成处理。任务 3 在 t_8 时刻进入阻塞状态。

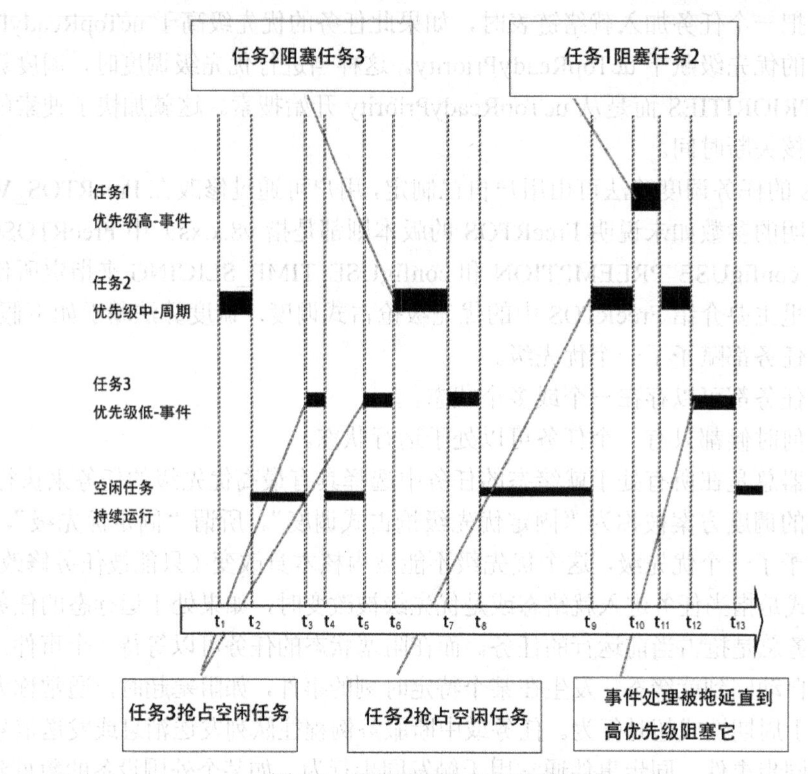

图 9.8　执行流程中的主要抢占点

（4）任务 1

任务 1 也是一个事件驱动任务。任务 1 在所有任务中具有最高优先级，因此可以抢占系统中的任何其他任务。在图 9.8 中可以看到，任务 1 的事件发生在 t_{10} 时刻，此时任务 1 抢占了任务 2。只有当任务 1 在 t_{11} 时刻再次进入阻塞态之后，任务 2 才得以继续完成处理。

除了上述的优先级抢占式调度算法，FreeRTOS 同样支持协作式调度，采用一个纯粹的协作式调度器，只有当在运行态任务进入阻塞态或是运行态任务显式调用 taskYIELD()时，才会进行上下文切换。任务永远不会被抢占，而具有相同优先级的任务也不会自动共享处理器时间。协作式调度的工作方式虽然比较简单，但可能会导致系统响应不及时。

9.3.3　FreeRTOS 的任务管理

FreeRTOS 中提供多种管理任务的函数供开发者使用，可以对任务进行创建、删除。同时 FreeRTOS 将任务分为以下几种状态。

1．FreeRTOS 系统的任务创建和任务删除

（1）FreeRTOS 系统下的任务创建

① 当调用 xTaskCreate()函数创建一个新的任务时，FreeRTOS 首先为新任务分配所需的内存。

② 若内存分配成功，则初始化 TCB（任务控制块）的任务名称、堆栈深度和任务优先级，然后根据堆栈的增长方向初始化任务控制块的堆栈。

③ FreeRTOS 把当前创建的任务加入就绪任务队列链表中。

④ 若当前此任务的优先级为最高，则把此优先级赋值给变量 ucTopReadyPriorlty。

⑤ 若任务调度程序已经运行且当前创建的任务优先级为最高，则进行任务切换。

（2）FreeRTOS 系统下的任务删除

当用户调用 vTaskDelete()函数后，分两步进行删除。

① 删除的第一步：FreeRTOS 先把要删除的任务从就绪任务链表和事件等待链表中删除，然后把此任务加入任务删除链表。

② 删除的第二步：释放该任务占用的内存空间，并把该任务从任务删除链表中删除，这样才彻底删除了这个任务。

从 V9.0 版本开始，如果一个任务删除另外一个任务，被删除任务的堆栈和 TCB 立即释放。如果一个任务删除自己，则任务的堆栈和 TCB 将和上面所述一样，通过空闲任务删除。所以，空闲任务开始就会检查是否有任务删除了自己，如果有的话，空闲任务负责删除这个任务的 TCB 和堆栈空间。

2．FreeRTOS 系统中任务状态

在图 9.9 中，应用程序可以包含多个任务，每个任务的状态可分为运行状态和非运行状态。在某一时刻，总是只有一个任务处于运行状态。当某个任务处于运行状态时，处理器正在执行它的代码。当一个任务处于非运行状态时，该任务进行休眠，它的所有状态都被妥善保存，以便在下一次调试器决定让它进入运行状态时可以恢复执行。具体包含以下 4 种状态。

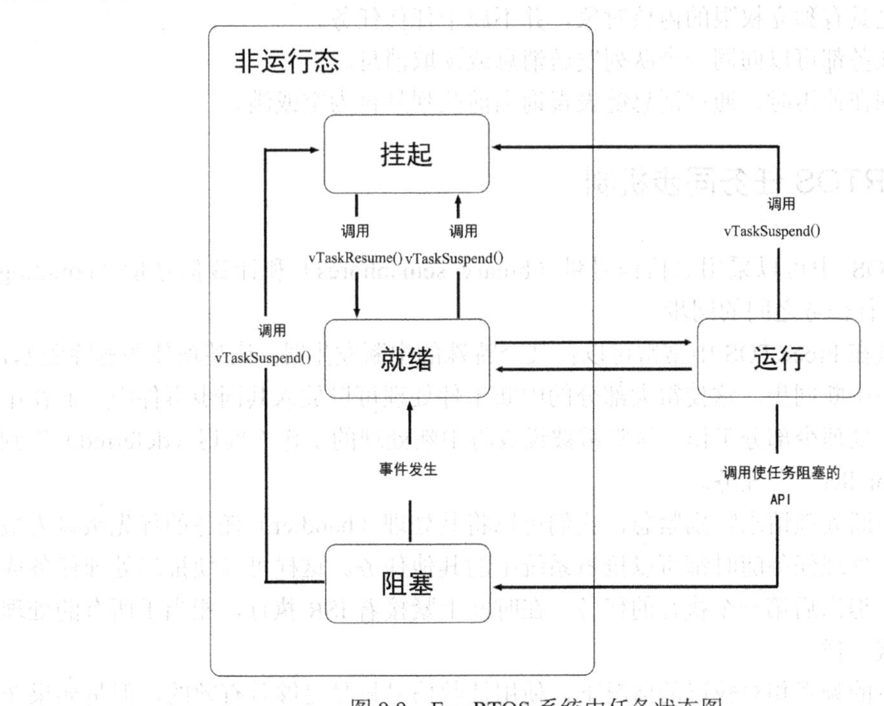

图 9.9　FreeRTOS 系统中任务状态图

（1）运行状态

当前被执行的任务处在此种状态，此任务占用处理器资源。

（2）就绪状态

就绪的任务是指不处在挂起或阻塞状态，已经可以运行，但是因为其他优先级更高（或相等）的任务正在“运行”而没有运行的任务。

（3）阻塞

阻塞又称为等待状态。若任务在等待某些事件（如定时事件、同步事件）或资源（如I/O资源等），则称此任务处于阻塞状态。

（4）挂起

挂起又称为睡眠状态，处于挂起状态的任务对于调度器来说是不可见的，任务只是以代码的形式驻留在程序空间，但没有参与调度。任务挂起的唯一途径就是调用 vTaskSuspend()函数，任务唤醒的唯一途径就是调用 vTaskResume()或 vTaskResumeFromSR()函数。

9.3.4 FreeRTOS 任务通信机制

在 FreeRTOS 操作系统中，任务间的通信都是基于队列实现。通过 FreeRTOS 提供的服务、任务或者中断服务子程序可以将一则消息放入队列中，实现任务之间以及任务与中断之间的消息传送。

- 队列可以保存有限个具有确定长度的数据单元，通常情况下队列被作为 FIFO（先入先出）使用，即数据由队列尾写入、从队列首读出。
- 队列是具有独立权限的内核对象，并不属于任何任务。
- 所有任务都可以向同一个队列发送消息或读取消息。
- 当队列在使用时，通过消息链表查询当前队列是否为空或满。

9.3.5 FreeRTOS 任务同步机制

在 FreeRTOS 中可以采用二值信号量（binary semaphores）和计数信号量（counting semaphorea）进行任务之间的同步。

二值信号量在 FreeRTOS 中常常可以在某个特殊的中断发生时，让某项任务解除阻塞，相当于让任务与中断同步。这使得大部分的中断事件处理可以放入其同步事件中，而在中断程序中只快速处理少部分工作。这常常被说成将中断处理的工作“推迟（deferred）”到一个“处理（handler）”任务。

如果某个中断处理请求特别紧急，我们可以将其处理（handler）任务的优先级设为最高，以保证推迟处理任务随时都可以抢占系统中的其他任务。这样可以使推迟处理任务成为其对应的 ISR 退出后第一个执行的任务，在时间上紧接着 ISR 执行，相当于所有的处理都在 ISR 中完成一样。

在中断发生的频率相对较慢的情况下，使用计数信号量是足够且有效的，但是如果在处理（handler）任务完成之前还有中断事件发生，那么后续的中断事件将会丢失，此时如果使用计数信号量代替二值信号量，这种丢失中断的情形将可以避免。可以将其看作有多个数据单元的队列，当中断发生后队列中的一个空间将会被使用，其有效数据单元个数就是信号量的“计数（count）值”。

9.3.6 FreeRTOS 移植到微控制器的方法

所谓移植，是指一个实时操作系统内核能够在对应的微处理器上运行。嵌入式操作系统的编写者无法一次性完成整个操作系统的所有代码，而必须把一部分与硬件平台相关的代码作为接口保留出来，让用户自行修改并将其移植到目标平台上。

FreeRTOS 的绝大多数代码用 C 语言编写，只有一小部分与具体编译器和 CPU 相关的代码需要开发人员利用汇编语言完成，因此移植较为方便。FreeRTOS 的移植主要集中在两个文件里，即 portmacro.h 和 port.c。

- portmacro.h 主要包含与编译器相关的数据类型的定义、堆栈类型的定义以及几个宏定义和函数说明。
- port.c 中包含与移植有关的 C 函数，包括堆栈的初始化函数、任务调度器启动函数、临界区的进入与退出、时钟中断服务程序等。

此外，FreeRTOS 只是一个操作系统内核，需外扩第三方的 GUI（图形用户界面）、TCP/IP 协议栈、FS（文件系统）等才能实现一个较复杂的系统。

9.3.7 Amazon FreeRTOS

目前，FreeRTOS 内核已经是 Amazon Web Services（AWS）亚马孙计算服务平台的开源项目，并更名为 Amazon FreeRTOS，它是一款适用于微控制器、面向物联网应用的操作系统，以 FreeRTOS kernel v10 为基础，并通过软件库对其进行扩展，从而使小型低功耗设备可以安全连接到 AWS IoT Core 等 AWS 云服务或运行 AWS Greengrass 的功能更强大的边缘设备。其主要解决微控制器运行的操作系统往往没有支持连接到本地网络或云的内置功能，它提供核心操作系统运行边缘设备，并提供软件库支持连接到云，从而可以为 IoT 应用程序收集数据并执行操作。目前已有 Microchip、NXP Semiconductors、STMicroelectronics、Taxas Instruments 等大型芯片厂商提供的微控制器提供支持。

9.4 本 章 小 结

本章介绍了目前常见的一些嵌入式操作系统 EOS，嵌入式操作系统一般都是实时操作系统。不同的嵌入式操作系统主要体现在规模、功能、任务/资源管理方式、可靠性、安全性等方面。操作系统会占用一定的硬件资源，应根据实际硬件资源和应用需求来合理选择嵌入式操作系统。使用嵌入式操作系统可以简化多任务应用软件的开发，并可利用更多的系统软件组件，如 GUI、文件系统、网络协议栈等。MCU 上运行的操作系统以 RTOS 为主，如 μC/OS、FreeRTOS、ThreadX 等。本章较为详细地介绍了开源免费的 FreeRTOS，读者可以在理解了 FreeRTOS 的任务调度管理机制、任务通信与同步机制之后，自行进行应用开发。同时还需要学习并掌握将嵌入式操作系统移植到各种处理器平台的方法，并根据实际需要裁剪、增加功能组件，以获得使用嵌入式操作系统的最高效能，同时提高应用开发和调试的速度。

9.5 习 题

1．嵌入式实时操作系统 RTOS 的主要特点是什么？

2．嵌入式系统常用软件设计方法有哪些？

3．裸机系统软件由哪些部分组成？它们之间的关系是什么？

4．常见的 RTOS 有哪些？这几种常用的嵌入式操作系统的特点是什么？常用在什么场合？

5．RTOS 任务之间的通信方式有哪几种？每一种方式的特点是什么？

6．RTOS 任务之间的同步方式有哪几种？每一种方式的特点是什么？

7．非实时系统与实时系统有什么本质的区别？什么情况下应该使用实时操作系统？

8．FreeRTOS 的内核包括哪些部分？调度策略是什么？

9．时间片定时器中断在 FreeRTOS 中的作用是什么？

10．FreeRTOS 的移植需要考虑哪些方面的问题？尝试将最新版本的 FreeRTOS 移植到实验开发板上。

11．请查阅资料，分析说明采用 RTOS 进行嵌入式软件设计开发的优势、劣势分别是什么。

第 10 章　嵌入式软件设计

设计开发一个嵌入式应用系统，除了硬件产品设计，大量的工作在于软件的设计、实现和测试方面，包括前面章节介绍的硬件驱动。嵌入式系统的软件一般有两种开发形式。一种是基于裸机的开发：软件开发没有任何操作系统的支持，大多用于不太复杂的应用系统；另一种是基于嵌入式操作系统的开发：应用于相对复杂的多任务嵌入式软件开发。

10.1　嵌入式系统软件组成

与 PC 软件的开发不同，开发嵌入式系统的软件通常需要考虑下列问题。

- 嵌入式操作系统。
- 操作系统与应用软件的集成。
- 软件的结构。
- 硬件支持、操作系统支持、程序的初始化和引导等。

嵌入式软件的开发必须使用相应的软件开发方式，并且根据软件的需求确定软件系统结构。

10.1.1　嵌入式系统软件架构

无操作系统的嵌入式应用软件采用单任务程序实现系统功能，此单任务程序通常由一段用汇编语言编写的启动代码 BootLoader、用高级语言（如 C、C++等）编写的驱动程序和系统应用程序组成。其结构如图 10.1 所示。

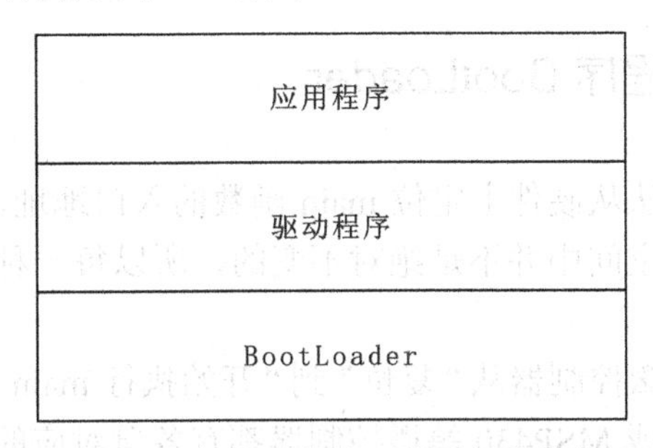

图 10.1　无操作系统嵌入式系统软件架构

BootLoader 是在操作系统内核运行之前执行的一段小程序。在嵌入式 Linux 和 Windows CE 等操作系统中，内核装载程序通常称为 BootLoader。它将操作系统内核从外部存储介质复制到内存中，并跳转到内核的首条指令。在嵌入式系统中，BootLoader 严重依赖于硬件，每种不同的CPU体系结构都有不同的BootLoader，几乎不可能建立一个通用的BootLoader。此外，BootLoader还依赖于具体的嵌入式板级设备的配置。

驱动程序，顾名思义，就是“驱使硬件动起来”的程序，它直接与硬件打交道，运行一系列可以让设备工作起来的程序，包括内存读/写、设备寄存器读/写、中断处理程序等。驱动程序给应用软件提供有效的、易接受的硬件接口，使得应用软件只需要调用这些接口就可以使硬件完成所有要求的工作。

在相对复杂的无操作系统的应用中，驱动程序按以下规则进行设计：每个硬件设备的驱动程序都会被单独定义为一个软件模块，它包含硬件功能实现的.c文件和函数声明的.h文件。在开发中需要用到某个设备时，只要包含它们相应的.h文件，然后调用此文件中定义的外部接口函数即可。由此可见，即便是在没有操作系统的情况下，硬件也可以实现一定程度的透明性。这样就在一定程度上使程序更加具有可继承性，复杂应用变得简单，并且开发难度也有所降低。

在包含操作系统时，硬件、设备驱动、操作系统和应用程序之间的层次关系如图10.2所示，应用程序通过操作系统API和操作系统交互。硬件操作也是通过操作系统来实现的，因为包含在操作系统中的设备驱动程序被分成了两个部分：面向硬件操作的设备驱动程序直接和内核打交道；面向操作系统设计的设备驱动程序接口独立于具体的设备。由此可见，设备驱动程序成了连接硬件和操作系统的桥梁，相对于无操作系统的应用程序开发，设备驱动程序不再给应用软件工程师直接提供接口，而对外呈现为操作系统的API。如果设备驱动都按照操作系统给出的独立于设备的接口而设计，应用程序将可使用统一的系统调用接口来访问设备。

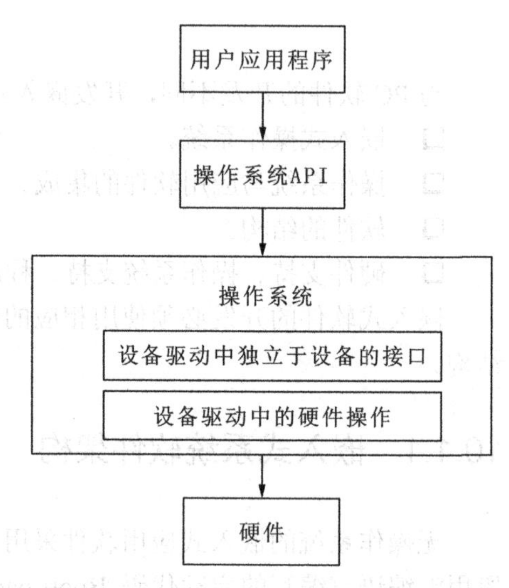

图10.2　带操作系统的嵌入式软件架构

10.1.2　初始化引导程序 BootLoader

微控制器上电后，无法从硬件上定位main函数的入口地址，因为main函数的入口地址在微控制器的内部存储空间中并不是绝对不变的，所以每一种微控制器（处理器）都必须有初始化引导程序。

初始化引导程序负责微控制器从“复位”到“开始执行main函数”中间这段启动过程。常见的51单片机、ARM或MSP430等微控制器都有各自对应的启动文件，开发环境往往自动且完整地提供了这个启动文件，不需要开发人员再行干预启动过程，开发人员只需从main函数开始设计应用程序即可，这样能大大减小开发人员从其他微控制器平台迁移至另一平台的难度。

相对于ARM上一代主流ARM7/ARM9内核架构，新一代Cortex内核架构的启动方式有了比较大的变化。STM32 内核的启动代码有以下 3 种执行模式。

- 通过 boot 引脚设置可以将中断向量表定位于 SRAM 区，即起始地址为 0x20000000，同时复位后 PC 指针位于 0x20000000 处。
- 通过 boot 引脚设置可以将中断向量表定位于 FLASH 区，即起始地址为 0x8000000，同时复位后 PC 指针位于 0x80000000 处。
- 通过 boot 引脚设置可以将中断向量表定位于内置 BootLoader 区。

Cortex-M4 内核规定，起始地址必须存放堆顶指针，而第二个地址则必须存放复位中断入口向量地址，这样在 Cortex-M4 内核复位后，会自动从起始地址的下一个 32 位空间取出复位中断入口向量，跳转执行复位中断服务程序。

10.1.3　板级支持包 BSP

板级支持包 BSP（board support packet，BSP）与具体的硬件平台密切相关，简单地说，就是由初始化和驱动程序两部分组成。

1．BSP 概念

BSP 是嵌入式系统的基础部分，也是实现系统可移植性的关键。它负责上电时的硬件初始化、启动 RTOS 或应用程序模块、提供底层硬件驱动，为上层软件提供访问底层硬件的支持。BSP 针对具体的目标板设计，其结构和功能随目标板的不同而呈现较大的差异。在将嵌入式系统移植到一种新的 CPU 时，必须提供相应的 BSP。BSP 在嵌入式系统中所处的位置如图 10.3 所示。

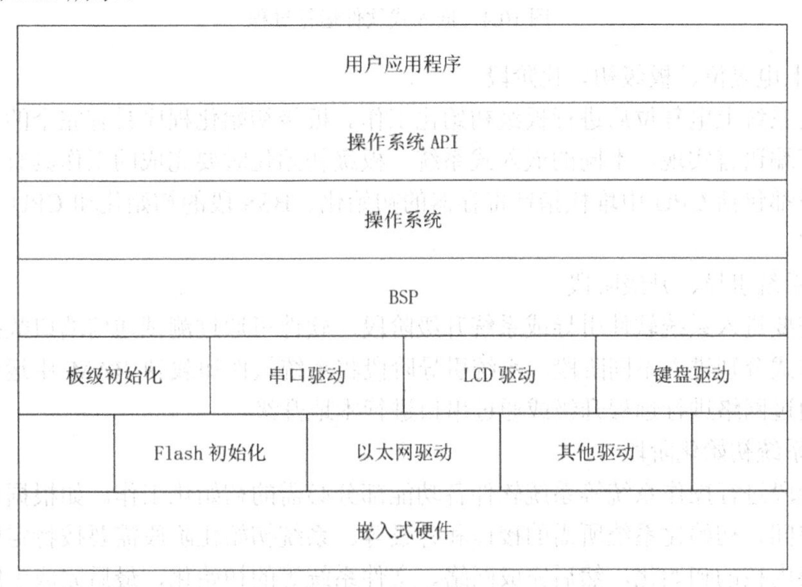

图 10.3　嵌入式系统结构中的 BSP

2．BSP 在嵌入式软件运行过程中的重要性

与传统 PC 主机上的软件运行不同，嵌入式软件的运行从上电复位就开始启动，首先进行板级初始化，然后再执行系统引导及应用程序初始化等过程。图 10.4 给出了基于 RTOS 的嵌入式软件的主要运行流程，可分为 5 个阶段。

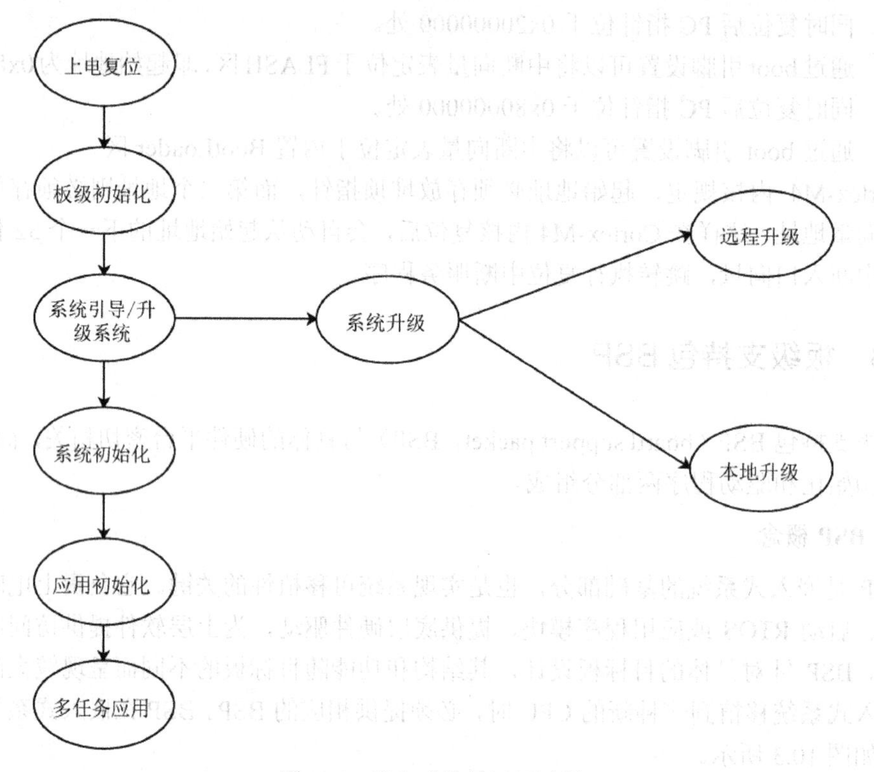

图 10.4　嵌入式软件运行过程

（1）上电复位、板级初始化阶段

嵌入式系统上电复位后进行板级初始化工作。板级初始化程序具有完全的硬件特性，一般采用汇编语言实现。不同的嵌入式系统，板级初始化时要完成的工作具有一定的特殊性，但一般都包括 CPU 中堆栈指针寄存器的初始化、BSS 段的初始化和 CPU 芯片级的初始化等工作。

（2）系统引导、升级阶段

根据需要进入系统软件引导或系统升级阶段。软件可通过测试通信端口数据或判断特定开关的方式分别进入不同阶段。系统引导阶段将系统软件加载到 RAM 中运行。系统升级阶段可通过网络进行远程升级或通过串口进行本地升级。

（3）系统初始化阶段

在该阶段进行操作系统等系统软件各功能部分必需的初始化工作。如根据系统配置初始化数据空间、初始化系统所需的接口和外设等。系统初始化阶段需要按特定顺序进行，如首先完成内核的初始化，然后完成网络、文件系统等的初始化，最后完成中间件等的初始化工作。

（4）应用初始化阶段

在该阶段进行应用任务的创建，信号量、消息队列的创建和与应用相关的其他初始化工作。

（5）多任务应用阶段

各种初始化工作完成后，系统进入多任务状态，操作系统按照已确定的算法进行任务的调度，各应用任务分别完成特定的功能。

嵌入式系统加电后，首先执行的就是 BSP 中的初始化代码，这充分显示了 BSP 在整个嵌入式软件系统中的重要性。如果没有正确的 BSP 软件，后续阶段就无法执行，嵌入式系统也就无法正常启动和运行。

3．BSP 和 BIOS 区别

PC 主机中的引导加载程序由 BIOS（basic input output system，BIOS）和位于硬盘 MBR 中的 BootLoader 程序组成。BIOS 在完成硬件检测和资源分配后，将硬盘 MBR 中的 BootLoader 读到系统的 RAM 中，然后将控制权交给 OS 的 BootLoader 程序。BootLoader 的主要任务是将操作系统内核映像从硬盘读入 RAM 中，然后跳转到内核入口点，从而开始操作系统的运行。由此可见，PC 主板上的 BIOS 开始部分所做工作和 BSP 类似，主要是负责电脑开启时检测、初始化系统设备、装入操作系统等工作。但是 BIOS 不包含设备驱动程序，而 BSP 却包含；BIOS 的代码是在芯片生产过程中固化的，一般来说开发者无法修改，但程序员却可以修改 BSP，即可以在 BSP 中根据需要任意添加一些和应用相关但与系统无关的硬件设备驱动程序，还可以根据需要修改初始化代码。

10.1.4　设备驱动程序

设备驱动程序是一种可以使应用软件和硬件外设进行交互的特殊程序，它把具体外设的硬件功能抽象成软件命令接口，应用程序只需调用这个接口，便可控制硬件设备的工作。

用户程序获取数据时会调用驱动程序函数，因为驱动程序了解如何与设备硬件通信以获取数据。当驱动程序从设备获取数据后，它会将数据返回到用户程序中。

例如，应用程序要在 LCD 屏上显示一个字符串，用户只需调用函数 lcd_printf()，设备驱动程序即可自动调用相关的库函数，并进行相应配置，把文本输出至 LCD 显示屏上。

对于裸机系统和带操作系统的实时嵌入式系统而言，驱动程序的调用接口是相同的。使用驱动程序可使嵌入式系统的开发模块化，大大增强可移植性。

10.1.5　库函数

库函数实现了对底层寄存器操作的封装，它由一系列完成系统 I/O、数据处理操作的 API 组成。MCU 生产厂商在推出微控制器时，也同时提供了一套完整细致的库函数开发包，里面包含了在 MCU 开发过程中所涉及的所有底层操作。

通过在程序开发中引入这样的库函数开发包，可以使开发人员从复杂冗余的底层寄存器操作中解放出来，将精力集中到应用程序的开发上。因此，和直接操作寄存器的方法相比，使用库函数进行 MCU 产品开发是更好的选择。

随着嵌入式系统的功能越来越复杂，学习使用库函数进行嵌入式软件开发是非常重要的，也符合未来的发展趋势。

10.2.　无 OS 的嵌入式软件设计方法

嵌入式软件与硬件根据不同的需求，需要采用不同的设计方法。好的设计方法可以使嵌入式软件开发结构化、提高软件开发效率，并且能够节省相应的硬件资源。下面将对 4 种常用的无 OS（裸机）嵌入式设计方法进行介绍。

10.2.1　前后台系统

对直接基于 MCU 芯片的开发来说，应用程序一般是一个无限的循环，可称为前后台系统或超循环系统，如图 10.5 所示。很多基于微控制器的产品采用前后台系统设计，如微波炉、电话机、玩具等。

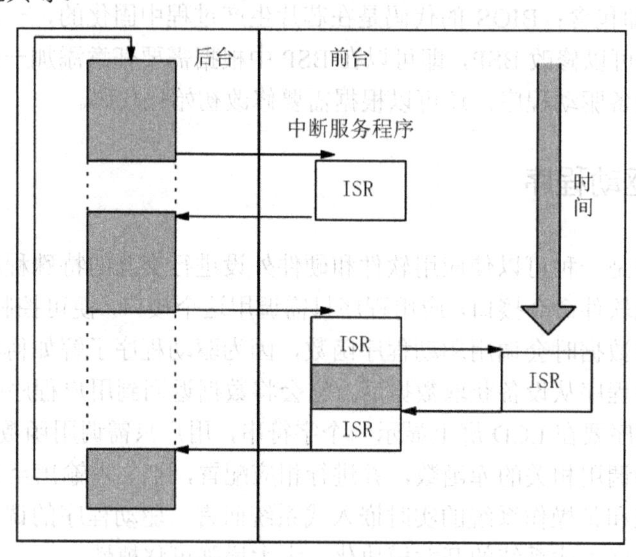

图 10.5　前后台示意图

循环中调用相应的函数完成相应的操作，这部分可以看成后台行为，后台也可以称作任务级。这种系统在任务处理的及时性上较差。

中断服务程序处理异步事件，这部分可以看成前台行为，前台也称作中断级。时间相关性很强的关键操作一定是靠中断服务程序来保证的。

10.2.2　中断（事件）驱动系统

嵌入式系统的中断是一种硬件机制，用于通知 CPU 发生了异步事件。中断一旦被识别，

CPU 保存部分（或全部）上下文即部分（或全部）寄存器的值，然后 CPU 跳转到专门的子程序去执行，该子程序被称为中断服务子程序（ISR）。中断服务子程序做事件处理，处理完成后，主程序将按如下情况执行。

- 在前后台系统中，程序回到后台程序。
- 对非占先式内核而言，程序回到被中断了的任务。
- 对占先式内核而言，让进入就绪态的优先级最高的任务开始运行。

在一些基于微控制器的应用中，从省电的角度出发，平时微处理器处在停机状态，所有任务都靠中断服务来完成。大多数嵌入式微控制器/微处理器具有低功耗方式，低功耗方式可以得知中断的发生与退出。当出现事件时，处理器进入中断处理，一旦处理事件完成，立即进入低功耗状态，且没有循环执行的主程序。

主程序在该系统中只完成系统的初始化操作。

```
main() /*完成硬件和数据结构的初始化*/
{
    /*to do:系统的初始化*/
    while(1)
    {
        enter_low_power();
    }
}
```

中断服务程序：外部事件发生时进入中断程序，并执行相关的处理，处理完成后回到低功耗状态。

```
Isr_1() /*其中的一个中断服务程序*/
{
    /* to do:处理中断事件*/
}
```

10.2.3　巡回服务系统

当嵌入式微处理器/微控制器的中断源不多时，或系统对实时性要求不是很高时，可以采用软件的方法实现由主循环完成对多个外部事件的处理，即把软件设计成巡回服务系统。虽然处理器支持较多的中断，但在满足任务处理实时性要求的情况下，一般也要尽量少用中断。因为太多、复杂的中断嵌套处理会导致系统调试和测试困难，并增加软件执行的不可预测性。

巡回服务系统要处理多个任务时，要使用状态机设计方法。就是把每个任务中可依次顺序执行的步骤划分为不同的状态，并搞清楚状态迁移条件，使用 switch-case 结构来实现步骤处理和状态迁移。

例如，假设 MCU 的 GPIOA 和 GPIOB 分别接入两路异步脉冲信号，如图 10.6 所示。

如果分别计数这两个端口上输入脉冲的个数，不用中断处理方式，可以用下面的伪代码来实现。

```
main()
    {
       /* to do:系统初始化*/
       state_A=0;
       state_B=0;
       counter_A=0;
       counter_B=0;
    while(1)
    {
       switch(state_A){
         case 0: if(input_A==0)break;        //初始状态，上升沿还未到来
                    counter_A++;             //上升沿到来，计数
                    state_A++;               //标记上升沿到来后的状态
                    break;
         case 1: if(input_A==1)break;        //上升沿还未撤去
                    state_A=0;               //下降沿到来，将状态切回初始状态
                    break;
         }
       switch(state_B){//与 A 类似
         case 0: if(input_B==0)break;
                    counter_B++;
                    state_B++;
                    break;
         case 1: if(input_B==1)break;
                    state_B=0;
                    break;
         }
    }
}
```

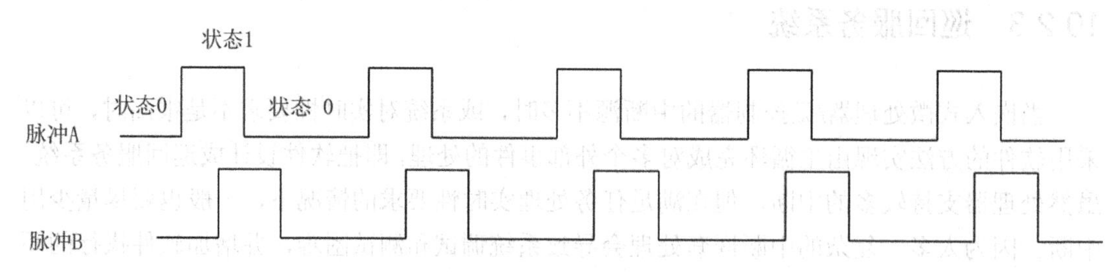

图 10.6　两路异步脉冲计数

注意：使用一个状态机（switch 结构）处理一个任务，其中每一个 case 代表任务处理序列中的一个状态，在任何一个状态处理中，只用 if 判断是否满足状态处理或状态迁移的条件，保证 CPU 不会在任何一个状态中发生长时间等待。

10.2.4　基于定时器的巡回服务系统

巡回服务系统中的处理器总是处于全速运行的状态，能耗较高。若系统的外部事件发生不是很频繁，可以降低处理器服务事件的频率，这样既不会影响响应速度，又节省了能耗，即采用一种基于定时器驱动的巡回服务方法。

```
main()
    {
        /*to do:系统初始化*/
        ...
        /*to do:设置定时器*/
        while(1)
        {
            enter_low_power();          /*进入低功耗模式*/
        }
    }
Isr_timer()                             /*定时器的中断服务程序*/
    {
        action_1();                     /*执行事件 1 的处理*/
        action_2();                     /*执行事件 2 的处理*/
        ...
        action_n();                     /*执行事件 n 的处理*/
    }
```

注意：在每次定时器溢出中断发生的期间，必须完成一遍事件的巡回处理。如果遗漏了对某个事件的处理，对于某些实时性要求较高的外部事件，在下一次定时器溢出中断来临之前，该事件可能已经失效。

10.3　基于 RTOS 的嵌入式软件设计方法

本节通过 4 个简单的 FreeRTOS 示例程序的演示，向读者展示基于 RTOS 系统编写程序的基本方法和流程，以及相关的库函数调用方法。

10.3.1　FreeRTOS 的任务创建及删除示例

本例主要介绍 FreeRTOS 中的任务创建和任务删除等库函数的使用，程序中有两个任务（Task1 和 Task2），在 main 函数中创建任务一（Task1）并启动内核的任务调度器。任务一的工作是创建任务二（Task2），而任务二的主要工作就是删除自身。请仔细观察示例实验结果，了解 FreeRTOS 中的任务创建及删除库函数使用细节。

1．程序流程图

本示例的程序流程图如图 10.7 所示。

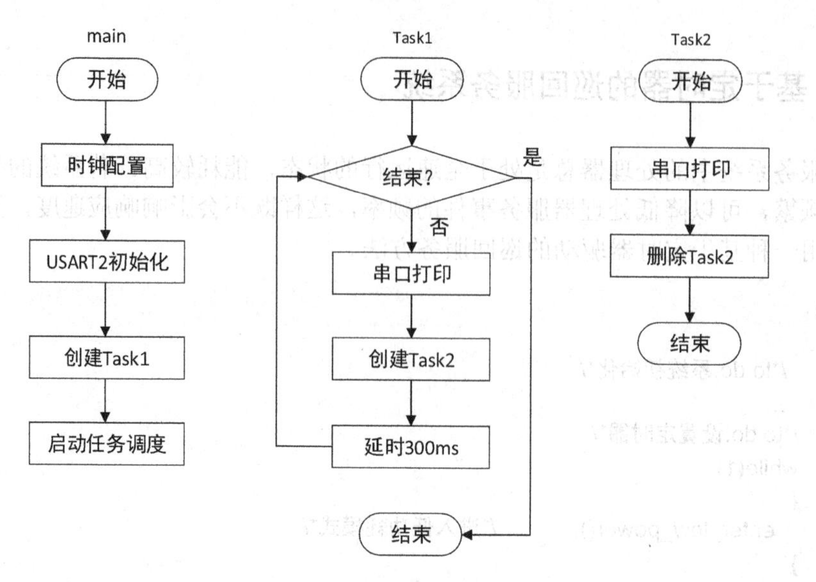

图 10.7　FreeRTOS 的任务创建与删除示例流程图

2．库函数说明

（1）BaseType_t xTaskCreate(TaskFunction_t pxTaskCode, const char * const pcName, const uint16_t usStackDepth, void * const pvParameters, UBaseType_t uxPriority, TaskHandle_t * const pxCreatedTask)

功能描述：创建任务的一个实例，每个任务实例需要 RAM 资源来存储任务状态（任务控制块），内存区域将从 FreeRTOS 的堆中自动分配。刚创建的任务被初始化为就绪状态，并在没有更高优先级的任务时转化为运行态，任务可创建在调度器开始之前或之后。

参数描述如下。

- pvTaskCode，任务只是永不退出的 C 函数，实现通常是一个死循环，参数 pvTaskCode 是一个指向任务的实现函数的指针（效果上仅仅是函数名）。
- pcName，具有描述性的任务名。这个参数不会被 FreeRTOS 使用，其单纯地用于辅助调试。识别一个具有可读性的名字总比通过句柄来识别容易得多。
- usStackDepth，创建任务时，内核为其分配栈空间的容量。该参数的单位为字（4 字节），例如，此处填入 20，则实际分配的堆栈空间为 80 字节。这里需要注意的是，栈深度乘以栈宽度的结果千万不能超过一个 size_t 类型变量所能表达的最大值。建议堆栈空间的大小根据实际需求的预测并结合运行测试的结果来设置。
- pvParameters，任务函数接收一个指向 void 的指针（void*），其值即将要传递到任务中的值。
- uxPriority，任务执行的优先级。优先级的取值范围为从最低优先级 0 到最高优先级（configMAX_PRIORITIES – 1）。
- pxCreatedTask，用于传出任务的句柄。这个句柄将在 API 调用中对该创建出来的任务进行引用，比如，改变任务优先级或者删除任务。如果应用程序中不会用到这个任务的句柄，则 pxCreatedTask 可以被设为 NULL。

返回值：pdTRUE，表明任务创建成功；ErrCOULD_NOT_ALLOCATE_REQUIRED_MEMORY，由于内存堆空间不足，FreeRTOS 无法分配足够的空间来保存任务结构数据和任务栈，因此无法创建任务。

（2）void vTaskDelete(TaskHandle_t xTaskToDelete)

功能描述：删除一任务的一个实例，该实例是由 xTaskCreate()或 xTaskCreateStatic()创建。执行完任务删除函数后，被删除的任务无法再回到运行状态，且其内存空间由空闲任务在其运行状态下释放。

参数描述：xTaskToDelete，指向将要被删除任务的句柄。如果该参数为 NULL，该函数调用将会删除它自身。

返回值：无。

（3）void vTaskStartScheduler(void)

功能描述：启动任务调度器，开始执行任务。开启任务调度器后将会使高优先级的任务进入运行状态。

参数描述：无。

返回值：无。

注意：当调度器开始时，空闲任务才会被自动创建，只有当没有足够的 FreeRTOS 堆内存空间可供空闲任务使用时才会有返回值。

（4）void vTaskDelay(const TickType_t xTicksToDelay)

功能描述：使任务进入阻塞态，并保持固定数量的节拍中断（tick interrupt）。调用的任务需要保持节拍中断的数量，之后才会返回就绪状态。比如，当节拍计数是 10000 时，任务调用 vTaskDelay(100)，它会立即进入阻塞状态并保持阻塞状态，直到节拍计数到达 10100。

参数描述：xTicksToDelay，保持的节拍中断数量。

返回值：无。

3．示例代码

- 程序一展现了主程序 main()，在主程序中使用 xTaskCreate()函数创建任务一，任务一的优先级为 1，并使用 xTaskStartScheduler()函数开启任务调度器。
- 程序二展现的是任务一，任务一运行时，首先执行打印，再使用 xTaskCreate()函数以优先级 2 创建任务二，现在任务二具有最高优先级，所以会立即得到执行。
- 程序三展现的是任务二，任务二执行完打印后，通过传递 NULL 值并使用 vTaskDelete()来删除自己。
- 当任务二被自己删除之后，任务一成为最高优先级的任务，所以继续执行，调用 vTaskDelay()阻塞一小段时间。当任务一进入阻塞状态后，空闲任务得到执行的机会，空闲任务会释放内核为已删除的任务二分配的内存。任务一离开阻塞态后，再一次成为就绪态中具有最高优先级的任务，因此会抢占空闲任务。然后再一次创建任务二，如此往复。

（1）程序一

```
/*FreeRTOS.org includes*/
#include "FreeRTOS.h"
#include "task.h"

/*两个任务函数*/
void vTask1(void *pvParameters);
void vTask2(void *pvParameters);
/*用于存放任务 2 的句柄*/
TaskHandle_t xTask2Handle;

int main(void)
{
    HAL_Init();
    SystemClock_Config();
    MX_USART2_UART_Init();
    /*创建优先级为 1 的 Task1*/
    xTaskCreate( vTask1, "Task1", 64, NULL, 1, NULL );

    /*开启调度器并开始任务执行*/
    vTaskStartScheduler();
    /*如果一切正常，main()函数不会执行到这里，但如果执行到这里，很可能是内存堆空
    间不足导致任务无法创建。
    */
    for( ;; );
    return 0;
}
```

（2）程序二

```
void vTask1(void *pvParameters)
{
    const TickType_t xDelay100ms = pdMS_TO_TICKS(100UL);
    /*和大多数任务一样，该任务处于一个死循环中*/
    for(;;)
    {
        /*打印*/
        printf("Task1 is running\r\n");

        /*创建 Task2，优先级为 2，高于 Task1 优先级*/
        xTaskCreate( vTask2, "Task2", 64, NULL, 2, &xTask2Handle);
        /*因为 Task2 比 Task1 优先级高，所以 Task1 运行到这里时，Task2 已经完成任务，删
        除了自己。Task1 得以执行，并延迟 100ms*/
        vTaskDelay(xDelay100ms);
    }
}
```

（3）程序三

```
void vTask2(void *pvParameters)
{
```

```
    /*任务二什么也没做，只是删除自己。删除自己可以传入 NULL 值，这里为了演示，还是传
      入自己的句柄*/
    printf("Task2 is running and about to delete itself\r\n");
    vTaskDelete(xTask2Handle);
}
```

4. 运行结果

由图 10.8 运行结果可知，开启调度器后任务一和任务二交替执行并打印相关结果。

```
[17:01:38.957]收←◆Task1 is running
Task2 is running and about to delete itself

[17:01:39.272]收←◆Task1 is running
Task2 is running and about to delete itself

[17:01:39.585]收←◆Task1 is running
Task2 is running and about to delete itself

[17:01:39.898]收←◆Task1 is running
Task2 is running and about to delete itself

[17:01:40.226]收←◆Task1 is running
Task2 is running and about to delete itself

[17:01:40.538]收←◆Task1 is running
Task2 is running and about to delete itself
```

图 10.8　运行结果

5. 执行流程

执行流程如图 10.9 所示。

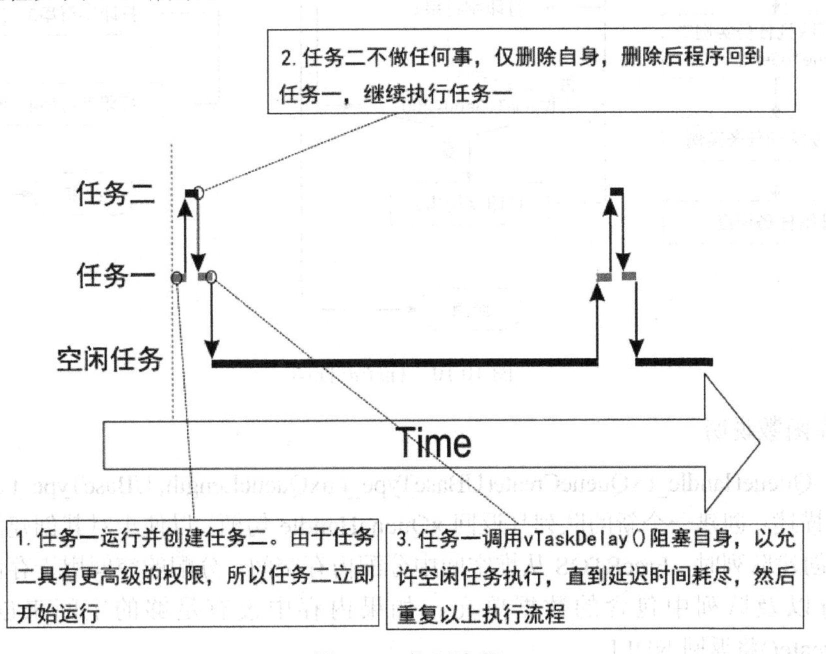

图 10.9　执行流程

10.3.2　FreeRTOS 的任务通信示例

此例主要使用 FreeRTOS 中实现任务通信的库函数，示例首先创建一个可由多个任务读写的队列，然后创建两个向队列写数据的任务以及一个从队列读数据的任务。通过设置写数据任务与读数据任务的优先级，会出现非常有趣的现象，读者可以仔细阅读程序代码并观察示例结果，熟悉在 FreeRTOS 中通过队列实现任务通信的编程方法。

1．程序流程图

图 10.10 所示是本例的程序流程图。

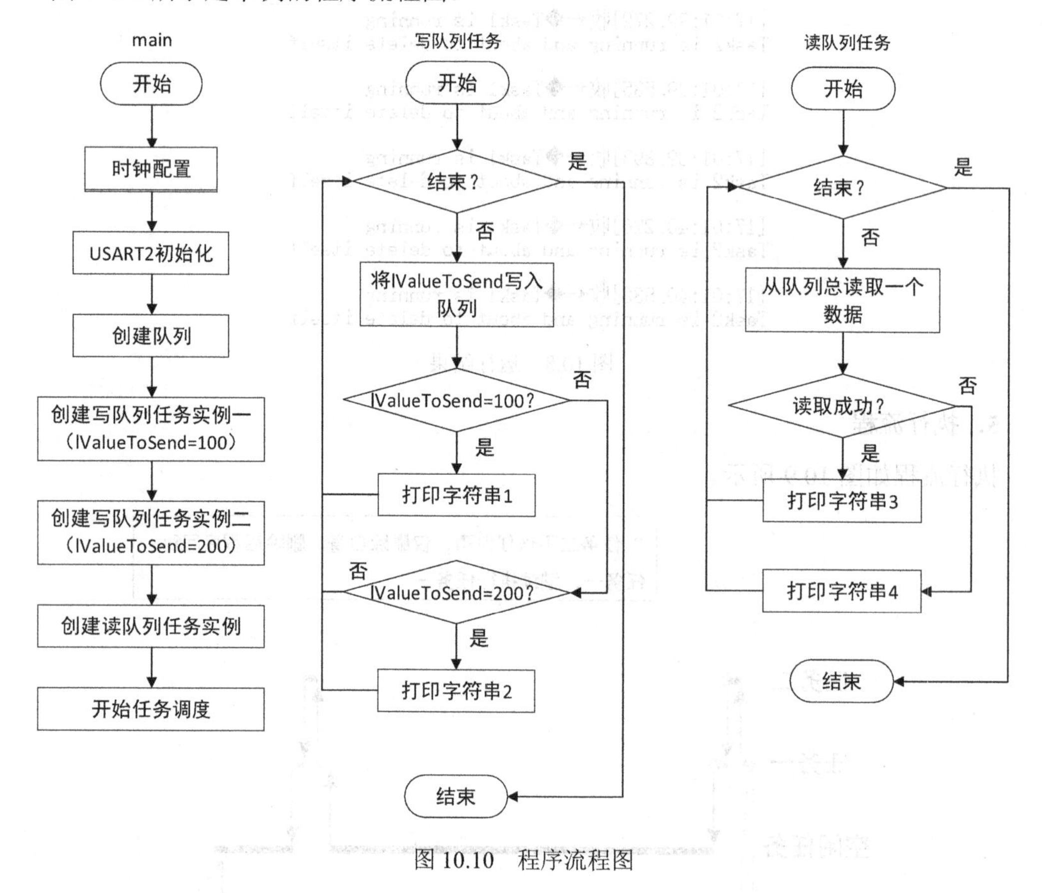

图 10.10　程序流程图

2．库函数说明

（1）QueueHandle_t xQueueCreate(UBaseType_t uxQueueLength, UBaseType_t uxItemSize)

功能描述：创建一个新的队列且返回 xQueueHandle 句柄，以便于对其创建的队列进行引用。当创建队列时，FreeRTOS 从堆空间中分配内存空间，分配的空间用于存储队列数据结构本身以及队列中包含的数据单元。如果内存中没有足够的空间来创建队列，xQueueCreate()将返回 NULL。

参数描述：uxQueueLength，队列能够存储的最大单元数目，即队列深度；uxItemSize，队列中存储的数据单元长度，以字节为单位。

返回值：NULL，FreeRTOS 中没有足够的堆空间分配给队列；非 NULL 值，表示队列创建成功，返回值应当保存下来，以作为操作此队列的句柄。

注意：队列常用于在任务之间和任务与中断之间传输数据。

（2）BaseType_t xQueueSendToBack(QueueHandle_t xQueue, const void * pvItemToQueue, TickType_t xTicksToWait)

功能描述：往一个队列的后部发送（写入）一个数据对象。

参数描述如下。

- xQueue，需要发送（写入）数据对象的句柄。这个队列句柄常用于 xQueueCreate()创建。
- pvItemToQueue，指向要放置在队列上的项的指针。
- xTicksToWait，阻塞超时时间。如果这个队列已经满了，这个时间即是任务处于阻塞态等待队列空间有效的最长等待时间。这个时间特指节拍周期，这里可以用 pdMS_TO_TICKS()宏函数将一个以毫秒为单位的时间转化为节拍周期。

返回值如下。

- pdPASS，说明数据已经成功发送到队列中。如果设定了阻塞超时时间（xTicksToWait 非 0），在函数返回之前任务将被转移到阻塞态以等待队列空间有效——在超时到来前能够将数据成功写入队列，函数则会返回 pdPASS。
- errQUEUE_FULL，如果由于队列已满而无法将数据写入，则函数将返回 errQUEUE_FULL。如果设定了阻塞超时时间（xTicksToWait 非 0），在函数返回之前任务将被转移到阻塞态以等待队列空间有效。但直到超时也没有其他任务或是中断服务程序读取队列而腾出空间，函数则会返回 errQUEUE_FULL。

（3）BaseType_t xQueueReceive(QueueHandle_t xQueue, void *pvBuffer, TickType_t xTicksToWait);

功能描述：从队列中接收（读取）一个数据单元。

参数描述如下。

- xQueue，被读队列的句柄。这个句柄是调用 xQueueCreate()创建该队列时的返回值。
- pvBuffer，接收缓存指针。其指向一段内存区域，用于接收从队列中复制来的数据。数据单元的长度在创建队列时就已经被设定，所以，该指针指向的内存区域大小应当足够保存一个数据单元。
- xTicksToWait，阻塞超时时间。如果在接收时队列为空，则这个时间是任务处于阻塞状态以等待队列数据有效的最长等待时间。如果 xTicksToWait 设为 0，并且队列为空，则 xQueueRecieve()会立即返回。这里的阻塞时间与 xQueueCreate()一样是以节拍周期为单位，可以用 pdMS_TO_TICKS()宏函数来转换。

返回值如下。

- pdPASS，说明数据单元成功地从队列中读取到。如果设定了阻塞超时时间（xTicksToWait 非 0），在函数返回之前任务将被转移到阻塞态以等待队列数据有效——在超时到来前能够从队列中成功读取数据，函数则会返回 pdPASS。

- errQUEUE_EMPTY，如果因为队列已空，无法从队列读出数据，则函数将返回 errQUEUE_EMPTY。如果设定了阻塞超时时间（xTicksToWait 非 0），在调用的任务将被转移到阻塞态以等待队列有数据。但直到超时也没有其他任务或是中断服务例程发送数据到队列，函数则会返回 errQUEUE_EMPTY。

（4）UBaseType_t uxQueueMessagesWaiting(const QueueHandle_t xQueue)

功能描述：查询队列里已有的数据单元的数量。

参数描述：xQueue，被查询队列的句柄。这个句柄是调用 xQueueCreate()创建该队列时的返回值。

返回值：调用该函数时，返回 xQueue 队列的数据单元的数量，返回 0 表明队列为空。

3．示例代码

本例示范创建一个队列，由多个任务往队列中写数据，以及从队列中把数据读出。这个队列创建出来保存 int32_t 类型数据单元。往队列中写数据的任务没有设定阻塞超时时间，而读队列的任务设定了超时时间。往队列中写数据的任务的优先级低于读队列任务的优先级，这意味着队列中永远不会保持超过一个的数据单元。因为一旦有数据被写入队列，读队列任务立即解除阻塞，抢占写队列任务，并从队列中接收数据，同时数据从队列中删除队列即再一次变为空队列。

- 程序一展现了写队列任务的代码实现。该任务创建了两个实例，一个不停地往队列中写数值 100，而另一个实例不停地往队列中写入数值 200。任务的入口参数则用来为每个实例传递各自的写入值。
- 程序二展现了读队列任务的代码实现。读队列任务设定了 100ms 的阻塞超时时间，所以该任务会进入阻塞态以等待队列数据有效。一旦队列中数据单元有效，或者即使队列数据无效但等待时间未超过 100ms，此任务将会解除阻塞。在本例中永远不会出现 100ms 超时，因为有两个任务在不停地往队列中写数据。
- 程序三包含了 main()函数的实现。其在启动调度器之前创建了一个队列和 3 个任务。尽管对任务的优先级的设计使得队列实际上在任何时候都不可能多于一个数据单元，本例代码还是创建了一个最多可以保存 5 个 int32_t 型值的队列。

（1）程序一

```
static void vSenderTask(void *pvParameters)
{
    int32_t lValueToSend;
    BaseType_t xStatus;

    /*该任务会创建两个实例，所以写入队列的值通过任务入口参数传递——这种方式使得每个实
    例使用不同的值。队列创建时指定其数据单元为 int32_t 型，所以把入口参数强制转换为数据
    单元要求的类型*/
    lValueToSend = (int32_t) pvParameters;

    /*和大多数任务一样，本任务也处于一个死循环中*/
```

```
    for(;;)
    {
        /*往队列发送数据
        第一个参数是要写入的队列。队列在调度器启动之前就被创建了，所以先于此任务执行。
        第二个参数是被发送数据的地址，本例中即变量 lValueToSend 的地址。
        第三个参数是阻塞超时时间——当队列满时，任务转入阻塞状态以等待队列空间有效。本
        例中没有设定超时时间，因为此队列决不会保持超过一个的数据单元，所以也决不会满
        */
        xStatus = xQueueSendToBack(xQueue, &lValueToSend, 0);
        if(xStatus != pdPASS)
        {
        /*发送操作由于队列满而无法完成——本例中的队列不可能满，所以不会执行到这里*/
            printf("Could not send to the queue.\r\n");
        }
    }
}
```

（2）程序二

```
static void vReceiverTask(void *pvParameters)
{
    /*声明用于保存从队列中接收到数据的变量*/
    int32_t lReceivedValue;
    BaseType_t xStatus;
    const TickType_t xTicksToWait = pdMS_TO_TICKS(100UL);

    /*本任务依然处于死循环中*/
    for( ;; )
    {
        /*此调用会发现队列一直为空，因为本任务将立即删除刚写入队列的数据单元*/
        if(uxQueueMessagesWaiting(xQueue) != 0)
        {
            printf("Queue should have been empty!\r\n");
        }

        /*从队列中接收数据
        第一个参数是被读取的队列。队列在调度器启动之前就被创建了，所以先于此任务执行。
        第二个参数是保存接收到的数据的缓冲区地址，本例中即变量 lReceivedValue 的地址。
        此变量类型与队列数据单元类型相同，所以有足够的空间来存储接收到的数据。
        第三个参数是阻塞超时时间——当队列空时，任务转入阻塞状态以等待队列数据有效。本
        例中使用 pdMS_TO_TICKS 宏函数来将 100ms 绝对时间转换为以节拍周期为单位的时
        间值*/
        xStatus = xQueueReceive(xQueue, &lReceivedValue, xTicksToWait);

        if(xStatus == pdPASS)
        {
            /*成功地从队列中读出数据，并打印出接收的值*/
            printf("Received = ", lReceivedValue);
        }
```

```
        else
        {
            /*等待 100ms 也没有接收到任何数据的情况不可能发生，因为发送任务在不停地往队
            列中写入数据*/
            printf("Could not receive from the queue.\r\n");
        }
    }
}
```

（3）程序三

```
/*FreeRTOS.org includes.*/
#include "FreeRTOS.h"
#include "task.h"
#include "queue.h"

/*创建两个任务*/
static void vSenderTask(void *pvParameters);
static void vReceiverTask(void *pvParameters);

/*声明一个类型为 xQueueHandle 的变量，其用于保存队列句柄，以便 3 个任务都可以引用此队列*/
QueueHandle_t xQueue;
int main(void)
{
    HAL_Init();
    SystemClock_Config();
    MX_USART2_UART_Init();

/*创建的队列用于保存最多 5 个值，每个数据单元都有足够的空间来存储一个 int32_t 型变量*/
    xQueue = xQueueCreate(5, sizeof(int32_t));
    if(xQueue != NULL)
    {
        /*创建两个写队列任务实例，任务入口参数用于传递发送到队列的值。所以一个实例不停
        地往队列发送 100，而另一个任务实例不停地往队列发送 200。两个任务的优先级都设为 1*/
        xTaskCreate(vSenderTask, "Sender1", 128, (void *) 100, 1, NULL);
        xTaskCreate(vSenderTask, "Sender2", 128, (void *) 200, 1, NULL);

        /*创建一个读队列任务实例。其优先级设为 2，高于写任务优先级*/
        xTaskCreate(vReceiverTask, "Receiver", 128, NULL, 2, NULL);

        /*启动调度器，任务开始执行*/
        vTaskStartScheduler();
    }
    else
    {
    /*队列创建失败*/
    }
    /*如果一切正常，main()函数不会执行到这里。但如果执行到这里，很可能是内存堆空间
    不足导致空闲任务无法创建*/
```

```
    for(;;);
    return 0;
}
```

4．运行结果

由图 10.11 运行结果可知，接收任务实例交替接收到两个发送任务实例发送过来的数据 100 和 200，两个发送任务实例交替执行并发送数据 100 和 200 进入队列。

```
Received = 100
Received = 200
Received = 100
Received = 200
Received = 100
Received = 200
Received = 100
Received = 200
Received = 100
Received = 200
Received = 100
Received = 200
Received = 100
Received = 200
Received = 100
Received = 200
```

图 10.11　运行结果

5．执行流程

执行流程如图 10.12 所示。

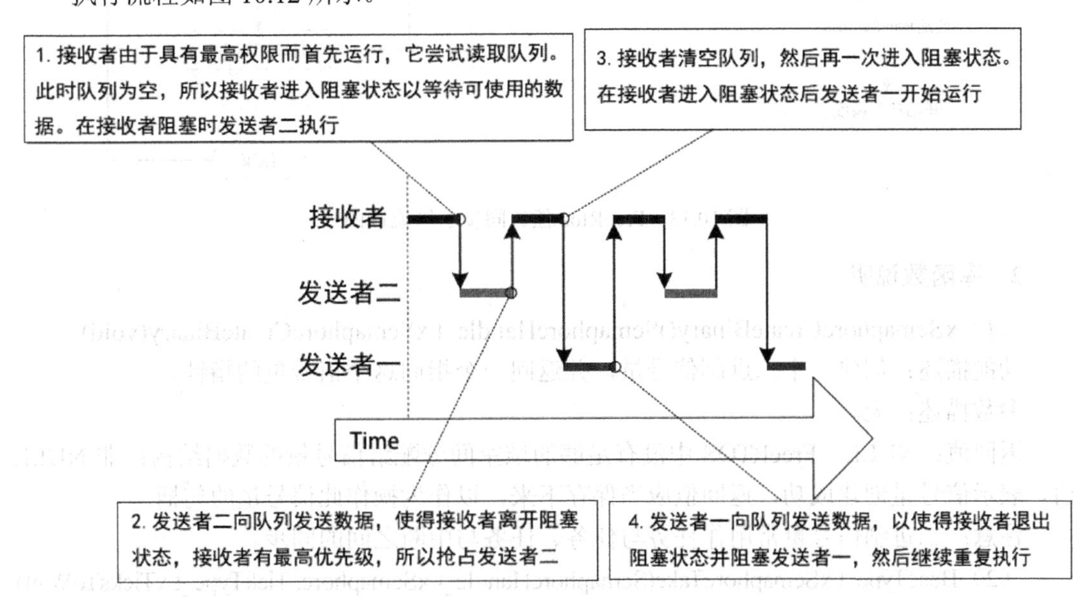

图 10.12　执行流程

10.3.3　FreeRTOS 的任务同步（二进制信号量）示例

在此例中介绍 FreeRTOS 中任务同步所使用的库函数。示例中采用二进制信号量进行同步，在某个特殊中断发生时，二进制信号量被释放，成为有效状态，某一特定任务可以获取该信号量，使任务按照设定的逻辑开始执行，完成任务与中断的同步工作。在中断的同步任务中完成中断事件处理量较大的工作，而在中断服务程序中只处理少部分工作。

本例将在 STM32 硬件平台上利用二进制信号量实现按键中断与 LED 状态翻转任务的同步，通过本示例可以学习 FreeRTOS 如何使用二进制信号量实现任务与中断同步。

1．程序流程图

图 10.13 是本例的程序流程图。

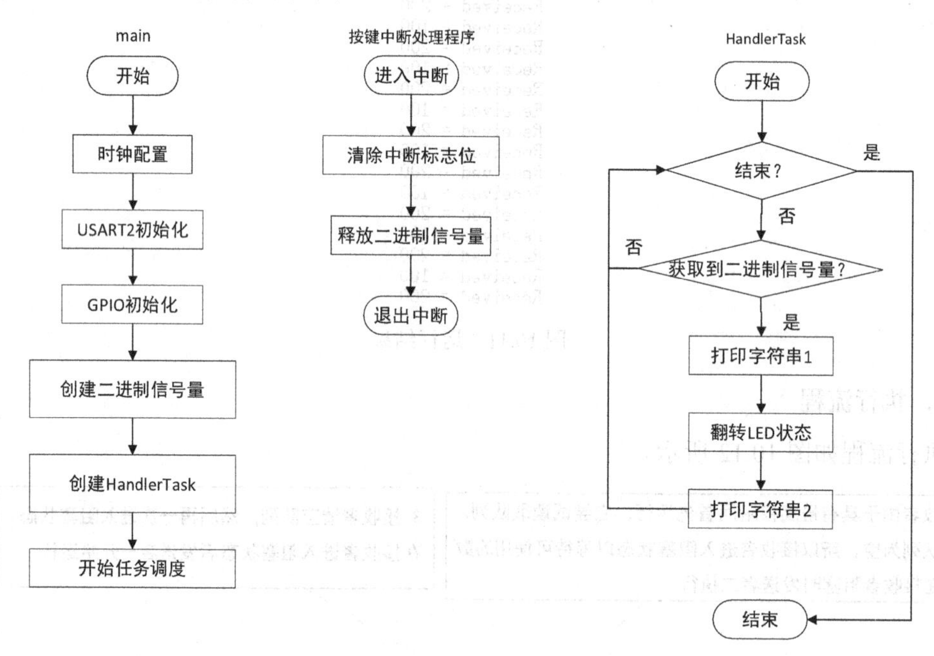

图 10.13　FreeRtos 任务同步示例流程图

2．库函数说明

（1）xSemaphoreCreateBinary()SemaphoreHandle_t xSemaphoreCreateBinary(void)

功能描述：创建一个二进制信号量，并返回一个指向这个信号量的指针。

参数描述：无。

返回值：NULL，FreeRTOS 中没有足够的堆空间分配给信号量的数据结构；非 NULL 值，表示信号量创建成功，返回值应当保存下来，以作为操作此信号量的句柄。

注意：二进制信号量常用作任务与任务、任务与中断之间的同步。

（2）BaseType_t xSemaphoreTake(SemaphoreHandle_t xSemaphore, TickType_t xTicksToWait)

功能描述："带走（takes）"或者"获得（obtains）"一个之前已由 xSemaphoreCreateBinary() 创建的二进制信号量。

参数描述如下。

- xSemaphore，获取得到的信号量，信号量在使用前必须先创建。
- xTicksToWait，阻塞超时时间，任务进入阻塞态以等待信号量有效的最长时间。

如果 xTicksToWait 为 0，则 xSemaphoreTake()在信号量无效时会立即返回。这个时间特指节拍周期，这里可以用 pdMS_TO_TICKS()宏函数将一个以毫秒为单位的时间转化为节拍周期。

返回值如下。

- pdPASS，只有一种情况会返回 pdPASS，那就是调用此函数成功获得二进制信号量。如果设定了阻塞超时时间（xTicksToWait 非 0），在函数返回之前任务将被转移到阻塞态以等待信号量有效。如果在超时到来之前信号量变为有效，亦可被成功获取，返回 pdPASS。
- pdFAIL，此次调用无法成功获取该信号量。如果设定了阻塞超时时间（xTicksToWait 非 0），在函数返回之前任务将被转移到阻塞态以等待信号量有效。但直到超时信号量也没有变为有效，所以不会获得信号量，返回 pdFAIL。

注意：除互斥信号量（recursive semaphore，直译为递归信号量，按通常的说法译为互斥信号量）外，所有类型的信号量都可以调用 xSemaphoreTake()函数来获取，但 xSemaphoreTake()函数不能在中断服务例程中调用。xSemaphoreTake()函数必须在正在执行的任务中调用，所以其不能在调度器处于初始状态即调度器还未开始之前使用。

（3）BaseType_t xSemaphoreGiveFromISR(SemaphoreHandle_t xSemaphore, BaseType_t *pxHigherPriorityTaskWoken)

功能描述："给出"信号量，该函数可以应用于中断处理程序中。

参数描述如下。

- xSemaphore，给出的信号量，引用信号量在使用前必须先创建。
- pxHigherPriorityTaskWoken，对某个信号量而言，可能有不止一个任务处于阻塞态在等待其有效。调用 xSemaphoreGiveFromISR()会让信号量变为有效，即让其中一个等待任务解除阻塞态。如果调用 xSemaphoreGiveFromISR()使得一个任务解除阻塞，并且这个任务的优先级高于当前任务（也就是被中断的任务），那么 xSemaphoreGiveFromISR()会在函数内部将*pxHigherPriorityTaskWoken 设为 pdTRUE。如果 xSemaphoreGiveFromISR()将此值设为 pdTRUE，则在中断退出前应当进行一次上下文切换。这样才能保证中断直接返回就绪态任务中优先级最高的任务中。

返回值：pdPASS，说明 xSemaphoreGiveFromISR()调用成功；pdFAIL，如果信号量已经有效，无法给出，则返回 pdFAIL。

3．示例代码

- 程序一展现的是 HandlerTask 的具体实现，此任务通过使用二值信号量与按键外部中断进行同步。这个任务也在每次循环中打印输出信息，并翻转 LED 的状态。
- 程序二展现的是中断服务程序。这段代码做的事情非常少，仅仅是给出一个信号量，以让 HandlerTask 和按键中断进行同步。
- 程序三展现的 main()函数很简单，可以调用它来创建二进制信号量及 HandlerTask，然后启动调度器。

（1）程序一

```
static void vHandlerTask(void *pvParameters)
{
    /*该任务在一个无限循环中实现*/
    for( ;; )
    {
    /*使用信号量等待一个事件。信号量在调度器启动之前，也即此任务执行之前就已被创建。*/
        if(xSemaphoreTake(xBinarySemaphore, portMAX_DELAY)==pdTRUE)
        {
            printf("Handler task - get semaphoreTake successfully!\r\n");
            //翻转 LED 状态
            HAL_GPIO_TogglePin(GPIOA, GPIO_PIN_5);
            printf("Handler task - toggling the state of   led.\r\n");
        }
    }
}
```

（2）程序二

```
void HAL_GPIO_EXTI_Callback(uint16_t GPIO_Pin)
{
    BaseType_t xHigherPriorityTaskWoken;
    /* "给出" 信号量*/
    xSemaphoreGiveFromISR(xBinarySemaphore, &xHigherPriorityTaskWoken);
}
```

（3）程序三

```
#include "FreeRTOS.h"
#include "main.h"
#include "task.h"
#include "semphr.h"
UART_HandleTypeDef huart2;

void SystemClock_Config(void);
static void MX_GPIO_Init(void);
static void MX_USART2_UART_Init(void);

/*The tasks to be created*/
static void vHandlerTask(void *pvParameters);

/*声明一个二进制信号量*/
SemaphoreHandle_t xBinarySemaphore;

int main(void)
{
```

```
    HAL_Init();
    SystemClock_Config();
    MX_GPIO_Init();
    MX_USART2_UART_Init();
    /*信号量在使用前都必须先创建，本例中创建了一个二值信号量*/
    xBinarySemaphore = xSemaphoreCreateBinary();

    /*检查信号量是否创建成功*/
    if(xBinarySemaphore != NULL)
    {
    /*创建处理任务。此任务将与中断同步*/
    xTaskCreate(vHandlerTask, "Handler", 128, NULL, 3, NULL);

    /*启动调度器，所已创建的任务开始执行*/
    vTaskStartScheduler();
    }

/*如果一切正常，main()函数不会执行到这里，因为调度器已经开始运行任务。但如果程序运行到了这里，很可能是由于系统内存不足而无法创建空闲任务。第 5 章会提供更多关于内存管理的信息*/

for(;;);
    return 0;
}
```

4. 运行结果

将上述代码的完整工程编译并下载到 STM32 开发板上，打开串口助手，按下按键就可以看到 LED 状态翻转，同时串口助手打印出如图 10.14 所示内容。根据实验结果可知，当按下按键时，触发按键中断，按键中断将释放信号量，并通过该信号量同 HandlerTask 同步，翻转 LED 的状态。

```
[16:09:04.234]收←◆Handler task - get semaphoreTake successfully!
Handler task - toggling the state of  led.

[16:09:46.325]收←◆Handler task - get semaphoreTake successfully!
Handler task - toggling the state of  led.

[16:09:46.993]收←◆Handler task - get semaphoreTake successfully!
Handler task - toggling the state of  led.

[16:09:47.423]收←◆Handler task - get semaphoreTake successfully!
Handler task - toggling the state of  led.

[16:09:47.751]收←◆Handler task - get semaphoreTake successfully!
Handler task - toggling the state of  led.

[16:09:48.196]收←◆Handler task - get semaphoreTake successfully!
Handler task - toggling the state of  led.

[16:09:48.796]收←◆Handler task - get semaphoreTake successfully!
Handler task - toggling the state of  led.
```

图 10.14　运行结果

10.3.4　FreeRTOS 软件定时器示例

本示例主要使用 FreeRTOS 中的库函数在 STM32 的硬件平台上进行简单的多任务并发实验，示例中利用 FreeRTOS 的软件定时器实现 LED 每 500ms 闪烁一次、USART 每 300ms 发送一次数据。在本示例中 PA5 作为 LED 输出，配置为输出，PA3 和 PA2 分别为 USART 的接收端口与发送端口，UART 帧格式被配置为 1 个起始位、8 个数据位、1 个停止位，无校验位，波特率为 15200daud。

由于软件定时器的定时功能是基于系统节拍周期的，所以建议在使用软件定时器时，其回调函数中不要使用类似 vTaskDelay()和 vTaskDelayUntil()的函数来阻塞此任务。

1．程序流程图

本示例的程序流程图如图 10.15 所示。

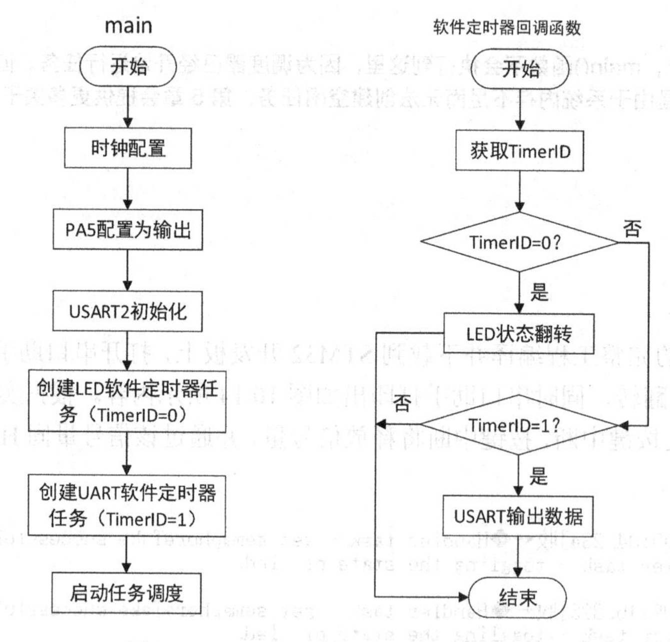

图 10.15　FreeRtos 软件定时器实例流程图

2．库函数说明

（1）xTimerCreate()imerHandle_t xTimerCreate(const char * const pcTimerName, const TickType_t xTimerPeriod, const UBaseType_t uxAutoReload, void * const pvTimerID, TimerCallbackFunction_t pxCallbackFunction)

功能描述：创建一个软件定时器实例并且返回这个定时的句柄。

参数描述如下。

- ❑ pcTimerName，此定时器的文本名字，仅有助于 debug 程序调试。
- ❑ xTimerPeriod，以系统节拍周期为单位指明定时器所需定时的时间，使用时可以使用内置宏 pdMS_TO_TICK()将毫秒转换成系统节拍周期。

- uxAutoReload，若为 pdTRUE，指明定时器耗尽后将会自动重新计时；若为 pdFALSE 时，定时器将仅定时一次，当定时器耗尽后不会再一次定时。
- pvTimerID，定时器标记，可以使用 vTimerSetTimerID()和 pvTiemrGetTimerID()系统函数设置和获取此参数。
- pxCallbackFunction，回调函数句柄，即定时器定时耗尽后将自动调用回调函数。

返回值：0 或 NULL，定时器创建失败；非 NULL 值，定时器创建成功。

（2）BaseType_t xTimerStart(TimerHandle_t xTimer,TickType_t xBlockTimer)

功能描述：启动软件定时器。

参数描述：xTimer，需要开始或重新开始的定时器句柄；xBlockTimer，需要将定时器阻塞的系统节拍周期。

返回值：pdPASS，定时器开启成功；pdFAIL，定时器开启失败。

3．示例代码

在使用 FreeRTOS 的软件定时器功能时，要将 FreeRTOSConfig.h 中的 configUSE_TIMERS 设置为 1 以开启定时器功能，同样可以设置 configTIMER_TASK_PRIORITY 来设定定时器的优先级，设置 configTIMER_QUEUE_LENGTH 来指明定时器队列的长度，设置 configTIMER_TASK_STACK_DEPTH 来指明定时器任务所使用的栈的深度。

```
/*标准头文件*/
#include <stdio.h>
/*内核头文件*/
#include "cmsis_os.h"
#include "main.h"
UART_HandleTypeDef huart2;
void SystemClock_Config(void);
static void MX_GPIO_Init(void);
static void MX_USART2_UART_Init(void);
//重定向 printf 函数
int fputc(int ch,FILE *f)
{
uint8_t temp[1]={ch};
HAL_UART_Transmit(&huart2,temp,1,50);
return 0;
}
//回调函数
void CALLBACK_LED(TimerHandle_t xTimer)
{
    uint32_t ulTimerID;
    configASSERT(xTimer);
    ulTimerID = (uint32_t)pvTimerGetTimerID(xTimer);//获取 TimerID 以判断哪个定时器进入回调
函数
    switch(ulTimerID)
    {
    case 0://LED1 闪灯操作
        HAL_GPIO_TogglePin(GPIOA,GPIO_PIN_5);
```

```
            break;
        case 1://UART printf 操作
            printf("Hello!!!\r\n");
            break;
        }
}
int main(void)
{
    HAL_Init();
    SystemClock_Config();
    MX_GPIO_Init();
    MX_USART2_UART_Init();
    //定义和创建 LED 任务
    TimerHandle_t LED;
    LED = xTimerCreate("Timer1",(pdMS_TO_TICKS(500UL)),pdTRUE,(void*)0,
    CALLBACK_LED);//500ms
    //定义和创建 UART 任务
    TimerHandle_t UART;
    UART=xTimerCreate("Timer2",(pdMS_TO_TICKS(300UL)),pdTRUE,(void*)1,
    CALLBACK_LED);//300ms

    if(UART==NULL||LED==NULL)
    {
        //error
    }else
    {
        //启动 LED 和 UART 任务
        if((xTimerStart(LED,0)!= pdPASS)||(xTimerStart(UART,0)!= pdPASS))
        {
            /*The timer1 or timer2 could not be set into the Active state*/
        }
    }
    //启动任务调度
    vTaskStartScheduler();
    while (1)
    {
    }
}
```

将上述代码的完整工程编译并下载到 STM32 开发板上，可以看到 LED 不停闪烁，与此同时，打开串口助手可以看到串口助手不停地接收到“Hello!!!”。

10.4　基于 Linux 的嵌入式软件设计方法

1. 嵌入式 Linux 简介

嵌入式 Linux（embedded Linux）是指对标准 Linux 经过小型化裁剪处理之后，能够固化在容量只有几千字节或者几兆字节的存储器芯片（如 Flash）或者单片机中，适合于特定嵌入式应用场合的专用 Linux 操作系统。嵌入式 Linux 同 Linux 一样，具有低成本、高性能、支持多种硬件平台和网络支持良好等优点。另外，嵌入式 Linux 为了更好地适应嵌入式领域的开发，还在 Linux 基础上做了不少改进，部分举例如下。

（1）改善的内核结构

整个 Linux 内核是一个单独的、非常大的程序，这种整体式结构虽然能够使系统的各个部分直接沟通，提高系统响应速度，但与嵌入式系统存储容量小、资源有限的特点不符合。因此，嵌入式系统中经常采用的是一种称为微内核的体系结构，即内核本身只提供一些最基本的操作系统功能，如任务调度、内存管理、中断处理等，而像文件系统和网络协议等这样的附加功能则运行在用户空间中，并且可以根据实际需要进行裁剪。这样就大大减小了内核的体积，便于维护和移植。

（2）提高的系统实时性

由于现有的 Linux 是一个通用的操作系统，虽然它也采用了许多技术来加快系统的运行和响应速度，但从本质上来说并不是一个嵌入式实时操作系统。因此，利用 Linux 作为底层操作系统，对其进行实时化改造，从而构建出一个具有实时处理能力的嵌入式系统，如 RT-Linux 已经成功地应用于航天飞机的空间数据采集、科学仪器测控和电影特技图像处理等各种领域。

嵌入式 Linux 同 Linux 一样也有众多版本。表 10.1 所示的嵌入式 Linux 分别是针对不同的需要在内核等方面加入了特定的机制而定制的，在很多嵌入式 Linux 应用中，开发者一般在标准发行版 Linux 内核的基础上直接为自己的硬件平台定制裁剪嵌入式 Linux 系统。

表 10.1　嵌入式 Linux 主要版本

版　本	说　明
μCLinux	源码开放的嵌入式 Linux 典范之作。它主要是针对目标处理器没有存储管理单 MMU 而设计的，其运行稳定，具有良好的移植性和优秀的网络功能，对各种文件系统有完备的支持，并提供标准丰富的 API
RT-Linux	由美国墨西哥理工学院开发的嵌入式 Linux 实时操作系统。它已有广泛的应用
Embedix	根据嵌入式应用系统的特点重新设计的 Linux 发行版本。它提供了超过 25 种 Linux 系统服务，包括 Web 服务器等。此外，还推出了 Embedix 开发调试工具包、基于图形界面的浏览器等。可以说，Embedix 是一种完整的嵌入式 Linux 解决方案
XLinux	采用了“超字元集”专利技术，使 Linux 内核不仅能与标准字符集相容，还涵盖了 12 个国家和地区的字符集。因此，XLinux 在推广 Linux 的国际应用方面有独特的优势
PokerLinux	它可以提供跨操作系统并且构造统一、标准化、开放的信息通信基础结构，在此结构上实现端到端方案的完整平台
红旗嵌入式 Linux	由北京中科院红旗软件公司推出的嵌入式 Linux，它是国内做得较好的一款嵌入式操作系统。目前，中科院计算机研究所自行开发的开放源码的嵌入式操作系统 Easy Embedded OS（EEOS）也已经开始进入实用阶段

正如上面所说，在“嵌入式开发”的语境中，嵌入式 Linux 通常指一个针对特定硬件设备的完整的系统；而在“嵌入式 Linux 厂商”的语境中，嵌入式 Linux 用于表示以嵌入

式系统为需求对象的发行套件，如“嵌入式 Linux 发行套件”指的是为嵌入式系统与开发工具量身定制的软件套件，以便建立一个完整的系统。嵌入式 Linux 发行套件所提供的开发工具可能包括：交叉编译器、调试器、引导映像生成器等。

2．嵌入式 Linux 开发流程

在一个嵌入式系统中使用 Linux 开发，根据应用需求的不同有不同的配置开发方法，但是一般都要经过如下过程。

（1）安装交叉编译器

操作系统一般使用 Linux，有多种 Linux 版本可以选择，如 RedHat、Ubuntu 等，选择定制安装或全部安装。通过网络下载相应的 GCC 交叉编译器进行安装，或者安装产品厂家提供的交叉编译器。

嵌入式软件开发所采用的编译为交叉编译，所谓交叉编译就是在一个平台上生成可以在另一个平台上执行的代码。

这里一般将进行交叉编译的主机称为宿主机，也就是普通的 PC 主机，而将程序实际运行环境称为目标机，也就是嵌入式系统环境。由于通用计算机拥有非常丰富的资源，能够方便地使用集成开发环境和调试工具等，而目标机的资源非常有限，所以嵌入式系统的开发需要借助宿主机来编译出目标机的可执行代码。

（2）交叉调试

嵌入式软件开发需要交叉开发环境，调试采用的是包含目标机和宿主机的交叉调试方法。调试器还是运行在宿主机的通用操作系统上，而被调试的程序则运行在基于特定硬件平台的嵌入式操作系统上。

调试器与被调试程序间可以进行通信，调试器可以控制、访问被调试程序，读取被调试程序的当前状态和改变被调试程序的运行状态。

整个过程中的部分工作在主机上完成，另一部分工作在目标板上完成。首先，是在主机上的编程工作，编程完成源代码文件，再用主机上建立的交叉编译环境生成 obj 文件，并且将这些 obj 文件按照目标板的要求连接生成合适的 image 文件。最后通过重定位机制和下载的过程，将 image 文件下载到目标板上运行。

（3）建立引导装载程序 BootLoader

从网络上下载一些公开源代码的 BootLoader，如 U-BOOT、BLOB、VIVI、LILO、ARM-BOOT、RED-BOOT 等，根据自己具体的芯片进行移植修改。有些芯片没有内置引导装载程序，如三星的 ARM7、ARM9 系列芯片，这样就需要编写开发板上 Flash 的烧写程序，网络上有可供免费下载的 Windows 下通过 JTAG 并口简易仿真器烧写 ARM 外围 Flash 芯片的烧写程序，也有 Linux 下公开源代码的 J-Flash 程序可供下载。如果下载的程序不能烧写自己的开发板，就需要根据具体电路进行源代码修改，这是系统正常运行的第一步。如果购买了厂家的仿真器当然比较容易烧写 Flash，对于需要迅速开发自己产品的人来说，这样可以极大地提高开发速度，但是其中的核心技术是无法了解的。

（4）下载移植好的 Linux 操作系统

如 μCLinux、ARM-Linux、PPC-Linux 等，如果有专门针对所使用的 CPU 移植好的 Linux

操作系统那是再合适不过的，下载此类系统后再添加自己的特定硬件驱动程序进行调试修改。对于带MMU的CPU可以使用模块方式调试驱动，对于μCLinux这样的系统则需编译进内核再进行调试。

（5）建立根文件系统

使用系统工具进行功能裁剪，会产生一个基本的根文件系统（rootfs）。开发者可以根据自己的应用需要添加、删除、修改原有的系统程序。例如，默认的启动脚本一般都不会符合应用的需要，所以就要修改根文件系统中的启动脚本，根文件系统在嵌入式系统中一般设为只读，需要使用mkeramfs、genromfs等工具才能产生烧写映像文件。

（6）建立应用程序的Flash磁盘分区

一般使用JFFS2或YAFFS文件系统，因此需要在内核中提供这些文件系统的驱动。有的系统使用一个线性Flash（NoR型）512KB～32MB，有的系统使用非线性F1ash（NAND型）8～512MB，有的两个同时使用，需要根据自己的应用需求规划Flash的分区方案。

（7）开发应用程序

应用程序可以放入根文件系统中，也可以放入YAFFS、JFFS2文件系统中，有的应用不使用根文件系统，直接将应用程序和内核设计在一起。

总结起来，一个嵌入式Linux系统软件开发分为4个层次。

- 建立引导加载程序：包括固化在固件（firmware）中可选的boot代码和Bootloader两大部分。
- 移植Linux内核：设定嵌入式板子的定制内核以及内核的启动参数。
- 建立文件系统：包括根文件系统和建立在Flash设备之上的文件系统。
- 开发应用程序：特定的用户应用程序，有时在用户应用程序和内核层之间可能还会包括一个嵌入式图形用户界面。

10.5　本章小结

本章对嵌入式系统软件的组成结构做了阐述，并介绍了3种常用的嵌入式软件设计方法，分别是无OS的嵌入式软件设计方法、基于RTOS的嵌入式软件设计方法和基于Linux的嵌入式软件设计方法。对于任务简单但实时性要求较高的嵌入式系统可以选择无OS的设计方法，而对于复杂的多任务嵌入式系统，使用嵌入式操作系统可以大大简化开发难度。MCU系统受制于硬件资源，一般采用无OS的状态机设计方法，或基于RTOS的软件设计方法。MPU系统硬件资源丰富，并带有存储器管理单元（MMU），可以使用完整的操作系统，如Linux、Android等。读者可以根据具体应用开发环境选择合适的软件设计方法进行开发。

10.6　习　　题

1．简述Bootloader、BIOS、BSP的基本概念和功能。

2．嵌入式实时操作系统 RTOS 的主要特点是什么？

3．嵌入式系统常用软件设计方法有哪些？

4．裸机系统软件由哪些部分组成？它们之间的关系是什么？

5．简述前后台系统、中断驱动系统软件设计方法。

6．简述巡回服务系统、基于定时器的巡回服务系统软件设计方法。

7．请查阅资料，分析说明不采用 RTOS（裸机系统）进行嵌入式软件设计开发的优势、劣势分别是什么。

8．试在所用开发板上，使用 FreeRTOS，并合理使用按键、LED 指示灯、LCD、温度传感器的硬件资源，设计开发一个多任务的实验例程。

9．选择一种熟悉的嵌入式操作系统，要求使用嵌入式操作系统常用的系统调用，写一个嵌入式应用软件的框架。

第 11 章　物联网技术

信息社会已经从互联网、移动互联网步入物联网（internet of things，IoT）时代，在未来几年中，将有几百亿的“物”设备接入 Internet。这些“物”绝大部分都是各种嵌入式系统设备。将传统的嵌入式系统接入互联网，不仅拓展了嵌入式系统的功能及应用范围，而且可以为大数据、人工智能等提供坚实的基础。物联网给嵌入式系统带来了巨大的发展空间，同时也对嵌入式系统开发人员提出了更高的要求，他们需要了解和掌握更多的知识和技术。本章将简单介绍物联网的相关技术和协议，以及常用的物联网应用系统架构和设计方法。

11.1　物联网概述

比尔·盖茨在其 1995 年出版的《未来之路》一书中就曾提出过物联网的雏形，即“物-物”相连的思想。经过几年的技术发展，在 1999 年，国际上将物联网的概念定义如下：物联网是通过各种信息传感设备（如 RFID、红外感应器、定位系统、扫描器等），按约定的协议把“物”与互联网连接，进行信息交换和通信，以实现对“物”的智能化识别、定位、跟踪、监控和管理的一种网络。简而言之，物联网就是“物-物相连的互联网”。

物联网发展至今已经不仅仅局限于上述概念，新的物联网的定义对物联网的概念进行了扩展，国际电信联盟（国际电联）公布的 2005 年年度报告——《The Internet of things》中正式将“物联网”称为“Internet of things”，报告对物联网概念进行了扩展，提出了任何时刻、任何地点、任意物体之间互联（any time、any place、any things connection），无所不在的网络（ubiquitous net-works）和无所不在的计算（ubiquitous computing）的发展愿景。

物联网从技术上可理解为，物理系统通过一些智能感应装置，将采集到的信息经过网络传输到指定的信息处理中心，实现人与物、物与物之间的自动化信息交互、处理的智能网络。从应用上可理解为物联网把世界上所有的物体都连接到一个网络中，与现有的互联网结合，实现人类社会与物理系统的整合，达到用更加精细且动态的方法管理生产和生活。

通过充分应用 RFID、传感器、无线通信和云计算等技术，物联网可以应用在社会生产生活的各个方面。物联网在钢铁冶金、石油石化、机械装备制造和物流等领域的应用已经比较普遍。物联网还可以应用在农业资源和生态环境监测、农业生产精细化管理、农产品储运等环节，如采用先进的联网传感节点技术，开展食品安全溯源体系建设，每年可以节省大量的清仓查库费用，并减少粮食损耗。在智能家居方面，联网的智能床垫、智能监测报警器、智能家电等已开始推广，手机 App 可操控各类设备，云端可收集各种数据进行大数据分析，提供更智能的服务和更好的用户体验。总体而言，在物联网应用方面，目前我国的技术研发与产业化水平已经处于世界前列。

11.1.1　技术及应用框架

物联网是传感、通信、自动控制、计算机等不同领域跨学科综合应用的产物，其核心技术非常多，从传感器到通信网络、从嵌入式微处理节点到计算机软件系统。但从物联网的整体架构上来说，可以大致分成3层，分别是感知层、网络层、应用层，如图11.1所示。

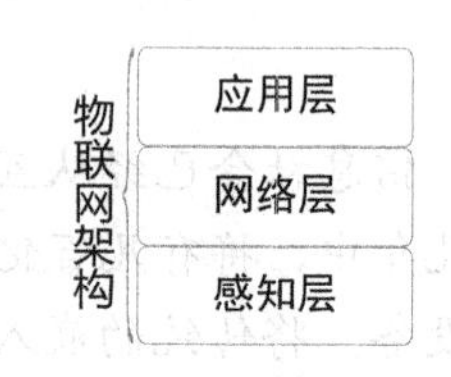

图11.1　物联网技术架构

1．感知层

感知层是整个架构的基础，并且通过传感网络将物品的信息接入网络层。这一层由传感器及传感器网络组成，该层的主要功能是实现信息的采集、转换及收集。传感器用来进行数据采集并实现控制，而传感网络一般是由使用传感器的设备（通常是MCU系统）组成的无线自治网络，其中每个传感器节点都具有传感器、微处理器以及通信单元，节点之间相互通信、共同协作以监测各种物理量和事件。因此，这一层的关键技术包括传感器技术以及传感器之间的通信技术。

2．网络层

网络层是中间层，由各种私有网络、互联网、有线和无线通信网、网络管理系统等组成。该层的主要功能就是负责传递和处理感知层获取的信息，从而实现更加广泛的互联功能，把感知到的信息无障碍且安全可靠地进行传送。网络层由接入单元和网络单元组成。接入单元从感知层获取数据并将数据发送到网络单元，是连接感知层的网桥。网络单元可以利用现有的通信网络将数据传入互联网。由此可知，通信网络是物联网的重要组成部分，其中通信运营商也将扮演关键的角色，并发挥重要的作用。

3．应用层

应用层是整个物联网架构的最上层，主要完成数据的管理和处理，以及相关的业务逻辑。应用层包括用于支撑该物联网的接入平台和应用服务两部分，该层的主要功能就是提供大量传感设备安全接入，通过分析网络层接收的大量数据，得出有用的数据并为用户提供应用服务。物联接入平台是一种独立的服务程序或系统软件，用来实现接口的封装并提供给物联网的应用端（Web或App）开发使用。应用层主要通过一些智能计算技术，如云计算、模糊识别、人工智能等技术，对采集的数据和信息进行分类、存储、分析和处理，实现物体的智能化运行。应用层也是物联网和用户（包括人、组织和其他系统）联系的纽带。

虽然各种物联网应用系统非常多，但其基本应用框架是类似的，如图11.2所示。

这里的智能设备是指能通过网络与云端服务器连接的设备，其一般是带联网功能的嵌入式系统设备，通过网络接入模块连接到物联网服务器；而应用客户端通过网络与应用服务器进行交互，一般是手机App或者Web网页。同时由于物联网中的智能设备数量很多，所以一般物联网应用通常需要搭建一个物联网云平台，使数以万计的智能设备可以高效地接入网络。此类物联网云平台可以自己搭建或者直接租用其他大公司搭建好的 IoT 平台。企业在开发一个物联网应用时，往往需要智能设备、云平台和应用客户端几个方面的专业开发人员共同配合才能完成。

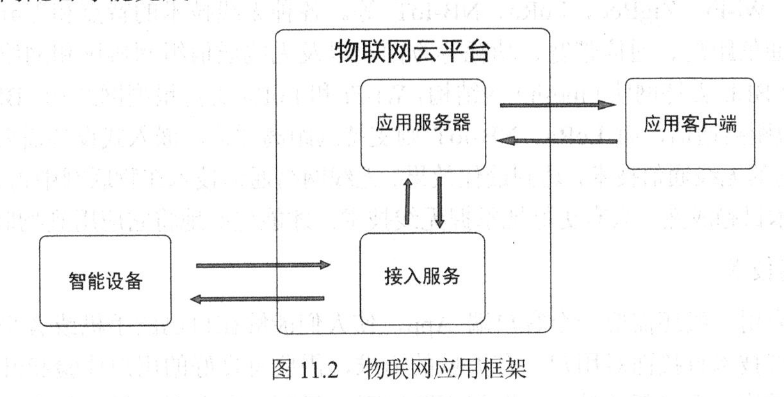

图 11.2　物联网应用框架

11.1.2　相关技术

物联网应用涉及多个方面，物联网系统设计的相关技术主要包括如下方面。

1．传感器技术

传感器是物联网系统中必不可少的一环。《传感器通用术语》（GB/T 7665—2005）对传感器的定义如下：“能感受被测量并按照一定的规律转换成可用输出信号的器件或装置。”传感器通常由敏感元件、转换元件和基本转换电路 3 个部分组成，如图 11.3 所示。

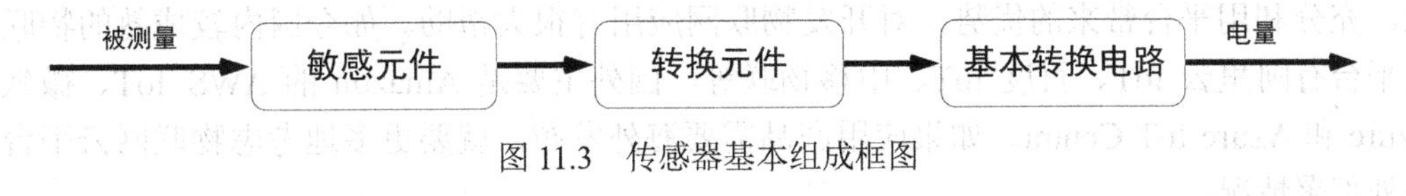

图 11.3　传感器基本组成框图

敏感元件是对特殊的被测量（物理量、化学量或者生物量）敏感，可以直接感受到被测量的变化，并输出与被测量成确定关系的某一物理量的元件。敏感元件的输出就是转换元件的输入，转换元件把输入转换成电参量。基本转换电路将电参量转换成可供其他仪器使用的电量输出。传感器一般只完成被测参数至电量的基本转换，然后输入到测控电路，再进行放大、运算、处理等进一步转换，以获得被测值。实际上，并非所有传感器都由上述 3 个部件组成，有些传感器很简单，仅有敏感元件，如热电偶，而有些传感器由敏感元件和转换元件组成，如压电式加速度传感器，但大部分传感器基本都由这几部分组成。现代智能传感器内部包含更多的电路和功能，可以直接输出经过校正的传感器数据，使用非常方便。

传感器按照被测对象分类，能够方便地表示传感器功能，也便于用户按此分类方法选择相应功能的传感器。传感器可以分为力学量、温度、磁学量、光学量、流量、湿度等传感器。由于很多传感类数据更新率不需要很高，因此，智能传感器一般都采用 I2C、SPI 等串行通信接口，如 SHT30 温湿度传感器、LSM9DS1 九轴加速度传感器等。

2．无线通信技术

嵌入式设备要完成物联网应用，一般都要用到无线通信技术。无线通信技术很多，如NFC、BLE、Wi-Fi、ZigBee、LoRa、NB-IoT 等。各种无线技术的特点和差异主要体现在通信频率、通信距离、通信带宽、功耗等方面，以及无线通信组网协议和网络拓扑结构。如 ZigBee 和 BLE 支持网状（mesh）网结构，Wi-Fi 和 LoRa 支持星型网结构。BLE、ZigBee、Wi-Fi 都是短距离通信，而 LoRa、NB-IoT 则支持远距离通信。嵌入式设备需要根据实际需求，选择合适的无线通信技术，达到最佳效果。无线网络通信技术在物联网中占有重要地位，随着无线技术日趋成熟，只有更好地掌握无线技术，才能更好地将它应用到物联网中。

3．终端技术

物联网应用一般还需要一个客户端 App，使人们能够在自己的手机或者平板终端上进行操作。终端技术直接面对用户，有大量的需求，需要有良好的用户体验和开发效率，技术发展也非常快，很多新的技术、框架不断出现，需要开发者不断学习和突破。目前常用的终端技术主要是基于 iOS、Android 的 App 开发，有原生、H5、混合开发等。对于一般验证性项目或 UI 要求不是很高的应用，建议使用 H5 开发，可以实现快速、跨平台的应用。

4．物联网云平台技术

物联网应用开发一直存在开发链路长、技术栈复杂、协同成本高、方案移植困难等问题，而物联网云平台技术可以使物联网开发变得简便、高效。物联网云平台一般构筑于云计算中的 PAAS 层，为智能设备提供多种网络接入方式，保证数以万计的智能设备的接入和安全，又为应用客户端提供友好的 API 接口，满足应用客户端在不同场景下的需求。因此，充分利用平台带来的优势，对开发物联网应用有很大帮助。如今国内较成熟的物联网云平台有阿里云 IoT、百度 IoT、中移物联等，国外主要是 Amazon 的 AWS IoT、微软的 Azure 和 Azure IoT Centra。如果应用产品需要海外发布，就要更多地考虑物联网云平台的海外部署情况。

11.2　无线通信技术

在物联网应用中，与嵌入式系统密切相关的是传感和无线通信技术。目前有几种比较流行、成熟的无线通信技术，这些无线通信技术各有特点，分别针对不同的应用领域或场景。下面对这几种通信技术做简要介绍，并对它们的频率、速率、功耗和传输范围等做比较，让读者可以合理地选择物联网应用中的无线通信技术。

11.2.1　NFC

近场通信 NFC（near-field communication）最早是由飞利浦公司和索尼公司共同开发的一种非接触式的近距离无线通信，用于在两个距离很近（一般 10cm 内）的便携式设备之间建立连接，如智能手机。NFC 常用于非接触式支付系统，如公交卡、校园卡、电子门票等，同样，它也可以应用于社交网络，如进行近距离身份认证，分享链接、照片视频或文件等，如图 11.4 所示。内置 NFC 芯片的设备可作为电子身份文件，用于其他无线连接方案之前的身份认证过程。

图 11.4　NFC 应用

NFC 技术特点有如下方面。

- NFC 信息通过射频中无线频率部分的电磁感应耦合方式传递。
- 内置 NFC 芯片的手机相比仅作为标签使用的 RFID 增加了数据双向传送的功能。
- 实现安全、迅速的通信，传输范围较 RFID 小，并兼容现有的非接触式智能卡技术。

11.2.2　ZigBee

ZigBee 是一种低速率、短距离传输的无线网络协议，底层是采用 IEEE 802.15.4 标准规范的媒体访问层（MAC）与物理层（PHY）。其主要特点是低速、低功耗、低成本，支持大量网络节点、支持多种网络拓扑。其规范由 ZigBee Alliance（现已归入 CSA 联盟）制定，2001 年纳入 IEEE 802.15.4 标准规范，该标准使用避免冲突的载波监听多址接入方式作为媒体访问机制。由于一般路由器、手机没有支持 ZigBee，所以 ZigBee 系统需要通过专用的网关才能接入互联网。ZigBee 在商用智能照明领域有较广泛的应用。

ZigBee 技术特点有如下方面。

- 在低功耗待机模式下，2 节 5 号电池可支持 1 个节点工作 6～24 个月，甚至更长。
- ZigBee 的响应速度较快，从睡眠转入工作状态只需 15ms，节点连接进入网络只需 30ms。
- 工作在 20～250Kbit/s 的通信速率，分别提供 2～250Kbit/s（2.4GHz）、40Kbit/s（915MHz）和 20Kbit/s（868MHz）的原始数据吞吐率，满足低速率传输数据的应用需求。
- ZigBee 支持星型、树状型和网状型拓扑结构，其网络拓扑如图 11.5 所示。星型拓扑每个设备只能和协调者（coordinator）节点通信，如果两个设备之间需要通信，则必须通过协调者转发；树状型拓扑中设备只能和它的父节点通信，路由信息是由协议栈层处理的，整个路由过程对于应用层是完全透明的；网状型拓扑结构类似于树状型，只不过具有更多的路由和协调者，并具有更加灵活的信息路由规则。

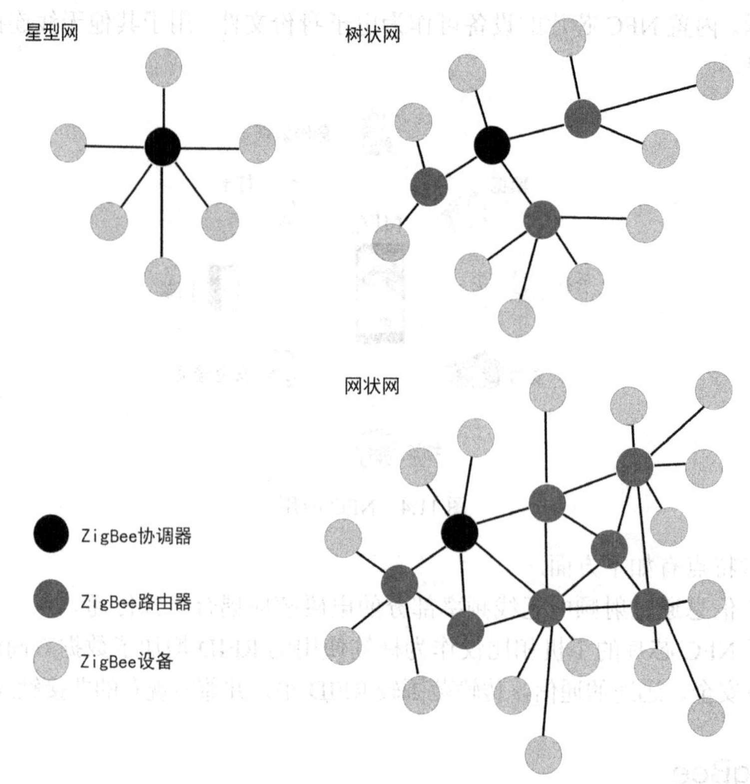

图 11.5　ZigBee 拓扑结构

11.2.3　BLE

蓝牙低功耗（bluetooth low energy，BLE）技术是低成本、短距离、可互操作的鲁棒性无线技术，是蓝牙 4.0 标准的子集，继承了蓝牙技术的一些特性，如 2.4GHz 频段、星型拓扑结构和调频机制等，引入了快速连接机制、超短数据包等特性，并针对低功耗应用进行了简化，如减少广播信道、不使用公钥体制加密和不支持同步数据传输等。BLE 4.2 后已经支持了网状组网，加上手机的支持，在物联网领域有较好的应用前景，其网络拓扑如图 11.6 所示。

BLE 技术特点有如下方面。

- 数据传输支持很短的数据封包（8 字节至 27 字节），传输速度可达 1Mbit/s。
- 使用调节性跳频，减少 2.4GHz ISM 波段其他技术的干扰。
- 联机建立仅需 3ms，应用程序可快速启动，并以数毫秒的传输速度完成数据传输。
- 使用 AES-128 安全加密，采用 24 位的循环冗余校验（CRC），为数据封包提供高度加密性及认证度。

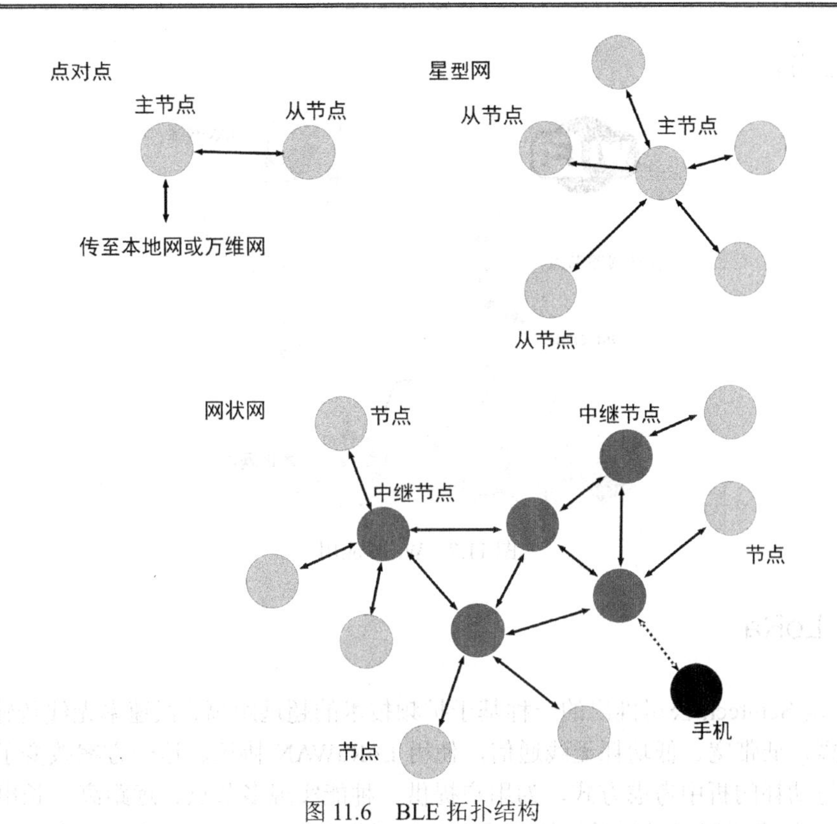

图 11.6　BLE 拓扑结构

- ❑ 支持点对点、星型网和网状网络结构，如图 11.6 所示。网状型拓扑结构是基于多对多节点进行通信的，节点可以直接或间接与一个或多个节点进行信息传递，拓扑中的中继节点可以选择特定路径或者通过受控泛洪方式转发消息送到范围内的节点。

11.2.4　Wi-Fi

Wi-Fi（wireless fidelity）俗称无线宽带，是 IEEE 定义的一个无线网络通信的工业标准。IEEE 802.11b/g/n 标准，工作在 2.4GHz/5.8GHz 频段，最高传输率能够达到 11～300Mbit/s。该技术是一种可以将嵌入式设备、个人电脑、手持设备等以无线方式互相连接的一种技术，目的是改善基于 IEEE 802.1 标准的无线网络产品之间的互通性，使网络的构建和终端的移动更加灵活。设备使用 Wi-Fi 技术接入互联网，不需要使用其他网关设备，是嵌入式设备直接联网的最佳选择，其网络拓扑结构如图 11.7 所示。

Wi-Fi 技术特点有如下方面。

- ❑ 覆盖范围广，适合办公室及单位楼层内部的使用。
- ❑ 通信带宽高，基本可满足各种应用需求。
- ❑ 基础设施完善，组网简洁方便，兼容性、互操作性好。
- ❑ Wi-Fi 技术在结构上与以太网一致，可快速部署、无缝覆盖。
- ❑ Wi-Fi 使用 ISM 全球开放频段，用户无须任何许可就可以自由使用该频段上的服务。

图 11.7　Wi-Fi 应用

11.2.5　LoRa

LoRa 是 Semtech 公司推出的一种基于扩频技术的超远距离、低速率无线传输技术，专用于远距离、低带宽、低功耗无线通信，使用 LoRaWAN 协议。这一方案改变了以往关于传输距离与功耗的折中考虑方式，为用户提供一种能实现多节点、远距离、长电池寿命的系统。LoRa 技术适用于封闭系统的传感器数据采集应用，这类应用传感器数据量很小，数据采集间隔时间较长。LoRa 可在全球免费频段运行，包括 433MHz、868MHz、915MHz 等。LoRa 系统需要网关设备才能接入互联网，其应用架构如图 11.8 所示。

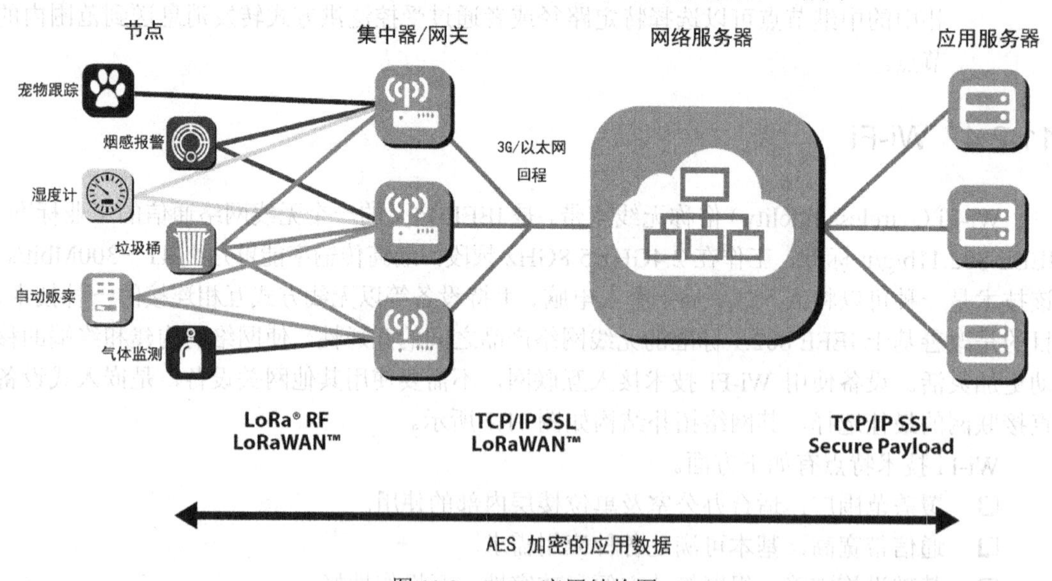

图 11.8　LoRa 应用结构图

LoRa 技术特点有如下方面。

- 接收灵敏度高，高达 157dB 的链路预算使其通信距离可达 15km（与环境有关）。
- 接收电流仅 10mA，睡眠电流 200nA，大大延长了电池的使用寿命。
- 基于 LoRa 技术的集中器/网关，支持多信道、多数据速率的并行处理，系统容量大。LoRa 网关是 LoRa 节点与 IP 网络之间的桥梁（通过 2G/3G/4G 或者 Wi-Fi/Ethernet），每个网关每天可以处理 500 万次各节点之间的通信（假设每次发送 10B，网络占用率 10%）。如果把网关安装在现有移动通信基站的位置，发射功率 20dBm（100mW），那么在建筑密集的城市环境中可以覆盖 2km 左右，而在密度较低的郊区，覆盖范围可达 10km。
- 基于终端节点和集中器/网关的系统，可以支持测距和定位。LoRa 对距离的测量是基于信号的空中传输时间而非传统的信号强度 RSSI（received signal strength indication），而定位则基于多点（网关）对一点（节点）的空中传输时间差的测量。其定位精度可达 5m（假设 10km 的范围）。

11.2.6 NB-IoT

窄带物联网（narrow nand internet of things，NB-IoT）是由低功耗广域网无线电技术标准开发，基于蜂窝网络构建，只占用大约 180kHz 的带宽，可直接部署于 GSM 网络、UMTS 网络或 LTE 网络，以降低部署成本、实现平滑升级。支持待机时间长、对网络连接要求较高设备的高效连接，如图 11.9 所示。NB-IoT 网络由运营商负责部署，采用类似发放 SIM 卡的方式授权使用。

图 11.9 NB-IoT 应用

NB-IoT 技术特点有如下方面。

- 基于移动蜂窝网技术，在室外和室内都具有很好的网络覆盖。
- 通过降低芯片复杂度、减少终端监听网络的频度、采用长周期的 RAU/TAU、减少终端发送位置更新的次数等技术来降低终端功耗，基于 AA 电池，使用寿命可达 10 年。
- 采用 180kHz 的窄带系统，降低基带的复杂度，提升频谱效率；简化协议栈可以使 Flash 的使用量减少，同时还使用低采样率来降低 RF（无线射频）成本。

11.2.7 无线通信技术比较

NFC、BLE、ZigBee、Wi-Fi、LoRa、NB-IoT 这几种无线通信技术都是目前物联网应用系统中比较常用的，每种无线技术都有自己的应用适应性，不存在哪个技术好、哪个技术不好的说法。

无线网络技术根据其传输范围大致可分为局域无线技术和广域无线技术，分别如表 11.1 和表 11.2 所示。

表 11.1　局域无线技术比较

通信技术	频段	传输范围	速率	能量消耗	数据安全	网络拓扑
NFC	13.56MHz；125kHz	5m～10m；<0.2m	106kbit/s；212kbit/s；424kbit/s	被动模式：零；主动模式：15～40mA	标签加密存储	点对点
Bluetooth/BLE	2.4GHz	<50m	1～2Mbit/s	1～15mA	56bit/128bit 加密	星型/网状
Wi-Fi	2.4GHz；5.8GHz	30m～70m	4.5～300Mbit/s	10～110mA	WPA/WPA2	星型
ZigBee	868MHz（EU）；915MHz；2.4GHz	10m～100m	20kbit/s；40kbit/s；256kbit/s	1～35mA	AES 128bit 加密	树形/网状

表 11.2　广域无线技术比较

通信技术	频率	传输范围	速率	功耗	电池寿命
LoRa	435MHz（CLAA）；868MHz（EU）；915MHz	5km（城市）；15km（郊区）	<50kbit/s	极低	10 年，视具体应用情况
NB-IoT	800MHz；1800MHz；2100MHz	1～15km	250kbit/s	低	10 年，视具体应用情况

由表 11.1 与表 11.2 可知，如今的物联网中应用的系统设备与设备之间的通信有以上 6 种主流通信方式，都有其使用范围和特点，所以，开发者应当根据系统需要选择合适的无线通信技术。

11.3 终端技术

由于物联网应用一般都需要一个 App 或 Web 页面，使人们能够在自己的手机或者平板终端通过 App 或浏览器进行操作，有些还需要更复杂的人机交互，所以，了解 App 所运行的系统可以更有效地开发应用系统的 App。下面简单介绍目前两大主流的终端系统：

Android 系统和 iOS 系统。

11.3.1　Android 系统

Android 是谷歌（Google）与开放手机联盟合作开发的基于 Linux 平台的开源手机操作系统。它包括操作系统、用户界面和应用程序——由移动电话工作所需的全部软件组建，而且不存在任何阻碍移动产业创新的专有权障碍。开放收集联盟由包括中国移动、摩托罗拉、高通、宏达和 T-Mobile 在内的 30 多家技术和无线应用的领军企业组成。通过与运营商、设备制造商、开发商和其他有关各方结成深层次的合作伙伴关系，可以建立标准化、开放式的移动电话软件平台，在移动产业内形成一个开放式的生态系统。

Android 系统架构主要应用于 ARM 平台，但不限于 ARM。与其他操作系统一样，Android 采用了分层的架构，共分为 4 层，从高到低分别为应用程序层、应用程序框架层、系统运行库层、Linux kernel 层，如图 11.10 所示。

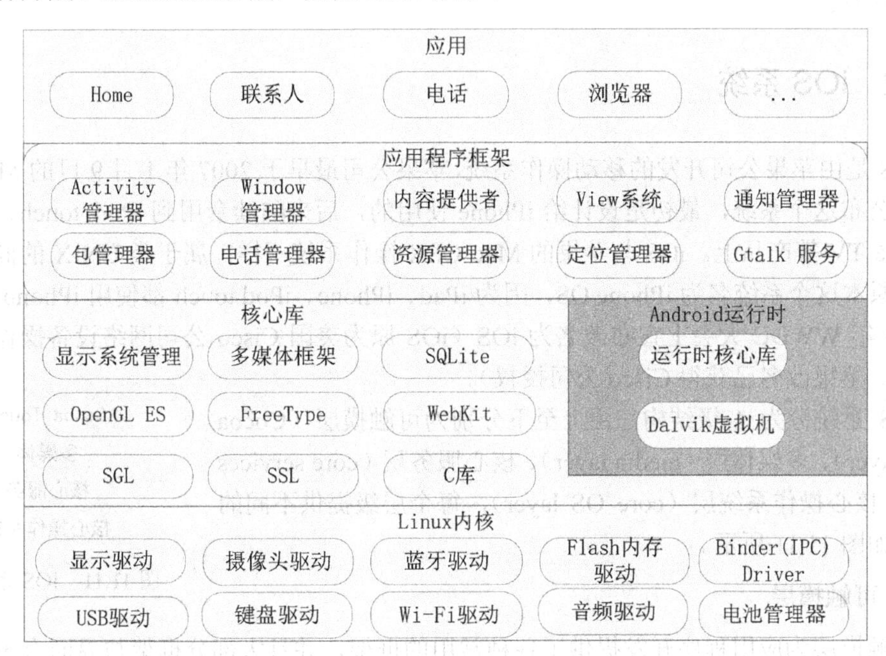

图 11.10　Android 系统框架

1．Linux kernel 层

Android 基于 Linux 2.6 提供核心系统服务，如安全、内存管理、进程管理、网络堆栈、驱动模型。Linux kernel 也作为硬件和软件之间的抽象层，它隐藏具体硬件细节而为上层提供统一的服务。

2．系统运行层

Android 包含一个核心库的集合，其中提供了大部分在 Java 编程语言核心类库中可用的功能。也包括多个 Dalvik 虚拟机，用于运行 Android 应用程序。同时，本层中包含一个

C/C++库的集合，供 Android 系统的各个组件使用。下面列出几个核心库：Surface Manager（界面管理）、Media Framework（媒体库）、SQLite 以及 SSL（安全套接层协议）等。

3．应用程序框架层

通过提供开放的开发平台，Android 使开发者能够编制极其丰富和新颖的应用程序。开发者可以自由地利用设备硬件优势、访问位置信息、运行后台服务、设置闹钟、向状态栏添加通知等功能。开发者可以完全使用核心应用程序所使用的框架 APIs。应用程序的体系结构旨在简化组件的重用，任何应用程序都能发布它的功能，且任何其他应用程序都可以使用这些功能，这一机制允许用户替换组件。

4．应用程序层

Android 装配一个核心应用程序集合，包括电子邮件客户端、日历、地图、浏览器、联系人和其他设置，所有应用程序都是利用 Java 编程语言写的。一般手机 App 的开发都是应用层的开发。

11.3.2　iOS 系统

iOS 是由苹果公司开发的移动操作系统，苹果公司最早于 2007 年 1 月 9 日的 Macworld 大会上公布这个系统，最初是设计给 iPhone 使用的，后来陆续套用到 iPod touch、iPad 以及 Apple TV 等产品上。iOS 与苹果的 Mac OSX 操作系统一样，属于类 UNIX 的商业操作系统。原本这个系统名为 iPhone OS，因为 iPad、iPhone、iPod touch 都使用 iPhone OS，所以 2010 年 WWDC 大会上宣布改名为 iOS（iOS 原为美国 Cisco 公司网络设备操作系统注册商标，苹果改名已获得 Cisco 公司授权）。

iOS 系统分为 4 级结构，由上至下分别为可触摸层（Cocoa Touch layer）、多媒体层（media layer）、核心服务层（core services layer）、核心操作系统层（core OS layer），每个层级提供不同的服务，如图 11.11 所示。

图 11.11　iOS 系统框架

1．可触摸层

可触摸层为应用程序开发提供了各种常用的框架，并且大部分框架与界面有关。本质上来说，它负责用户在 iOS 设备上的触摸交互操作，提供与用户交互相关的服务，如界面控件、时间管理、通知中心、地图等。

2．多媒体层

多媒体层主要提供图像引擎、音频引擎、视频引擎框架。例如，图像相关有 Core Graphics、Core Image、Core Animation、OpenGL ES 等，声音技术相关有 Core Audio、AV Foundation、OpenAL，视频技术相关有 Core Media 等。

3．核心服务层

核心服务层提供给应用所需要的基础系统服务，如网络访问、数据存储、定位功能、重力加速度、浏览器引擎等。

4. 核心操作系统层

核心操作系统层为上层结构提供最基础的服务，如操作系统内核服务、本地认证、安全、加速等。

11.3.3 Web 和 HTML 技术

随着手机的智能化，基于 HTML+CSS+JavaScript 技术的 App 也可以在手机上运行。基于 Web 技术的用户应用，不仅可以在手机上使用，也可以在电脑上使用，虽然在手机端效率会相比原生的 App 有所下降，但是由于其具有很好的可移植性和快速开发的优点，在项目开发中可以作为产品原型开发进行快速迭代。本小节仅就 Web 开发技术做简单的介绍。

1. HTML

超文本标记语言（hypertext markup language，HTML）是标准的标记语言，用于创建网页和 Web 应用程序，与层叠样式表（CSS）和 JavaScript 共同构成了整个万维网的 3 项基石技术。HTML 描述一个网页的结构语义，Web 浏览器使用从服务器接收或保存在本地存储中的 HTML 文件来渲染多媒体网页。HTML 元素是可以嵌入 HTML 页面中的组件，可以用 HTML 元素来构建图像和其他功能，如互动的方式。它提供了一种手段来创造结构化文档和结构语义文字，如标题、段落、列表、链接和其他项目。HTML 元素的标签是由尖括号包围的关键词。标签<img/>和<imput/>包裹的内容可以由页面直接显示，其他如<P>…</P >标签包裹的内容为显示的文本信息。浏览器不显示 HTML 标签，而是使用它们来解析网页内容。同时我们可以编写 JavaScript 脚本程序来影响网页内容和行为，包含 CSS 定义的外观和布局的内容。

2. CSS

层叠样式表（cascading style sheets，CSS）是一种用来表现 HTML（标准通用标记语言的一个应用）或 XML（标准通用标记语言的一个子集）等文件样式的计算机语言。CSS 不仅可以静态地修饰网页，还可以配合各种脚本语言动态地对网页各元素进行格式化。CSS 能够对网页中元素位置的排版进行像素级精确控制，支持几乎所有的字体字号样式，拥有对网页对象和模型样式编辑的能力。

CSS 是一种定义样式结构如字体、颜色、位置等的语言，被用于描述网页上的信息格式化和现实的方式。CSS 样式可以直接存储于 HTML 网页或者单独的样式单文件中。无论哪一种方式，样式单包含将样式应用到指定类型的元素的规则。外部使用时，样式单规则被放置在一个带有文件扩展名.css 的外部样式单文档中。

样式规则是可应用于网页中元素，如文本段落或链接的格式化指令。样式规则由一个或多个样式属性及其值组成。内部样式单直接放在网页中，外部样式单保存在独立的文档中，网页通过一个特殊标签链接外部样式单。

名称 CSS 中的“层叠（cascading）”表示样式单规则应用于 HTML 文档元素的方式。

具体地说，CSS 样式单中的样式形成一个层次结构，更具体的样式覆盖通用样式。样式规则的优先级由 CSS 根据这个层次结构决定，从而实现级联效果。

3. JavaScript

JavaScript 是一种直译式脚本语言，是一种动态类型、弱类型、基于原型的语言，内置支持类型。它的解释器被称为 JavaScript 引擎，为浏览器的一部分，广泛用于客户端的脚本语言，最早是在 HTML（标准通用标记语言下的一个应用）网页上使用，用来给 HTML 网页增加动态功能。目前 JavaScript 已经被广泛用于 Web 应用开发，常用来为网页添加各式各样的动态功能，为用户提供更流畅、美观的浏览效果。通常，JavaScript 脚本是通过嵌入在 HTML 中来实现自身的功能的。

JavaScript 具体如下特性。

- 是一种解释性脚本语言（代码不进行预编译）。
- 主要用来向 HTML（标准通用标记语言下的一个应用）页面添加交互行为。
- 可以直接嵌入 HTML 页面，但写成单独的 js 文件有利于结构和行为的分离。
- 具备跨平台特性，在绝大多数浏览器的支持下，可以在多种平台下运行（如 Windows、Linux、Mac、Android、iOS 等）。

JavaScript 脚本语言同其他语言一样，有它自身的基本数据类型、表达式、算术运算符及程序的基本程序框架。JavaScript 提供了 4 种基本的数据类型和 2 种特殊数据类型，主要用来处理数据和文字。而变量提供存放信息的地方，表达式则可以完成较复杂的信息处理。

11.4 服务器和云计算

新一代的物联网应用架构中，为了更好地服务终端用户，往往需要租借专用服务器，从而可以对用户请求更快地做出响应，对数据进行存储。而在选择服务器的种类时，需要根据各方面要求进行权衡。

11.4.1 独立服务器和云主机

目前可以选择的服务器大致分为两类，即独立服务器和云主机。独立服务器与传统的网站服务器无太大差异，由公司自己申请域名，以及购买、搭建和管理服务器；而云服务器是从一组集群服务器上划分出来的类似独立主机的部分，集群中的每一台服务器上都有云主机的镜像。如果其中一台机器出现故障，就会自动访问其他机器上面的镜像，有一些服务商把配置比较高的服务器叫作云服务器。而云主机是云计算在基本设施运用上的主要组成部分，这个部分在云计算的金字塔底层，产品主要源自云计算平台，是新一代的主机租借服务，并结合了高功能服务器与优异网络带宽。

独立服务器和云主机的差异主要有以下几点：就费用投入方面，云主机相对独立服务器更加灵活和实惠，而若需要长时间运用，独立服务器更好；就网络质量方面，独立服务器的网络质量通常比云主机更有保障；就功能拓展方面，云主机用户可以直接在线升级，弹性较大，而独立服务器升级空间不大且不灵活；就容灾性方面，云主机主动备份及冗余，而独立服务器则需要用户自行进行本地备份和异地备份，冗余需求需要更大投入及更高技能水准。

11.4.2　云计算

云主机是云计算在基本设施运用上的主要组成部分，那么了解何为云计算，以及它能带来哪些服务对于简化物联网开发有很大的帮助。

云计算（cloud computing）是一种基于互联网的计算方式，通过这种方式，共享的软硬件资源和信息可以按需提供给计算机各种终端和其他设备。云计算是继 20 世纪 80 年代大型计算机到客户端-服务器的大转变之后的又一巨变。用户不再需要了解“云”中基础设施的细节，不必具有相应的专业知识，也无须直接进行控制。云计算描述了一种基于互联网的新的 IT 服务增加、使用和交付模式，通常涉及通过互联网来提供动态易扩展而且经常是虚拟化的资源。一个使用云计算的最大好处就是富有“弹性”，可以根据业务量的变化动态购买服务资源，而不需要重构系统。

目前美国国家标准和技术研究院对云计算的定义中明确了 3 种服务模式。

- 软件即服务（SaaS）：消费者使用应用程序，但并不掌控操作系统、硬件或运作的网络基础架构。是一种服务观念的基础，软件服务供应商，以租赁的概念提供客户服务，而非购买，比较常见的模式是提供一组账号密码。例如，Microsoft CRM 与 Salesforce.com。
- 平台即服务（PaaS）：消费者使用主机操作应用程序。消费者掌控运作应用程序的环境（也拥有主机部分掌控权），但并不掌控操作系统、硬件或运作的网络基础架构。平台通常是应用程序基础架构。例如，Google App Engine。
- 基础设施即服务（IaaS）：消费者使用“基础计算资源”，如处理能力、存储空间、网络组件或中间件。消费者能掌控操作系统、存储空间、已部署的应用程序及网络组件（如防火墙、负载平衡器等），但并不掌控云基础架构。例如，Amazon AWS、Rackspace。

三者服务之间没有必定的联系，仅仅是 3 种不同的服务模式，且都是基于互联网。从用户体验角度而言，它们之间的关系都是独立的，因为它们面对的是不同的用户。从技术角度而言，它们并非简单的继承。因为首先 SaaS 可以基于 PaaS 或者直接部署于 IaaS 之上，其次 PaaS 可以构建于 IaaS 之上，也可以直接构建在物理资源之上。

它们之间的关系可以从两个角度看待，从使用者的视角如图 11.12 所示，而从开发者的视角则如图 11.13 所示。

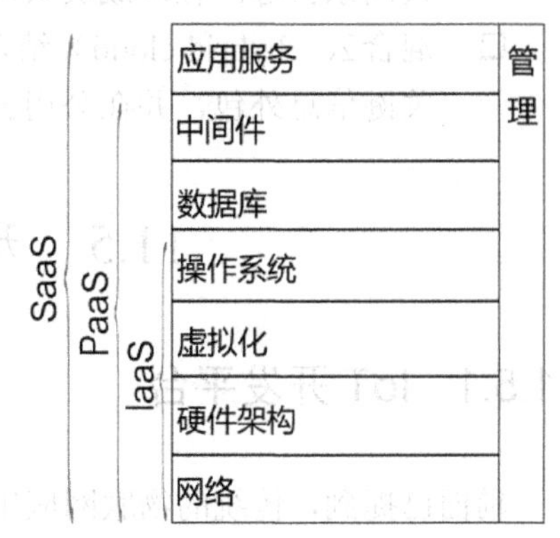

图 11.12　从使用者的视角看云计算的 3 种服务模式之间的关系

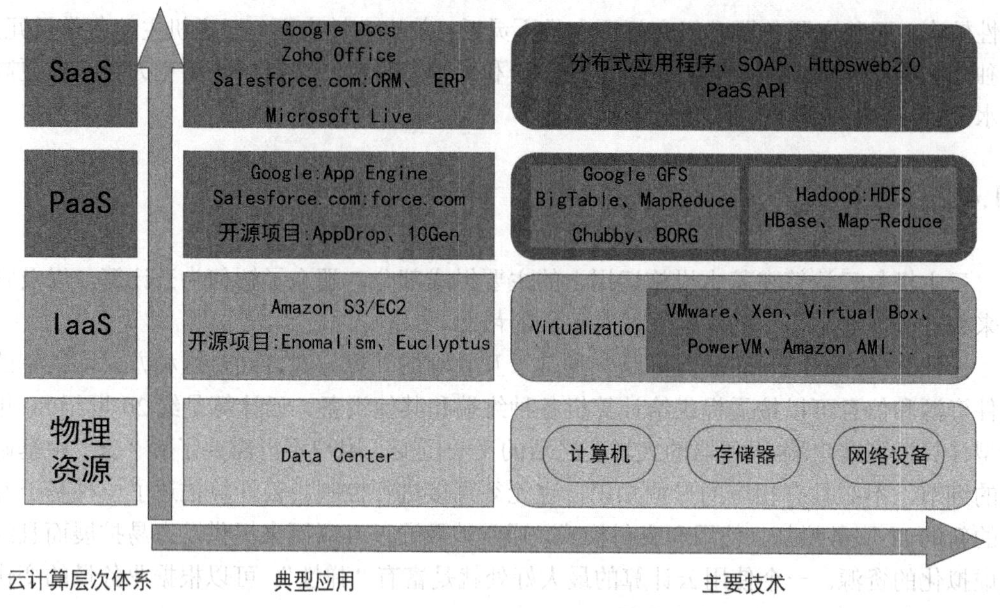

图 11.13　从开发者的视角看云计算的 3 种模式之间的关系

另外，在美国国家标准和技术研究院的云计算定义中，云计算的 4 种部署模型如下。

- 公用云（public cloud）服务可通过网络及第三方服务供应者开放给客户使用，“公用”一词并不一定代表“免费”，但也可能代表免费或相当廉价，公用云并不表示用户数据可供任何人查看，公用云供应者通常会对用户实施使用访问控制机制。公用云作为解决方案，既有弹性，又具备成本效益。
- 私有云（private cloud）具备许多公用云环境的优点，如弹性、适合提供服务，两者差别在于私有云服务中，数据与程序皆在组织内管理，且与公用云服务不同，不会受到网络带宽、安全疑虑、法规限制影响；此外，私有云服务让供应者及用户更能掌控云基础架构、改善安全与弹性，因为用户与网络都受到特殊限制。
- 社区云（community cloud）由众多利益相仿的组织掌控及使用，如特定安全要求、共同宗旨等。社区成员共同使用云数据及应用程序。
- 混合云（hybrid cloud）结合了公用云及私有云，在此模式中，用户通常将非企业关键信息外包，并在公用云上处理，但同时掌控企业关键服务及数据。

11.5　开发平台和操作系统

11.5.1　IoT 开发平台

前面已提到，传统的物联网应用开发需要智能设备及网关端、服务器端和 App 端三方面的专业开发人员共同协作完成，对于初级开发人员，往往需要熟悉并运用三方面的开发知识，这无疑增加了初级开发者的学习成本，成为入门物联网开发的阻碍。为达到可以迅速熟悉物联网应用开发的目的，可以使用物联网开发平台，大大节省了嵌入式初学者的开发时间，提高了开发效率。物联网平台的各个模块如图 11.14 所示。

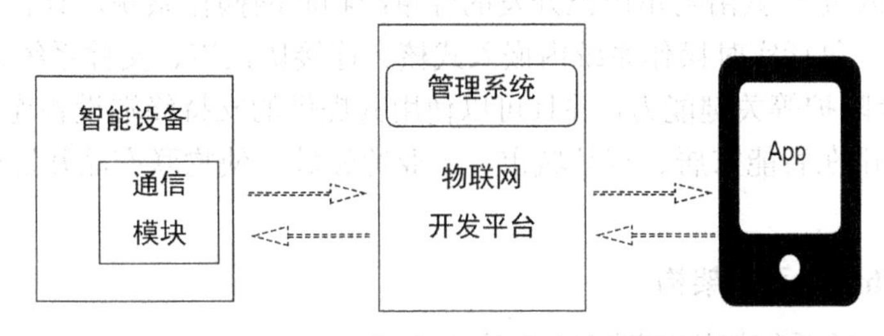

图 11.14　物联网平台的各个模块

其中，智能设备上的通信模块本质只负责与物联网开发平台进行通信，为智能设备的开发者提供简易的联网接口，帮助其快速接入网络；物联网开发平台负责接收、转发以及处理通信模块和 App 上传的数据，相当于“桥梁”的作用，帮助两者进行通信，开发者使用管理系统按照规则使用开发平台；手机端的 App 可以根据开发平台提供的 SDK 等与物联网平台进行通信。

阿里云 IoT 开发平台是阿里云按照开放标准，打通物联网云架构基础层、平台层、应用层，包容 NB-IoT、LoRa 等异构网络、主流物联网通信协议和技术标准的物联网基础平台。作为物联网基础设施，阿里云 IoT 开发平台主要解决物联网技术“统一规则”的问题，以及如何将成千上万个传感器和上百种传输协议有机形成一个可结构化复用，同时能打通互联网的云架构，并为物联网产业应用场景提供基础服务。其各部分的开发特点如下。

- 端的接入：基于阿里云提供国内领先的多线路、大流量、高并发的连接和数据处理能力，同时囊括 GPRS、Wi-Fi、LoRa 等异构网络支持和 MQTT、CoAP、HTTP 等主流协议接入，并在端的开发上提供了完善、灵活的开发配套。
- 数据处理：基于阿里云的大数据存储与计算能力，从离线到实时，从机器学习到人工智能，保障了平台既能够处理与存储 PB 级别的海量数据，更能够把大数据做成“小数据”，从而更好地推进行业变革。
- 应用搭建：充分地运用 Function Compute 和可视化业务编排工具等新兴技术，基于 Serverless 理念打造一站式开发、运行和运维能力。

11.5.2　IoT 操作系统

物联网应用有很多特殊的需求和特点，需要一些专用的网络协议和系统配置。由于传统的嵌入式操作系统（本书第 10 章所述）并不支持 MQTT、CoAP、WSF 等物联网通信协议，缺乏“端-云”一体的系统功能，在智能设备上使用一个 IoT 操作系统有利于快速开发 IoT 应用。AliOS Things 是一个比较合适的 IoT 操作系统，它对于很多物联网应用协议，包括配网、绑定、OTA 等都有较好的支持，并已经在很多主流的 MCU、SoC 上有移植和应用，使用 AliOS Things 可大大加快物联网嵌入式产品的开发。

1. AliOS Things 简介

AliOS Things 是一款由阿里巴巴开发的轻量级物联网操作系统，具有极简开发、云端一体、丰富组件（包括实时操作系统内嵌入式核、连接协议库、文件系统、FOTA、Mesh、语音识别）、安全防护等关键能力，并且可以使用其提供的支持终端设备连接到阿里 IoT 云服务平台。可应用在智能家居、智慧城市、工业等领域，使物联产品开发更容易、设备上云更方便。

2. AliOS Things 系统架构

AliOS Things 的系统架构如图 11.15 所示。

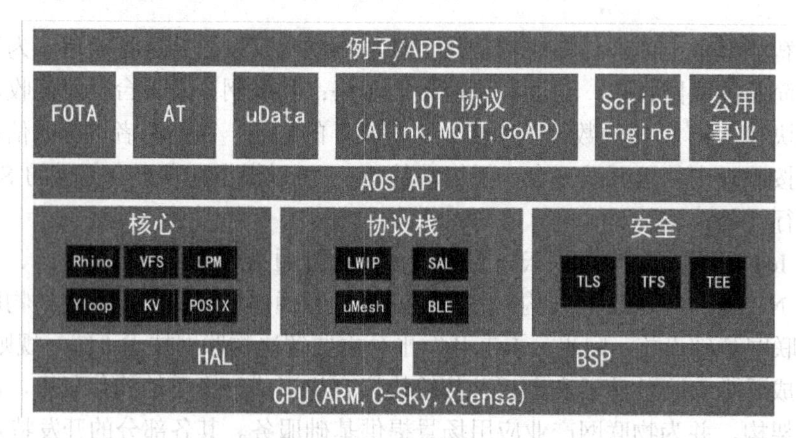

图 11.15　AliOS Things 系统架构

自下而上包括如下方面。

（1）BSP（board support package）：板级支持包主要由 SoC 厂商开发和维护。

（2）HAL（hardware abstraction layer）：硬件抽象层，如 Wi-Fi、USRT。

（3）Kernel：内核包括 Rhino RTOS 内核、Yloop、VFS、KV Storage。

（4）Protocol Stack：支持的协议栈包括 LwIP、TCP/IP、uMesh、蓝牙。

（5）Security：安全机制有 TLS、TFS（trusted framework service，受信任的框架服务）、TEE（trusted execution environment，受信任的执行环境）等。

（6）AOS API：AliOS Things 将底层封装并为中间层提供 API。

（7）Middleware：包括由阿里提供的重用的 IoT 组件。

（8）Examples：易上手的代码例程帮助开发者尽快测试应用程序。

3. AliOS Things 核心组件

AliOS Things 的核心组件有 kernel、HAL、uMesh，IoT Protocols 等，本节就简单介绍这几个组件。

kernel 的基础是代号为 Rhino 的实时操作系统，它实现了多任务机制，多个任务之间的调度，任务之间的同步、通信、互斥、事件，内存分配，trace 功能，多核等机制。可以利用 kernel 提供的 API 来实现一个 RTOS 所具备的能力，也可以利用现有已移植的 CPU 体系架构来达到快速的移植目的。

HAL（hardware abstraction layer，硬件抽象层）是为了屏蔽底下不同的芯片平台差异，从而使上面的应用软件不会因为不同的芯片而改变。目前的 ALiOS Things 定义了丰富的 HAL 抽象层，芯片公司或者用户只要对接相应的 HAL 接口即能满足控制芯片的控制器，从而达到控制硬件外设的目的。其包含的外设功能有 ADC、Flash、GPIO、I2C、PWM、RTC、SPI、Timer、UART，开发人员可以利用 HAL 的 API 来快速达到控制硬件外设的能力。由于目前的 HAL 层是非常标准的 API，开发人员也可以参考现有移植的 HAL 层的开发来达到快速移植的目的。

uMesh 实现了 mesh 链路管理、mesh 路由、6LoWPAN、AES-128 数据加解密等。它能够支持 mesh 原始数据包、IPv4 或 IPv6 多种数据传输方式。模组之间通过 uMesh 能够形成自组织网络。开发人员可以使用熟悉的 socket 编程，利用 uMesh 提供的自组织网络实现智能设备的开发和互连，能够应用于智能照明、智能抄表、智能家居等场景。开发人员也可以通过实现 uMesh 提供的 meshHAL 层接口，将 uMesh 移植到不同的通信介质。

IoT Protocol 目前支持 Alink、MQTT、CoAP 3 种 IoT 协议，主要是提供开放、可靠的云服务，提供云连接服务，如配网、数据上报等。借助 Alink 组件，可以很方便地实现用户与设备、设备与设备、设备与用户之间的互联互动。

11.6 MQTT 概述

传统的网络协议（如 TCP、UDP、HTTP 等）都不太适合物联网应用场景。MQTT（message queuing telemetry transport，消息队列遥测传输）是由 IBM 开发的一个即时通信协议，是目前物联网应用的主要协议。MQTT 是一个服务器-客户机架构的发布/订阅模式的消息传输协议，目前同样属于发布/订阅机制的物联网协议还有 STOMP 协议、AMQP 协议以及 DDS 协议。MQTT 的设计思想是轻巧、开放、简单、规范，因此易于实现。这些特点使得它对很多场景来说都是很好的选择，特别是在受限的环境中，如机器与机器的通信（M2M）以及物联网应用，这些场景要求很小的代码封装或者很少的网络带宽开销。

11.6.1 MQTT 特点

MQTT 协议运行在 TCP/IP 或其他提供了有序、可靠、双向连接的网络连接上。它有以下特点。

- 使用发布/订阅消息模式，提供了一对多的消息分发和应用之间的解耦。
- 消息传输不需要知道负载内容。
- 提供 3 种等级的服务质量。
  - “最多一次”，尽操作环境所能提供的最大努力分发消息，而消息可能会丢失。例如，这个等级可用于环境传感器数据，单次的数据丢失没关系，因为不久之后会再次发送。

➢ “至少一次”，保证消息可以到达，但是可能会重复。

➢ “仅一次”，保证消息只到达一次。例如，这个等级可用在一个计费系统中，这里如果消息重复或丢失会导致不正确的收费。

- 很小的传输消耗和协议数据交换，最大限度地减少网络流量。
- 异常连接断开发生时，能通知到相关各方。
- 使用 TCP/IP 提供网络连接。
- 使用 Last Will（遗言机制）和 Testament（遗嘱机制）特性通知有关各方客户端异常终端机制。

11.6.2　MQTT 协议原理

1．MQTT 协议实现方式

实现 MQTT 协议需要客户端和服务器端通信完成，在通信过程中，MQTT 协议中有 3 种身份：发布者（publish）、代理（broker）、订阅者（subscribe）。其中，消息的发布者和订阅者都是客户端，消息代理是服务器，消息发布者可以同时是订阅者。

MQTT 传输的消息分为主题（topic）和负载（payload）两部分。

① topic 可以理解为消息的类型，订阅者订阅（Subscribe）后，就会收到该主题的消息内容（payload）。

② payload 可以理解为消息的内容，是指订阅者具体要使用的内容。

2．网络传输与应用消息

MQTT 会构建底层网络传输：它将建立客户端到服务器的连接，提供两者之间的一个有序的、无损的、基于字节流的双向传输。当应用数据通过 MQTT 网络发送时，MQTT 会把与之相关的服务质量（QoS）和主题名（topicname）关联。

3．MQTT 客户端

一个使用 MQTT 协议的应用程序或者设备，它总是建立到服务器的网络连接。客户端具备以下功能。

① 发布其他客户端可能会订阅的信息。

② 订阅其他客户端发布的消息。

③ 退订或删除应用程序的消息。

④ 断开与服务器连接。

4．MQTT 服务器

MQTT 服务器也称为“消息代理”（broker），可以是一个应用程序或一台设备。它位于消息发布者和订阅者之间，具有以下功能。

① 接受来自客户的网络连接。

② 接受客户发布的应用信息。

③ 处理来自客户端的订阅和退订请求。

④ 向订阅的客户转发应用程序消息。

5. MQTT 协议中的订阅、主题、会话

① 订阅（subscription）：订阅包含主题筛选器（topic filter）和最大服务质量（QoS）。订阅会与一个会话（session）关联。一个会话可以包含多个订阅。每一个会话中的每个订阅都有一个不同的主题筛选器。

② 会话（session）：每个客户端与服务器建立连接后就是一个会话，客户端和服务器之间有状态交互。会话存在于一个网络之间，也可能在客户端和服务器之间跨越多个连续的网络连接。主题名（topic name）连接到一个应用程序消息的标签，该标签与服务器的订阅相匹配。服务器会将消息发送给订阅所匹配标签的每个客户端。

③ 主题筛选器（topic filter）：一个对主题名通配符筛选器，在订阅表达式中使用，表示订阅所匹配到的多个主题。

④ 负载（payload）：消息订阅者具体接收的内容。

6. MQTT 协议中的常用方法

MQTT 协议中定义了一些方法（也被称为动作），用来表示对确定资源所进行的操作。这个资源可以代表预先存在的数据或动态生成数据，这取决于服务器的实现。通常来说，资源指服务器上的文件或输出。主要方法如下。

① connect：等待与服务器建立连接。

② disconnect：等待 MQTT 客户端完成所做的工作，并与服务器断开 TCP/IP 会话。

③ subscribe：等待完成订阅。

④ unsubscribe：等待服务器取消客户端的一个或多个主题订阅。

⑤ publish：MQTT 客户端发送消息请求，发送完成后返回应用程序线程。

11.7　物联网系统应用开发

上述介绍了一些与物联网应用系统开发相关的技术，我们了解到开发一个完整的物联网应用系统涉及很多方面，需要不同专业技术人员共同配合才能完成。接下来，我们将从云端架构和接入方式两个角度出发，先介绍几种典型的物联网应用系统架构及其优缺点，再介绍几种接入方式，读者应从自身需求出发，进行成本、性能、应用规模、响应时间等诸多方面考量，然后选择最适合自己应用类型的架构。

物联网应用系统根据云端架构可分为基于单点服务器的物联网系统、基于物联网云平台和应用服务器的物联网系统、基于物联网云平台和通用物联网平台的物联网系统。

11.7.1　基于单点服务器的物联网系统

基于单点服务器的物联网系统示意图如图 11.16 所示。该系统架构清晰，在实现过程中较为灵活，可以进行定制化开发。但该架构往往需要嵌入式开发人员与云端开发人员共同研发，从而导致开发难度大、效率低下等问题，不利于产品的快速迭代。从设备规模角度而言，该架构在小数据量场景下表现尚可，但当设备规模达到百万级时，该架构可能表现乏力。例如，当设备并发连接的数量巨大时，基于单点服务器的架构难以保证平台的稳定运行；且可能由于性能瓶颈，在大量设备集中进行属性上报或者批量上下线时，引发平台雪崩、影响高峰时正常业务运行。再者，在真实业务场景下，安全性尤为重要。对于单点服务器的物联网系统，安全性需要由开发者团队自行保证，因此团队可能需要额外开发和部署与核心业务无关的各种安全措施，保障数据安全成了开发团队面临的极大负担和挑战。倘若团队中缺乏专业安全人才，或团队安全意识不强，在遇到如黑客攻击等安全问题时无法第一时间解决，则会给客户造成巨大的利益损失，对公司核心业务产生恶劣影响。

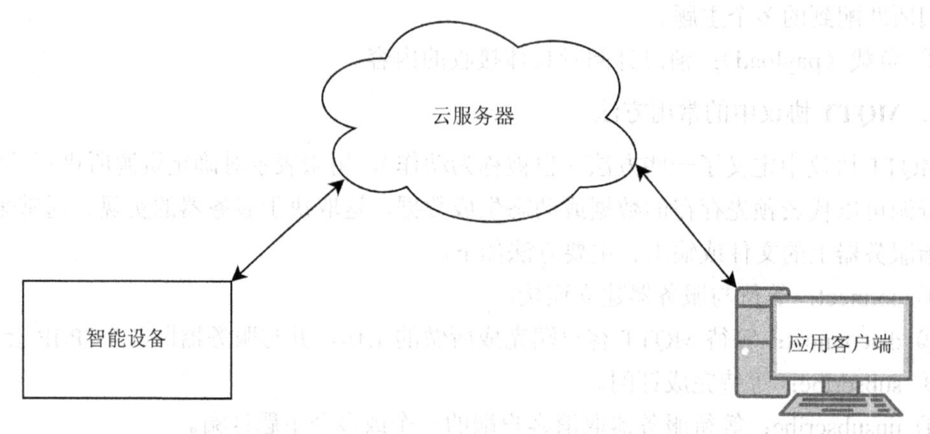

图 11.16　基于单点服务器的物联网系统架构示意图

总之，该架构应用在快速搭建小型应用案例、进行技术验证等场景下更为合适。而对于具有大数据量、高并发、高服务质量等要求的物联网应用来说，使用该架构需要花费大量人力、物力才能完整开发一套具有接入、计算、存储等功能的物联网系统，并且需要购买服务器搭建分布式、负载均衡架构，自行搭建业务前后端，对于物联网应用系统中的设备连接状态、生命周期管理以及远程运维等核心痛点功能的实现非常复杂。此外，该架构还存在海外部署成本高、设备访问延时高、人工运维费用高等问题，且在具体实现时还需遵守服务器所在地区的法律法规。

11.7.2　基于物联网接入平台的物联网系统

物联网接入平台是一个介于物联网设备层和应用服务器之间的中间层，可提供物联网应用系统中设备连接状态、生命周期管理以及远程运维等核心功能的通用解决方案。基于物联网接入平台的物联网系统架构示意图如图 11.17 所示。

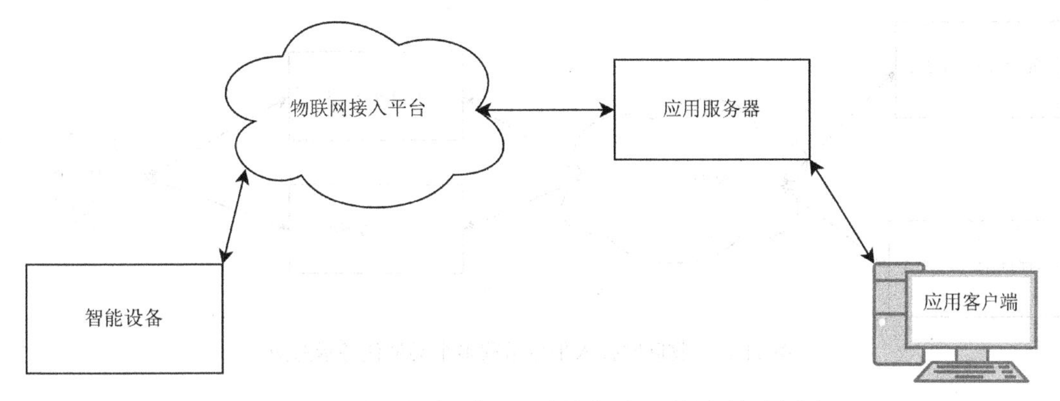

图 11.17　基于物联网接入平台的物联网系统架构示意图

在设备接入方面，物联网接入平台负责维护与嵌入式设备的连接功能。其次，物联网接入平台支持使用消息队列建立与平台的连接，因此，云端开发人员只需要将命令推送给物联网接入平台，平台可无缝衔接将其推送给设备，实现了设备和应用服务器的双向通信，解耦了服务器端和设备端的开发过程。平台通常提供控制台、设备 SDK、云端 SDK 配合使用，提高了开发的效率，降低了对开发人员的要求。同时，物联网接入平台支持全球设备接入、异构网络设备接入、不同环境下设备接入和多协议设备接入，简化了云端开发，降低了业务风险。此外，物联网接入平台可依托云端提供的强大算力、支持亿级设备规模，具有自动扩展等能力，保证了连接稳定性。在安全方面，物联网接入平台可提供多种多重防护，保障设备数据安全。

以阿里云物联网平台为例，首先，平台提供设备端 SDK，嵌入式开发人员只需在设备固件中实现对应接口，即可快速实现连接设备上云，提高了固件开发工作的效率。同时，阿里云物联网平台可提供覆盖全球 8 个地域，分布在亚洲、欧洲、北美洲的设备就近接入服务，降低设备跨海通信延时，设备消息到平台处理时长在 50ms 以内。物联网平台核心消息处理系统采用无状态架构，无单点依赖，消息发送失败可自动重试。在接入层，阿里云物联网平台使用高防 IP 防止 DDoS 攻击。使用 Alink 协议进行设备认证，以保障设备安全性与唯一性，同时通过认证相关核心密钥和对用户数据进行加密存储两种手段防止数据被恶意窃取。在通信链路层，阿里云物联网平台支持 TLS 加密，以保障数据的安全性。阿里云物联网平台由阿里云安全团队进行安全保障，拥有多数据中心支持，承诺服务可用性达到 99.9%。开发者可在阿里云物联网平台上进行一站式设备管理，实时监控设备场景，无缝连接阿里云产品，打通设备经平台到业务服务器的数据链路。

基于物联网接入平台的物联网系统相对于基于单点服务器的物联网系统，由于物联网平台的加入，解决了在大数据量、高并发、高服务质量业务场景下，基于单点服务器的物联网系统存在的架构复杂、搭建成本高昂、业务后期维护扩容困难等痛点。但是对于应用后端，目前还没有厂商提供一个开放的通用数据解析、权限控制、指令传输的计算平台。如图 11.18 所示，我们可能需要针对每一类应用开发部署一套应用后端与接入平台对接，这样会造成资源浪费和代码冗余。

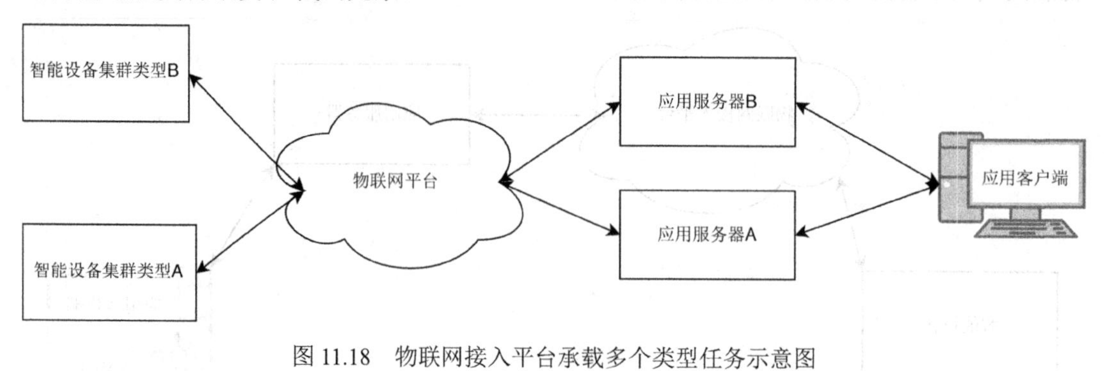

图 11.18　物联网接入平台承载多个类型任务示意图

11.7.3　基于物联网应用平台的物联网系统

物联网接入平台提供了物联网系统最基础的云端接入功能和安全保障，解耦了固件端和后端的数据传输过程，降低了开发难度，提高了开发效率。然而，由于物联网应用面广，各种应用需求、特征差异很大，在功能抽象、灵活性上很难做到统一，由此产生了针对某类应用的物联网应用平台。物联网应用开发平台基于物联网接入平台，为某类应用提供了更高层次的功能封装和接口，基于物联网应用平台的物联网系统如图 11.19 所示。基于物联网应用平台，开发者可以更便捷地实现相应的应用需求。

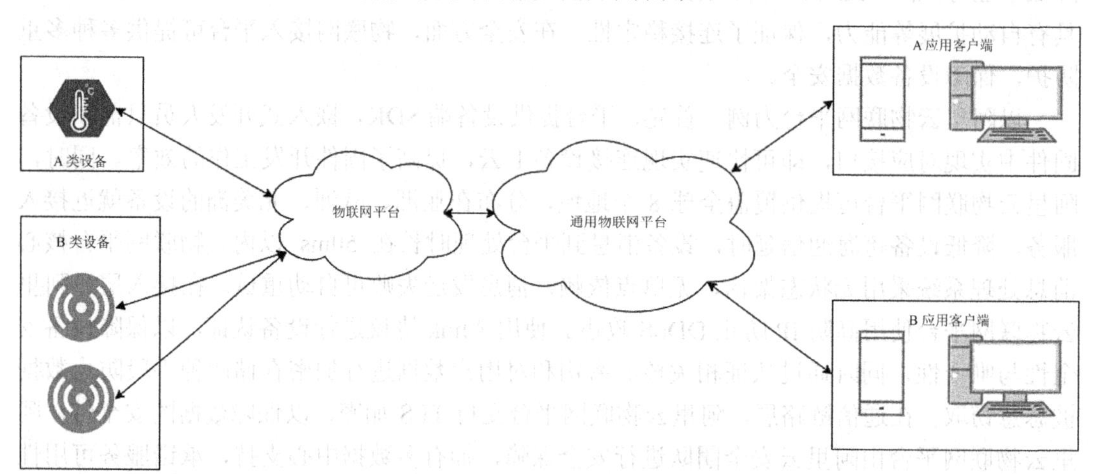

图 11.19　基于物联网应用平台的物联网系统示意图

物联网应用平台是为简化物联网应用开发而设计的具备某类通用性质的物联网开发平台。其可提供包括但不限于产品定义、设备控制、权限管理、数据持久化等产品开发过程中通常遇到的问题的解决方案和相关功能。此时，嵌入式固件开发工程师只需关注自己熟悉的产品核心功能开发，而无须考虑云端相关开发配置问题。而对于应用端而言，物联网应用平台通过抽象协议、使用相较于 RBAC 粒度更小的权限控制等方法提供 BaaS 服务，实现在一个平台上只需要修改前端和设备端即可实现不同的物联网应用。

对于同一类的物联网应用，大多数的应用仅仅只是业务载体不同，对物联网设备的操作都能抽象为控制和读取两种行为。此时，我们推荐使用第三种架构——物联网应用平台，既可以拥有物联网云平台在处理大数据量、高并发、高服务质量要求时的强大能力，又可避免在实现时因为协议、业务不同，需要重复开发平台或应用、产生资源浪费和维护困难。

11.8　设备联网方式

在物联网应用系统中，设备接入 Internet 的方式可分为间接接入和直接接入两种。间接接入指设备本身不具有联网功能，必须经过对应的联网模块或者边缘网关来接入互联网。直接接入指设备本身硬件上具备联网能力，可通过操作系统提供的驱动程序来配置网络模块从而接入互联网。

对于无直接联网能力的嵌入式设备或 MCU 系统，只能通过间接方式接入 Internet。基于间接接入方式联网的物联网系统如图 11.20 所示。例如，对于一个 ZigBee 或 BLE（低功耗蓝牙）设备集群，可以选择采用边缘网关，把 ZigBee 或 BLE 协议转换为 Wi-Fi 或以太网协议接入因特网。而对于一个单点设备，如智能洗衣机或者自动售货机，则可以通过 MCU 提供的串口，外接一个支持 Wi-Fi 协议的模块或者支持 GPRS/4G 协议的 DTU（data transfer unit，数据传输单元）模块进行联网。DTU 通常采用 AT 指令进行配置。AT 指令是以 AT 作为首字符的命令串，传输数据包含在指令中。DTU 通过串口接收 MCU 发送的 AT 指令，每个指令执行成功与否都有相应的返回。DTU 在工农业数据采集与控制类物联网系统中有广泛的应用。

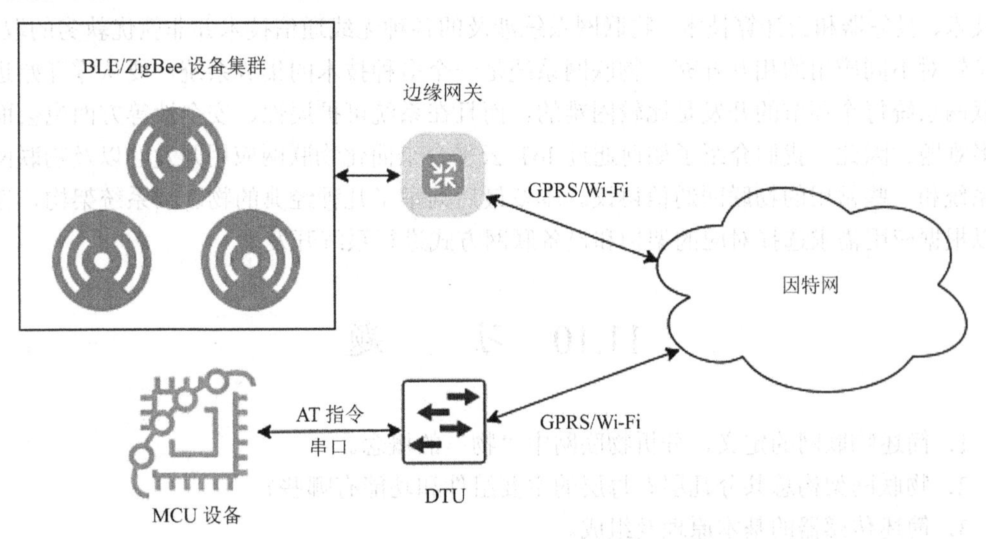

图 11.20　间接接入方式联网的物联网系统示意图

通过采用间接接入方式，可以降低设备端固件开发的难度，缩短开发时间。然而，使用边缘网关或者 DTU 也会造成产品整体性下降，GPRS/4G 模块还有使用流量费，导致系统成本上升。另外，由于 DTU 需要使用 AT 指令通过串口进行配置和数据传输，传输速率受限于串口的速度，在进行高频、大量的数据传输时效果可能不大理想。

如果嵌入式设备的处理器具有较强的计算和存储能力，并支持以太网、Wi-Fi 等联网能力，则可使用 MXOS、AliOS Things 等物联网操作系统，直接接入 Internet。物联网操作系统屏蔽了底层通信交互的指令和协议，应用程序只需要实现物联网平台的接入逻辑，即可与云端进行数据交互。

设备直接接入因特网，可以规避使用边缘网关和 DTU 间接接入所产生的一些问题。例如，在间接联网方式中，边缘网关为处理设备集群中所有设备于云端交互的数据流，需要有相对于普通节点更强大的处理能力，因而可能产生更高的成本、更高的时延与更大的能耗。

目前，越来越多的物联网设备使用自带 Wi-Fi 的 SoC 芯片和物联网操作系统，这种形式具有更低的成本和更高的集成度。因为操作系统与硬件强耦合，可以提高数据传输速率。但是，移植和使用物联网操作系统具有一定的难度，对于开发者来说需要更高的技术要求。同时固件工程中也会增加很多与业务无关的代码，增加软件维护的难度。

对于以上两种设备接入方式，开发者需根据具体业务场景，综合考虑硬件成本、开发时间等，选择合适的接入方式。

11.9 本章小结

物联网是嵌入式系统应用的一个重要方向。本章从感知层、网络层和应用层的三层架构介绍了物联网系统的整体架构及其相关技术，包括物联网系统使用的无线通信技术、终端技术、服务器和云计算技术。物联网系统涉及的各种无线通信技术并非孰优孰劣的取舍，而是针对不同应用的相互补充。物联网系统是一个多种技术的集成系统，要从零开始进行物联网系统每个环节的开发是比较困难的，而且在系统可扩展性、安全性等方面也会面临很多难题。因此，我们介绍了如何通过 IoT 云平台来简化物联网应用开发，以及物联网操作系统和一些常用的物联网通信协议。本章最后列举了几种经典的物联网系统架构，读者可以根据应用需求选择对应的架构和设备联网方式进行系统开发。

11.10 习　　题

1. 简述物联网的定义，分析物联网中“物”的概念。
2. 物联网架构总共分几层？每层的主要组件和功能有哪些？
3. 简述传感器的基本原理及组成。
4. 物联网应用中常用的无线通信技术有哪些？简述各种无线通信技术的特点及适用场景。
5. 查阅资料，简述最新的 BLE 标准规范及其特点。

6．查阅资料，简述最新的 Wi-Fi 标准规范及其应用针对性。

7．简述独立服务器和云主机的定义以及两者的区别。

8．简述云计算服务的 3 个层次，以及使用云计算有什么好处。

9．简述云计算与物联网的关系，以及 IoT 云平台有什么特别之处。

10．简述物联网操作系统的特点，并简单介绍 3 个典型的物联网操作系统。

11．简述 MQTT 协议，以及 MQTT 为何适合物联网应用。

12．简述 MQTT 的客户端和服务器的功能。

13．查阅、学习公有云 IoT 平台相关资料，描述什么是物模型。

14．物联网应用系统的云端架构一般有哪几种形式？并分别说明各自的适应性。

15．物联网系统中的设备有哪几种联网方式？各自的优缺点是什么？

16．试在公有云 IoT 平台上，创建一个特定功能的产品，并在 Web 端进行软件模拟调试。

第 12 章　物联网开发实践

第 11 章介绍了一些与物联网系统开发相关的技术，可以看到，要开发一个完整的物联网应用系统涉及很多方面，需要不同专业技术人员共同配合协助才能完成。为了让嵌入式系统开发人员也能实践、构建一些简单的物联网应用，本章将使用阿里云物联网接入平台和 MXLAB 物联网应用平台，分别设计开发两个完整的物联网应用示例。篇幅所限，本书仅提供实践方法和操作流程，完整的工程代码和相关开发板资料可以在 www.emlab.net、www.mxchip.com 下载。

12.1　实 验 环 境

为了降低开发难度，本章实验将采用第 11 章介绍的设备间接接入方式，读者只需用基本的串口通信命令即可配置 Wi-Fi 模块接入互联网。这也意味着，该实验例程只要稍加修改即可移植到任何一款具有 UART 接口的 MCU 上。考虑到通用性，本章 MCU 开发板采用 STM32 Nucleo-F303RE 开发板。

STM32 Nucleo-F303RE 开发板搭载了一颗基于 ARM Cortex-M4 的 STM32F303RE 微控制器。板上提供一颗用户 LED、一个用户按钮和 reset 按钮以供应用开发使用。开发板提供板载的 ST-Link 下载/调试器，只需要一根 USB 线即可实现供电、下载、调试和串口打印等功能，详细资料可以在 ST 官网上下载。该开发板上搭载的 STM32F303RE 单片机具有丰富的硬件资源，包括如下方面。

- ❑ 最高 72MHz 的工作频率，同时内置 FPU（浮点运算单元）和 MPU（内存保护单元）。
- ❑ 高达 512KB 的闪存，80KB SRAM，同时支持通过 FSMC 控制器进行扩展。
- ❑ 4 个高速（5MSPS）12 位 ADC，7 个比较器，2 个 DAC 通道。
- ❑ 2 个看门狗定时器，1 个系统滴答定时器，5 个通用 16 位定时器，1 个通用 32 位定时器。
- ❑ 3 个 I2C 通信接口，4 个 SPI 通信接口，3 个 USART 通信接口。
- ❑ 多达 115 个高速 I/O。
- ❑ 12 通道 DMA 控制器。
- ❑ 支持 SWD & JTAG 仿真接口。

由于一般 MCU 开发板没有传感器、显示器等外设，也不提供联网功能，因此我们还选用了上海庆科公司的 MX-EHS02 IoT 扩展板。MX-EHS02 是一款搭载 Wi-Fi 物联网模组的高性价比物联网扩展板，可以快速方便地使用常见的 Arduino、LaunchPad、Nucleo 等主流 MCU 开发板接入常用的各种物联网云平台。同时 MX-EHS02 板载马达驱动、温湿度传感器、开关、按键、单色发光二极管、RGB 三色发光管、OLED 等常用传感器和人机交互外设，弥补了一般 MCU 开发板的外设资源不足，使得学习者能快速学习物联网系统开发，应用于智能家居、工业监测、智能穿戴等物联网场景领域。该扩展板可提供如下外设。

- EMW3080 Wi-Fi 物联网模组，支持 AliOS 和 MXOS 自主操作系统，支持多个主流 IoT 云平台接入 SDK 和 AT 指令。
- 30PIN 标准杜邦线连接 Arduino、LaunchPad、Nucleo 等 MCU 开发板。
- 光敏传感器。
- 工业级 I2C 接口温湿度传感器。
- 128×64 分辨率 SPI 接口的 OLED 显示屏。
- 一个 RGB 三色发光管，3 个单色 LED。
- 2 个开关和 2 个按钮。

该开发板的结构框图如图 12.1 所示，完整的硬件资料、原理图等可在 www.mxchip.com 下载。

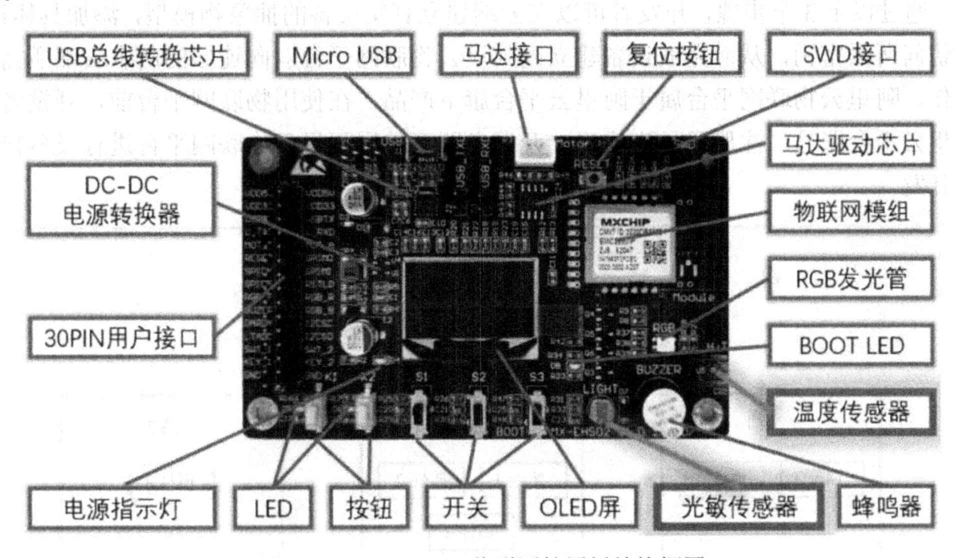

图 12.1　MX-EHS02 物联网扩展板结构框图

12.2　物联网实验一

本实验主要实现智能设备的阿里云接入、设备配网和数据交互等物联网智能设备所需的基本功能，并通过云端下发指令控制 STM32 Nucleo-F303RE 开发板上 LED 灯的亮/灭。通过编写物联网设备端应用程序和配置物联网云平台操作，使开发者初步理解物联网体系结构，掌握通过云端控制设备的操作方法。开发者在实际开发中可以根据自己的需求，基于本案例做进一步的开发。

本实验云端使用了阿里云 IoT 接入平台，系统结构组成如图 12.2 所示。

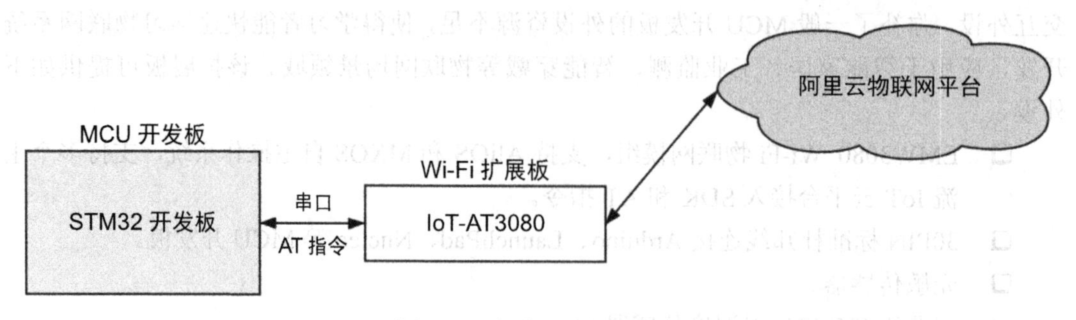

图 12.2　实验一系统架构图

阿里云物联网平台组织结构如图 12.3 所示，其中实例可以理解为一台云服务器。产品、设备、规则等资源均在实例中进行操作管理。一个实例可以拥有多个产品，用面向对象的视角来看，可以将产品理解为类，产品的属性则可视为类的属性，产品下的设备理解为类的对象。阿里云物联网平台工作可按顺序分为 3 个部分：创建产品、添加设备、获得设备密钥。通过以上 3 个步骤，开发者可以在云端建立真实设备的抽象物模型，添加具体设备，获取访问所需密钥，从而完成设备建立同阿里云物联网平台双向连接的所有云端所需的准备工作。阿里云物联网平台属于阿里云平台旗下产品，在使用物联网平台前，开发者需注册阿里云平台账号。注册登录完成后，开发者即可使用阿里云物联网平台进行设备接入和应用开发。

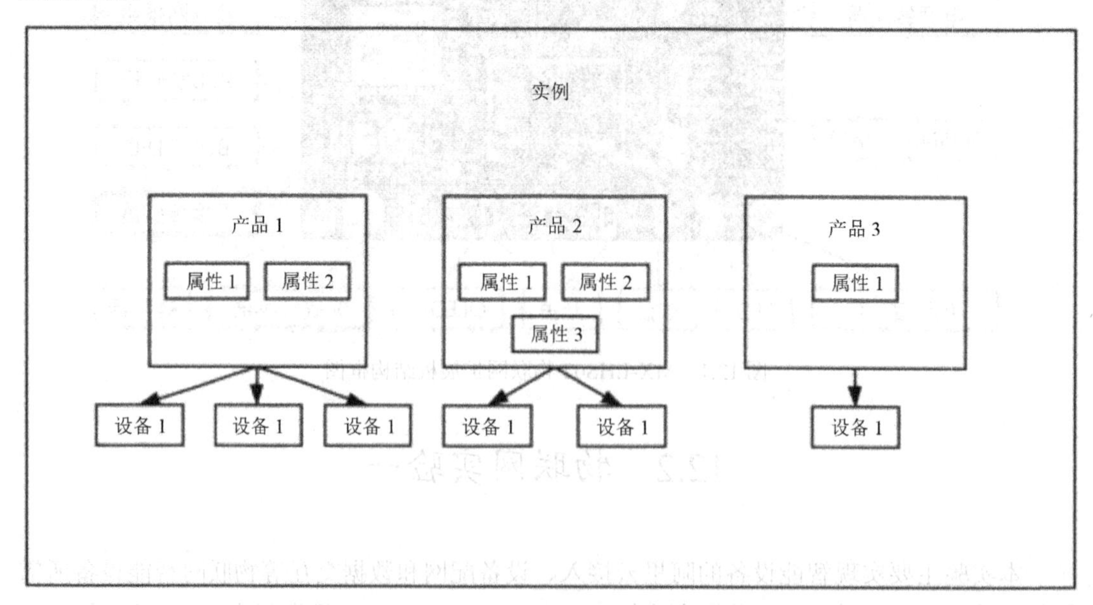

图 12.3　阿里云物联网平台组织结构图

智能设备端选用 STM32 Nucleo-F303RE 开发板和 MX-EHS02 IoT 扩展板上的 EMW3080 Wi-Fi 模块，两者之间使用串口 UART 连接。EMW3080 内部采用了 AliOS Things

物联网操作系统，并集成了 MQTT 通信交互协议，可以看作一个提供 MQTT 功能的 Wi-Fi 物联云模块。MCU 开发板可通过串口发送 AT 命令配置 EMW3080，从而实现与阿里云 IoT 平台的 MQTT 连接和应用数据交互，同时在阿里云 IoT 平台可以查看开发板的上报信息。

阿里云物联网平台提供了很多 IoT 应用的基础服务，如 MQTT 接入、设备绑定、设备调试和消息转发等。

12.2.1　实验流程

本实验操作流程如图 12.4 所示，可按顺序分为 4 个主要部分，首先是在阿里云物联网平台上创建设备，然后获取创建设备的“身份证”——四元组，接着将获取到的四元组填充到固件代码中，最后向 MCU 开发板烧入固件即可通过阿里云物联网平台控制开发板上的 LED 灯。

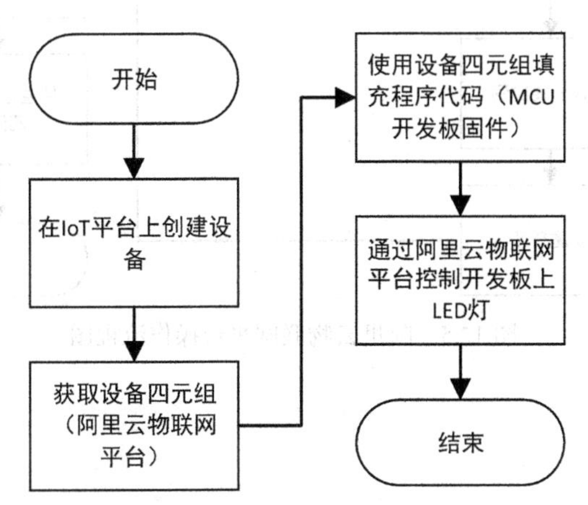

图 12.4　物联网实验 1 操作流程图

12.2.2　阿里云物联网平台操作

本节为开始前的准备工作，流程图如图 12.5 所示。此部分将引导读者登录阿里云并开通物联网平台。开通后我们可在物联网平台上创建自己的产品并定义产品的物模型。完成后我们可以在刚刚定义的产品下添加自己的第一台设备，从而拿到设备的“身份证”——四元组（Product Key、Product Secret、Device Name、Device Secret）。具体操作过程如下。

1．登录物联网平台

① 在浏览器中输入网址 https://IoT.console.aliyun.com，进入阿里云物联网平台。

自动跳转到登录界面，如图 12.6 所示。

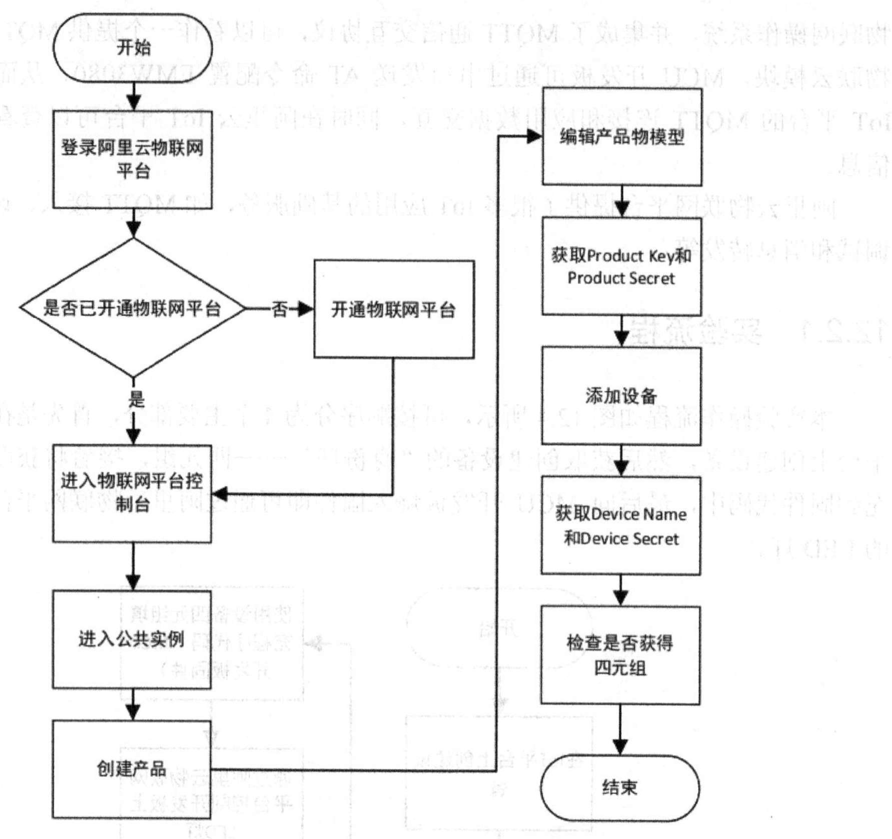

图 12.5　阿里云物联网平台操作流程图

图 12.6　用户登录界面截图

② 使用扫码或阿里云账号登录。

登录后，对于首次使用物联网平台者需要进行开通物联网平台的操作，开通界面如图 12.7 所示，单击立即开通按钮，转到开通页面。

图 12.7　开通阿里云物联网平台界面截图

③ 开通页面如图 12.8 所示，开发者需勾选同意服务协议，然后单击立即开通按钮。

图 12.8　云产品开通界面截图

④ 如图 12.9 所示，开通成功后跳转到开通完成页面。

图 12.9　云产品开通完成界面截图

对于已开通用户，则直接进入控制台页面。

2．进入公共实例

实例可以理解为一台云服务器。产品、设备、规则等资源均在实例中进行操作管理。如图 12.10 所示，开发者可以在“实例概览”页面看到该账户下拥有的全部实例，其中默认开通的物联网平台服务为公共实例。此处我们的实例位于上海，即设备端将会连接一台位于上海的阿里云实例服务器。注意：不同地区实例域名不同。

图 12.10　“实例概览”界面截图

3. 创建产品

① 在此处，我们可以将产品理解为类，产品下的设备理解为对象。

本实验将创建一个称作 LedType 的类，首先单击“公共实例”下设备管理页面中的“产品”选项卡，跳转到如图 12.11 所示的产品页面，然后单击创建产品按钮。

图 12.11　产品页面截图

② 创建完成后该类下面什么也没有，我们需要编辑设备模型，如图 12.12 所示。其中，设置产品名称为 LedType，所属品类为自定义品类，节点类型为直连设备，联网[①]方式为 Wi-Fi，数据格式为 ICA 标准数据格式，数据校验级别为弱校验，认证方式为设备密钥。

图 12.12　新建产品页面截图

① 此处“联网”同图 12.12 中“连网”，下文如遇此情况，均按此处规则修改。

③ 单击“确认”按钮后，平台成功完成创建产品后将显示如图 12.13 所示页面。

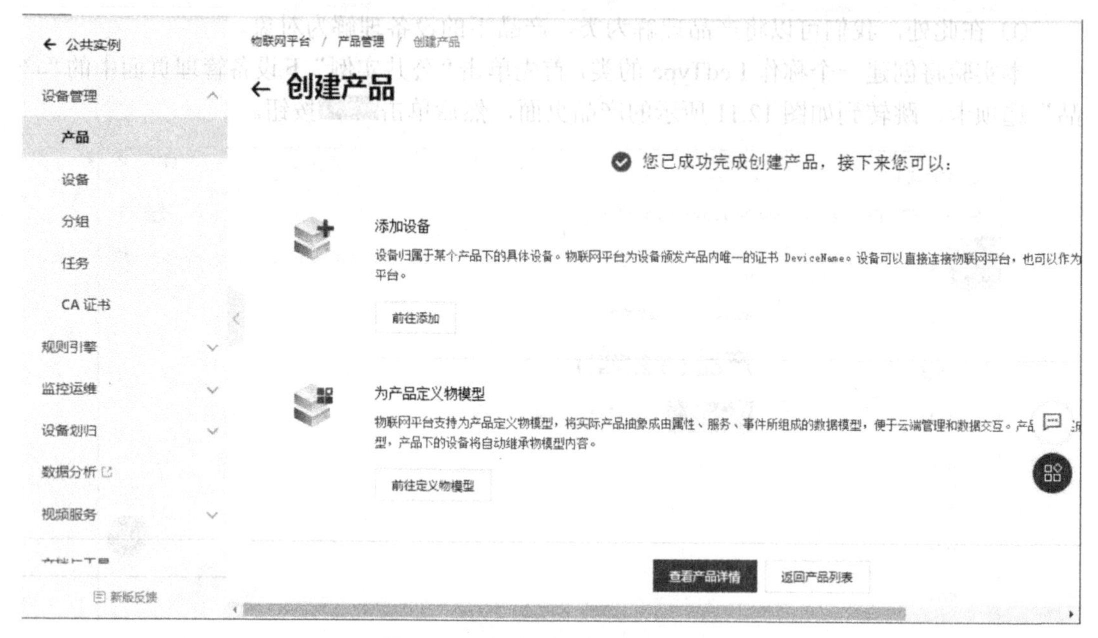

图 12.13　创建产品完成页面截图

④ 返回如图 12.14 所示的产品列表页面，可以发现刚刚创建的产品。

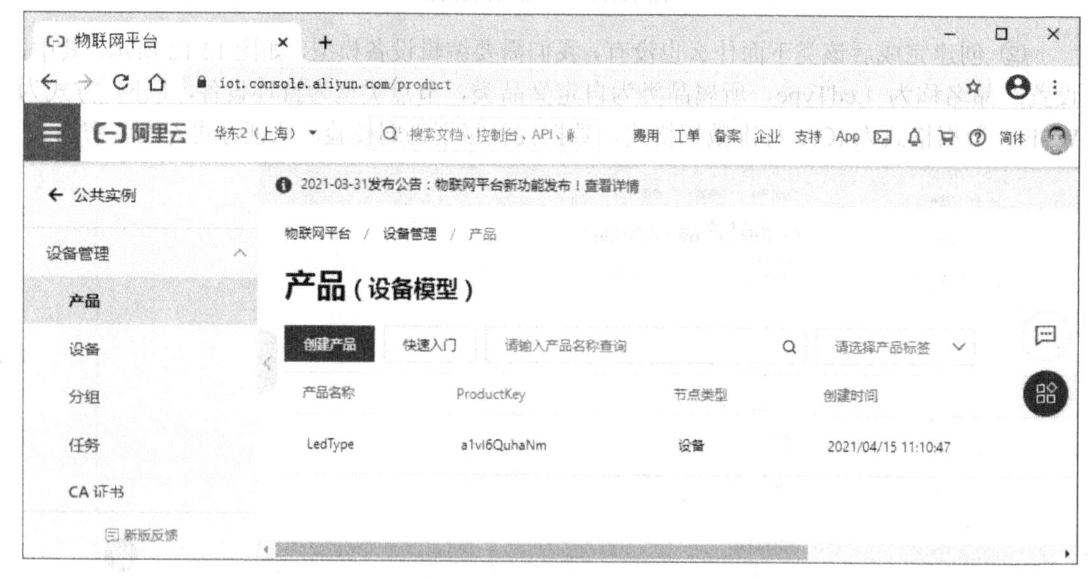

图 12.14　创建产品完成后产品详情页截图

4．创建物模型

物模型代表物的具体属性，可理解为向类中添加属性。在这里，我们向创建的产品（类）里面添加一个属性（bool 类型的 PowerSwitch，注意，属性的类型和名字必须和下文相同，因为设备端实验代码通过此属性名与类型和云平台交互，从而实现 LED 控制）。

① 在产品列表中单击产品名称，进入如图 12.15 所示的产品详情页面。

图 12.15　产品详情页截图

② 单击“功能定义”选项卡，进入如图 12.16 所示的功能定义页面。

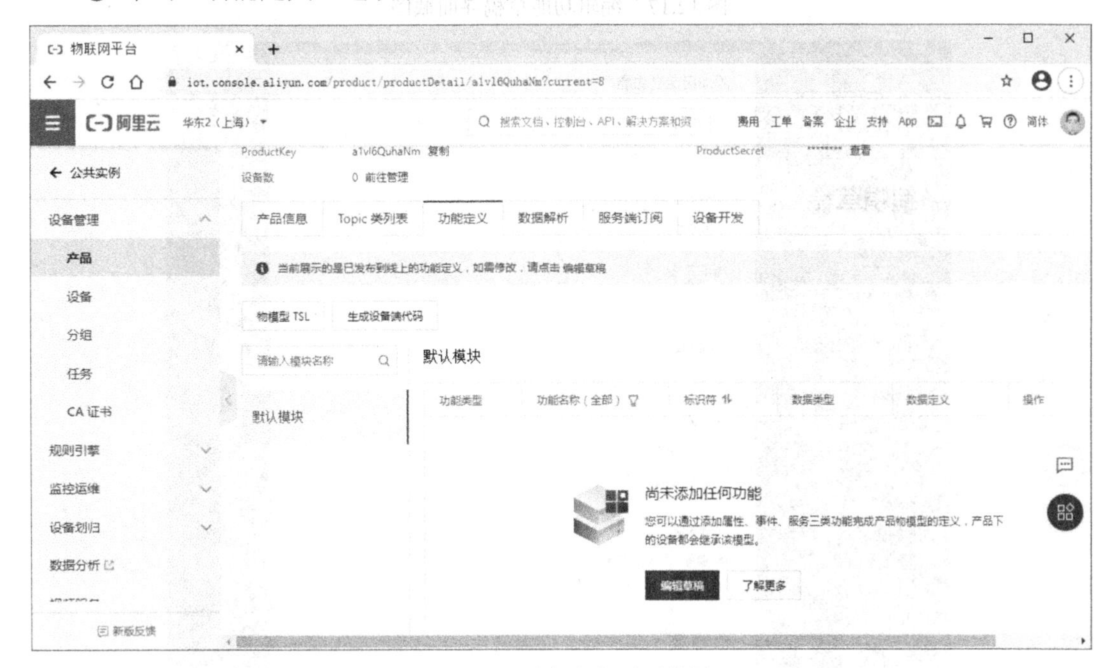

图 12.16　功能定义页面截图

③ 单击编辑草稿按钮，进入如图 12.17 所示的编辑产品功能草稿页面。

④ 单击“添加自定义功能”按钮，系统弹出如图 12.18 所示的“添加自定义功能”对话框。输入产品参数，即设置“功能类型”为“属性”，“功能名称”为“电源开关”，“标

识符”为 PowerSwitch，“数据类型”为 bool。

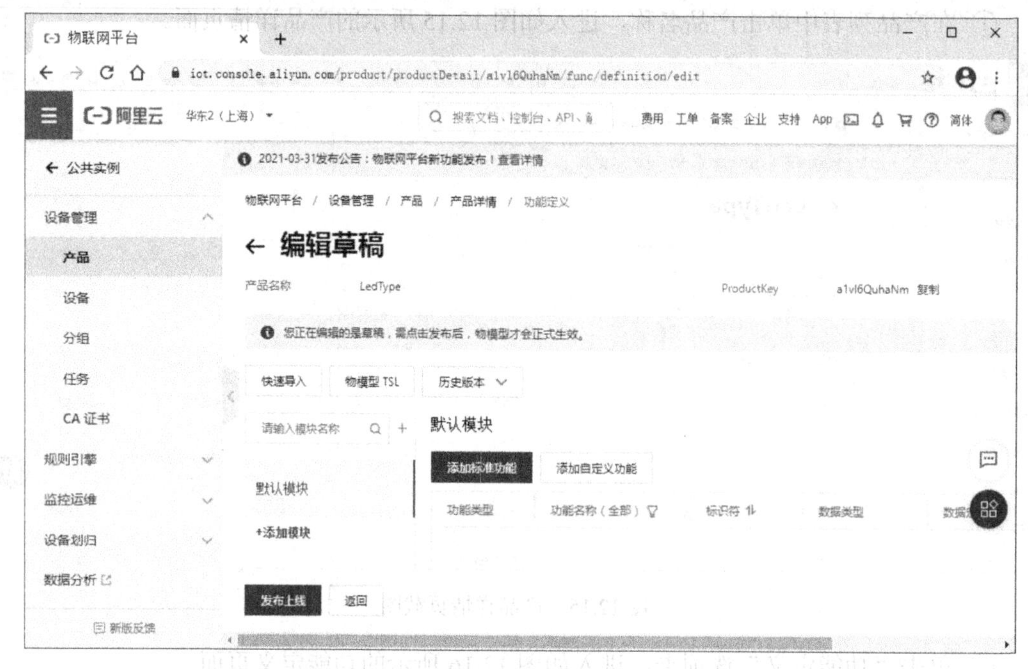

图 12.17　编辑功能草稿界面截图

图 12.18　“添加自定义功能”对话框

⑤ 单击“确认”按钮，回到如图 12.19 所示的编辑产品功能草稿页面，此时默认模块列表中会出现刚刚创建的自定义功能。我们可以编辑或删除该自定义功能。

图 12.19　功能列表截图

⑥ 单击发布上线按钮，系统弹出如图 12.20 所示的“发布物模型上线？”提示框。我们勾选一下确认比对结果选项，然后单击“确定”按钮，系统正式发布物模型。

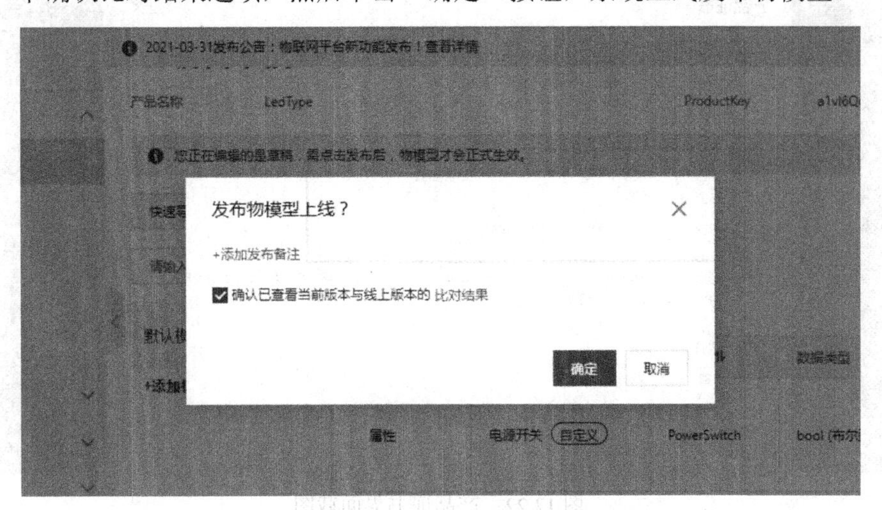

图 12.20　发布物模型界面截图

5．获取产品证书

至此我们的操作已完成了一半，我们需要将产品证书（ProductKey 和 ProductSecret）

这两个键值记录下来，后面会经常用到。

单击“产品信息”选项卡，返回到如图 12.21 所示的产品详情页面。单击 ProductSecret 右侧的“查看”按钮，系统弹出如图 12.22 所示的“产品证书”对话框。单击“复制”按钮，并使用记事本记录保存。

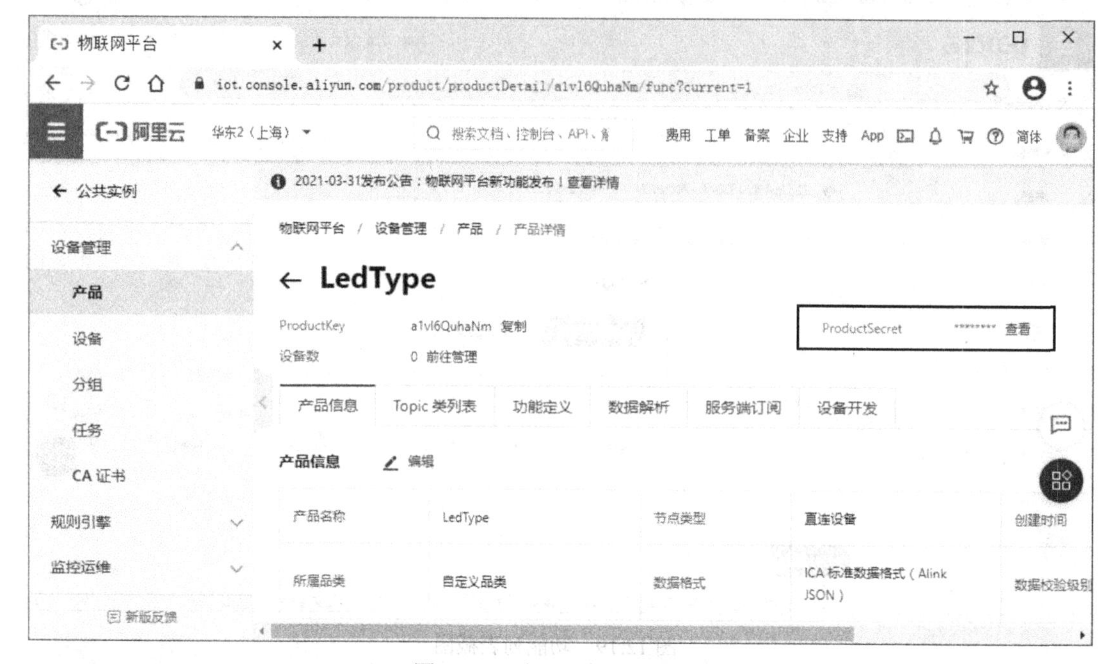

图 12.21　产品详情页面截图

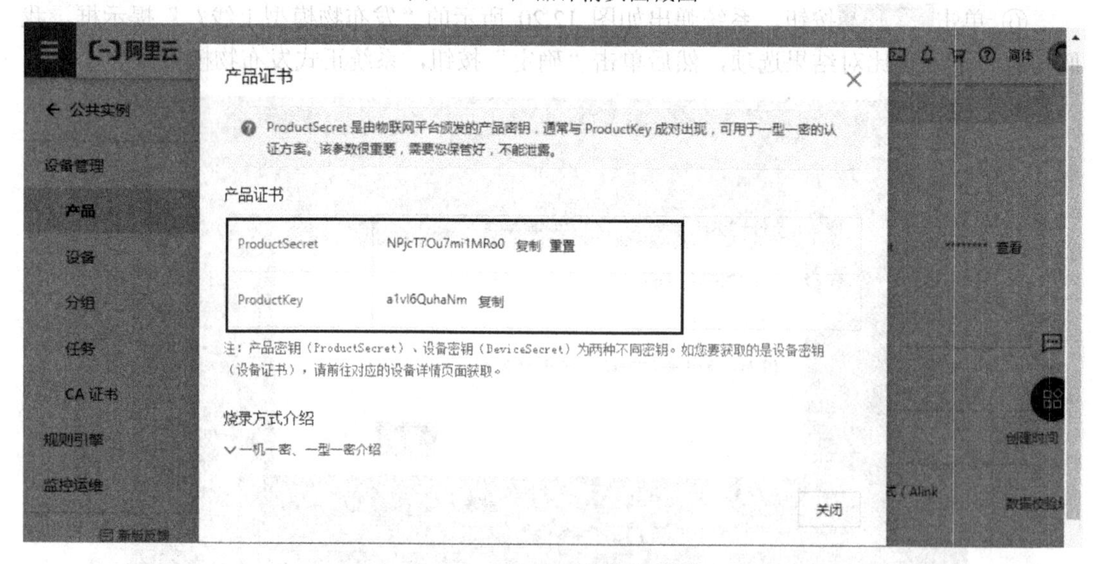

图 12.22　产品证书界面截图

6. 添加设备

该过程可视为类的实例化，注意我们现实中的一台物理设备和此处添加的设备为一对一关系，这种对应关系是通过系统生成的 DeviceName 和 DeviceSecret 来确定的。

① 单击“设备”选项卡，切换到如图 12.23 所示的设备列表页面。

图 12.23　设备列表页面截图

② 单击添加设备按钮，系统弹出如图 12.24 所示的“添加设备”对话框。在产品列表中选择刚刚创建的产品，然后在 DeviceName（设备名称）中输入 led0，最后单击“确认”按钮。

图 12.24　“添加设备”对话框

③ 系统弹出如图 12.25 所示的“添加完成”对话框，单击“完成”按钮，完成设备的添加。

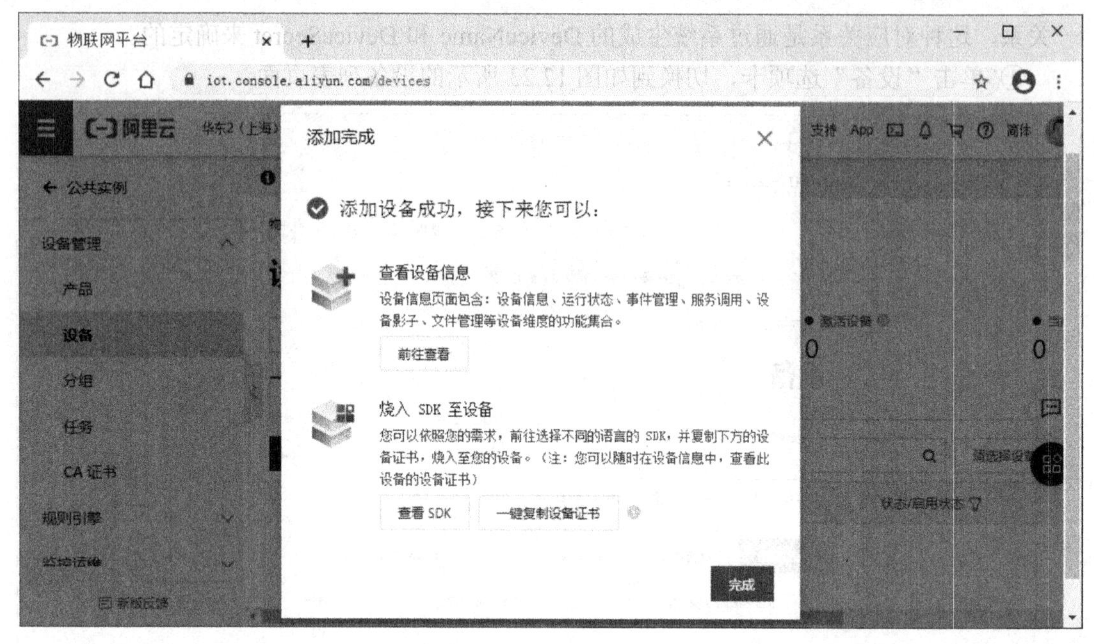

图 12.25　“添加完成”对话框

7. 获取设备证书

① 单击设备列表菜单，然后单击图 12.26 框中创建好的设备名称。

图 12.26　设备列表界面截图

② 在如图 12.27 所示设备属性页面，单击 DeviceSecret 右侧的“查看”按钮。

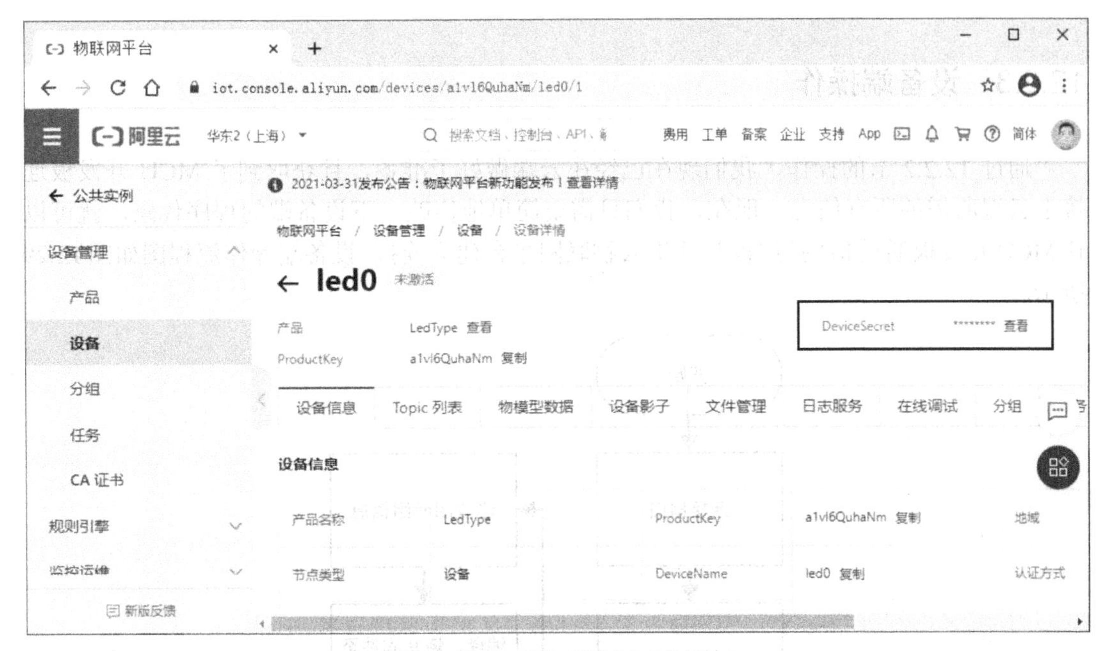

图 12.27 设备详情界面截图

③ 在如图 12.28 所示“设备证书”对话框中可以查看 DeviceName 和 DeviceSecret 两个键值，同样需要将这两个键值记录下来。单击“复制”按钮，然后使用记事本记录保存。

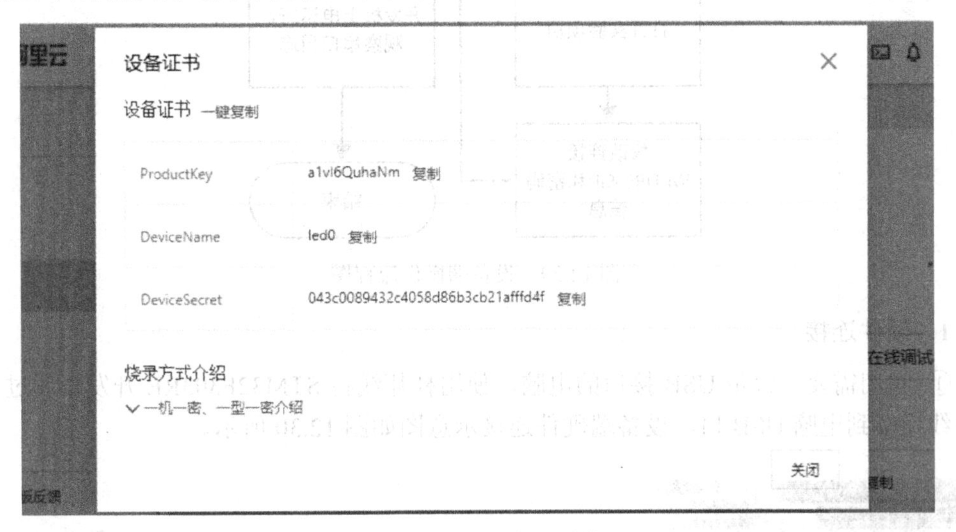

图 12.28 设备证书界面截图

8. 单元总结

在第一部分，我们新建了产品（类），且添加了设备（对象）。接下来我们需要将逻辑上的设备和物理上的设备（STM32F3 开发板）对应起来。通过 ProductKey 和 ProductSecret 可以确定物理设备属于某个具体的产品类，通过 DeviceName 和 DeviceSecret 可以确定物理设备在阿里云物联网平台上对应的某个具体的逻辑设备对象。

12.2.3　设备端操作

通过 12.2.2 节的操作，我们现在已经在云端做好了准备，且获取到了 MCU 开发板连接上云端所需的所有信息。现在，我们只需要简单地修改一下设备端的程序代码，就可以让MCU开发板通过IoT扩展板与阿里云物联网平台建立连接。设备端操作流程图如图12.29所示。

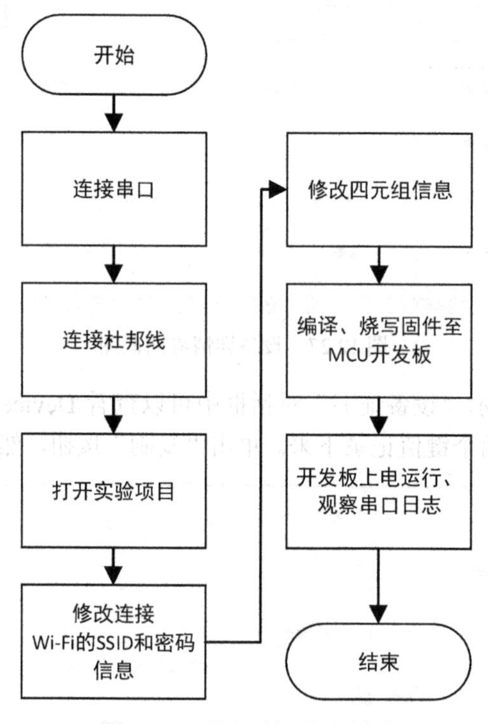

图 12.29　设备端操作流程图

1．硬件连接

① 我们需要一台带 USB 接口的电脑，使用杜邦线将 STM32F303RE 开发板通过 USB 串口线连接到电脑 USB 口，设备端硬件连接示意图如图 12.30 所示。

图 12.30　设备端硬件连接示意图

② 使用杜邦线按照表 12.1 所示设备端接线表和图 12.31 所示 STM32 NUCLEO-F303RE 开发板引脚图，将 STM32F303RE 开发板和 MX-EHS 扩展板连接，连接完成后实物图如图 12.32 所示。

表 12.1　设备端接线表

STM32F303RE 开发板	连 接 方 式	MX-EHS 扩展板	备　　注
5V	杜邦线	VDD5V	5V 供电
GND	杜邦线	GND	共地
PB11	杜邦线	U_RXD	用户 UART 数据接收
PC10	杜邦线	U_TXD	用户 UART 数据发送
PA5	杜邦线	SPICK	OLED 信号线 CLK
PB6	杜邦线	SPICS	OLED 信号线 CS
PA7	杜邦线	SPIMO	OLED 信号线 MOSI
PA6	杜邦线	SPIMI	OLED 信号线 MISO
PB3	杜邦线	RGB_R	RGB 灯信号线（红色）
PB5	杜邦线	RGB_G	RGB 灯信号线（绿色）
PB4	杜邦线	RGB_B	RGB 灯信号线（蓝色）
PB10	杜邦线	KEY_1	按键 1/D5 指示灯
PA8	杜邦线	KEY_2	按键 2/D6 指示灯

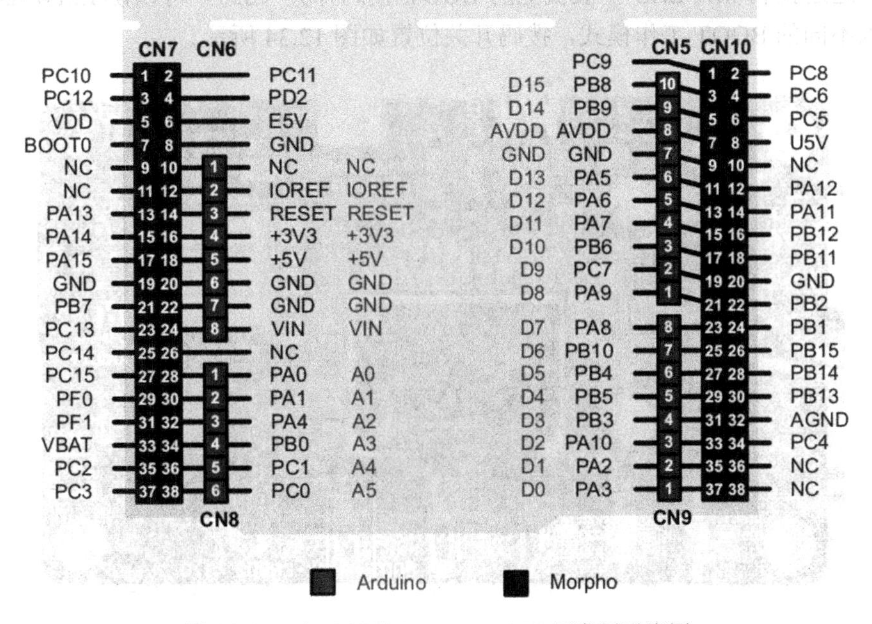

图 12.31　STM32 NUCLEO-F303RE 开发板引脚图

图 12.32　物联网实验一 MCU 开发板连接扩展板实物接线图

③ 将 STM32F303RE 开发板通过 USB 线连接到计算机 USB 口，其虚拟串口用作调试串口。

至此，我们已完成实验一所需的设备端的全部硬件连接，设备端总架构如图 12.33 所示。

图 12.33　设备端总架构图

④ BOOT 工作模式选择。

用户通过控制 MX-EHS 扩展板上的 BOOT 拨码开关（S3），可以使 EMW3080 Wi-Fi 模组进入不同的 BOOT 工作模式，拨码开关位置如图 12.34 所示。

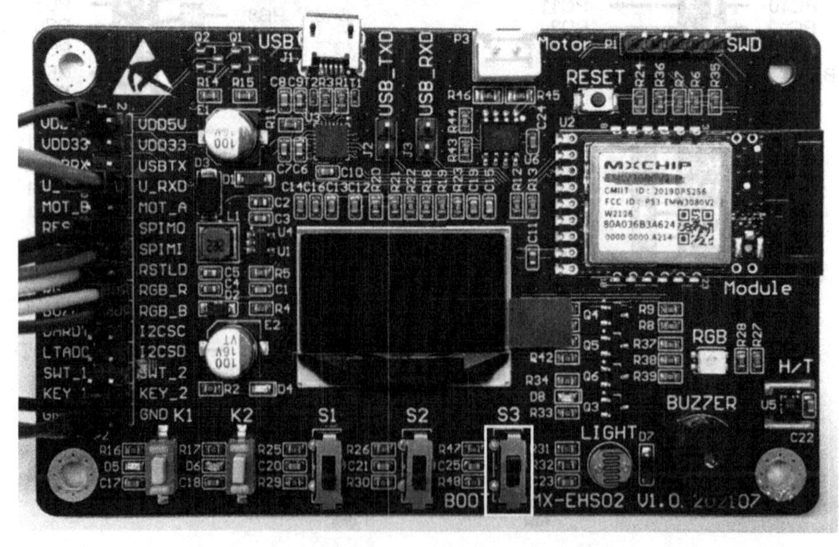

图 12.34　EMW3080 BOOT 拨码开关 S3 位置图

EMW3080 BOOT 工作模式说明如表 12.2 所示。

表 12.2　EMW3080 BOOT 工作模式选择表

模　　式	引 脚 状 态	操　　作	说　　明
Normal	（开关上拨图示）	上拨	该模式下正常运行 Wi-Fi 模组固件程序，请将开关拨至该位置，本实验在该模式下运行
Bootloader	（开关下拨图示）	下拨	该模式下系统进入 Bootloader 引导程序控制台，可进行 Bootloader 相关系统维护操作，本实验不可在该模式下运行

2．打开实验工程并修改实验程序代码

打开实验工程的 main.c 文件，修改最前方声明的 const 字符串的值为要连接的 Wi-Fi 路由器的广播 ID 和密码，以及之前记录好的四元组信息，修改部分如图 12.35 所示。

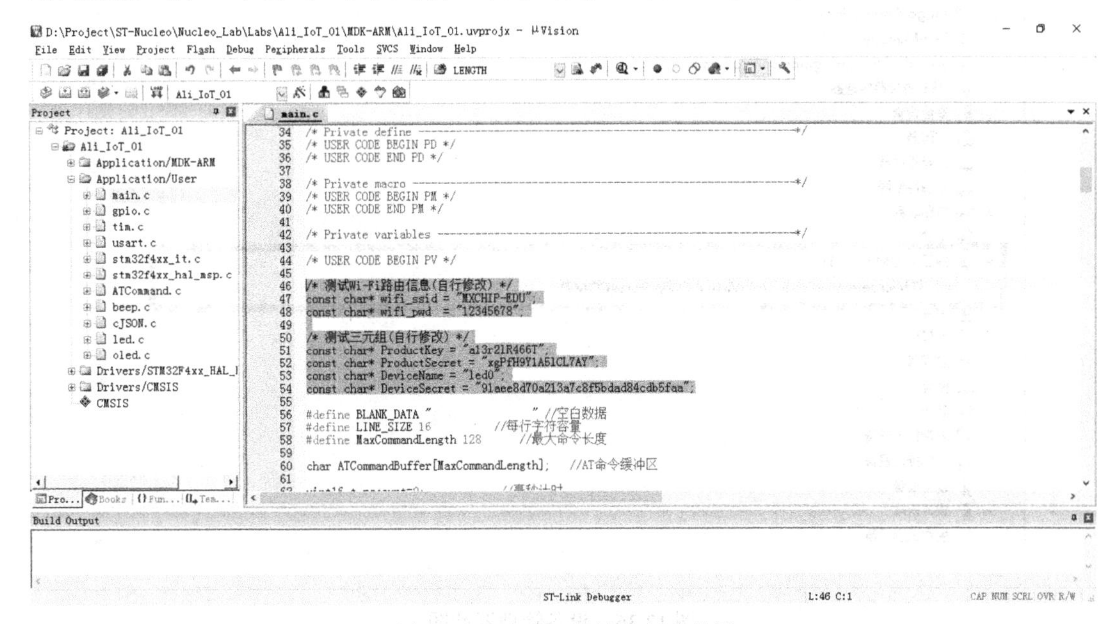

图 12.35　实验工程修改部分截图

修改后的代码如下：

```
-----------------------------------------------------------
/*定义要加入 Wi-Fi 的广播 ID 和密码*/
const char* wifi_ssid = "XX";
const char* wifi_pwd = "XX";
/*定义四元组信息 */
const char* ProductKey = "XX";
const char* DeviceName = "XX";
const char* DeviceSecret = "XX";
const char* ProductSecret = "XX";
-----------------------------------------------------------
```

3. 编译烧写固件

① 单击 keil 工具栏中的 Build 按钮（或按 F7 键）进行程序编译。

② 单击 keil 工具栏中的 Download 按钮（或按 F8 键）下载烧写固件到 MCU 开发板上。

4. 串口终端调试

① 查看串口终端设备号。

打开设备管理器，在如图 12.36 所示的“设备管理器”窗口中找到标识为 STLink Virtual COM Port 的虚拟串口，并记录其串口号（每台电脑可能不同）。

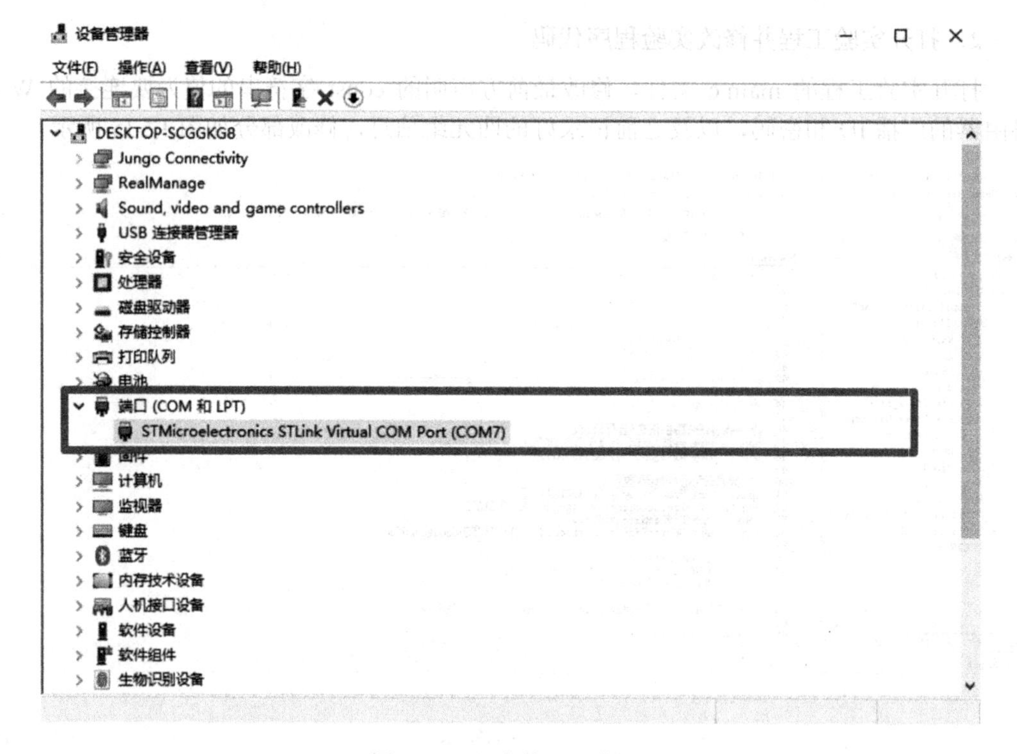

图 12.36　设备管理器截图

② 打开串口终端工具。

使用串口调试助手，配置串口波特率为 115200、数据位为 8 位、停止位为 1 位，没有校验位，然后根据上一步记录的串口号打开对应串口。

当出现如图 12.37 所示串口信息时，表示 MCU 开发板已与阿里云 IoT 平台建立连接。

12.2.4　实验现象与结果

接下来将尝试通过阿里云来远程控制小灯。通过 12.2.3 节的操作，MCU 开发板已经通过 IoT 扩展板与阿里云物联网平台建立了连接。现在将通过阿里云的在线调试功能向 MCU 开发板发送信息，从而远程控制扩展板上的 LED 灯。

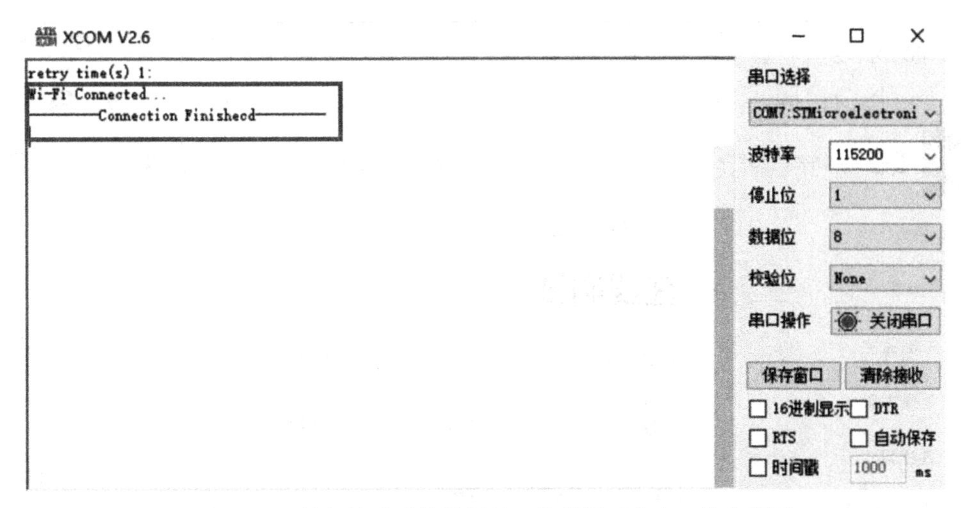

图 12.37 设备端成功连接阿里云物联网平台串口输出截图

1. 进入在线调试

① 首先进入物联网平台首页，单击“公共实例”后跳转到如图 12.38 所示的阿里云物联网平台的产品页。

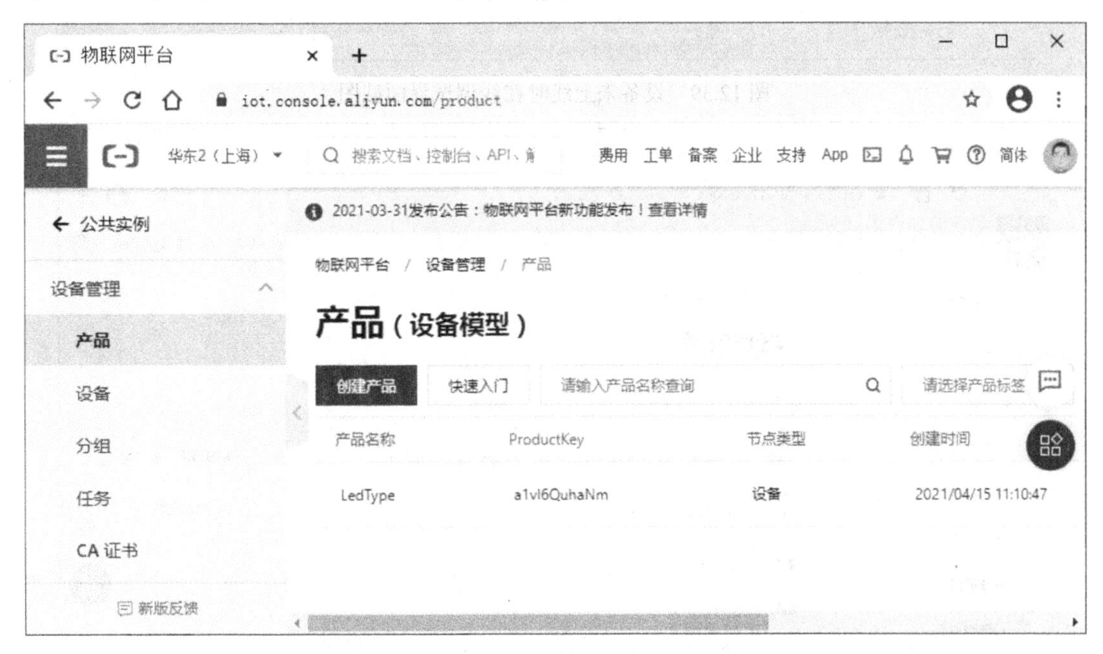

图 12.38 阿里云物联网平台产品页截图

② 单击左侧边栏中“监控运维”下的“在线调试”选项卡，在右侧页面中选择被调试的产品和设备。选择完成后界面如图 12.39 所示。

③ 开发板上电，等待设备端连上物联网平台，出现如图 12.40 所示的在线调试界面。

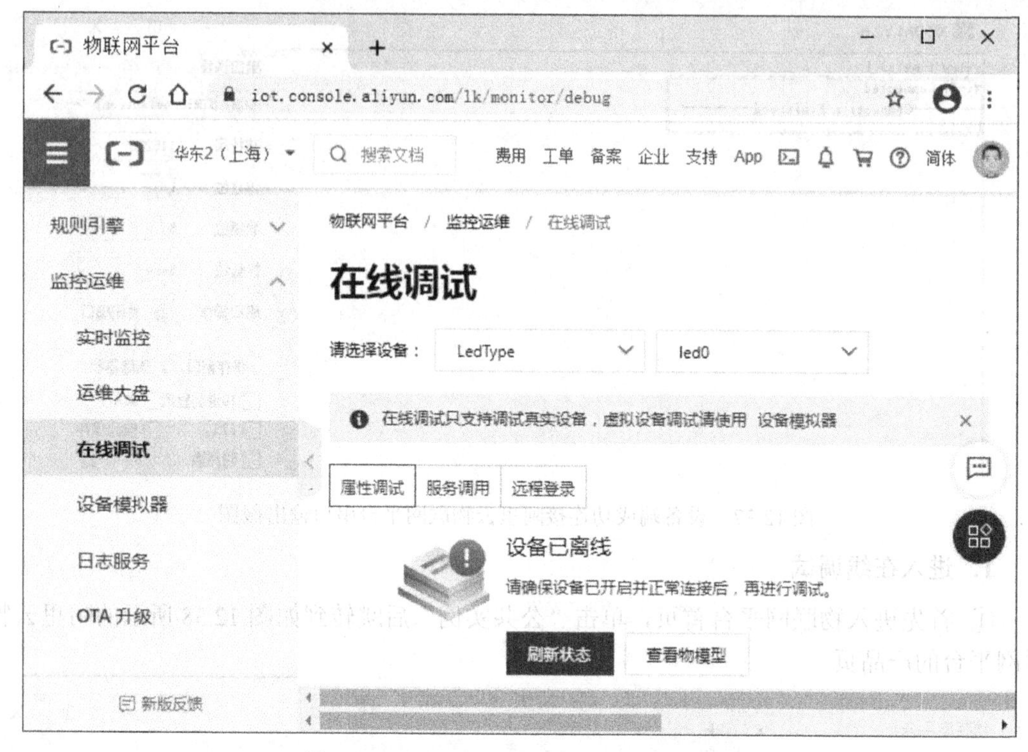

图 12.39　设备未上线时在线调试界面截图

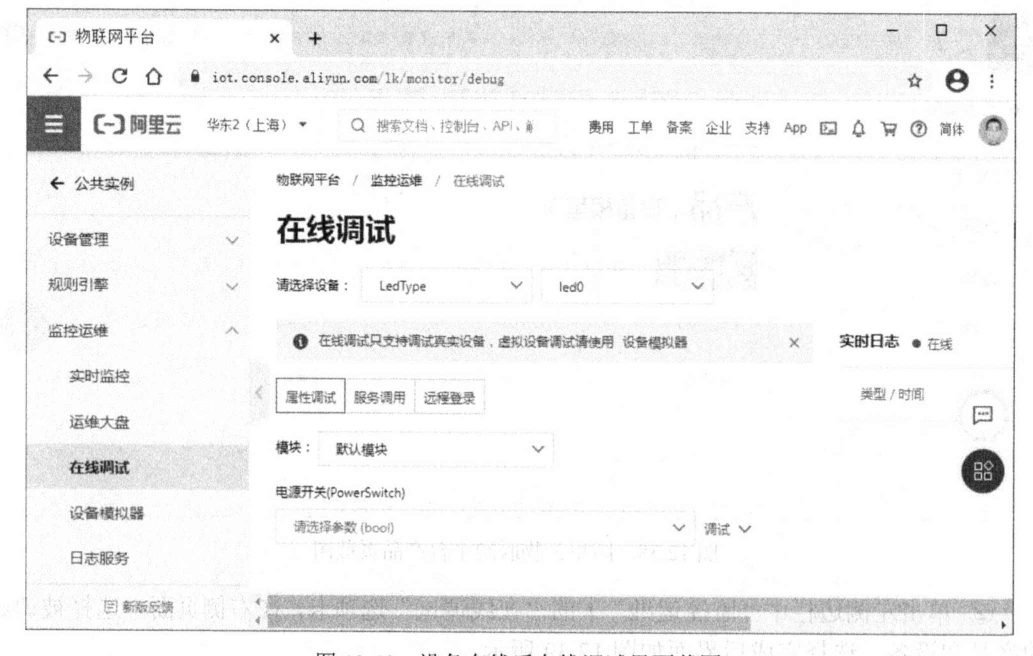

图 12.40　设备在线后在线调试界面截图

2．在线控制 LED

① 我们通过设置电源开关（PowerSwitch）的属性进行控制，其中 0 为关灯，1 为开灯，

单击“请选择参数”下拉按钮，选择关闭/开启选项，然后选择“调试”下拉菜单中的“设置”选项来发送消息，设备端接收到阿里云下发的指令后会执行相应动作，并向阿里云回传当前 LED 状态。设置过程如图 12.41 所示。

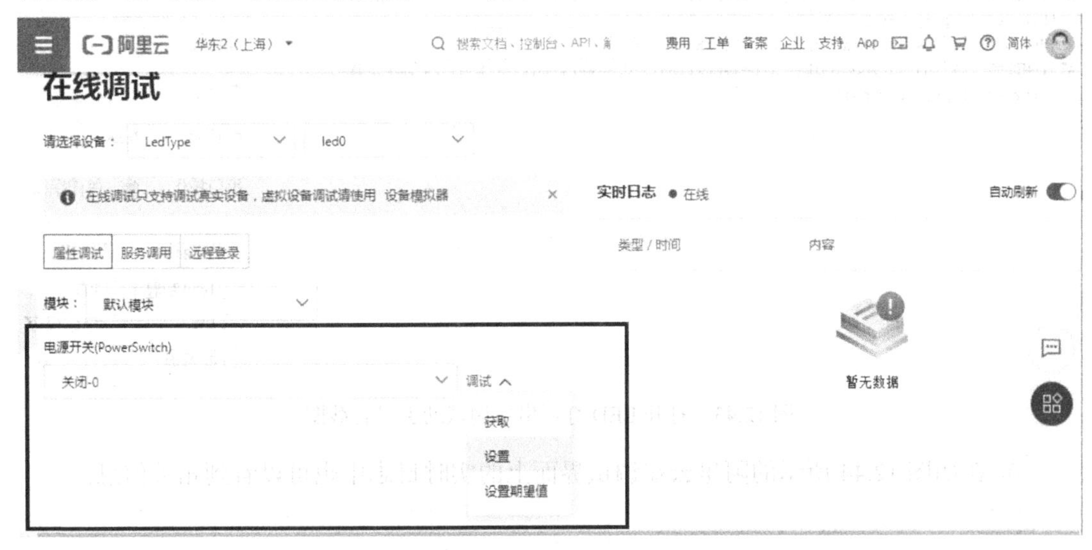

图 12.41　设置属性界面截图

② 我们可以发现，当单击发送后，扩展板上的 RGB-LED 开启或关闭，MX-EHS 扩展板上的 OLED 屏显示状态，PC 串口终端显示调试日志。图 12.42 为在云端发送开灯命令后扩展板上的 LED 灯状态，可以看到，小灯已经成功打开，同时如图 12.43 所示串口调试助手中也会输出相应串口调试信息。

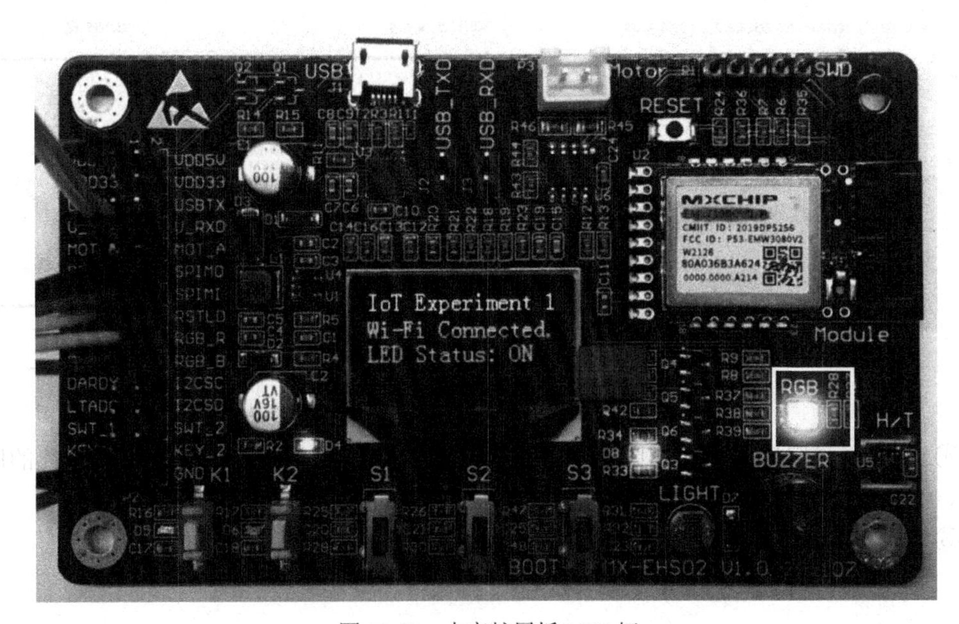

图 12.42　点亮扩展板 LED 灯

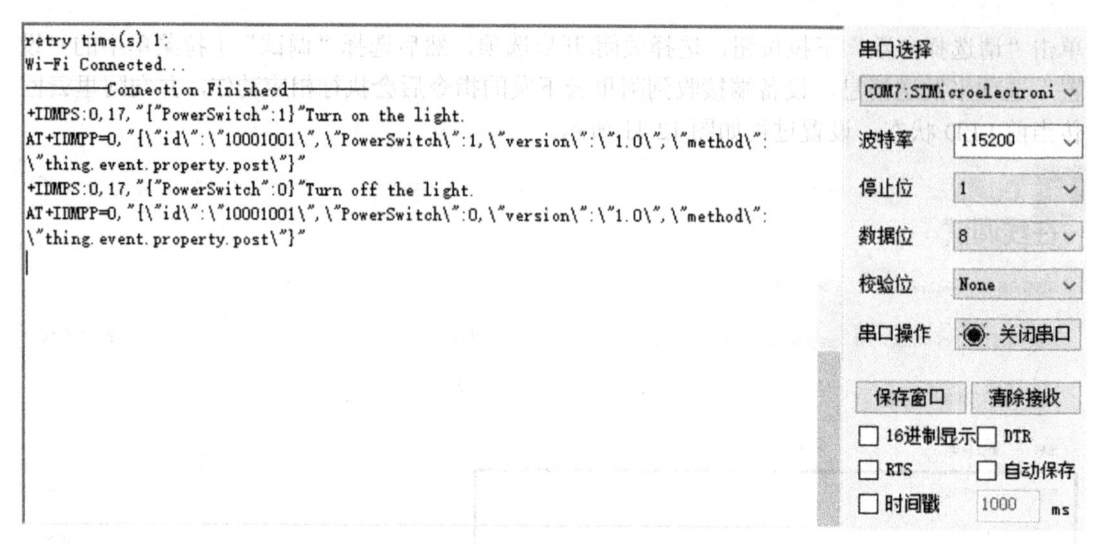

图 12.43　打开 LED 灯后串口调试助手日志截图

③ 在如图 12.44 所示的阿里云端调试界面上的实时日志中也可以看到相关信息。

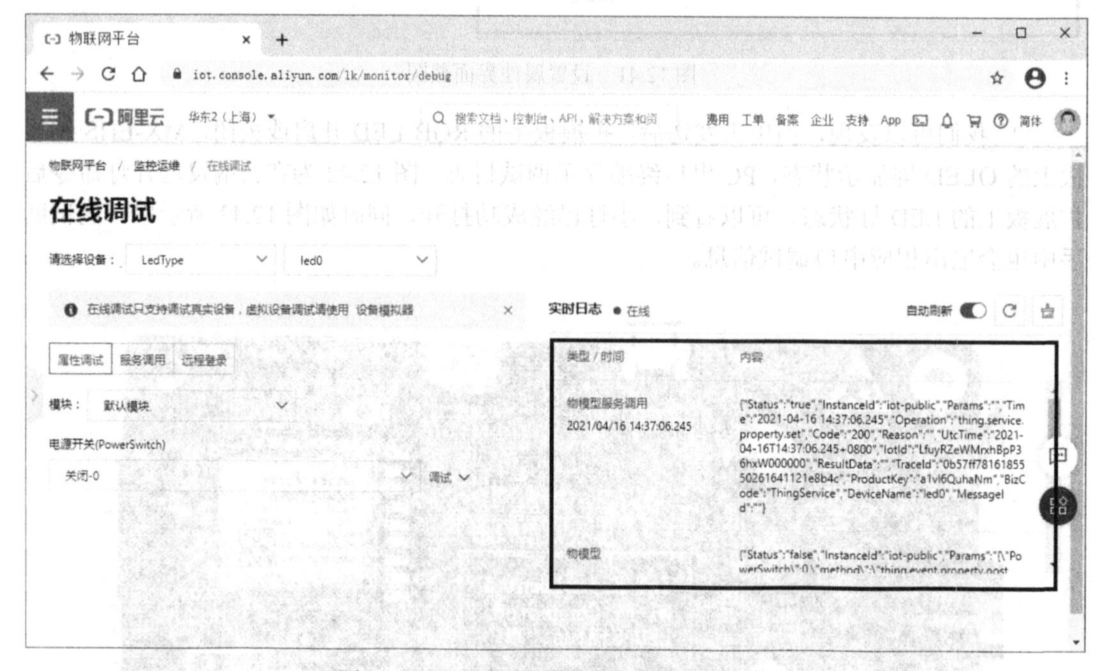

图 12.44　阿里云物联网平台在线调试日志

④ 同时，我们也可以在如图 12.45 所示的阿里云的监控运维页面下看到过往的所有日志。

⑤ 或者在如图 12.46 所示的阿里云的设备目录下查看当前 LED 状态。

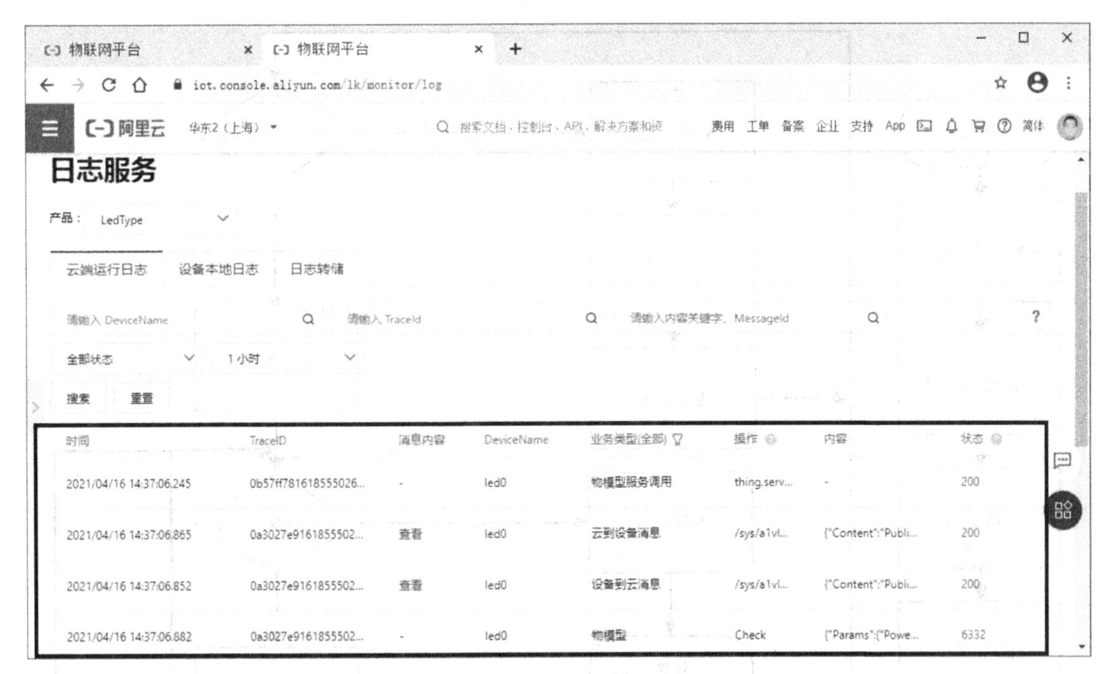

图 12.45　监控运维页面下日志截图

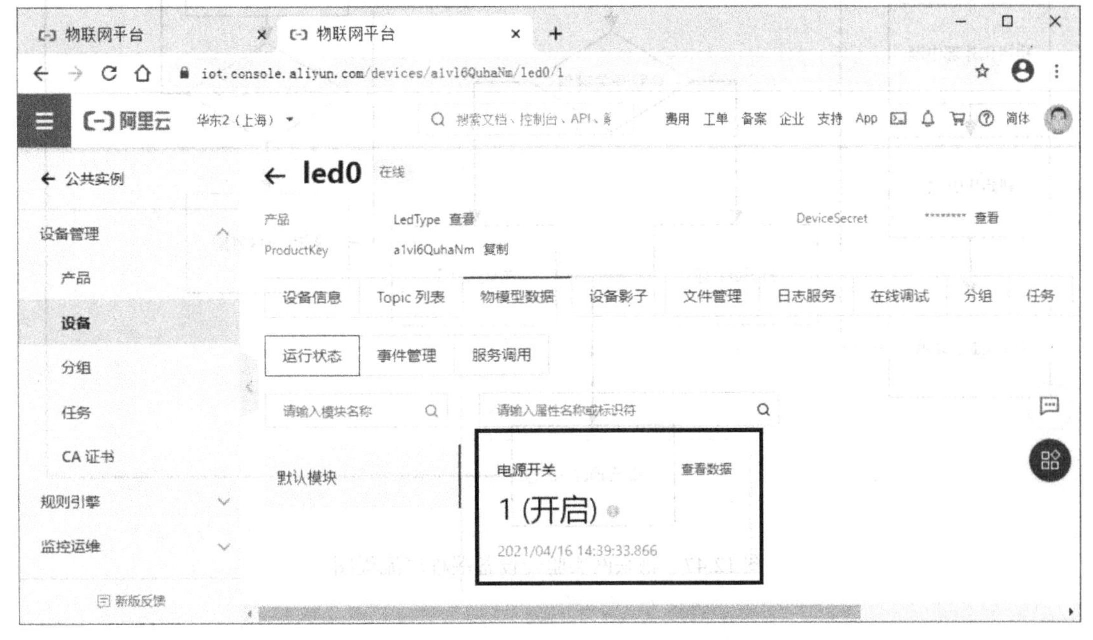

图 12.46　设备目录下设备状态截图

12.2.5　设备端程序流程图

该实验设备端程序流程图如图 12.47 所示，读者可以对照原工程代码学习、理解。

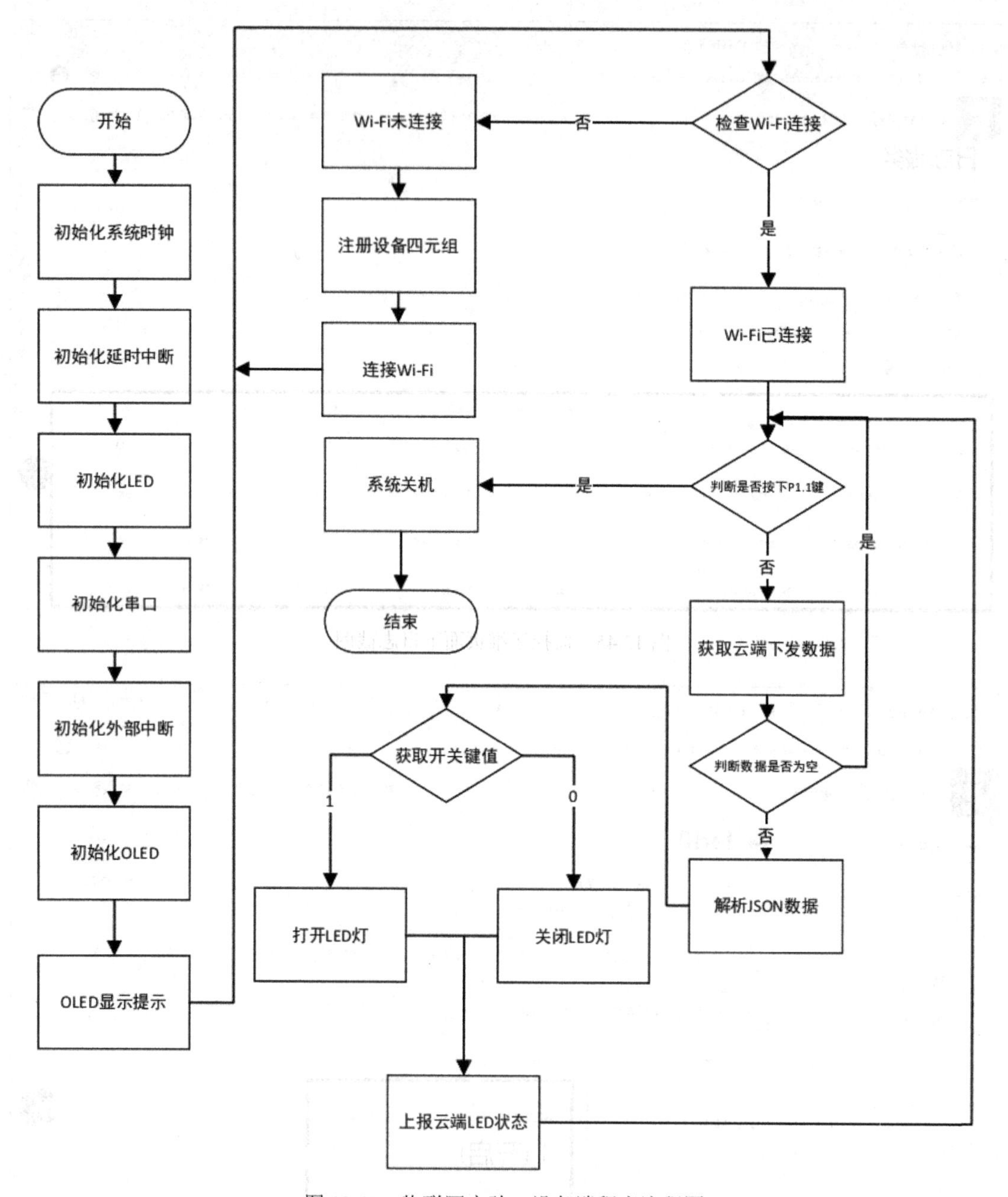

图 12.47　物联网实验一设备端程序流程图

12.3　物联网实验二

为实现个性化的 Web 页面或移动端展示，本实验在上述物联网实验一的基础上，基于 MXLAB 物联网应用平台，实现固件配网、设备接入、环境温湿度和开关状态上报等功能。开发者可通过物联网应用平台屏蔽不同物联网接入平台的差异，实现通用的状态管理、消息通信、权限管理等功能。本实验通过自定义 Web 前端接入物联网应用平台，实现自定义 Web 和 MCU 设备的双向通信，是一个典型的物联网应用范例。开发者在实际开发中可以根据自己的需求，基于本案例做进一步的应用开发。

MXLAB 物联网应用平台是 Emlab 实验室为简化物联网应用开发而设计的一款具备通用性质的一站式物联网开发平台。其可提供包括但不限于产品定义、设备控制、权限管理、数据持久化等产品开发过程中通常遇到的痛点问题的通用解决方案，使嵌入式固件开发工程师只需关注自己熟悉的产品核心功能开发，而无须考虑云端相关开发配置问题。实践证明，在经过简单地学习物联网应用开发平台的使用方法后，该平台可极大地简化开发测试流程，降低设备上线的门槛，加速产品的上线过程。

本实验云端架构如图 12.48 所示，通过物联网应用开发平台封装了阿里云物联网平台的操作细节，开发者只需要同物联网应用开发平台进行交互，即可建立与 MCU 开发板之间的连接。

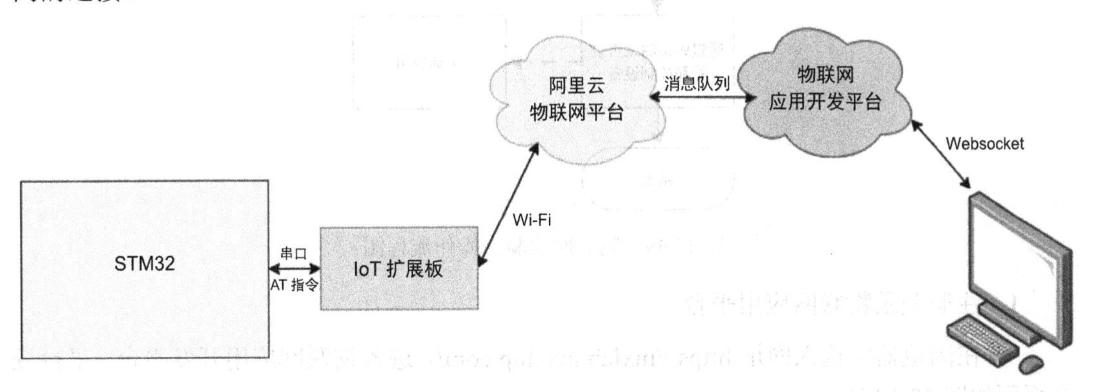

图 12.48　实验二系统结构组成图

12.3.1　实验流程

本实验操作流程如图 12.49 所示，大致可以分为 4 步。首先，开发者需要在通用物联网应用平台上创建应用、设备；其次，需要修改设备端程序代码；再次，需要上传自定义的 Web 测试页面；最后，我们可以在通用物联网平台上通过上传的 Web 测试页面和设备端进行通信。

12.3.2　物联网应用开发平台配置

大多数的物联网平台仅仅只是业务载体不同，对物联设备的操作都能抽象为控制和读取两种行为。但在实现的时候却因为协议、业务不同而需要从头开始重写平台，所以物联网应用开发平台通过抽象协议、使用相较于 RBAC 粒度更小的权限控制等方法提供 BaaS 服务，实现在一个平台上只需要修改前端和设备端即可实现不同的物联网应用。

本实验中物联网应用平台使用步骤如下。

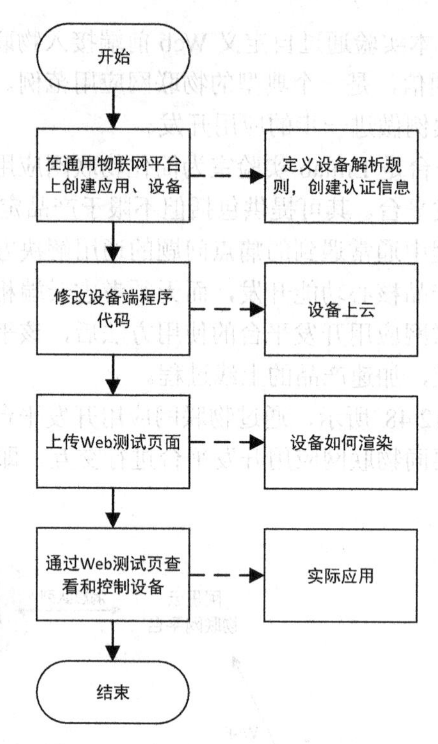

图 12.49　物联网实验二操作流程图

1．注册登录物联网应用平台

① 在浏览器中输入网址 https://mxlab.mxchip.com/，进入物联网应用开发平台。平台登录页面如图 12.50 所示。

图 12.50　物联网应用开发平台登录页面

② 新用户单击“注册”按钮进行账户注册，注册界面如图 12.51 所示。

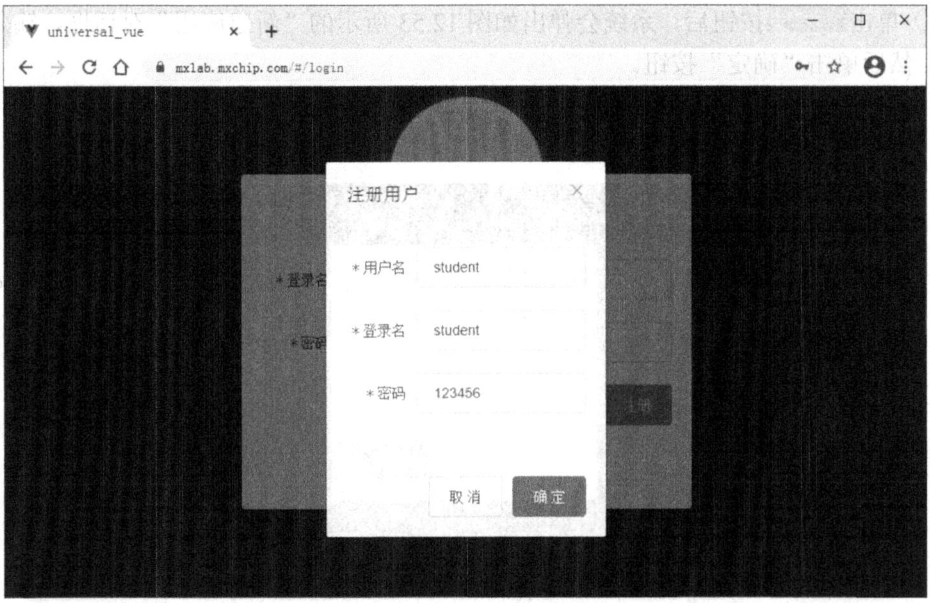

图 12.51　物联网应用开发平台注册界面截图

2．管理平台首页

物联网应用开发平台首页如图 12.52 所示，在首次使用物联网应用开发平台时，用户应用列表为空，需要创建应用。

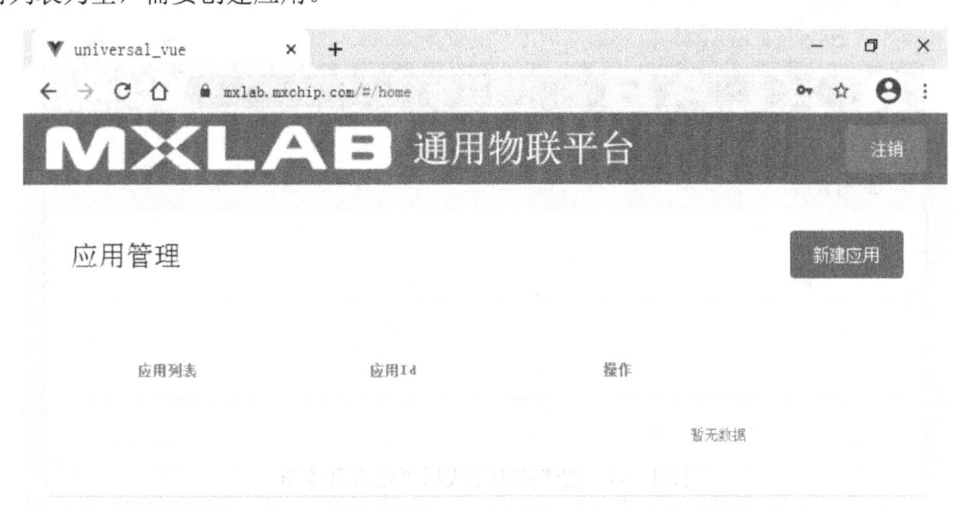

图 12.52　物联网应用开发平台首页

创建应用的步骤如下。

① 单击新建应用按钮以创建应用。

② 单击注销按钮以退出当前用户，返回到登录页面。

3. 创建应用

① 单击新建应用按钮后，系统会弹出如图 12.53 所示的“新建应用”对话框，输入应用名称，然后单击“确定”按钮。

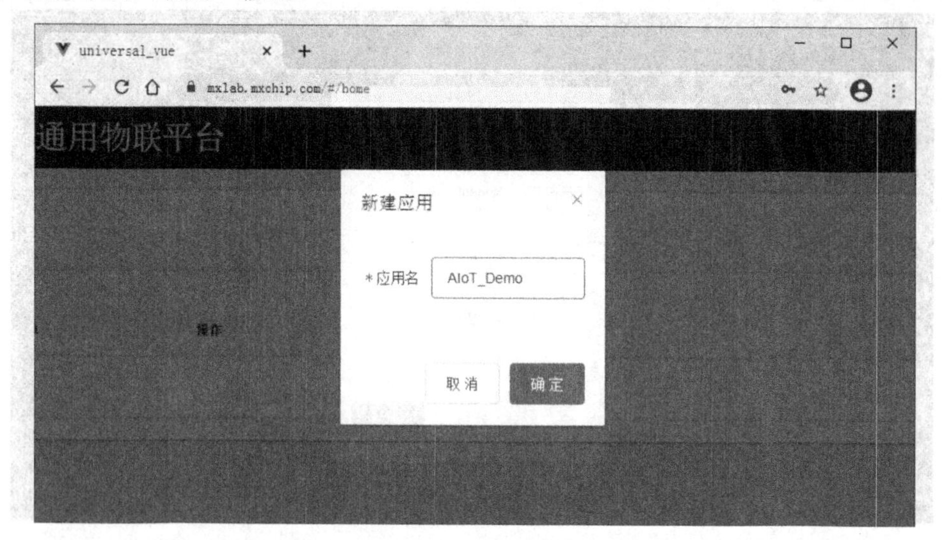

图 12.53　创建应用界面

② 创建成功后物联网应用开发平台将在如图 12.54 所示的平台首页的应用列表中显示用户刚刚创建的应用。

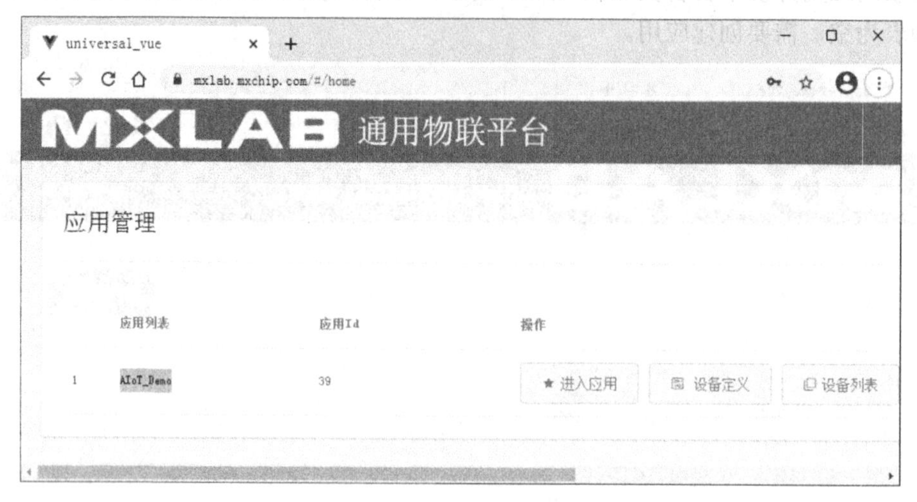

图 12.54　创建应用完成后平台首页截图

4. 设备定义

（1）新建设备类型

单击“设备定义”按钮，系统会弹出如图 12.55 所示的“设备定义”对话框。然后再单击添加设备类型按钮，系统会弹出如图 12.56 所示的“新建设备类型”对话框，输入设备类型名称，然后单击“确定”按钮。如图 12.57 所示，设备定义列表中将显示已创建的设备类型。

图 12.55　设备定义列表截图 1

图 12.56　新建设备类型界面截图

图 12.57　设备定义列表截图 2

（2）查看编辑设备通信协议

在设备类型列表右侧的操作栏中单击按钮，查看和编辑该设备类型的通信协议，该界面如图 12.58 所示。

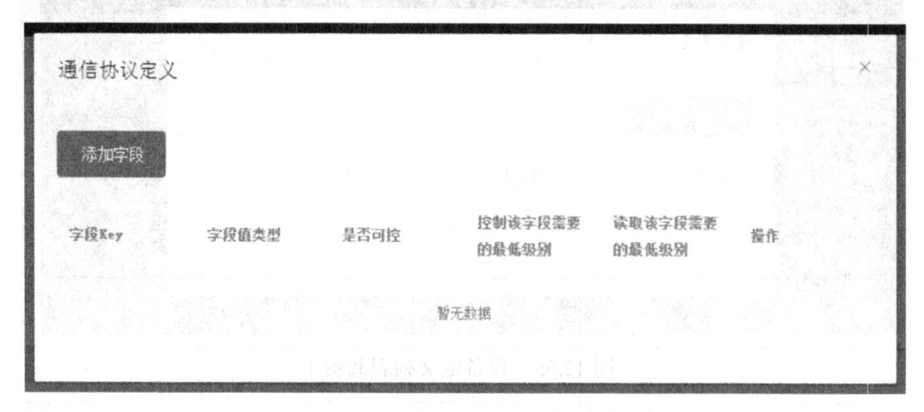

图 12.58　通信协议定义界面截图

单击添加字段按钮，系统会弹出如图 12.59 所示的“新建字段”对话框。根据你的功能定义设置字段参数，以 LED 灯为例，“字段关键”字为 Light，“数据类型”为 int，“是否可以控制”设置为“是”，控制、读取需要的最低级别分别为 10 与 1。

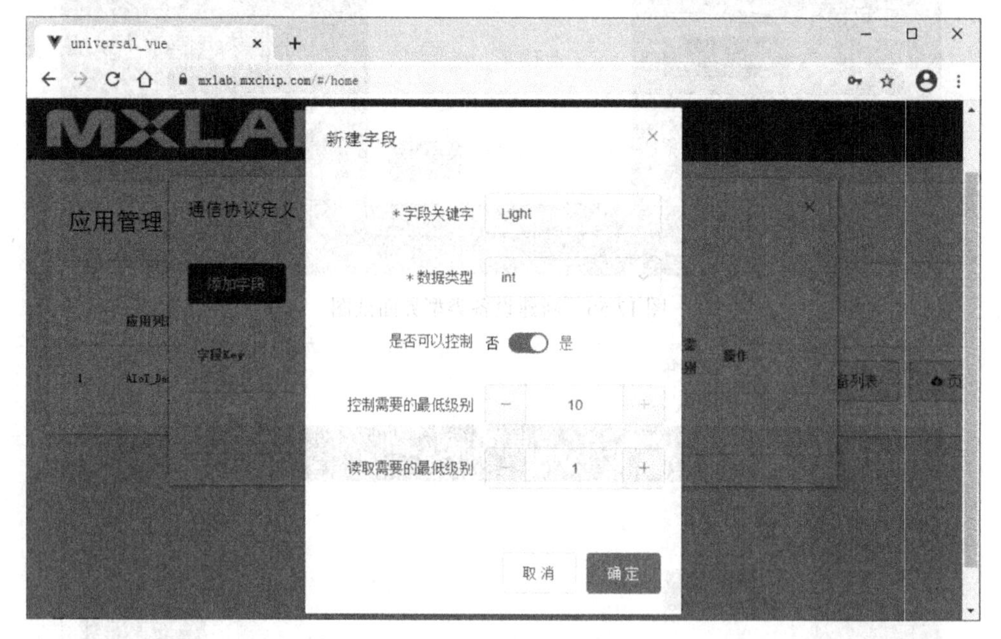

图 12.59　新建字段界面截图

根据表 12.3 内容依次添加字段，然后单击“确定”按钮保存。

表 12.3　字段表

字段 Key	字段值类型	是 否 可 控	控制该字段需要的最低级别	读取该字段需要的最低级别
Light	int	是	10	1
Switch1	int	否	该字段不可控	1
Switch2	int	否	该字段不可控	1
Temp	int	否	该字段不可控	1
Humi	int	否	该字段不可控	1

添加好后的字段列表如图 12.60 所示。

图 12.60　添加实验所需字段后通信协议定义界面截图

5. 创建设备

（1）查看设备列表

返回系统首页，单击“设备列表”按钮，系统会弹出如图 12.61 所示的“设备列表”对话框。设备列表显示为空，我们需要添加一个设备。

（2）添加设备

单击 添加设备 按钮，系统会弹出如图 12.62 所示的“添加设备”对话框，在“设备类型”下拉列表框中选择前面创建的设备定义。然后输入设备名称（注意，设备名称整个物联平台唯一），单击“确定”按钮保存。

如图 12.63 所示，设备列表中显示刚才创建的设备。

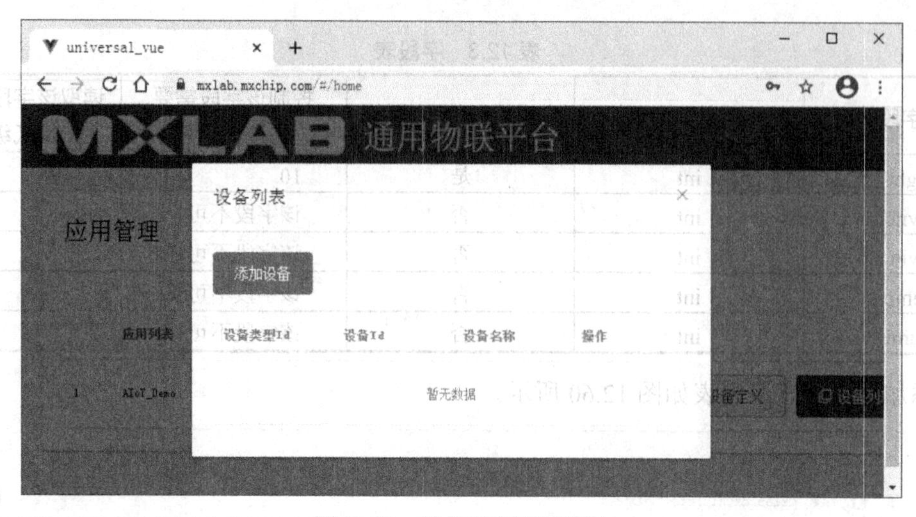

图 12.61　设备列表界面截图

图 12.62　添加设备界面截图

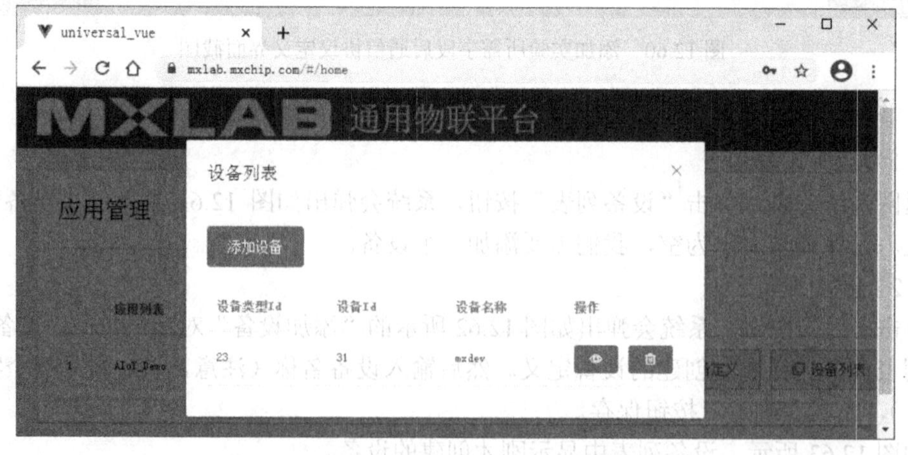

图 12.63　添加设备成功后设备列表界面截图

（3）查看设备证书

在“设备列表”对话框中单击设备名称右侧的按钮，系统会弹出如图 12.64 所示的“设备证书”对话框，此时我们就可以拿到设备的四元组（Product Key、Product Secret、Device Name、Device Secret），请使用记事本保存下来。

图 12.64　设备证书界面截图

12.3.3　设备端配置

本小节中设备端配置与实验一类似，其中因为我们需要使用更多扩展板上的外设，所以只有 IoT 扩展板和 MCU 开发板之间的接线相对实验一略有增加，其他地方完全一致，此处不再赘述。

1．操作流程图

设备端操作流程图如图 12.65 所示，操作流程和实验一类似。

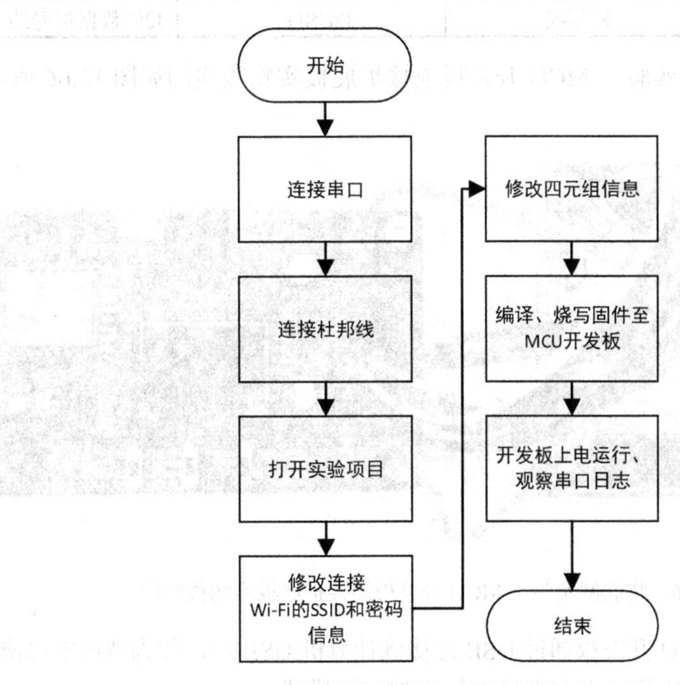

图 12.65　实验二设备端操作流程图

2．硬件连接

① 将 MCU 开发板通过 USB 线连接到计算机 USB 口。

② 使用杜邦线按照表 12.4 将 MCU 开发板和 MX-EHS02 扩展板连接。

表 12.4　物联网实验二设备端接线表

STM32F303RE 开发板	连 接 方 式	MX-EHS02 扩展板	备　注
5V	杜邦线	VDD5V	5V 供电
GND	杜邦线	GND	共地
PB11	杜邦线	U_RXD	用户数据接收
PC10	杜邦线	U_TXD	用户数据发送
PA5	杜邦线	SPICK	OLED 信号线 CLK
PB6	杜邦线	SPICS	OLED 信号线 CS
PA7	杜邦线	SPIMO	OLED 信号线 MOSI
PA6	杜邦线	SPIMI	OLED 信号线 MISO
PB3	杜邦线	RGB_R	RGB 灯信号线（红色）
PB5	杜邦线	RGB_G	RGB 灯信号线（绿色）
PB4	杜邦线	RGB_B	RGB 灯信号线（蓝色）
PB10	杜邦线	KEY_1	按键 1/D5 指示灯
PA8	杜邦线	KEY_2	按键 2/D6 指示灯
PA9	杜邦线	SWT_1	SW 开关 1
PC7	杜邦线	SWT_2	SW 开关 2
PA15	杜邦线	I2CSC	I2C 时钟信号线
PB7	杜邦线	I2CSD	I2C 数据信号线

连接完成后，物联网实验二 MCU 开发板连接扩展板实物接线图如图 12.66 所示。

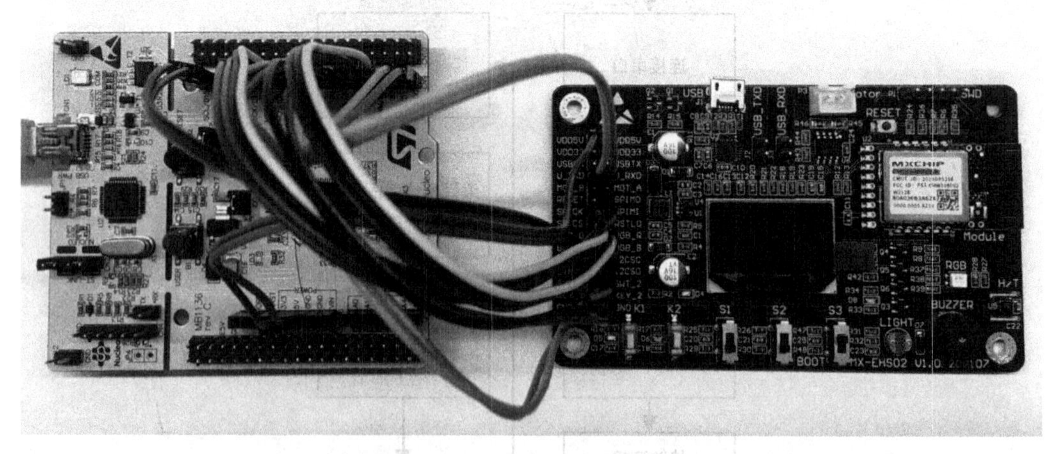

图 12.66　物联网实验三 MCU 开发板连接扩展板实物接线图

③ 使用杜邦线将 MCU 开发板通过 USB 连接到计算机 USB 口，作为调试串口使用。

④ 上拨 BOOT 拨码开关，工作模式选择正常工作模式。

3．打开实验项目并修改实验代码

打开实验工程的 main.c 文件，修改如图 12.67 所示实验工程修改部分截图最前方声明的 const 字符串的值（将要连接的 Wi-Fi 路由器广播 ID 和密码以及之前记录好的四元组信息）。

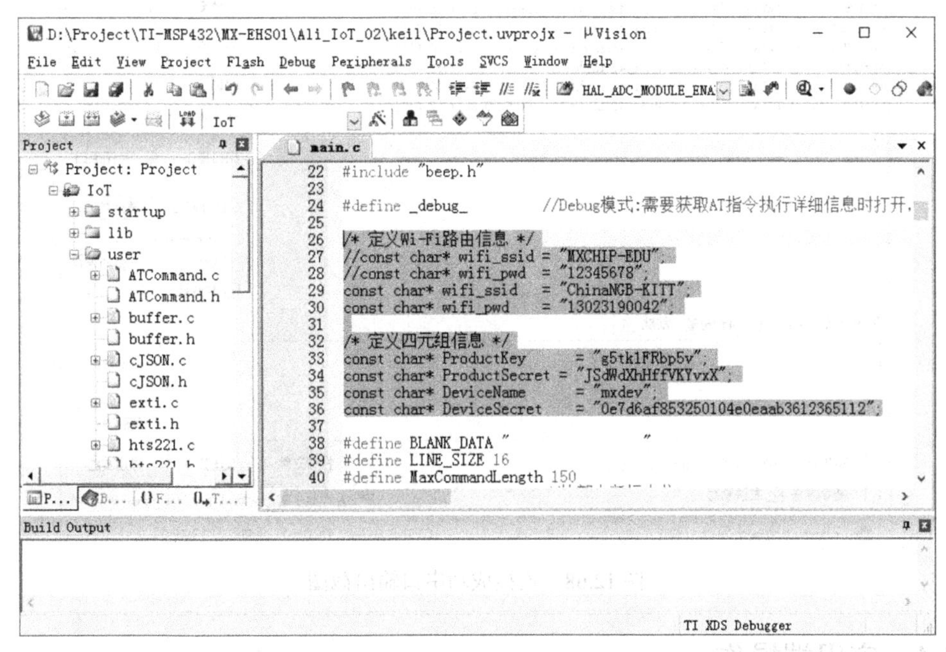

图 12.67　实验工程修改部分截图

修改后代码如下：

```
---------------------------------------------
/*定义要加入 Wi-Fi 的广播 ID 和密码*/
const char* wifi_ssid = "XX";
const char* wifi_pwd = "XX";
/*定义四元组信息*/
const char* ProductKey = "XX";
const char* DeviceName = "XX";
const char* DeviceSecret = "XX";
const char* ProductSecret = "XX";
---------------------------------------------
```

4．编译烧写固件

单击工具栏中的 Build 按钮（或按 F7 键）进行程序编译；单击工具栏中的 Download 按钮（或按 F8 键）下载烧写固件到 MCU 开发板上。

5．串口终端调试

首先打开设备管理器，找到标识为 STLink Virtual COM Port 的串口号，然后使用串口调试助手，配置串口信息同实验一，单击“打开”按钮。当出现如图 12.68 所示串口信息

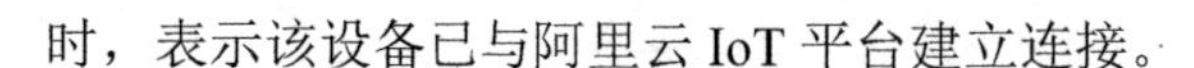

时，表示该设备已与阿里云 IoT 平台建立连接。

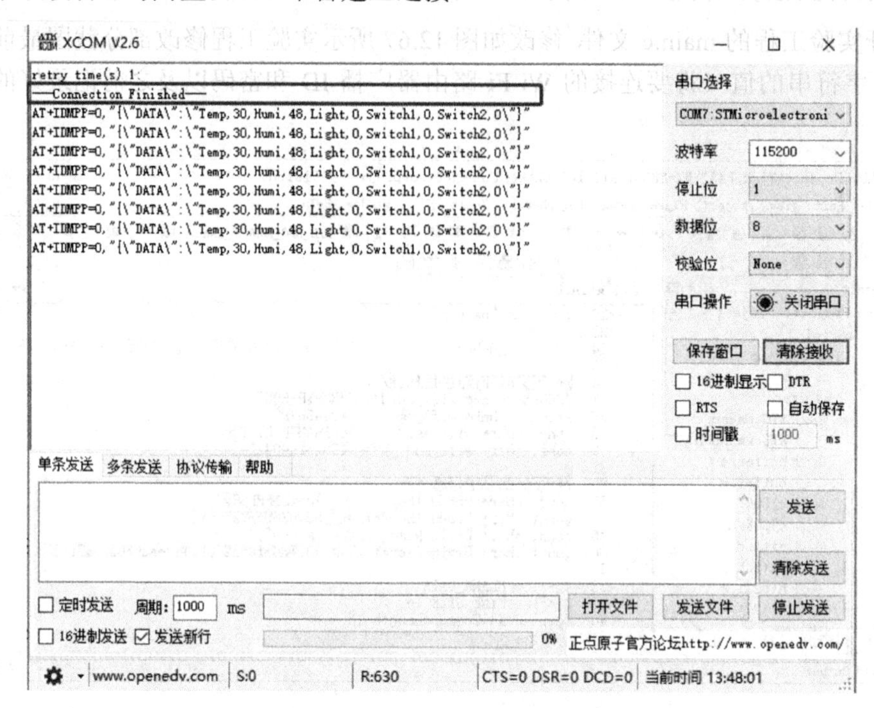

图 12.68　连接成功串口输出截图

12.3.4　应用端操作

通过 12.3.3 节的工作，MCU 开发板已经通过 MX-EHS02 IoT 扩展板与物联网开发平台建立了连接。现在我们将通过在物联网开发平台上调用自定义网页的方式，远程控制开发板上的 LED 灯，并查看扩展板上的传感器数据。使用自定义网页（H5）的方式可以简化应用端开发，无须学习 iOS、Android 应用开发就可以实现一般要求的跨平台移动端应用。

1. 操作流程图

应用端操作流程图如图 12.69 所示。

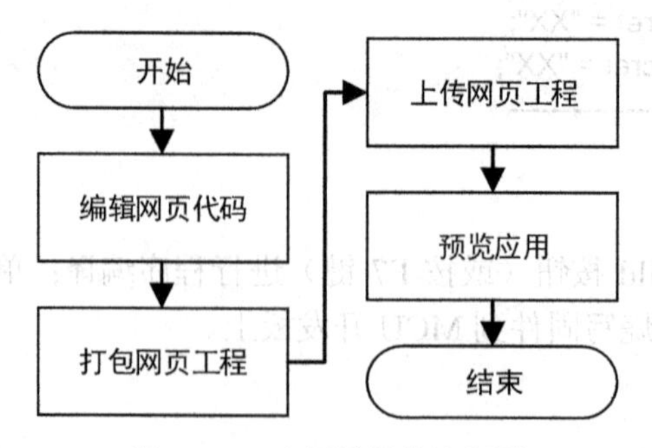

图 12.69　应用端操作流程图

2. 编辑前端代码

① 使用网页编辑器打开如图 12.70 所示程序包中的 index.html 文件。

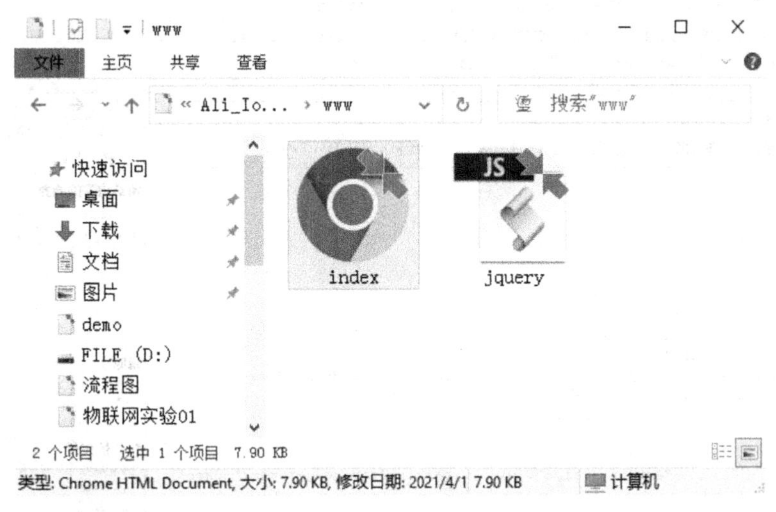

图 12.70 程序包内文件截图

② 修改图 12.71 中代码位置的 deviceName 为前面创建的设备名称。

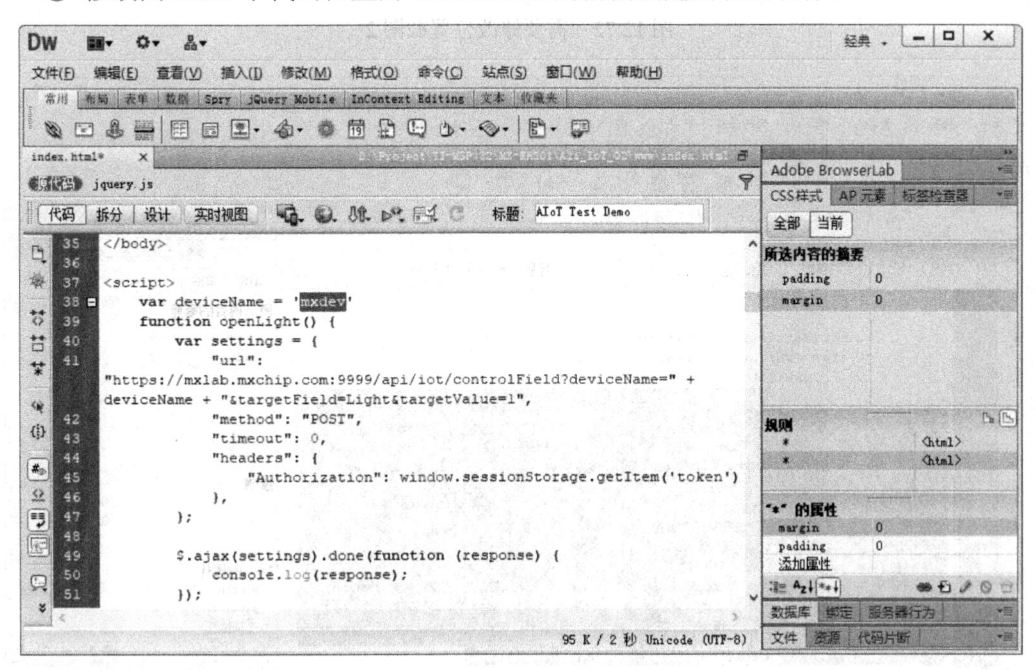

图 12.71 需要修改位置截图 1

③ 修改图 12.72、图 12.73 代码中各部分关键字为你定义的关键字。

3. 打包前端工程

如图 12.74 所示，将网页工程打包为 zip 文件。注意：在 zip 压缩包根目录下必须有

index.html 文件。

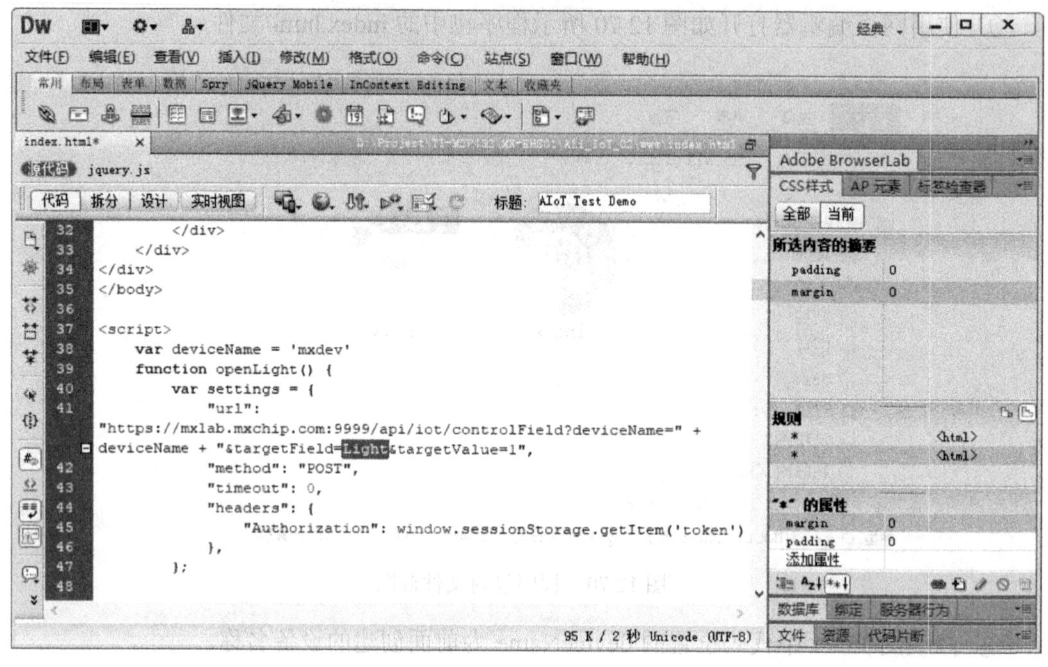

图 12.72　需要修改位置截图 2

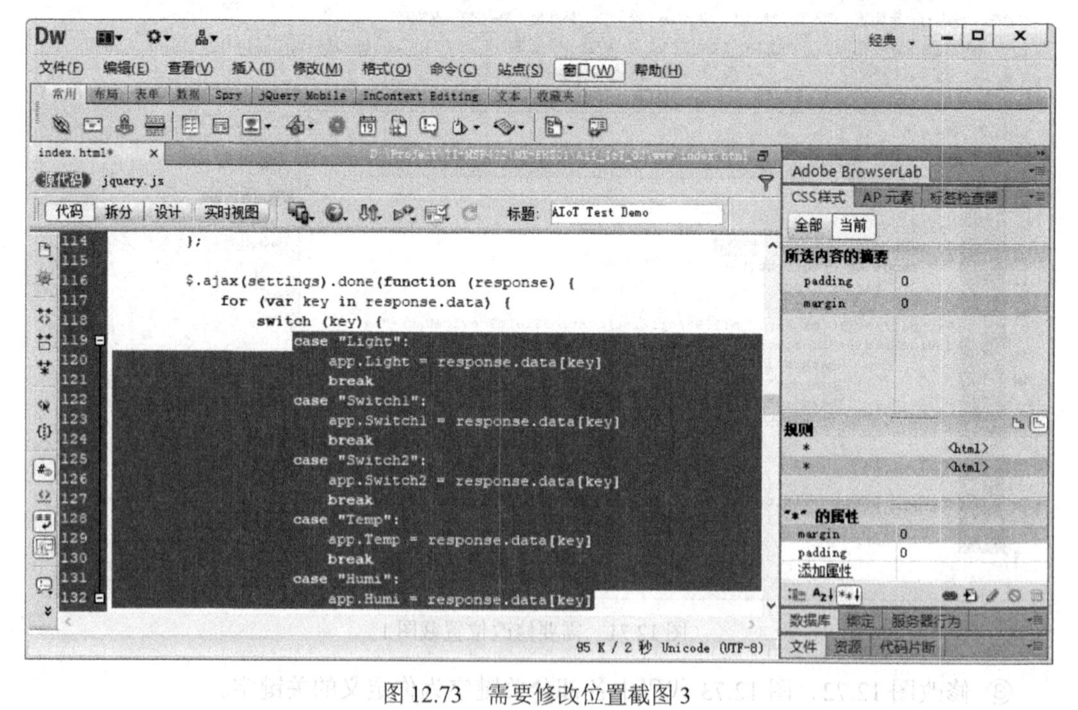

图 12.73　需要修改位置截图 3

4. 上传网页工程

登录通用物联平台，单击“页面上传”按钮，上传打包好的网页工程。

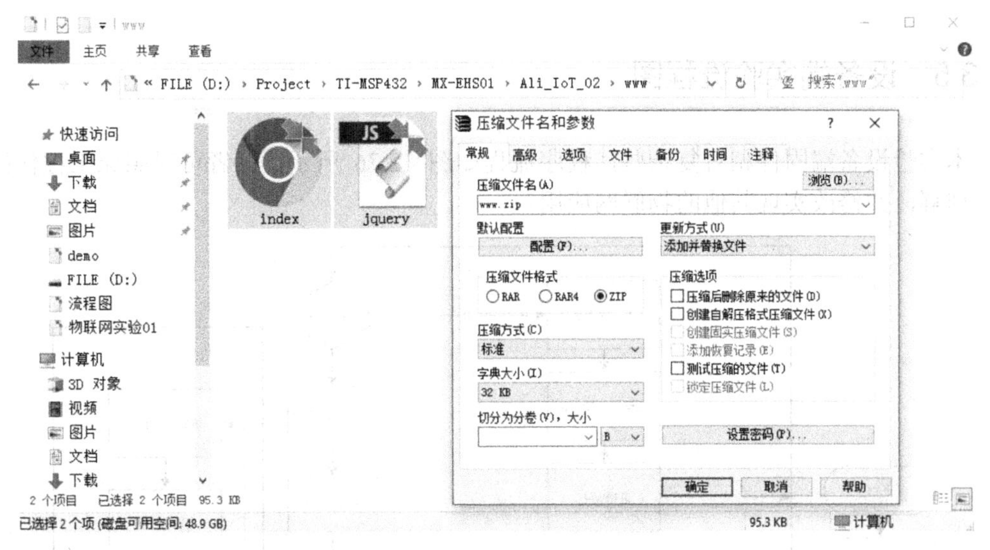

图 12.74　打包网页工程界面截图

5. 实验结果

登录物联网应用开发平台后，在首页单击“进入应用”按钮，即可进入上传的自定义 Web 前端页面。单击页面上的 Light on 或 Light off 按钮可控制扩展板上 LED 灯的亮或灭。如单击 Light on 按钮后，扩展板上 LED 灯点亮，同时前端页面上 Light 值显示为 1，且各传感器数据（LED、开关、温度、湿度）能够在 Web 页面中显示并自动刷新，如图 12.75 所示。注意：有些浏览器可能需要手动刷新页面。

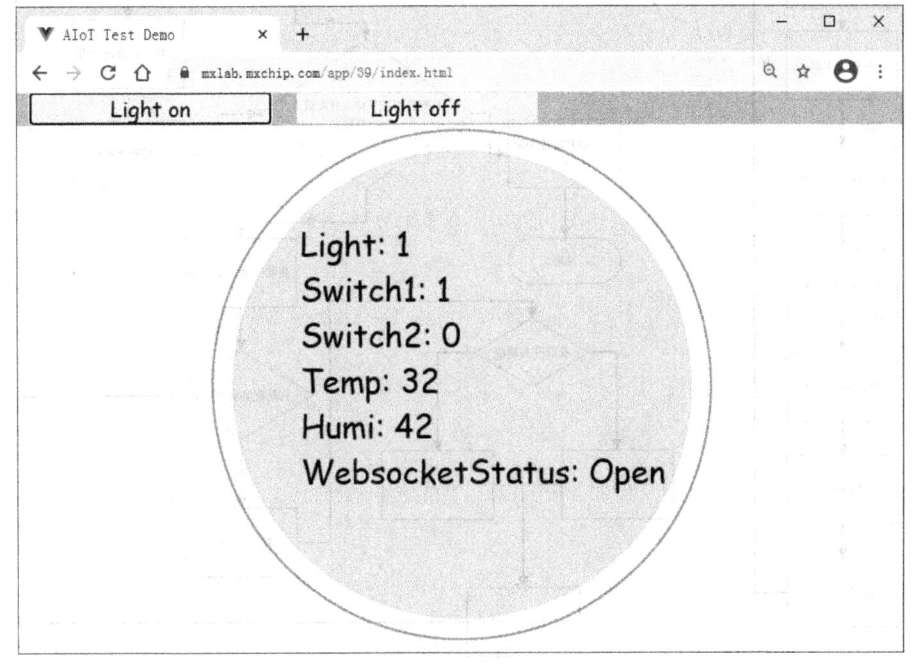

图 12.75　Web 前端控制、显示设备状态

12.3.5　设备端实验流程图

本实验设备端固件相对复杂些，程序流程如图 12.76 所示，读者可对照原工程代码学习、理解，并修改实现其他的物联网应用。

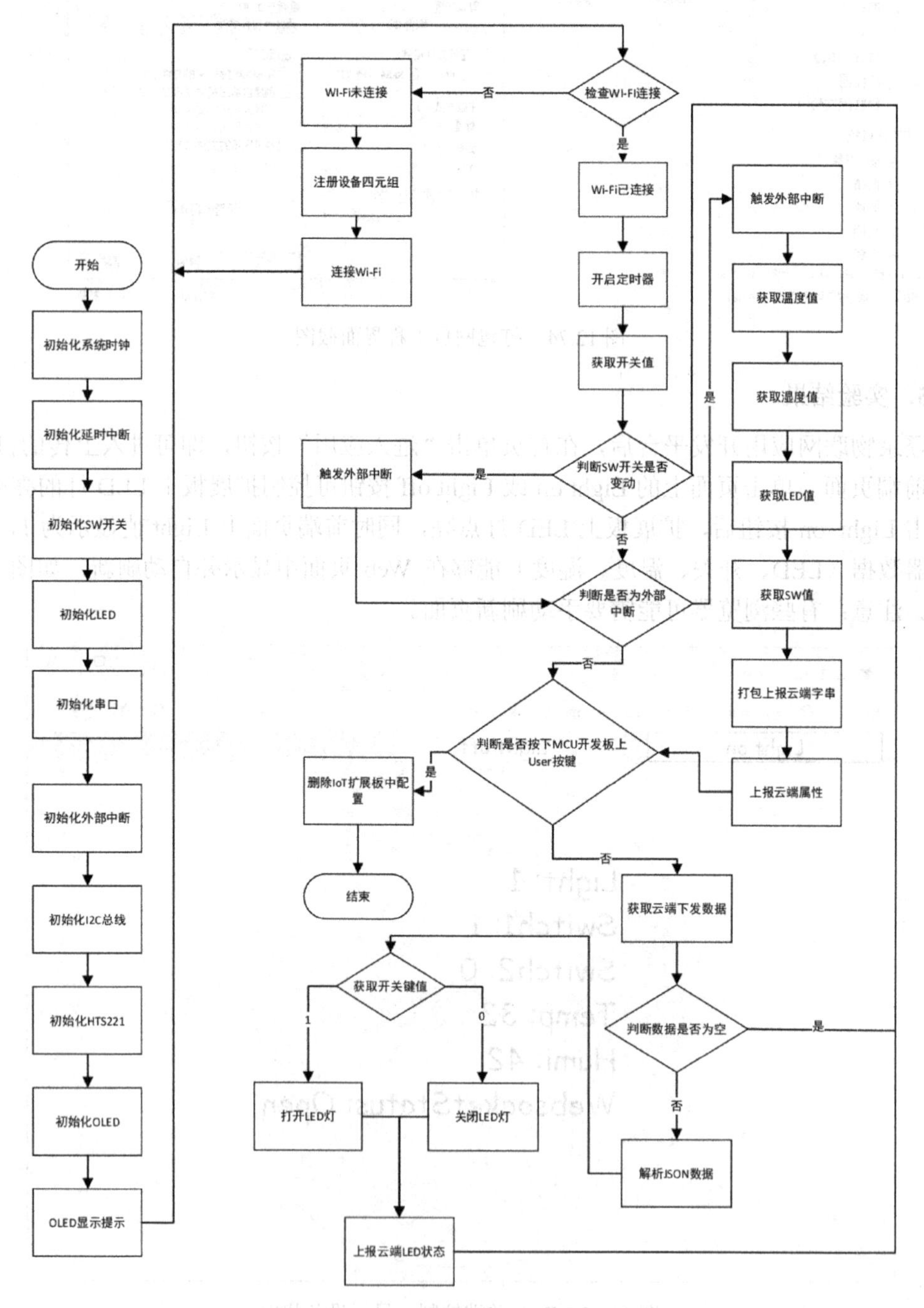

图 12.76　物联网实验二设备端程序流程图

12.4 本 章 小 结

一个完整的物联网应用系统在技术上涉及嵌入式端、云端和移动端的很多知识，需要设备端程序员、云端程序员和移动端程序员的通力协作。通过使用物联网平台可以简化物联网应用系统的开发。为了简化设备端的开发，本章案例均采用设备间接接入 Internet 的方式，嵌入式设备只需具备 UART 接口，使用 AT 命令与 Wi-Fi 模块（内置网络协议）进行简单通信，就可以实现设备上网。本章列举了两个分别基于阿里云 IoT 接入平台和 MXLAB 物联网应用开发平台的物联网系统及其实现，让嵌入式系统开发人员无须学习很多云端、移动端的技术，也能实践、构建一些简单的物联网应用，从全局的角度体会到一个完整的物联网系统的构成。本章所示的案例均基于商业化 IoT 平台，可以作为真实应用项目参考。

12.5 习　题

1．基于阿里云 IoT 接入平台，新建一个产品、配置属性，并进行模拟调试。

2．参照本章的物联网应用示例，设计开发一个具有特定功能的物联网应用系统。如使用开发板和扩展板上的光照传感器和电机驱动，设计开发一个智能窗帘或智能花盆，并可以用手机查看设备状态、控制设备动作。

第 13 章 低功耗与电磁兼容

嵌入式系统设计中的功耗问题是低功耗产品设计的关键和难点。由于很多物联网嵌入式设备是由电池来供电，而且大多数嵌入式设备都有体积和重量的约束，如果功耗问题解决不好，会严重制约嵌入式产品的实际应用。降低嵌入式系统的功耗不仅能延长电池的使用时间，而且有利于提高系统性能和稳定性，降低系统开销，提升用户体验，还可起到节能环保的作用。

另外，随着电子技术的发展，Wi-Fi、ZigBee、蓝牙等无线技术被广泛采用，处理器的主频也越来越高，为了保证各种设备可以在不同的环境下协同共存、可靠工作，伴随而来的电磁兼容（electromagnetic compatibility，EMC）问题也越来越值得人们重视。嵌入式设备是否能可靠地工作、是否能达到电磁兼容的标准，与系统设计、电子元器件的选择和使用、印制电路板的设计与布线、产品的制造工艺都有很大关系。

本章将简要介绍嵌入式系统的低功耗设计方法，以及电磁兼容性的基本概念和设计方法，详细内容需要参考学习相关技术资料。

13.1 低功耗设计方法

本节介绍在低功耗应用系统设计时使用的一些硬件和软件方法。低功耗系统设计的原则如下。

- 尽量使用低功耗的器件，如低功耗的 MCU、COMS 逻辑器件等。
- 电源电压宜低不宜高。
- 时钟宜慢不宜快。
- 系统宜静不宜动。
- 硬件、软件配合，使系统功耗最低。

下面将详细介绍嵌入式系统低功耗设计方法。

13.1.1 利用 I/O 引脚为外部器件供电

目前，一些 MCU（micro controller unit，微控制器）的 GPIO（general purpose input/output，通用输入/输出）引脚有较强的驱动能力，可以提供较大的输出电流，并且外部器件的功耗又很低，因此，在低功耗设计时可以利用 MCU 的 GPIO 引脚直接为外部器件供电。使用时，只需要把这些外部器件的电源端连接到处理器的 I/O 引脚上即可，如图 13.1 所示。

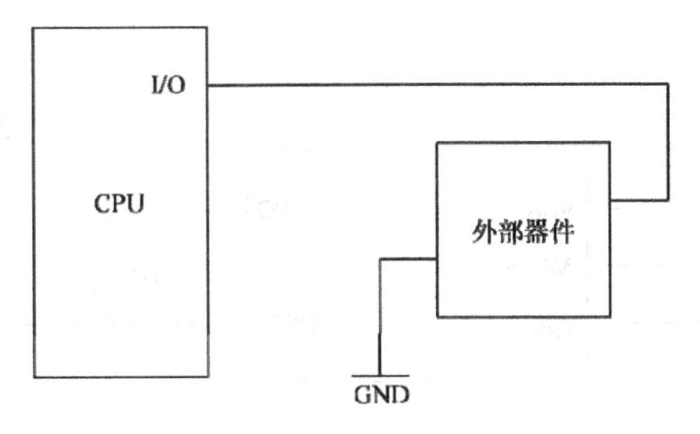

图 13.1　利用 I/O 引脚为外部器件供电

这样设计的优点如下。

- 简化电源控制电路，例如，可以省去三极管、场效应管。
- 节省控制电路的功耗，如三极管的基极电流消耗。

除此之外，只要嵌入式控制器的 I/O 接口的驱动能力足以驱动外部设备接口，就可以利用 I/O 引脚直接为外部设备接口供电。这样设计的好处是，当不需要外部器件/设备工作时，只要把 MCU 的 I/O 引脚输出 0，即可关闭外部器件或设备，此时外部器件/设备功耗几乎是零。目前，很多放大器、A/D 转换器、传感器均可采用这种方式设计低功耗应用系统。

13.1.2　电源管理单元的设计

嵌入式系统的电源管理单元要求系统全速工作时，消耗的功率比较大；如果处于待机状态，消耗的功率较小。MCU 常用的待机方式有两种：一种是空闲（idle）方式，另一种是掉电（power down）方式。空闲方式可以通过中断的发生退出，中断可以由外部事件驱动；掉电方式指的是处理器停止、中断不响应，因此需要复位才能退出掉电方式。一般低功耗设计采用的方案是通过定时器的输出，对 CPU 产生中断或复位。CPU 被唤醒后，再控制相关的外设，进入工作状态。

13.1.3　动态改变 CPU 的时钟频率

单片机的工作频率和功耗有很大关系：频率越高，功耗越大。一般情况下，数字电路消耗的电流与工作时钟频率成正比。如 MSP430F6638 单片机工作在电源为 3.0V、主频为 8MHz、激活模式（AM）下，闪存程序执行时电流典型值为 270μA/MHz；在关断模式（LPM4.5）下，供电电压为 3.0V 时，电流仅为 0.3μA。在很多低功耗的场合，采用低时钟频率实现低功耗是非常有效的方法。

关于时钟控制的另一种方法是动态改变处理器的时钟频率。CPU 在等待事件发生时，可利用一个 I/O 引脚控制振荡器上的并联电阻，增大电阻将会降低内部时钟频率，同时也会降低处理器消耗的电流。一旦事件发生，电阻可以被接入，处理器将全速运行处理事务。实现这一技术的方法如图 13.2 所示：将 I/O 引脚设定为输出高电平，电阻 R1 的加入将增加时钟频率；I/O 引脚输出低电平时，内部时钟频率会降低。

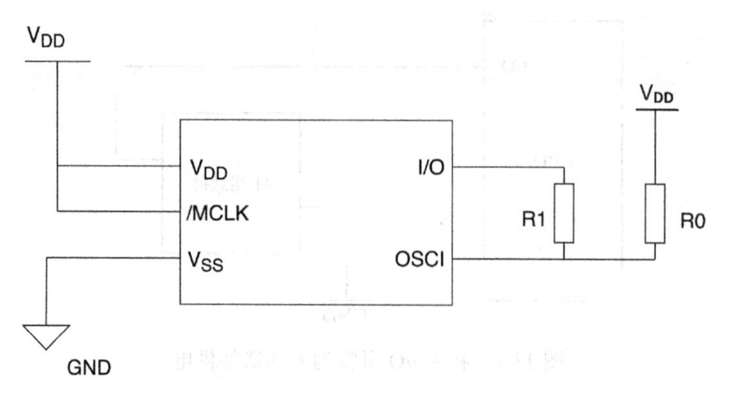

图 13.2　改变时钟频率降低功耗

另外，还可以用软件控制 MCU 内部的 PLL（phase-locked loop，锁相环）、时钟分频器等，在不同的工作状态使用不同的时钟提供给 CPU。当处理任务较繁重时，选择较高的时钟频率；当处理任务较轻，甚至无任务处理而处于等待状态时，选择较低的时钟频率。

13.1.4　软件系统的低功耗设计

嵌入式系统的低功耗设计一般需要软件配合硬件，这样才能达到理想的效果。本节将从以下几个方面介绍基于低功耗要求的软件设计方法。

- ❑ 编译优化技术。
- ❑ 硬件软件化。
- ❑ 减少处理器的工作时间。
- ❑ 优化算法。
- ❑ 降低工作频率。
- ❑ 使用合适的采样速率。
- ❑ 延时程序的设计、睡眠方式的使用。
- ❑ 显示装置的设计。
- ❑ 利用低功耗模式。

1．编译低功耗优化技术

编写嵌入式系统的应用软件，同一个功能可以由不同的软件算法实现，也可以使用不同的指令实现相同的功能。对于这一点，编程人员可以通过对指令的分析来采用高效率的指令，从而降低系统的功耗。例如，对于实现某一个功能，简单指令和复杂指令执行的时间不同，对存储器的访问方式和频度也不同，因此消耗的功率不同。

编译器根据高级语言的语句生成汇编语言指令，进而生成机器码，这种算法大部分根据功能实现，很少考虑到功耗因素。事实上，编译优化也可以降低系统的功耗。

嵌入式系统的各种应用的不均衡性使得系统运行时各部件负载显著不均衡，造成不必要的能量消耗。例如，一个控制系统可能包括 A/D、D/A 转换等功能部件，但是这些部件不一定每时每刻都在工作。在系统对应用程序的优化处理上，硬件和操作系统技术采取的措施是利用过去程序行为的一个窗口来预测将来的程序行为，仅能够在小窗口范围内和低级的程序抽象级别上进行可能的代码重构。而在编译时对功率和能量的优化技术是对硬件和 OS 技术的有效补充，编译器具有能够分析整个应用程序行为的能力，它可以对应用程序的整体结构按照给定的优化目标进行重新构造。在每一个应用的执行过程中，对每一个功能部件的负载都是不均衡的，程序和数据的局部性也是可变的。因此，利用编译器对应用程序进行优化和变换对降低系统能量消耗有重要的作用，仅通过对应用程序的指令功能均衡优化和降低执行效率就有可能比优化前节省 50%的能量消耗。当然，降低功耗的优化比改善性能的优化更为复杂。

总之，通过编译技术降低功耗的基本原理是通过功耗指标来进行编译的代码优化。目前已经有一些嵌入式编译器支持功耗优化。

2．硬件软件化

只要是硬件电路，就必定要消耗功率。在整机的总体设计中，应遵循硬件软件化原则，尽量压缩硬件，用软件来替代以往用硬件实现的功能。例如，许多仪表中用到的对数放大电路、抗干扰电路等都是用软件代替硬件来实现，测量系统中用软件滤波代替硬件滤波器等。软件算法的复杂化又会增加 CPU 的负荷和计算时间，从而增加功耗。因此，硬件软件化是一个需要综合成本、性能、功耗等因素并进行分析后决策的问题。

3．减少处理器的工作时间

嵌入式系统中，CPU 的运行时间对系统的功耗影响很大，故应尽可能缩短 CPU 的工作时间，使它较长时间处于空闲模式或掉电模式，这是软件设计降低单片机系统功耗的关键。在工作时，用事件中断唤醒 CPU，让它在尽量短的时间内完成对信息或数据的处理，然后进入空闲或掉电模式。在关机状态下要让 CPU 进入掉电模式，用特定的引脚或系统复位将它唤醒。这种设计软件的方法，就是采用事件驱动的程序设计方法。

4．采用快速算法

数字信号处理中的很多运算，采用如 FFT（fast Fourier transform，快速傅里叶变换）和快速卷积等算法可以节省大量运算时间，从而减少功耗。在精度允许的情况下，使用简单函数代替复杂函数做近似运算，也是减少功耗的一种方法。

5．通信系统中提高通信的波特率

在多机通信中，通过对通信模块的合理设计，尽量提高传送的波特率，意味着通信时间的缩短，并且其发送、接收均应采用中断处理方式，而不采用查询方式。

6．在数据采集系统中使用合适的采样速率

在测量和控制系统中，数据采集部分的设计应根据实际情况，不能只考虑提高采样率的问题。因为过高的采样速率不仅增加了 ADC（analog-to-digital converter，模数转换器）/DAC（digital-to-analog converter，数模转换器）的功耗，而且为了传输大量的数据，也会消耗 CPU 的时间和能量。如果系统有数据处理或抗干扰环节，则尽量用软件实现，如数字滤波、误差的自动校正等。

7．延时程序的设计

嵌入式应用系统设计中，一般都会用到延时程序。延时程序的设计有两种方法：软件延时和硬件定时器延时。为了降低功耗，尽量使用硬件定时器延时。通过定时器延时的方式，一方面可以提高程序的效率，另一方面可以降低功耗。这是因为嵌入式处理器在进入待机模式时，处理器将停止工作，定时器仍然在工作，而定时器的功耗很低。处理器调用延时程序时，将进入待机模式，定时器开始计时，一旦延时时间到，定时器溢出，产生中断，即可唤醒处理器。

8．静态显示与动态显示

嵌入式系统的人机界面（即显示器）有两种显示方式：静态显示和动态显示。下面以7段数码管为例，简要说明静态显示与动态显示的区别。

所谓静态显示，是指显示的信息通过锁存器保存，然后接到数码管上，这样一旦把显示的信息写到数码管上，显示内容即固定。此时，处理器不需要干预，甚至可以进入待机方式，只有数码管和锁存器在工作，这样的显示方式就是静态显示。

在设计嵌入式系统时，有时为了降低硬件成本，放弃静态显示而采用动态显示技术。动态显示的原理是利用CPU控制显示的刷新，为了达到显示不闪烁，对刷新的频率也有底线要求（一般要求50Hz以上），显然，动态显示技术需要消耗一定的CPU的功耗。

对于外接数码管显示器，应尽量利用锁存器进行静态显示，而不用动态显示。对于LCD液晶显示，不要采用定时扫描，而是使用外部中断方式。在需要进行延时时，尽量不用软件循环延时而应当采用定时/计数器中断方式进行，这样就不会占用CPU的运行时间。例如，MCS14543就是一种较好的用于静态显示的集锁存、译码、驱动、显示于一体的CMOS液晶组和电路。

9．低功耗模式

现代MCU大多设有多种低功耗模式，即睡眠模式（sleep mode）、停机模式（stop mode）、待机模式（standby mode）。合理使用这些低功耗模式，可以大大减少MCU的激活工作时间，降低功耗。

例如，便携式智能仪器在较长时间不进行测量采样和数据处理时，可以让单片机执行一条SLEEP指令。进入低功耗模式时，所有I/O口保持原来的状态，振荡器停止，单片机系统的功耗极低。当有中断命令时，单片机即被唤醒，使系统进入工作状态。

13.2　电源设计

电源模块是所有嵌入式系统中十分重要的一个部分，也是系统正常工作的基础模块。一个好的电源模块要求具有较宽的输入电压，对外部电压有较大的容限，以保证外部供电电源出现较大波动时不会损坏系统，同时要有稳定的输出电压以及一定的带负载能力，以保证整个系统能够稳定工作。

目前，常见的嵌入式系统供电结构框图如图 13.3 所示，一般都具有一个外部的交流-直流（AC-DC）转换器件作为前级电路，即电源适配器，用于将 220V 交流电压转为直流电压，得到的直流电压作为系统的实际输入电压。由于输入的直流电压一般较高，常见的如 9V、12V 等，不能直接用于嵌入式核心器件供电，需要再经过系统内部的电压转换电路，得到多路不同的低电压后，如 5V、3.3V、1.8V 等，才能用于处理器、存储芯片等核心器件供电。有些低功耗的嵌入式系统也可以直接用电池供电。

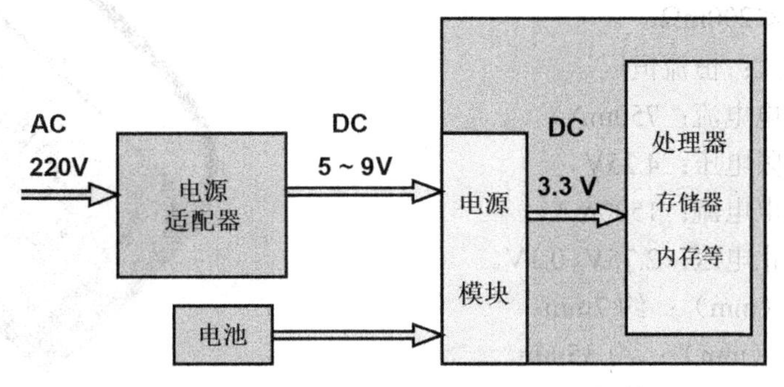

图 13.3　嵌入式系统供电结构框图

通常的电源模块的设计具有线性稳压器和开关电源两种方案。本节首先介绍了电池的类型和特性，以及如何根据需要选择合适的电池，然后介绍了 LDO（low dropout regulator，低压差线性稳压器）和 DC-DC（直流-直流转换器）。

13.2.1　电池的选择

对于手持设备、低功耗设备来说，电池是电源的不二选择。根据可否充电，电池可分为可充电电池和一次性电池。下面分别介绍这两类电池的特性和具体型号。

1．可充电电池

目前常见的可充电电池有铅酸电池、镍镉电池、镍铁电池、镍氢电池、锂离子电池、锂聚合物电池。其中，锂聚合物电池在嵌入式设备中容量密度比较高，也最为常用。相比不可充电电池，可充电电池的自放电率一般都比较高，充满电后，即使不使用，几个月后电池电量也会有很大损失。对于一些常年不能更换电池或不具备充电条件的低功耗嵌入式产品，可充电电池是不合适的。

锂聚合物电池又称高分子锂电池。相对其他电池来说，锂聚合物电池能量高、小型化、轻量化，是一种化学性质的电池。在形状上，锂聚合物电池具有超薄化特征，可以配合一些产品的需要而设计成多种形状与容量。

锂聚合物电池除电解质不是液态电解质而是固态聚合物外，其余与锂离子电池基本相同。锂聚合物电池的优点除了具有普通锂离子电池工作电压高、比能量①高、循环寿命长、自放电小、无记忆效应、对环境无污染，还具有无电池漏液问题、可制成薄型电池、可设

① 比能量指单位质量或体积的能量。

计成多种形状、可弯曲变形、可制成单颗高电压、容量比同样大小的锂离子电池高出一倍等优点。下面通过一款具体型号的锂聚合物电池来了解一下其特性。图 13.4 所示的电池型号为 LP703448，其具体特性如下。

- ❑ 标称容量：1500mA·h。
- ❑ 标称电压：3.7V。
- ❑ 重量：约 23g。
- ❑ 内阻：≤200mΩ。
- ❑ 充电方式：恒流恒压。
- ❑ 最大充电电流：750mA。
- ❑ 充电上限电压：4.25V。
- ❑ 最大放电电流：1500mA。
- ❑ 放电终止电压：2.75V±0.1V。
- ❑ 厚度 T（mm）：约 7mm。
- ❑ 宽度 W（mm）：约 35mm。
- ❑ 长度 L（mm）：约 50mm。
- ❑ 充电温度：0～+45℃。
- ❑ 放电温度：−20～+60℃。

图 13.4　锂聚合物电池

2．一次性电池

一次性电池是不可充电的电池。常见的一次性电池有碱锰电池、锌锰电池、锂亚硫酰氯电池、银锌电池、锌空电池、锌汞电池和镁锰电池等。不同类型的一次性电池，主要区别在于容量密度、工作环境、漏电流等特性方面。

碱性电池是较常用的一种高容量干电池，也是目前性价比较高的电池之一。碱性电池是以二氧化锰为正极，锌为负极，氢氧化钾为电解液。碱性电池在特性上较碳性电池更为优异，电容量也比较大。一般来说，同等型号的碱性电池是普通电池（如碳性电池）容量和放电时间的 3～7 倍，低温性能两者差距更大，碱性电池更适用于大电流连续放电和要求高的工作电压的用电场合，广泛应用于剃须刀、电动玩具、CD 机、大功率遥控器、无线鼠标、键盘等。

锂亚硫酰氯电池简称锂亚电池，是很有特色并且在实际应用电池系列中比能量最高的一种电池，容量大，价格也比碱性电池高一些。它的电压为 3.6V，单节电池就可以直接用于 1.8～3.3V 的单片机系统。亚硫酰氯（二氯亚砜）是正极材料，同时也是电解液，这使得锂亚硫酰氯电池的比能量非常高。下面介绍一款常用的锂亚电池来了解其电池特性。图 13.5 所示的电池型号为 ER14505（AA 型），其具体特性如下。

- ❑ 标称容量：2400mA·h。
- ❑ 标称电压：3.6V。
- ❑ 开路电压：≥3.6V。

图 13.5　锂亚电池

- ❑ 最大放电电流：100mA。
- ❑ 最大脉冲放电电流：150mA。
- ❑ 使用温度：−55～+85℃。
- ❑ 外形尺寸：Φ14.5mm×50.5mm。
- ❑ 标准重量：20g。
- ❑ 年自放电率：小于 1%。

由于锂亚电池特殊的化学特性，优质锂亚电池的年自放电率小于 1%，储存寿命在 10 年以上，因此被广泛应用于智能仪器、仪表；安全警报系统；信号灯及示位传送器；储存记忆支持电源；医疗器械；无线电及其他军事设备；有源电子标签；胎压测试系统；跟踪定位系统 GPS；全球移动通信系统 GSM 等领域。

3．纽扣电池

纽扣电池（button cell）也称扣式电池，是指外形尺寸像一颗小纽扣的电池，同等对应的电池分类有柱状电池、方形电池、异形电池。一般相对于柱状电池如市场上的 5 号 AA 等电池来说直径较大、厚度较薄。

一般来说，纽扣电池通常可分为充电和不充电两种。充电的包括 3.6V 可充锂离子扣式电池（LIR 系列）和 3V 可充锂离子扣式电池（ML 或 VL 系列）；不充电的包括 3V 锂锰扣式电池（CR 系列）及 1.5V 碱性锌锰扣式电池（LR 及 SR 系列）。下面介绍一款常用的纽扣电池来了解其电池特性。图 13.6 所示是电池型号 CR2032 的锂锰电池，属于锂-二氧化锰结构，正极材料选用化学性质非常稳定的二氧化锰，负极材料选用金属锂，电解液为固体盐类或溶解于有机溶剂的盐类。CR2032 纽扣锂电池具有比能量高、储存期限长、自放电小、使用安全、工作温度范围宽等优点，其具体特性如下。

图 13.6　纽扣电池

- ❑ 标称电压：3V。
- ❑ 开路电压：3.05～3.45V。
- ❑ 平均重量：3.0g。
- ❑ 外形尺寸：（19.7～20.0）mm×（3.0～3.2）mm。
- ❑ 放电时间（1kΩ）：75h。
- ❑ 工作温度：−20～+70℃。

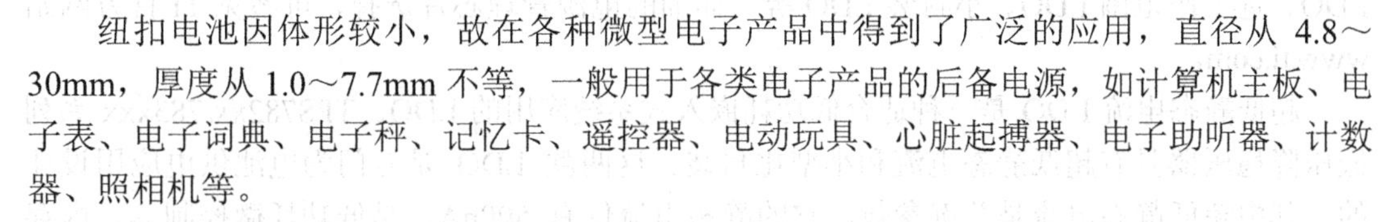

纽扣电池因体形较小，故在各种微型电子产品中得到了广泛的应用，直径从 4.8～30mm，厚度从 1.0～7.7mm 不等，一般用于各类电子产品的后备电源，如计算机主板、电子表、电子词典、电子秤、记忆卡、遥控器、电动玩具、心脏起搏器、电子助听器、计数器、照相机等。

4．充电管理

对于可再充电电池而言，锂离子（Li-ion）电池是使用范围最广的化学电池系列。锂离子电池系列中存在不同的电池化学组成，具有不同的工作特性，如放电模式和自放电速率。

合理的充电管理不仅可以缩短充电时间，还可以保护电池、延长电池使用寿命。

BQ2423x 是 TI（Texas Instruments）推出的针对小封装便携式应用的高度集成的锂离子线性充电器和系统电源管理装置。该器件可通过 USB 端口或 AC 适配器充电，充电电流在 25～500mA。高输入电压范围的输入过电压保护可以支持低成本、未校准的适配器。USB 输入电流保护使 BQ2423x 满足 USB-IF 的浪涌电流规格。此外，输入动态电源管理（VIN-DPM）可防止充电器设计不当或 USB 源配置错误。BQ24232 不仅可以设定充电电流，还可以设定终止充电电流，其特性如下。

- ❑ 完全兼容的 USB 充电器：输入电流为 100～500mA。
- ❑ 28V 输入过压保护。
- ❑ 综合动态电源路径管理（DPPM）功能。
- ❑ 支持高达 500mA 的充电电流，具有输出监测（ISET）功能。
- ❑ 最大 500mA 的可编程输入电流限制。
- ❑ 可编程终止充电电流（BQ24232）。
- ❑ 可编程的预充电和快速充电安全定时器。
- ❑ 反向电流、短路和热保护。
- ❑ 负温度系数（NTC）热敏电阻输入。
- ❑ 专有的启动顺序限制浪涌电流。
- ❑ 状态指示（充电/充满），电源正常。
- ❑ 3mm×3mm 的 16 引脚 QFN 封装。

TI 的相关产品广泛应用于移动电话、智能手机、平板电脑、便携式消费设备、便携式导航装置、笔记本电脑以及诸多工业和医疗应用等领域。

13.2.2 超低静态电流 LDO

低压差线性稳压器（LDO）是相对于传统的线性稳压器来说的，传统的线性稳压器要求输入电压至少要比输出电压高 2～3V，否则就不能正常工作。但是在一些情况下，如 5V 转 3.3V，输入与输出的压差只有 1.7V，是不满足压差条件的，LDO 类的电源转换芯片可以解决这种情况出现的问题。LDO 属于线性稳压器，一般适用于小电流、小功率的应用。

TI 提供了多种类型的线性稳压器，如高电压高电流 LDO、低静态电流 LDO、低噪声 LDO、宽工作范围 LDO、小封装 LDO 等。详细的电源管理芯片选择，可参见 TI 官方网站 www.ti.com。

超低静态电流 LDO 是一种适合低功耗嵌入式系统应用的 LDO。TPS782xx/783xxx 系列低压降稳压器具有超低静态电流和小型化封装。这两款 LDO 是专门为电池供电应用设计的，其中超低静态电流是关键参数，它的静态电流仅有 500nA，是低功耗微控制器、内存卡、烟雾检测器等应用的理想选择。

TPS78233 是 TPS782xx 系列中的型号之一，其特性如下。

- ❑ 最高输入电压：5.5V。
- ❑ 输出电压：3.3V。

- 低静态电流（I_q）：500nA。
- 输出电流：150mA。
- +25℃下压降，150mA 时为 130mV。
- +85℃下压降，150mA 时为 175mV。
- 3%的负载/线路/温度精度。
- 在 1.0μF 陶瓷电容下可稳定工作。
- 热保护和过流保护。
- CMOS 逻辑电平兼容的使能引脚。
- 可使用 DDC（TSOT23-5）或 DRV（2mm×2mm SON-6）封装。

13.2.3 直流/直流转换器

直流/直流转换器（DC/DC）即开关电源，利用电感和电容的储能特性，并利用高频可控的开关管（如 MOSFET 等）实现电能的持续输出。直流转换器利用分压电阻来实现对输出电压的控制。分压电阻可以根据输出电压得到一个反馈电压，反馈电压与内部的基准电压进行比较，并根据比较结果对振荡电路实现控制，进而控制 MOS 管的导通与截止，完成对输出电压的控制。由于功率回路没有电阻性耗能器件，开关电源的效率一般都比较高（可达 95%），适合大功率、高压差的电源变换。

DC/DC 转换器分为 3 类：升压型 DC/DC 转换器、降压型 DC/DC 转换器以及升降压型 DC/DC 转换器。根据需求可采用 3 类控制。

- PWM（pulse width modulation，脉冲宽度调制）控制型：效率高且具有良好的输出电压纹波和噪声。
- PFM（pulse frequency modulation，脉冲频率调制）控制型：适合长时间使用，尤其在小负载时具有耗电小的优点。
- PWM/PFM 转换型：小负载时实行 PFM 控制，且在重负载时自动转换到 PWM 控制。

常用的 DC-DC 产品有两种：一种为电荷泵（charge pump）；一种为电感储能 DC-DC 转换器。目前 DC-DC 转换器广泛应用于手机、MP3、数码相机、便携式媒体播放器等产品中。

TI 提供了多种类型的 DC-DC 转换器，如升压型 DC/DC 转换器 TPS61xxx 系列、降压型 DC/DC 转换器 TPS62xxx 系列以及升降压型 DC/DC 转换器 TPS63xxx 系列等。在供电系统电压变化比较大的情况下，系统需要稳定的工作电压，这时最好选择升降压型 DC/DC 转换器。下面通过一款具体型号的升降压型 DC/DC 转换器来了解一下其特性。TPS63031 是常用的 3.3V（5V 对应的型号是 TPS63061）升降压型 DC/DC 转换器，其特性如下。

- 效率高达 96%。
- 3.3V 降压模式下（VIN=3.6～5V）的输出电流为 800mA。
- 3.3V 升压模式下（VIN>2.4V）的输出电流为 500mA。
- 降压和升压模式可以自动转换。
- 典型器件静态电流少于 50μA。
- 输入电压范围：1.8～5.5V。

- ❑ 1.2～5.5V 固定和可调输出电压选项。
- ❑ 用于改进低输出功率时效率的省电模式。
- ❑ 固定运行频率并可实现同步。
- ❑ 关机期间负载断开。
- ❑ 过压、过温保护。
- ❑ 采用 2.5mm×2.5mm 小外形尺寸 QFN-10 封装。

13.3 电磁兼容性

电磁兼容性（electromagnetic compatibility，EMC）是指设备或系统在其电磁环境中符合要求运行并不对其环境中的任何设备产生无法忍受的电磁干扰的能力。因此，EMC 包括两个方面的要求：一方面是指设备在正常运行过程中对所在环境产生的电磁干扰不能超过一定的限值；另一方面是指设备对所在环境中存在的电磁干扰具有一定程度的抗扰度，即电磁敏感性。

随着 IC 技术的发展，新技术不断涌现。高性能单片机系统逐步采用 32 位字长的 RISC 体系结构，运行频率超过了 100MHz，8 位单片机也采用新工艺来提高系统速度、扩展功能接口。嵌入式系统正朝着高集成度、高速度、高精度、低功耗的方向发展。同时，由于电子技术的广泛应用，电子设备密度升高，电磁环境恶化，导致系统的电磁干扰与抗干扰问题日益突出。

13.3.1 电磁干扰的形成

电磁干扰（electromagnetic interference，EMI）有传导干扰和辐射干扰两种。传导干扰是指通过导电介质把一个电网络上的信号耦合到另一个电网络；辐射干扰是指干扰源通过空间把其信号耦合到另一个电网络。在高速印刷电路板（printed circuit board，PCB）及嵌入式系统设计中，高频信号线、集成电路的引脚、各类接插件等都可能成为具有天线特性的辐射干扰源，能发射电磁波并影响其他系统或本系统内其他子系统的正常工作。

为了防止一些电子产品产生的电磁干扰影响或破坏其他电子设备的正常工作，各国政府或一些国际组织都相继提出或制定了一些与电子产品产生电磁干扰相关的规章或标准，符合这些规章或标准的产品就可称为具有电磁兼容性（electromagnetic compatibility，EMC）。

1．电磁干扰源

电磁干扰源包括微处理器、微控制器、传送器、静电放电和瞬时功率执行元件，如机电式继电器、开关电源、雷电等。在微控制器系统中，时钟电路是最大的宽带噪声发生器，而这个噪声被扩散到了整个频谱。随着大量的高速半导体器件的发展，其边沿跳变速率很快，这种电路将产生高达 300MHz 的谐波干扰。

无论何种情况下，电磁相容问题的出现总是存在两个互补的方面：一个干扰发射源和一个为此干扰敏感的受干扰设备。一个干扰源与受干扰设备都处在同一设备中则称为系统内部的 EMC 情况，不同设备间所产生的干扰状况称为系统间的 EMC 情况。大多数的设备中都有类似天线特性的零件，如电缆线、PCB 布线、内部配线、机械结构等，这些零件透过电路相耦合的电场、磁场或电磁场而将能量转移。实际情况下，设备间和设备内部的耦合受到了屏蔽与绝缘材料的限制，而绝缘材料的吸收与导体相比，其影响是微不足道的。

2．耦合

噪声被耦合到电路中最容易被通过的导体传递。如果一条导线经过一个充满噪声的环境，该导线会感应环境噪声，并且将它传递到电路的其余部分。噪声通过电源线进入系统，由电源线携带的噪声就被传递到了整个电路，这是一种耦合情况。

耦合也发生在有共享负载的电路中。例如，两个电路共享一条提供电源的导线或一条接地导线。如果其中一个电路需要一个突发的较大电流，而两个电路共享电源线，等效接入同一个电源内阻，电流的不平衡会导致另一个电路的电源电压下降。该耦合的影响可以通过减少共同的阻抗来削减。但电源内阻和接地导线是固定不变的，若接地不稳定，一个电路中流动的返回电流就会在另一个电路的接地回路中产生地电位的变动，地电位的变动将会严重降低模/数转换器、运算放大器和传感器等低电平模拟电路的性能。

另外，电磁波的辐射存在于每个电路中，这就形成了电路间的耦合。当电流改变时，就会产生电磁波。这些电磁波能耦合到附近的导体中，并且干扰电路中的其他信号。

3．敏感设备

所有的电子电路都可能受到电磁干扰，虽然一部分电磁干扰是以射频辐射的方式被直接接受的，但大多数电磁干扰是通过瞬时传导被接受的。在数字电路中，复位、中断和控制信号等临界信号最容易受到电磁干扰的影响。控制电路、模拟的低级放大器和电源调整电路也容易受到噪声的影响。

电磁干扰三要素之间的关系如图 13.7 所示，发射和抗干扰都可以根据辐射和传导的耦合来分类。辐射耦合在高频中十分常见，传导耦合在低频中较为常见。发射机（干扰源）与接收机（敏感设备）之间的辐射耦合是由电磁能量通过辐射途径传输而产生的。例如，来自附近设备的电磁能量通过直接辐射产生的耦合，或者自然界与类似的电磁环境耦合进入敏感设备。

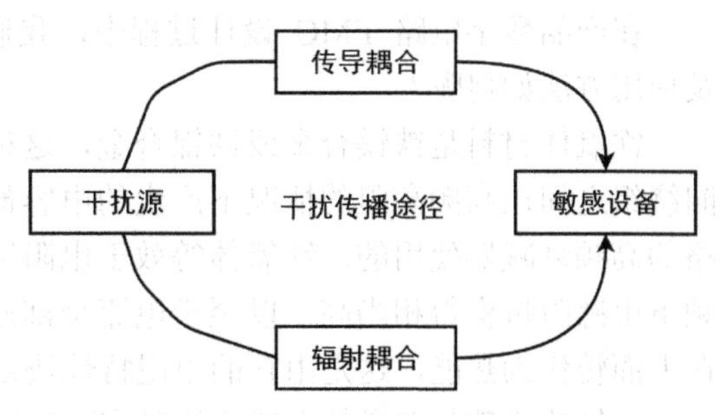

图 13.7 电磁干扰三要素之间的关系

干扰源与敏感设备之间的传导耦合经由连接两者之间的直接导电通路完成。例如，当干扰源与敏感设备共享同一电源线供电时，干扰会经电源线传送。其他传播途径还有信号线或控制线等。

进行电磁兼容性设计，并使产品达到电磁兼容性标准，可以将辐射减到最小，即降低产品中泄露的射频能量，同时增强其对辐射的抗干扰能力。

13.3.2 电磁兼容常用元器件

1. 共模电感

由于 EMC 所面临和需要解决的问题大多是共模干扰，因此共模电感也是常用的元件之一。共模电感（common mode choke）也叫共模扼流圈，常用于电脑的开关电源中过滤共模的电磁干扰信号。在板卡设计中，共模电感可以起到EMI滤波的作用，用于抑制高速信号线产生的电磁波向外辐射。下面简单介绍一下共模电感的原理以及使用情况。

共模电感原理是流过共模电流时磁环中的磁通相互叠加，从而具有相当大的电感量，对共模电流起到抑制作用，而当两线圈流过差模电流时，磁环中的磁通相互抵消，几乎没有电感量，所以差模电流可以无衰减地通过。因此，共模电感在平衡线路中能有效地抑制共模干扰信号，而对线路正常传输的差模信号无影响。共模电感在制作时应满足以下要求。

① 绕制在线圈磁芯上的导线要相互绝缘，以保证在瞬时过电压作用下线圈的匝间不发生击穿短路。

② 当线圈流过瞬时大电流时，磁芯不要出现饱和。

③ 线圈中的磁芯应与线圈绝缘，以防止在瞬时过电压作用下两者之间发生击穿。

④ 线圈应尽可能绕制单层，这样做可减小线圈的寄生电容，增强线圈对瞬时过电压的承受能力。

通常情况下，要注意选择所需滤波的频段，共模阻抗越大越好，因此，我们在选择共模电感时需要看器件资料，主要根据阻抗频率曲线选择。另外，选择时注意考虑差模阻抗对信号的影响，主要关注差模阻抗，特别注意高速端口。

2. 磁珠

在产品数字电路 EMC 设计过程中，我们常常会使用到磁珠，那么磁珠滤波的原理以及使用方法如何呢？

铁氧体材料是铁镁合金或铁镍合金，这种材料具有很高的导磁率，它可以使电感的线圈绕组之间在高频高阻的情况下产生的电容最小。实际应用中，铁氧体材料是作为射频电路的高频衰减器使用的。铁氧体等效于电阻以及电感的并联，低频下电阻被电感短路，高频下电感阻抗变得相当高，以至于电流全部通过电阻。铁氧体是一个消耗装置，高频能量在上面转化为热能，这是由它的电阻特性决定的。

铁氧体磁珠与普通的电感相比具有更好的高频滤波特性。铁氧体在高频时呈现电阻性，相当于品质因数很低的电感器，所以能在相当宽的频率范围内保持较高的阻抗，从而提高高频滤波效能。铁氧体抑制元件广泛应用于印制电路板、电源线和数据线上。如在印制板的电源线入口端加上铁氧体抑制元件，就可以滤除高频干扰。铁氧体磁环或磁珠专用于抑制信号线、电源线上的高频干扰和尖峰干扰，它也具有吸收静电放电脉冲干扰的能力。

一般情况下，我们根据实际应用场合来选择是使用片式磁珠还是片式电感。在谐振电路中需要使用片式电感。而需要消除不需要的EMI噪声时，使用片式磁珠是最佳的选择。

3．滤波电容器

滤波电容器是一种储能器件，它常安装在整流电路两端，用以降低交流脉动波纹系数、提高高效平滑直流输出。当要滤除的噪声频率确定时，可以通过调整电容的容量，使谐振点刚好落在干扰频率上。

在实际工程中，要滤除的电磁噪声频率往往高达数百兆赫兹，甚至超过 1GHz。对于这样高频的电磁噪声，必须使用穿心电容才能有效地滤除。普通电容之所以不能有效地滤除高频噪声，主要有两个原因：一是电容引线电感造成电容谐振，对高频信号呈现较大的阻抗，削弱了对高频信号的旁路作用；二是因为导线之间的寄生电容使高频信号发生耦合，降低了滤波效果。

随着电子设备复杂程度的提高，设备内部强弱电混合安装、数字逻辑电路混合安装的情况越来越多，电路模块之间的相互干扰已成为较为严重的问题。解决这种电路模块相互干扰的方法之一是用金属隔离舱将不同性质的电路隔离开。但是所有穿过隔离舱的导线要通过穿心电容，否则会造成隔离失效。当不同电路模块之间有大量的连线时，在隔离舱上安装大量的穿心电容是十分困难的事情。为了解决这个问题，国外许多厂商开发了“滤波阵列板”，这是利用特殊工艺事先将穿心电容焊接在一块金属板上而构成的器件，使用滤波阵列板能够解决大量导线穿过金属面板的问题。

13.3.3　电磁兼容常用技巧

目前，电子器材用于各类电子设备和嵌入式系统，仍然以印制电路板为主要装配方式。实践证明，即使电路原理图设计正确，印制电路板设计不当，也会对电子设备的可靠性产生不利影响。例如，如果印制板两条细平行线靠得很近，则会形成信号波形的延迟，在传输线的终端形成反射噪声。因此，在设计印制电路板时，应注意采用正确的方法。

理论和实践研究表明，不管复杂系统还是简单装置，任何一个电磁干扰的发生必须具备 3 个基本条件：一是应该具有干扰源；二是有传播干扰能量的途径和通道；三是还必须有被干扰对象的响应。在电磁兼容性理论中把被干扰对象统称为敏感设备（或敏感器），因此，抑制电磁干扰的方法主要有如下 3 种。

- 设法降低电磁波辐射源或传导源。
- 切断耦合路径。
- 增加接收器的抗干扰能力。

1．地线设计

在嵌入式系统中，接地是控制干扰的重要方法。如能将接地和屏蔽正确结合起来使用，可解决大部分干扰问题。电子设备中地线结构大致有系统地、机壳地（屏蔽地）、数字地（逻辑地）和模拟地等。在地线设计中应注意以下几点。

（1）正确选择单点接地与多点接地

在低频电路中，信号的工作频率小于 1MHz，它的布线和器件间的电感影响较小，而接地电路形成的环流对干扰影响较大，因而应采用一点接地。当信号工作频率大于 10MHz

时，地线阻抗变得很大，此时应尽量降低地线阻抗，应采用就近多点接地。当工作频率在1～10MHz 时，如果采用一点接地，其地线长度不应超过波长的 1/20，否则应采用多点接地法。

（2）将数字电路与模拟电路分开

电路板上既有高速逻辑电路，又有线性电路，应使它们尽量分开，而两者的地线不要相混，分别与电源端地线相连。另外，要尽量加大线性电路的接地面积。

（3）尽量加粗接地线

若接地线很细，接地电位则随电流的变化而变化，致使电子设备的定时信号电平不稳、抗噪声性能变差。因此应将接地线尽量加粗，使它能通过 3 倍于印制电路板的允许电流。在允许的条件下，接地线的宽度应大于 3mm。

（4）将接地线构成闭环路

设计只由数字电路组成的印制电路板的地线系统时，将接地线做成闭环路可以明显地提高抗噪声能力。其原因在于：印制电路板上有很多集成电路组件，尤其遇有耗电多的组件时，因受接地线粗细的限制，会在接地线上产生较大的电位差，引起抗噪声能力下降，若将接地线构成环路，则会缩小电位差值，提高电子设备的抗噪声能力。

2．电磁兼容性设计

电磁兼容性是指电子设备在各种电磁环境中仍能够协调、有效地进行工作的能力。电磁兼容性设计的目的是使电子设备既能抑制各种外来的干扰，使电子设备在特定的电磁环境中能够正常工作，同时又能减少电子设备本身对其他电子设备的电磁干扰。

（1）选择合理的导线宽度

由于瞬变电流在印制线条上所产生的冲击干扰主要是由印制导线的电感成分造成的，因此应尽量减小印制导线的电感量。印制导线的电感量与其长度成正比，与其宽度成反比，因而短而精的导线对抑制干扰是有利的。时钟引线、行驱动器或总线驱动器的信号线常常载有大的瞬变电流，印制导线要尽可能地短。对于分立组件电路，印制导线宽度在 1.5mm 左右时，即可完全满足要求；对于集成电路，印制导线宽度可在 0.2～1.0mm 选择。

（2）采用正确的布线策略

采用平等走线可以减少导线电感，但导线之间的互感和分布电容增加，如果布局允许，最好采用井字形网状布线结构，具体做法是印制板的一面横向布线，另一面纵向布线，然后在交叉孔处用金属化孔相连。为了抑制印制板导线之间的串扰，在设计布线时应尽量避免长距离的平等走线。

3．去耦电容配置

在直流电源回路中，负载的变化会引起电源噪声。例如，在数字电路中，当电路从一个状态转换为另一种状态时，就会在电源线上产生一个很大的尖峰电流，形成瞬变的噪声电压。配置去耦电容可以抑制因负载变化而产生的噪声，是对印制电路板进行可靠性设计的一种常规做法，配置原则如下。

❑　电源输入端跨接一个 10～100μF 的电解电容器，如果印制电路板的位置允许，采用 100μF 以上的电解电容器的抗干扰效果会更好。

- 为每个集成电路芯片配置一个 0.01μF 的陶瓷电容器。如遇到印制电路板空间小而装不下时，可每 4～10 个芯片配置一个 1～10μF 钽电解电容器，这种器件的高频阻抗特别小，在 500kHz～20MHz 范围内阻抗小于 1Ω，而且漏电流很小（0.5μA 以下）。
- 对于噪声能力弱、关断时电流变化大的器件和 ROM、RAM 等存储型器件，应在芯片的电源线（VCC）和地线（GND）间直接接入去耦电容。
- 去耦电容的引线不能过长，特别是高频旁路电容不能带引线。

4．印制电路板的尺寸与器件的布置

印制电路板大小要适中，过大时印制线条长，阻抗增加，不仅抗噪声能力下降，成本也高；过小则散热不好，同时易受临近线条干扰。在器件布置方面与其他逻辑电路一样，应把相互有关的器件尽量放得靠近些，这样可以获得较好的抗噪声效果。时钟发生器、晶振和 CPU 的时钟输入端都易产生噪声，要相互靠近些。易产生噪声的器件、小电流电路、大电流电路等应尽量远离逻辑电路，在条件允许的情况下，应另制作电路板放置。

5．散热设计

从有利于散热的角度出发，印制电路板最好是直立安装，板与板之间的距离一般不应小于 2cm，而且器件在印制电路板上的排列方式应遵循一定的规则，具体如下。

- 对于采用自由对流空气冷却的设备，需要将集成电路按纵长方式排列；对于采用强制空气冷却的设备，需要将集成电路按横长方式排列。
- 同一块印制板上的器件应尽可能按其发热量大小及散热程度分区排列，发热量小或耐热性差的器件（如小信号晶体管、小规模集成电路、电解电容等）放在冷却气流的最上流（入口处），发热量大或耐热性好的器件（如功率晶体管、大规模集成电路等）放在冷却气流最下游。
- 在水平方向上，大功率器件尽量靠近印制板边沿布置，以便缩短传热路径；在垂直方向上，大功率器件尽量靠近印制板上方布置，以便减少这些器件工作时对其他器件温度的影响。
- 对温度比较敏感的器件最好安置在温度最低的区域（如设备的底部），一定不要将它放在发热器件的正上方，多个器件最好是在水平面上交错布局。
- 设备内印制板的散热主要依靠空气流动，所以在设计时要研究空气流动路径，合理配置器件或印制电路板。空气流动时总是趋向于向阻力小的地方流动，所以在印制电路板上配置器件时，要避免在某个区域留有较大的空域。

6．屏蔽

屏蔽必须要连接到被保护电路的零信号基准点，即输入和输出的共用端。有些情况下，共用端没有接地，电压非零，但相对于输入和输出信号仍是零信号基准点。

很多 EMI 抑制都采用外壳屏蔽和缝隙屏蔽结合的方式实现，通常如下这些简单原则可以有助于实现 EMI 屏蔽：从源头处降低干扰；通过屏蔽、过滤或接地将干扰产生电路隔离；

增强敏感电路的抗干扰能力，等等。EMI 抑制性、隔离性和低敏感性应该作为所有电路设计人员的目标，这些性能在设计阶段的早期就应完成。

对设计工程师而言，采用屏蔽材料是一种有效降低 EMI 的方法。如今已有多种外壳屏蔽材料得到广泛使用，从金属罐、薄金属片和箔带到在导电织物或卷带上喷射涂层及镀层（如导电漆及锌线喷涂等）。无论是金属还是涂有导电层的塑料，一旦设计人员确定作为外壳材料之后，就可着手开始选择衬垫。设备一般都需要进行屏蔽，这是因为结构本身存在一些槽和缝隙。所需屏蔽可通过一些基本原则确定，但是理论与现实之间还是有差别的。例如，在计算某个频率下衬垫的大小和间距时还必须考虑信号的强度，如同在一个设备中使用了多个处理器时的情形。表面处理及垫片设计是保持长期屏蔽以实现 EMC 性能的关键因素。图 13.8 展示了各种类型的 PCB 屏蔽罩。

图 13.8　各种类型的 PCB 屏蔽罩

13.4　本章小结

本章简要介绍了嵌入式设备的低功耗与电磁兼容问题及其解决方法，以及嵌入式系统电源设计的注意事项。这些都是嵌入式系统设计中在软件设计以外的关键点与难点，低功耗以及 EMC 设计如果存在问题，不仅会降低系统的稳定性与寿命，甚至可能影响整个系统的功能和产品上市。所以，读者在掌握嵌入式软件开发的同时，也要关注整个系统的功耗、散热、电磁兼容等各类细节问题，只有这样才能实现出一个功能完整、性能优良的嵌入式系统或产品。

13.5　习　　题

1. 低功耗系统设计的基本原则是什么？
2. 查阅资料，列出 3 种低功耗 MCU 的型号，以及它们的主要功耗指标。
3. 查阅资料，归纳说明逻辑芯片 74LS04 和 74HC04 的差异性。
4. 低功耗系统中，软件设计方法有哪些？

5．简述嵌入式系统中电源结构，并举例说明嵌入式系统中电源的种类。

6．嵌入式系统常用的电池有哪些？各自的特点是什么？

7．简述 LDO 的特点和选型注意事项。

8．简述 DC-DC 的工作原理、种类和特点。

9．简述电磁干扰的三大要素。

10．磁珠的结构是什么？用途是什么？

11．接地的方法主要有哪些？分别适用于什么场合？

12．简述抑制电磁干扰的方法，以及可以采取的措施。

13．为什么要在芯片的供电引脚并接一个电容器？这个电容器的容量一般是如何取值的？

参 考 文 献

[1] 沈建华，王慈．嵌入式系统原理与实践[M]．北京：清华大学出版社，2018.

[2] 沈建华，郝立平．嵌入式系统教程：基于 Tiva C 系列 ARM Cortex-M4 微控制器[M]．北京：北京航空航天大学出版社，2015.

[3] 张大波．新编嵌入式系统原理设计与应用[M]．北京：清华大学出版社，2010.

[4] 陈文智，王总辉．嵌入式系统原理与设计[M]．2 版．北京：清华大学出版社，2017.

[5] 周立功．ARM 嵌入式系统基础教程[M]．2 版．北京：北京航空航天大学出版社，2008.

[6] 周立功．嵌入式 Linux 开发教程（上册）[M]．北京：北京航空航天大学出版社，2016.

[7] 沈建华．CC3200 Wi-Fi 微控制器原理与实践：基于 MiCO 物联网操作系统[M]．北京：北京航空航天大学出版社，2015.

[8] 周立功．C 程序设计高级教程[M]．北京：北京航空航天大学出版社，2013.

[9] 沈建华，郝立平．ARM Cortex-M0+微控制器原理与应用[M]．北京：北京航空航天大学出版社，2014.

[10] （美）施部·克·威（V,S,K）．嵌入式系统原理、设计及开发[M]．伍微，译．北京：清华大学出版社，2012.

[11] （英）姚文祥．ARM Cortex-M3 与 Cortex-M4 权威指南[M]．3 版．北京：清华大学出版社，2015.

[12] 崔涛．浅谈物联网技术积累与发展前景[J]．数码世界，2017（6）：1.

[13] 谢晓燕．物联网行业发展特征分析[J]．企业经济，2012（9）：4.

[14] 盛魁祥．浅谈物联网技术发展及应用[J]．现代商业，2010（14）：2.

[15] 沈建华，张超，李晋．MSP432 系列超低功耗 ARM Cortex-M4 微控制器原理与实践[M]．北京：北京航空航天大学出版社，2017.

[16] 程昌南，沈建华．ARM Linux 入门与实践：基于 TI AM335x 处理器[M]．北京：北京航空航天大学出版社，2018.

[17] 沈建华，杨艳琴，王慈．MSP430 超低功耗单片机原理与应用[M]．3 版．北京：清华大学出版社，2017.

[18] 沈建华，杨艳琴．MSP430 系列 16 位超低功耗单片机原理与实践[M]．北京：北京航空航天大学出版社，2008.

[19] Alibaba．使用 AliOS Things 在 MAP432 LaunchPad 上开发 IoT app[EB/OL]．[2021-11-16]．https://github.com/alibaba/AliOS-Things.wiki.git.

[20] 马维华．嵌入式系统原理及应用[M]．3 版．北京：北京邮电大学出版社，2017.

[21] STMicroelectronics. Getting started with STM32 Nucleo board software development tools[EB/OL]. (2020-9-28)[2021-11-16]. https://www.st.com/resource/en/user_manual/um1727-getting-started-with-stm32- nucleo-board-software-development-tools-stmicroelectronics.pdf.

[22] STMicroelectronics. STM32 Nucleo-64 boards (MB1136)[EB/OL]. (2020-8-20)[2021-11-16]. https://www.st.com/resource/en/user_manual/um1724-stm32-nucleo64-boards-mb1136-stmicroelectronics.pdf.

[23] STMicroelectronics. ARM® Cortex®-M4 32b MCU+FPU, up to 512KB Flash, 80KB SRAM, FSMC, 4 ADCs, 2 DAC ch., 7 comp, 4 Op-Amp, 2.0-3.6 V[EB/OL]. [2021-11-16]. https://www.st.com/resource/en/datasheet/stm32f303re.pdf.

[24] STMicroelectronics. STM32F303xB/C/D/E, STM32F303x6/8, STM32F328x8, STM32F358xC, STM32F398xE advanced ARM®-based MCUs[EB/OL]. [2021-11-16]. https://www.st.com/resource/en/reference_manual/rm0316-stm32f303xbcde-stm32f303x68-stm32f328x8-stm32f358xc-stm32f398xe-advanced-armbased-mcus-stmicroelectronics.pdf.

[25] 平头哥半导体有限公司. CH2201（平台芯片）[EB/OL]. [2021-11-16]. https://occ.t-head.cn/vendor/detail/index?spm=a2cl5.14300942.0.0.7b871f9c8SgqOj&id=635864638856101888&vendorId=3706716635429273600&module=1.

[26] 平头哥半导体有限公司. CH2601[EB/OL]. [2021-11-16]. https://occ.t-head.cn/vendor/detail/index?spm=a2cl5.14300942.0.0.7b871f9c8SgqOj&id=3878941840279867392&vendorId=3706716635429273600&module=1.

[27] 阿里云. 阿里云物联网平台[EB/OL]. [2021-11-16]. https://help.aliyun.com/product/30520.html.

[28] Richard Barry. Mastering the FreeRTOS™ Real Time Kernel[EB/OL]. [2021-11-16]. https://www.freertos.org/fr-content-src/uploads/2018/07/161204_Mastering_the_FreeRTOS_Real_Time_Kernel-A_Hands-On_Tutorial_Guide.pdf.

[29] C2G. What Is USB-C? USB Specifications and Generations[EB/OL]. [2021-11-16]. https://search.cablestogo.com/?category=&it=content&keyword=usb.

[30] Andrew Banks, Rahul Gupta. MQTT Version 3.1.1[EB/OL]. (2014-10-29)[2021-11-16]. http://docs.oasis-open.org/mqtt/mqtt/v3.1.1/os/mqtt-v3.1.1-os.html.

[31] 王兆滨，马义德，孙文恒. MSP430 系列单片机原理与工程设计实践[M]. 北京：清华大学出版社，2014.

[32] 刘杰. 基于固件的 MSP432 微控制器原理及应用[M]. 北京：北京航空航天大学出版社，2016.

[33] Colin Walls. 嵌入式软件概论[M]. 北京：北京航空航天大学出版社，2007.

[34] 杨艳，傅强. 从零开启大学生电子设计之路：基于 MSP430 LaunchPad 口袋实验平台[M]. 北京：北京航空航天大学出版社，2014.

[35] NSloss A，Symes D，Wright C. ARM 嵌入式系统开发：软件设计与优化[M]. 沈建华，译. 北京：北京航空航天大学出版社，2005.

[36] 吴迪，郝军，沙溢，等. 嵌入式系统原理、设计与应用[M]. 北京：机械工业出版社，2005.